普通高等教育"十一五"规划教材

普通化学及学习指导

蒋　疆　编著

科学出版社
北　京

内 容 简 介

本书分为两部分。“普通化学”部分主要介绍化学的基本理论和基本知识，共10章，包括原子结构与元素周期律、化学键和分子结构、化学热力学基础、化学平衡、化学反应速率、溶液和胶体、酸碱反应、沉淀反应、配位化合物、氧化还原反应。“普通化学学习指导”部分包括本章提要、教学大纲基本要求、重点难点、检测题及其参考答案、配套教材习题解答，并附有两套模拟试卷及其参考答案。书后有主要参考文献和附录。

本书适用于高等农林院校各有关专业，也可作为综合性大学、师范院校生物学类专业以及医学类院校的教学参考书。

图书在版编目(CIP)数据

普通化学及学习指导/蒋疆编著. —北京：科学出版社，2010.3
(普通高等教育“十一五”规划教材)
ISBN 978-7-03-026943-0

Ⅰ.①普… Ⅱ.①蒋… Ⅲ.①普通化学及学习指导-高等学校-教材
Ⅳ.①O6

中国版本图书馆CIP数据核字(2010)第039645号

责任编辑：丛　楠 / 责任校对：鲁　素
责任印制：张克忠 / 封面设计：耕者设计工作室

科学出版社出版
北京东黄城根北街16号
邮政编码：100717
http://www.sciencep.com
北京建宏印刷有限公司印刷
科学出版社发行　各地新华书店经销
*
2010年3月第　一　版　　开本：787×1092　1/16
2018年7月第十一次印刷　　印张：20　插页：1
字数：471 000

定价：39.80元

(如有印装质量问题，我社负责调换)

《普通化学》编委会

主　编　蒋　疆

副主编　陈晓婷　陈祥旭　蔡向阳　杨桂娣　黄玉梓

编　委(按姓氏拼音排序)

蔡向阳　陈祥旭　陈晓婷　黄玉梓　蒋　疆
孔德贤　李家玉　李靖娴　荣　成　吴琼洁
肖美秀　杨桂娣　游纪萍　赵　艳　郑梅琴

《普通化学学习指导》编委会

主　编　蒋　疆

副主编　游纪萍　郑梅琴　吴琼洁　孔德贤　李家玉

编　委(按姓氏拼音排序)

蔡向阳　陈祥旭　陈晓婷　黄玉梓　蒋　疆
孔德贤　李家玉　李靖娴　荣　成　吴琼洁
杨桂娣　游纪萍　郑梅琴

前　言

本书是“高等学校教学改革与质量提高工程”项目实施过程中，我校进行普通化学课程内容、体系和教学方法改革的研究和实践的初步成果，也是我校精品课程(0114B1)建设的成果之一。全书围绕化学的基本原理(原子结构、分子结构、化学热力学、化学平衡、化学反应速率)以及溶液的性质与溶液中的化学平衡(溶液和胶体、酸碱反应、沉淀-溶解反应、配位反应和氧化还原反应)原理两大体系构建内容并展开阐述。全书内容分为两个层次：第一层次是教学基本要求的内容；第二层次是深入提高的内容，书中用“ * ”标出，由授课教师酌情选择。此外，我们在部分章节编写了阅读材料，供感兴趣的学生课外阅读。本书一般需要 50 学时(不包括“ * ”内容)，并有配套的学习指导部分。

我国的高等教育正进入一个快速发展的时期，学科发展快，教材的内容也要与时俱进。与我校过去编写的基础课教材相比，本书在内容选取和章节的编排次序上做了一些尝试性的改变，主要体现在以下几个方面：

(1) 根据课程的性质、任务和教学目标，以基本化学原理为主线，将元素化学部分的重要内容分散于各有关理论章节中，不再单独设立“元素化学”一章，既精简了教材内容，又有利于培养学生运用化学基本原理和结构知识分析问题和解决问题的能力。

(2) 从学生的认识规律出发，深入浅出地阐述基本理论和概念。删除了某些难度较高且与后续专业学习无关的内容，如“分子轨道理论”和“晶体场理论”，增加了“价层电子对互斥理论”；将“化学反应进度”概念的介绍安排在“反应热”概念之前，“道尔顿分压定律”安排在“标准平衡表达式”之前，使内容安排更有逻辑性；考虑到近年来配位化学的飞速发展，在“配位化合物”一章增加了“新型配合物种类”和“配合物的应用”内容，反映化学学科的新进展以及化学与生命科学、农业科学的密切联系。同时为了加强与生命科学、农业科学的联系，考虑专业的特点，适当增加胶体和表面活性物质内容的介绍。在例题选取上，尽可能选择与农、林以及生物有关的问题，为学生学习后续课程及从事专业实践打下必要的基础。

(3) “普通化学”部分分为物质结构基础、热力学与动力学基本原理以及溶液的化学平衡三大模块。在编排次序方面，考虑到学生从中学到大学学习的过渡，且热力学原理较难理解等因素，将物质结构基础放在第一、二章，然后讲述难度较大的热力学原理，并将“溶液与胶体以及化学平衡”这一模块放在最后，体现了知识讲授的连续性和系统性。

(4) 注意化学学科发展的新动向，力图保证理论、概念的先进性与科学性。全面采用国家法定单位制。书末附录的数据均引自各种最新版本的化学、物理化学手册。

(5) “普通化学学习指导”部分每章按“本章提要”、“教学大纲基本要求”、“重点难点”、“检测题及参考答案”和“配套教材习题解答”五部分编写。其中“本章提要”、“教学大纲基本要求”、“重点难点”三部分内容简明扼要，目的是引导学生做好课前预习和课后归纳总结；“检测题及参考答案”有针对性地选编了选择题、填空题和计算题等类型的习题，并附有参考答案，供学生复习自查；“配套教材习题解答”对主教材的课后习题给出了参考答案；最后附有两套模拟试卷，供学生考前自测。

本书是福建农林大学应用化学系全体教师多年教学实践经验的总结。参加“普通化学”部分编写工作的有蔡向阳(第 1 章)，陈晓婷(第 2 章)，杨桂娣(第 3 章)，游纪萍(第 4、5 章)，陈祥旭(第 6 章)，蒋疆(第 7、8 章)，黄玉梓(第 9 章)，吴琼洁(第 10 章)，荣成(第 1～10 章阅读材料)，孔德贤、李家玉(附录)。参加“普通化学学习指导”部分编写的有李靖娴(第 1 章)，蒋疆(第 2～3 章)，游纪萍(第 4～5 章)，蒋疆(第 6～8 章)，肖美秀、郑梅琴(第 9～10 章)，蒋疆(模拟试卷一、二)。蔡向阳、吴琼洁、陈祥旭、陈晓婷、杨桂娣、黄玉梓、荣成、蒋疆参与了部分编写工作。全书由主编、副主编审稿、修改，最后由主编通读定稿。

由于编者水平有限，书中错误及不妥之处在所难免，恳请同行专家不吝指正。

编　者

2009 年 12 月于福建农林大学

目　　录

普通化学学习指导

普通化学

第 1 章　原子结构与元素周期律

物质的种类繁多，性质各异。不同条件下，物质表现出来的各种性质，不论是物理性质还是化学性质，都与该物质的分子结构和原子结构有关。从微观的角度看，化学变化的实质是物质的化学组成与结构发生了变化。在化学变化中，原子核并不发生变化，只是核外电子的运动状态发生了改变。可见，了解原子的内部结构，特别是电子在核外运动的规律，是深入认识物质性质及其变化规律的基础。

1.1　核外电子的运动特性

1.1.1　核外电子的量子化特征

1911 年，英国物理学家卢瑟福(L. E. Rutherford)基于 α 粒子散射实验，提出了行星式含核原子模型。他认为原子是由带正电荷的原子核及带负电荷的电子组成的，原子核在原子的中心，直径为 10^{-16}～10^{-14} m，它集中了原子的全部正电荷和几乎全部的质量。电子在原子核外绕核高速旋转，电子的直径为 10^{-15} m。原子的直径约为 10^{-10} m，所以原子中绝大部分是空的。卢瑟福的原子模型正确地回答了原子的组成问题，然而对于核外电子的分布规律和运动状态等问题的解决，以及近代原子结构理论的研究和确立则都是从氢原子光谱实验开始的。

1. 氢原子光谱

任何原子受高温火焰、电弧等激发时都会发出特征线光谱，称为原子发射光谱，它由许多分立的谱线组成，所以又称线状光谱。原子光谱中以氢原子的光谱最为简单。当高压电流通过一支装有低压氢气的放电管时，氢分子会离解为氢原子，并激发放出玫瑰红色光，用分光棱镜在可见、紫外、红外光区可得到一系列按波长大小次序排列的不连续的线状氢光谱，其中可见光区有四条比较明显的谱线，分别标记为 $H_α$、$H_β$、$H_γ$、$H_δ$，波长依次为 656.3 nm、486.1 nm、434.0 nm、410.2 nm，如图 1-1 所示。

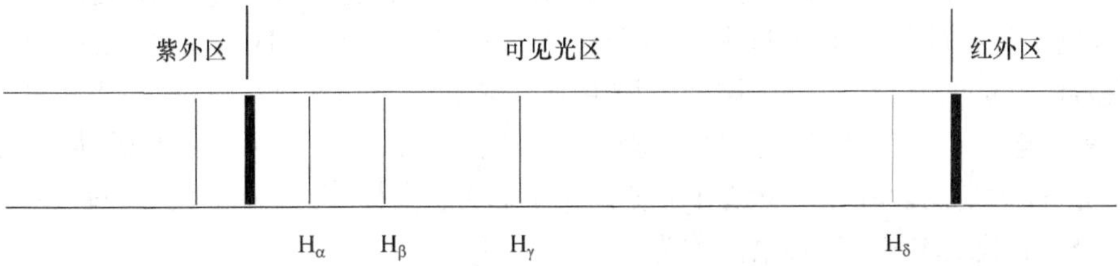

图 1-1　氢原子发射光谱图

如何解释氢原子具有线状光谱的实验事实呢？当人们试图依据经典电磁学理论以及卢瑟福原子的模型从理论上解释氢原子光谱时，遇到了困难。因为按照经典电磁学理论，电子绕核作圆周运动，应该不断发射出连续的电磁波，则原子光谱应该是连续的；而且随着电磁波的发射，电子的能量应该逐渐减小，电子运动的轨道半径也将逐渐缩小，最后坠入原子核，导致原子的毁灭。然而事实是原子稳定存在，原子光谱是线状的，不是连续的。这说明卢瑟福的原子模型是不完善的，适用于宏观物体的牛顿力学受到了小小原子的挑战。为了解释氢原子光谱，1913 年，丹麦青年物理学家玻尔(N. Bohr)根据氢原子光谱的事实，在卢瑟福有核原子模型的基础上，结合普朗克(M. K. E. L. Planck)的量子论和爱因斯坦(A. Einstein)的光子学说，提出了玻尔氢原子结构模型。

2. 量子化和玻尔理论

物理量变化的量子化是微观粒子区别于宏观物体的第一个重要特征。如果某一物理量的变化是以某一最小的单位或其整数倍作跳跃式增减，即是不连续的，则该物理量就是量子化的。例如，一个电子所带电量 q(1.6×10^{-19} C)是最小的电荷量。给一个带 1 C 负电荷的宏观物体加上一个电子的电量 q，则该物体的电量变化是微乎其微的，如此一个一个地加上去，可认为其电量变化是连续的。与此相似，宏观物体的质量、能量等一切物理量的变化都可认为是连续的，因此经典力学在处理实际问题时，把这一点作为基本假设条件是合理的。但对于微观粒子，如一个 Ca^{2+}，由于其本身所带电荷只有两个 q，则每增加或减少一个 q，其电量的变化都十分显著，呈现出跳跃式变化的特征，因此不能再视为连续变化。

量子化这一重要概念是普朗克在 1900 年首先提出的。由于微观粒子具有物理量变化的量子化特征，因此，若将经典牛顿力学定律应用于微观粒子的研究，就必须修改一切物理量都是连续变化的前提，而代之以某些物理量变化是量子化的假定。修改后的经典力学称为旧量子力学，旧量子力学的代表人物是丹麦著名物理学家玻尔。

玻尔理论基本内容主要包含以下三点假设：

(1) 原子中的电子只能沿着某些特定的、以原子核为中心、半径和能量都确定的轨道运动，这些轨道的能量状态不随时间而改变，称为稳定轨道(或定态轨道)。每个稳定轨道的角动量是量子化的，它等于 $h/2\pi$ 的整数倍，即

$$mvr=n\frac{h}{2\pi} \tag{1-1}$$

式中，m 为电子的质量；v 为电子的运动速度；r 为轨道半径；h 为普朗克常量，6.62×10^{-34} J·s；n 称为量子数，其值可取 1、2、3 等正整数。

(2) 在一定轨道中运动的电子具有一定的能量，处在稳定轨道中运动的电子既不吸收能量，也不发射能量。电子只有从一个轨道跃迁到另一轨道时，才有能量的吸收和放出。在离核越近的轨道中，电子被原子核束缚得越紧，其能量也越低；反之，电子离核越远能量越高。电子运动时所处的能量状态称为能级。电子在确定的轨道上运动，能量状态必然确定，称为定态。在正常状态下，电子尽可能处于离核较近、能量较低的轨道上，这时原子所处的状态称为基态，其余的称为激发态。

(3) 电子从一个定态轨道跃迁到另一个定态轨道，原子就会以量子的形式放出或吸收能量，量子的能量等于两个定态轨道的能量之差，且与辐射的频率成正比，即

$$\Delta E=E_2-E_1=h\nu=h\frac{c}{\lambda} \tag{1-2}$$

由于轨道的能量是量子化的，因此电子跃迁的辐射能也是量子化的，光子的频率也必然是量子化的。

玻尔理论成功地解释了氢原子以及某些类氢离子（或称单电子离子，如 He^{+}、Li^{2+}、Be^{3+}、B^{4+}等）的光谱，其成功之处在于引用了量子化的概念来解释光谱的不连续性，但玻尔理论不能说明多电子原子的光谱，也不能说明氢原子光谱的精细结构，而且对于原子为什么能够稳定存在也未能做出满意的解释。玻尔理论虽然引入了量子化的概念，但没有完全摆脱经典力学的束缚，它的电子绕核运动有固定轨道的假设不符合微观粒子的运动特性。因此，玻尔理论必将被新的理论所替代。但玻尔作为原子结构理论的先驱者，其功绩是不可磨灭的。玻尔理论的提出，给人们以启迪：从宏观物体到微观粒子，物质的性质发生了从量变到质变的飞跃，因此，要建立起适合于微观粒子的力学体系，就必须更全面地了解微观粒子的运动特性。

1.1.2 核外电子的波粒二象性

波粒二象性是微观粒子区别于宏观物体的第二个重要特征。

人们对微观粒子波粒二象性的认识得益于对光的本质的认识。光具有波粒二象性，现在看来是常识，但在科学史上却几经反复。直到 1905 年，爱因斯坦令人信服地用光子观点阐释了光电效应，并为康普顿（K. T. Compton）的实验所证实之后，物理学界才结束了近 200 年的争论，确认了光的本性：光具有波粒二象性。光由光子组成，光与实物作用时，粒性显著，如光的吸收、发射、光电效应等；而光在传播时，主要表现出波性，可发生光的干涉、衍射等现象。

1. 德布罗意波

在光具有波粒二象性的启发下，年仅 32 岁的法国物理学家德布罗意（L. de Broglie）于 1924 年提出一个大胆的假设：实物微粒除了具有粒子性外，还具有波的性质。德布罗意预言了高速运动的质量为 m、速度为 v 的微观粒子所具有的波长为

$$\lambda=\frac{h}{mv}=\frac{h}{p} \tag{1-3}$$

式中，λ（粒子的波长）表现了微粒的波动性；p（粒子的动量，mv）表现了微粒的粒子性。德布罗意通过普朗克常量（h）把微观粒子的波动性和粒子性联系在一起，依此可以计算出电子等微粒的波长。

1927 年，美国物理学家戴维孙（C. J. Davisson）和革末（L. H. Germer）的电子衍射实验证实了德布罗意的假设。图 1－2 为电子衍射示意图，将一束高速电子流通过镍晶体

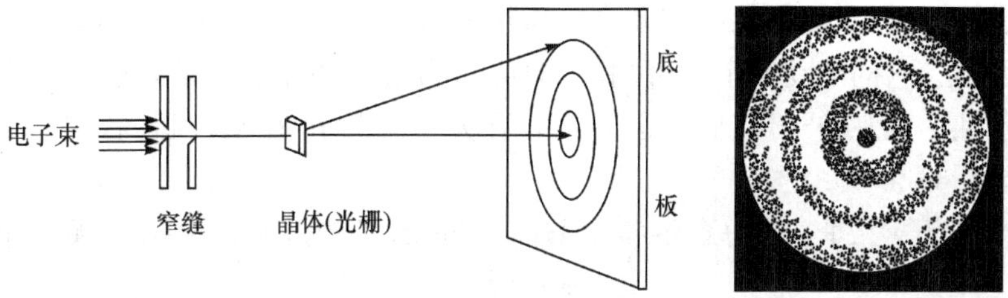

图 1－2 电子衍射实验

(作为光栅)射到荧光屏上，可以得到与光衍射现象相似的一系列明暗交替的衍射环纹。根据衍射实验测得的电子波的波长与德布罗意关系式计算的结果相符，证明了德布罗意关于微观粒子波粒二象性的关系式是正确的。衍射是一切波动的共同特征，由此可充分证明电子具有波动性。中子、质子等微粒的波动性在后来的实验中也依次被证实。

其实任何运动物体都具有波动性，宏观物体质量太大，导致波长数值太小而无法测量，因此其波动性难以察觉。通常可以认为宏观物体只表现粒子性，不表现波动性，因而服从经典力学运动规律。

2. 波粒二象性的统计性解释

在电子衍射实验中，如果电子流的强度很弱，设想射出的电子是一个一个依次射到底板上，则每一瞬间，每个电子在底板上只会留下一个黑点，显示出电子运动的微粒性。当感光点不是很多时，如图 1－3(a)所示，从底片上看不出电子落点的规律性，这说明单个或少量的电子并不能表现出波性，某一个电子经过小孔后，究竟落在底片的哪个位置上，是无法准确预言的；但只要时间足够长，无数个电子就会在底板上留下大量的感光点，结果就会形成一张完整的衍射图，如图1－3(b)所示，它与较强电子流在短时间内所形成的衍射图完全相同。由此可见，电子等微观粒子运动的波动性是大量微观粒子运动(或者是一个粒子的千万次运动)的统计性行为。底板上衍射强度大的地方就是电子出现概率大的地方，也是波的强度大的地方，反之亦然。也就是说，电子虽然没有确定的运动轨道，但其在空间某处出现的概率可由衍射波的强度反映出来，即电子在空间某点处衍射波的强度与电子在该点处单位微体积内出现的概率成正比，因此电子波又称概率波。

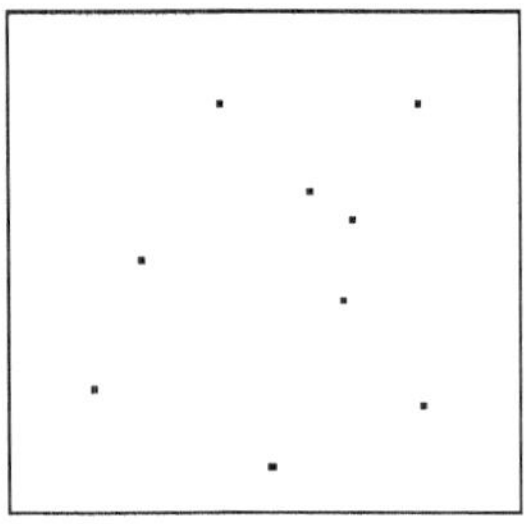
(a)

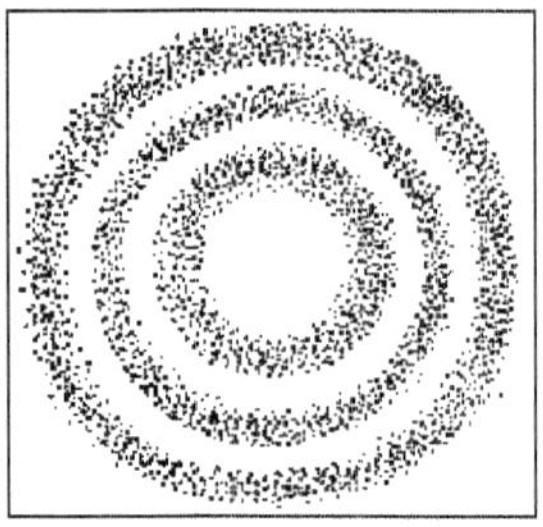
(b)

图 1－3　电子衍射图的产生

3. 测不准原理

宏观物体在任一瞬间的位置和动量都可以用牛顿定律正确测定，如导弹、人造卫星等的运动，人们在任何时刻都能同时准确测知其运动速度(或动量)和空间位置(相对于参考坐标)。换言之，它的运动轨道是可测的，即可以描绘出物体的运动轨迹(轨道)。而对具有波粒二象性的微观粒子，它们的运动并不服从牛顿定律，在某一瞬间，它们的空间坐标和动量不能同时准确测定。

1927 年，德国物理学家海森堡(W. Heisenberg)经严格推导，提出了测不准原理：

$$\Delta x \cdot \Delta p_x \geqslant h \tag{1-4}$$

式中，Δx 为实物粒子的位置测不准量；Δp_x 为实物粒子的动量测不准量；h 为普朗克常量。这一关系式表明，实物粒子在某一方向上位置和动量的测不准量的乘积大于普朗克常量，即粒子位置测定得越准确（Δx 越小），相应的动量就测得越不准确（Δp_x 越大）；反之亦然。必须指出，测不准原理并不意味着微观粒子的运动是不可捉摸、不可认知的。实际上，测不准原理给人们一个非常重要的启示，那就是不能采用经典力学中的确定轨道的方法描述微观粒子的运动状态。玻尔的旧量子论虽然引入了量子化条件，但依然用确定的轨道对电子的运动状态进行描述，这正是它失败的根本原因。

1.2 核外电子的运动状态

根据对微观粒子波粒二象性的统计解释，人们建立了一种全新的力学体系——量子力学，用来对微观粒子的运动状态进行研究。由于电子具有波粒二象性，故量子力学中假设微观粒子的运动状态可以用波函数 ψ 描述；又由于波的强度与电子的概率密度成正比，故量子力学中假设微观粒子在空间某点出现的概率密度可用 $|\psi|^2$ 表示。自从量子力学在 20 世纪 20 年代建立以来，大量的实验事实已证明了它的正确性。

1.2.1 薛定谔方程

1926 年，奥地利物理学家薛定谔（E. Schrödinger）基于实物微粒的波粒二象性，通过光学和力学方程之间的类比，提出了单电子原子运动的波动方程，即著名的薛定谔方程：

$$\frac{\partial^2\psi}{\partial x^2}+\frac{\partial^2\psi}{\partial y^2}+\frac{\partial^2\psi}{\partial z^2}+\frac{8\pi^2 m}{h^2}(E-V)\psi=0 \qquad (1-5)$$

式中，ψ 为波函数；E 为体系的总能量，等于势能与动能之和；V 为体系的势能，表示原子核对电子的吸引能；m 为电子的质量；x,y,z 为电子的空间坐标；$\frac{\partial^2\psi}{\partial x^2}$、$\frac{\partial^2\psi}{\partial y^2}$、$\frac{\partial^2\psi}{\partial z^2}$分别为 ψ 对 x、y、z 的二阶偏导数。

解薛定谔方程的目的就是求出波函数 $\psi(x,y,z)$及其相应的能量 E，从而了解电子的运动状态和能量的高低。求解薛定谔方程的过程很复杂，要求有较深的数理知识，也不是本课程的任务。这里，我们只要求了解量子力学处理原子结构问题的大致思路和求解薛定谔方程得到的一些重要结论。

1.2.2 波函数和原子轨道

薛定谔方程的解 $\psi(x,y,z)$不是一个具体数值，而是包含 x,y,z 三个变量的数学函数式。每一个解（波函数）就表示核外电子的一种运动状态并对应一定的能量值，所以波函数也称原子轨道。但这里所说的原子轨道和宏观物体固定轨道有着本质的区别，经典力学中的轨道是指运动物体在某一时刻，具有一定的速度和确定的空间坐标，它的运动轨迹是确定的。而量子力学所指的原子轨道不是确定的轨迹，每一个波函数仅表示核外电子一种可能的空间运动状态。

为了方便，解方程时一般先将空间坐标(x,y,z)转换成球坐标(r,θ,φ)。两种坐标之间的关系如图 1－4 所示。同时在求解过程中引入三个参数 n、l、m，这样求得的 $\psi_{n,l,m}(x,$

y,z)即为方程的解,它是一个包含三个常数项 n、l、m 和三个变量 x、y、z 的函数式。从理论上讲,通过解薛定谔方程可得出一系列的解,但薛定谔方程的许多解在数学上是不合理的,只有满足特定条件的解才有物理意义,才可用来描述核外电子的运动状态。为了得到描述电子运动状态的合理解,必须对三个参数 n、l、m 按一定的规则取值。这三个参数称为量子数。

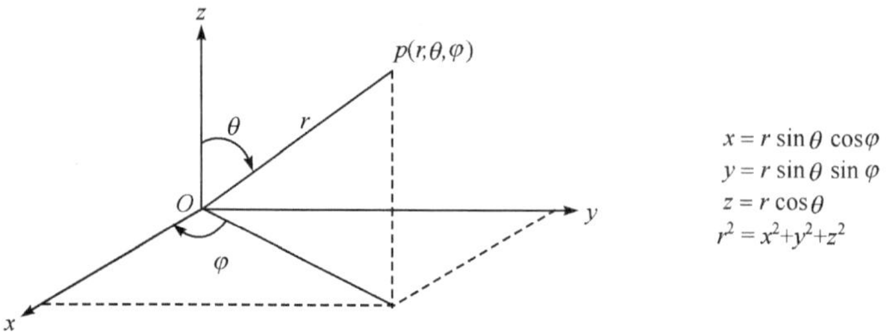

图 1-4　球坐标与直角坐标的关系

1.2.3　量子数

1. 主量子数 n

主量子数是描述原子中电子出现概率最大区域离核远近的参数,也是决定轨道能量高低的主要因素。它的数值可以取 1、2、3 等正整数。n 值越大,表示电子离核的平均距离越远,能量越高。对于单电子原子(氢原子或类氢离子),电子的能量为

$$E_n=-\frac{Z^2}{n^2}\times 2.179\times 10^{-18} \tag{1-6}$$

式中,E 为轨道能量;Z 为核电荷;n 为主量子数。量子力学中能量相等的原子轨道称为“简并轨道”。单电子原子中电子能量只取决于主量子数 n,因此单电子原子中 n 相同的原子轨道为简并轨道。通常用 n 代表电子层数,n=1、2、3、…的轨道分别称为第一、第二、第三、……电子层轨道,光谱学符号为

n(电子层)	1	2	3	4	5	6	…
光谱学符号	K	L	M	N	O	P	…

2. 角量子数 l

角量子数决定电子空间运动的角动量以及原子轨道或电子云的形状,在多电子原子中与主量子数 n 共同决定轨道能量的高低。对于一定的 n 值,l 可取 0、1、2、…、$n-1$ 等正整数,共有 n 个值。每一个 l 值代表一种轨道形状。例如,l=0、1、2 的原子轨道,其电子云形状分别为球形对称、哑铃形和四瓣梅花形。电子亚层常用光谱学符号表示如下:

l(电子亚层)	0	1	2	3	4	…
光谱学符号	s	p	d	f	g	…

在同一电子层中,l 值相同的电子归为一亚层。例如,n=3 时,l 值可取 0、1、2,所以第三电子层有 3s、3p、3d 三个亚层。

3. 磁量子数 m

同一亚层(l 值相同)的原子轨道形状相同,但可以有不同的空间伸展方向。磁量子数 m 是描述原子轨道或电子云在空间伸展方向的参数。m 的取值受 l 的限制,对于给定的 l 值,m 可取 0、±1、±2、…、$\pm l$,共有 $2l+1$ 个值。每一个取向相当于一条"原子轨道"。因此角量子数为 l 的亚层,轨道在空间有 $2l+1$ 个取向,就有 $2l+1$ 条原子轨道。例如

(1) s 亚层:$l=0,m=0$,表示 s 亚层只有 1 种空间取向(球形对称,无方向性)。

(2) p 亚层:$l=1,m=0$、±1,表示 p 亚层有 3 种空间取向,分别为 p_x、p_y、p_z 原子轨道,这三条轨道的伸展方向两两相互垂直。

(3) d 亚层:$l=2,m=0$、±1、±2,表示 d 亚层有 5 个伸展方向不同的原子轨道,即 d_{xy}、d_{xz}、d_{yz}、$d_{x^2-y^2}$、d_{z^2} 五条原子轨道。

磁量子数不影响原子轨道的能量,同一亚层(l 相同)伸展方向不同(m 不同)的原子轨道能量相等。例如,$l=1$ 的 3 个 p 轨道 $3p_x$、$3p_y$、$3p_z$ 和 $l=2$ 的 5 个 d 轨道 $5d_{xy}$、$5d_{xz}$、$5d_{yz}$、$5d_{x^2-y^2}$、$5d_{z^2}$ 均为简并轨道。

4. 自旋量子数 m_s

用分辨率很高的光谱仪研究原子光谱时,发现在无外磁场作用时,每条谱线实际上由两条十分接近的谱线组成,这种谱线的精细结构用 n、l、m 三个量子数无法解释。为了解释这种现象,1925 年人们沿用旧量子论中习惯的名词,提出了电子有自旋运动的假设,并引入第四个量子数 m_s(自旋量子数)表示电子的自旋运动状态,其取值只有 2 个:$+\frac{1}{2}$和$-\frac{1}{2}$,通常用"↑"和"↓"表示。考虑电子自旋后,由于自旋磁矩和轨道磁矩相互作用分裂成相隔很近的能量,所以在原子光谱中每条谱线由两条很相近的谱线组成。需要说明的是,"电子自旋"并非电子真像地球那样自转,而只是说明电子除绕核运动外,还可绕本身的轴作自旋运动。

至此,根据四个量子数之间的关系可以推算出原子核外电子可能有的运动状态,如表 1-1 所示。每个电子层的轨道总数为 n^2 个,各电子层容纳的电子最多为 $2n^2$ 个,也就是说核外电子可能有的运动状态数为 $2n^2$ 个。

综上所述,量子力学对氢原子核外电子的运动状态有了较清晰的描述:解薛定谔方程得到多个可能的解 ψ,电子在多条能量确定的轨道中运动,每条轨道由 n、l、m 三个量子数决定,主量子数 n 决定电子的能量和离核远近,角量子数 l 决定轨道的形状,磁量子数 m 决定轨道的空间伸展方向,即 n、l、m 三个量子数共同决定一条原子轨道 ψ,如可用 $\psi(3,1,0)$ 表示 3p 亚层的一条原子轨道。自旋量子数 m_s 决定电子的自旋运动状态,结合前三个量子数共同决定核外电子的运动状态,如可用 $\left(3,1,0,+\frac{1}{2}\right)$ 表示一种电子运动状态。所以 n、l、m、m_s 四个量子数共同决定核外电子的运动状态。

表 1-1　量子数与核外电子的运动状态

n	l	m	原子轨道总数 (n^2)	m_s	电子最大容量 ($2n^2$)
1	0(1s)	0	1	$\pm\frac{1}{2}$	2
2	0(2s)	0	4	$\pm\frac{1}{2}$	8
	1(2p)	−1,0,+1			
3	0(3s)	0	9	$\pm\frac{1}{2}$	18
	1(3p)	−1,0,+1			
	2(3d)	−2,−1,0,+1,+2			
4	0(4s)	0	16	$\pm\frac{1}{2}$	32
	1(4p)	−1,0,+1			
	2(4d)	−2,−1,0,+1,+2			
	3(4f)	−3,−2,−1,0,+1,+2,+3			

1.2.4　波函数和电子云的图像

原子核外电子的运动状态可以用波函数描述，也可以用图形表示。图形具有直观、形象等优点，在物质结构研究中得到广泛的应用。由于电子在核外空间的运动没有确定的轨迹，因此量子力学采用统计学的方法描述电子在核外空间运动的规律性。

1. 概率密度和电子云图形

电子在核外空间运动的规律可用概率和概率密度表示。

概率密度就是电子在核外空间某点附近单位微体积内出现的概率，用波函数 ψ 绝对值的平方($|\psi|^2$)表示。概率密度的大小通常用小黑点的疏密表示，这种图形称为电子云。图 1-5 为基态氢原子 1s 电子云，图中黑点较密的地方表示电子在该处出现的概率密度较大；黑点较稀的地方表示电子在该处出现的概率密度较小。氢原子 1s 电子云呈球形对称分布，且电子的概率密度随离核距离的增大而减小。氢原子 1s 电子云的概率密度随离核半径变化的关系如图 1-6 所示。

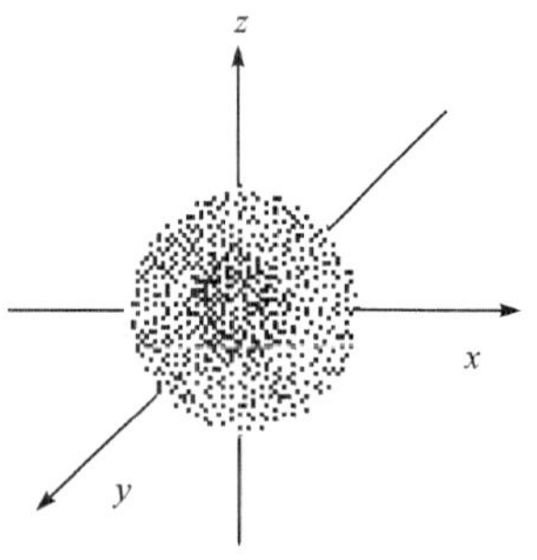

图 1-5　基态氢原子 1s 电子云

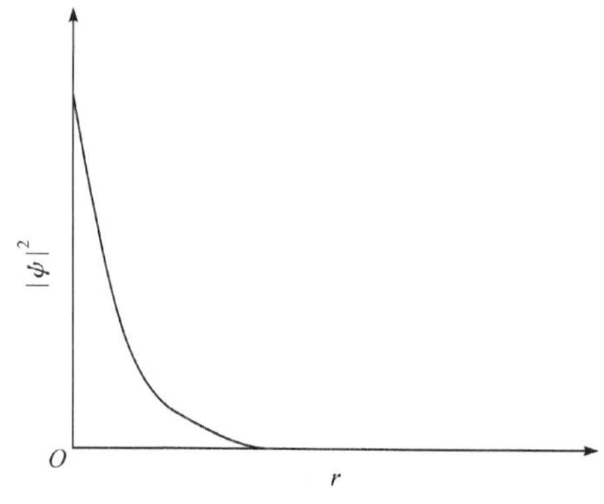

图 1-6　氢原子 1s 的 $|\psi|^2$-r 关系

电子在核外空间出现的概率和概率密度是两个有关但不同的概念。概率是指在以原子核为球心、离核半径为 r、厚度为 dr 的薄球壳中电子出现的机会。概率与概率密度的关系为概率＝概率密度×薄球壳体积，即

$$|\psi|^2 \, dV = 4\pi r^2 |\psi|^2 \, dr \qquad (1-7)$$

由于薄球壳体积随离核半径的增大而增大，而概率密度随离核半径的增大而减小，因此概率在离核的某个区域必然出现极大值。如图 1-7 所示，图中阴影部分表示在半径为 r、厚度为 dr 的球壳内电子出现概率的大小。球壳的体积 dV 为 $4\pi r^2 dr$，电子在球壳中出现的概率为 $|\psi|^2 dV$。概率最大值出现在 $r=a_0$（$a_0=52.9$ pm）处，表示 1s 电子在半径为 a_0 的薄球壳中出现的概率最大。这个数值恰好等于玻尔计算的氢原子的基态半径。

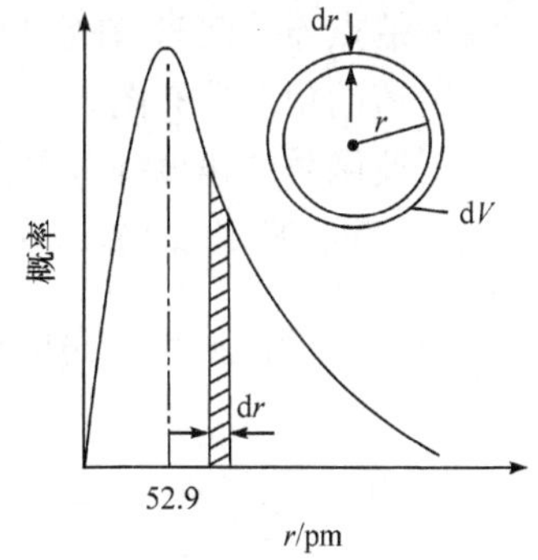

图 1-7　氢原子 1s 电子在核外空间出现的概率与离核半径的关系

2. 原子轨道和电子云图像

波函数 $\psi_{n,l,m}(r,\theta,\varphi)$ 是三个变量 r、θ、φ 的函数，要想画它的图形是很难的，但可以将其通过变量分离解离成角度和径向两个部分，可表示为

$$\psi_{n,l,m}(r,\theta,\varphi) = R_{n,l}(r) Y_{l,m}(\theta,\varphi) \qquad (1-8)$$

式中，波函数 $\psi_{n,l,m}(r,\theta,\varphi)$ 即所谓的原子轨道；$R_{n,l}(r)$ 只与离核半径有关，称为原子轨道的径向部分；$Y_{l,m}(\theta,\varphi)$ 只与角度有关，称为原子轨道的角度部分。这样就可以从角度和径向两个侧面画出原子轨道（ψ）和电子云（$|\psi|^2$）的图像。

氢原子部分原子轨道的径向分布与角度分布函数如表 1-2 所示。

表 1-2　氢原子部分原子轨道的径向分布与角度分布（a_0 为玻尔半径）

	原子轨道 $\psi(r,\theta,\varphi)$	径向分布 $R(r)$	角度分布 $Y(\theta,\varphi)$
1s	$\sqrt{\frac{1}{\pi a_0{}^3}}\mathrm{e}^{-r/a_0}$	$2\sqrt{\frac{1}{a_0^3}}\mathrm{e}^{-r/a_0}$	$\sqrt{\frac{1}{4\pi}}$
2s	$\frac{1}{4}\sqrt{\frac{1}{2\pi a_0^3}}\left(2-\frac{r}{a_0}\right)\mathrm{e}^{-r/2a_0}$	$\sqrt{\frac{1}{8a_0^3}}\left(2-\frac{r}{a_0}\right)\mathrm{e}^{-r/2a_0}$	$\sqrt{\frac{1}{4\pi}}$
$2p_z$	$\frac{1}{4}\sqrt{\frac{1}{2\pi a_0^3}}\left(\frac{r}{a_0}\right)\mathrm{e}^{-r/2a_0}\cos\theta$		$\sqrt{\frac{3}{4\pi}}\cos\theta$
$2p_x$	$\frac{1}{4}\sqrt{\frac{1}{2\pi a_0^3}}\left(\frac{r}{a_0}\right)\mathrm{e}^{-r/2a_0}\sin\theta\cos\varphi$	$\sqrt{\frac{1}{24a_0^3}}\left(\frac{r}{a_0}\right)\mathrm{e}^{-r/2a_0}$	$\sqrt{\frac{3}{4\pi}}\sin\theta\cos\varphi$
$2p_y$	$\frac{1}{4}\sqrt{\frac{1}{2\pi a_0^3}}\left(\frac{r}{a_0}\right)\mathrm{e}^{-r/2a_0}\sin\theta\sin\varphi$		$\sqrt{\frac{3}{4\pi}}\sin\theta\sin\varphi$

原子轨道除了用函数式表示外，还可以用图形表示。图形表示法形象、直观，现介绍主要的几种。

1）原子轨道的角度分布图

原子轨道角度分布图表示的是波函数的角度部分 $Y_{l,m}(\theta,\varphi)$ 随 θ 和 φ 变化的图像。

原子轨道角度部分的形式不但决定原子轨道的形状，而且对成键的方向性起决定性作用。

图的作法如下：从坐标原点（原子核）出发，引出不同角度 θ、φ 的直线，按照有关波函数角度分布的函数式 $Y(\theta,\varphi)$ 算出 θ 和 φ 变化时的 $Y(\theta,\varphi)$ 值，使直线的长度为 $|Y|$，将所有直线的端点连接起来，在空间形成一个封闭的曲面，并给曲面标上 Y 值的正、负号，即为原子轨道的角度分布图。

由于波函数的角度部分 $Y_{l,m}(\theta,\varphi)$ 只与角量子数 l 和磁量子数 m 有关，因此，只要量子数 l、m 相同，其 $Y_{l,m}(\theta,\varphi)$ 函数式就相同，即有相同的原子轨道角度分布图。例如，所有 $l=0$、$m=0$ 的波函数的角度部分图都相同，其 $Y_s=\sqrt{\frac{1}{4\pi}}$，是一个与角度 θ、φ 无关的常数，所以它的角度分布图是一个以 $\sqrt{\frac{1}{4\pi}}$ 为半径的球面。球面上任意一点的 Y_s 值均为 $\sqrt{\frac{1}{4\pi}}$，如图 1-8 所示。又如，所有 p_z 轨道的波函数的角度部分为

$$Y_{p_z}=\sqrt{\frac{3}{4\pi}}\cos\theta=C\cdot\cos\theta \tag{1-9}$$

Y_{p_z} 函数比较简单，它只与 θ 有关而与 φ 无关。表 1-3 列出不同 θ 角的 Y_{p_z} 值，由此作 Y_{p_z}-$\cos\theta$ 图，就可得到两个相切于原点的圆，如图 1-9 所示。将图 1-9 绕 z 轴旋转 180°，就可得到两个外切于原点的球面所构成的 p_z 原子轨道角度分布的立体图。球面上任意一点至原点的距离代表在该角度 (θ,φ) 上 Y_{p_z} 数值的大小；xy 平面上下的正、负号表示 Y_{p_z} 的值为正值或负值，并不代表电荷，这些正、负号和 Y_{p_z} 的极大值空间取向将在原子形成分子的成键过程中起重要作用。整个球面表示 Y_{p_z} 随角度 θ 和 φ 变化的规律。采用同样方法，根据各原子轨道的 $Y(\theta,\varphi)$ 函数式，可作出 p_x、p_y 及五种 d 轨道的角度分布图。

表 1-3　不同 θ 角的 Y_{p_z} 值

θ/(°)	0	30	60	90	120	150	180
$\cos\theta$	1.00	0.87	0.50	0	−0.50	−0.87	−1.00
Y_{p_z}	1.00 C	0.87 C	0.50 C	0	−0.50 C	−0.87 C	−1.00 C

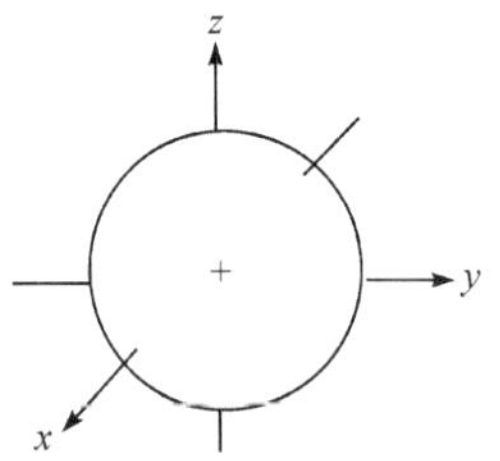

图 1-8　s 轨道的角度分布图

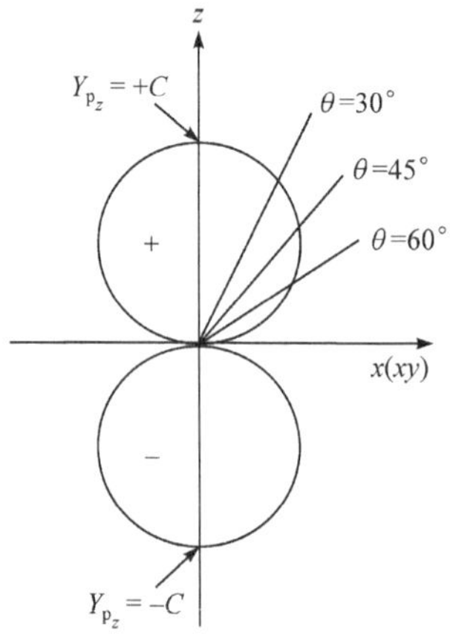

图 1-9　p_z 轨道的角度分布图

从 s、p、d 原子轨道的角度分布图(图 1 - 10)可见，三个 p 轨道角度分布的形状相同，只是空间取向不同，其 Y_p 极大值分别沿 x、y、z 三个轴取向，所以三种 p 轨道分别称为 p_x、p_y、p_z 轨道。五种 d 轨道中，d_{z^2} 和 $d_{x^2-y^2}$ 两种轨道 Y 的极大值分别在 z 轴、x 轴和 y 轴的方向上，称为轴向 d 轨道；d_{xy}、d_{xz}、d_{yz} 三种轨道 Y 的极大值都在两个轴间(x 和 y、x 和 z、y 和 z 轴)夹角 45°的方向上，称为轴间轨道。除 d_{z^2} 轨道外，其余四种 d 轨道角度分布的形状相同，只是空间取向不同。f 轨道角度分布图在此不作介绍。

2) 电子云的角度分布图

电子云是电子在核外空间概率密度分布的形象化表示，以 $|\psi|^2$ 表示，以 $|\psi|^2$ 作图就可以得到电子云的图像。如果将 $|\psi|^2$ 的角度部分函数 $Y(\theta,\varphi)$ 的平方 $|Y_{l,m}(\theta,\varphi)|^2$ 随 θ、φ 变化的情况作图，可反映电子在核外空间不同角度的概率密度大小。由图 1 - 11 可见，电子云的角度分布图与相应的原子轨道的角度分布图相似，它们之间的主要区别在于：

(1) 原子轨道角度分布图中 Y 有正、负之分，而电子云角度分布图中 $|Y|^2$ 无正、负号，这是由于 $|Y|$ 平方后总是正值。

(2) 由于 $Y<1$ 时，$|Y|^2$ 一定小于 Y，因而电子云角度分布图比原子轨道角度分布图稍“瘦”。

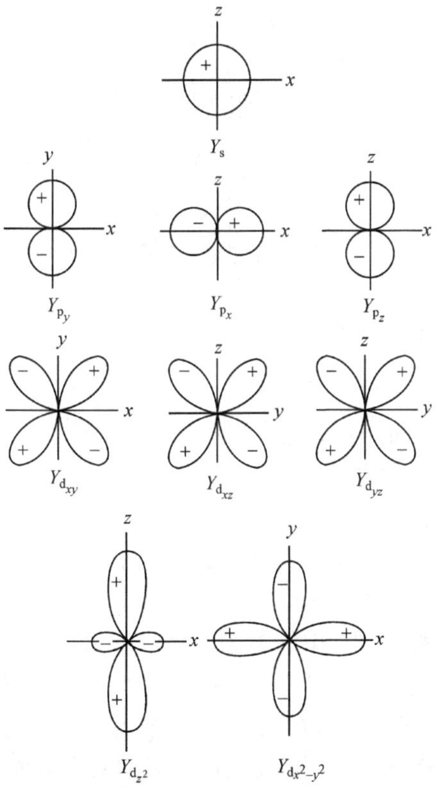

图 1 - 10　s、p、d 原子轨道的角度分布图

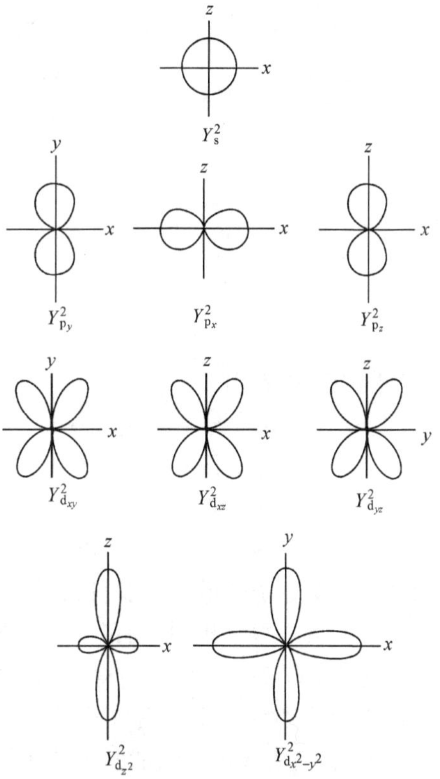

图 1 - 11　s、p、d 电子云的角度分布图

原子轨道、电子云的角度分布图在化学键的形成、分子的空间构型的讨论中有重要意义。

3）径向分布图

原子轨道的径向分布图是波函数的径向部分 $R_{n,l}(r)$ 随 r 变化的图像，表示任何角度方向上 $R(r)$ 随 r 变化的情况。与波函数 ψ 一样，径向波函数 $R_{n,l}(r)$ 没有明确的物理意义，但 $|R|^2$ 表示离核距离为 r 的空间某处单位体积内电子出现的概率，而离核距离为 r 的薄层球壳内电子出现的概率为 $4\pi r^2|R|^2\mathrm{d}r$。通常，定义 $D(r)=4\pi r^2|R|^2$ 为离核距离为 r 的薄层球壳内电子出现的概率，又称电子云的径向分布函数。电子云的径向分布图是波函数的径向部分 $R_{n,l}(r)$ 的平方 $R^2(r)$ 随 r 变化的图像，表示任何角度方向上 $R^2(r)$ 随 r 变化的情况。图 1-12 为氢原子电子云的径向分布图。

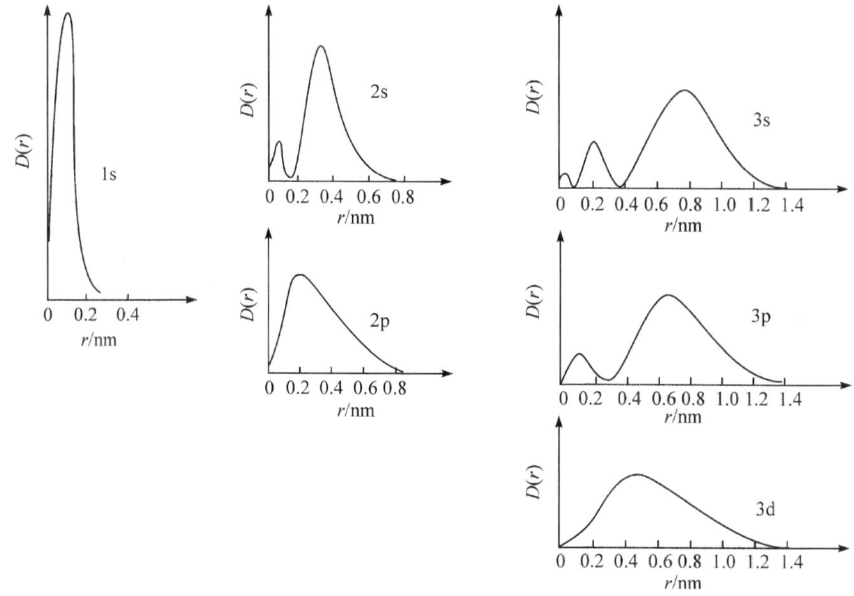

图 1-12　氢原子电子云的径向分布示意图

从图中可以看出：

（1）电子云径向分布曲线上有 $n-l$ 个峰值。例如，3d 电子，$n=3$、$l=2$，$n-l=1$，只出现一个峰值；3s 电子，$n=3$、$l=0$，$n-l=3$，有三个峰值。

（2）角量子数 l 相同、主量子数 n 不同（如 1s、2s、3s）时，主量子数 n 越大，其径向分布主峰（最高峰）离核的距离越远，也就是说 n 小的轨道离核近，能量低；n 大的轨道离核远，能量高。说明原子轨道是按能量高低的顺序分层排布的。

（3）主量子数 n 相同，角量子数 l 不同。由图 1-12 中的 3s、3p、3d 可知，l 越小，峰的数目越多，则第一个小峰钻得越深，离核也越近，3s 有 3 个峰，其中最小的峰离核最近。此现象表明外层电子有穿透到内层的现象，穿透能力越强，小峰离核越近。

必须指出，上述电子云的角度分布图和径向分布图都只是反映电子云的两个侧面，将两者综合起来才能得到电子云的空间图像。

1.3 原子核外电子的排布规律

1.3.1 原子能级

1. 单电子原子的能级

氢原子或类氢离子(如 He^{+}、Li^{2+} 等)的核外只有一个电子,原子的基态、激发态的能量都取决于主量子数,与角量子数无关,即主量子数相同的各原子轨道能量为简并轨道。原子能级的高低顺序如下:

$$E_{1s}<E_{2s}=E_{2p}<E_{3s}=E_{3p}=E_{3d}<E_{4s}=E_{4p}=E_{4d}=E_{4f}<\cdots$$

2. 多电子原子的能级

在多电子原子中,由于原子轨道之间的相互排斥作用,主量子数相同的各原子轨道发生能级分裂,能量不再相等。原子中各轨道的能级高低可根据光谱实验结果得到。

1939 年,美国著名化学家鲍林(L. Pauling)以光谱实验结果及大量的理论计算为依据,总结出多电子原子中轨道能级相对高低的近似能级顺序,称为鲍林近似能级图(图 1-13),又称轨道填充顺序图。按图中轨道能级由低到高的顺序填充电子,与光谱实验得到的各元素原子的电子排布情况基本一致。由图 1-13 可见,多电子原子的能级不仅与 n 有关,还与 l 有关。

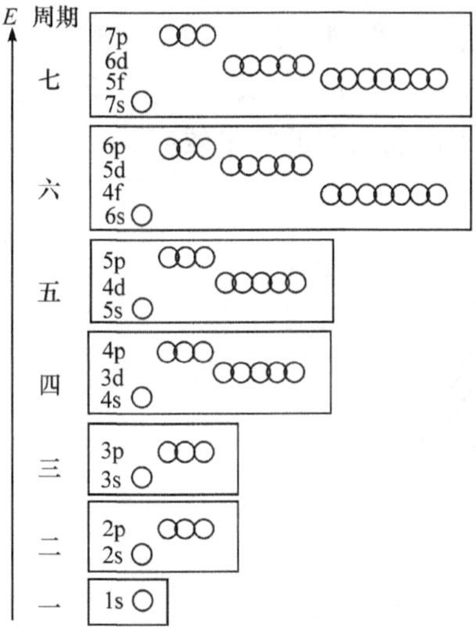

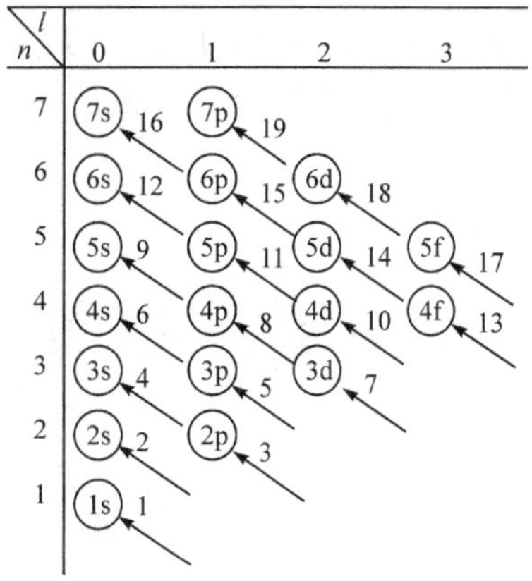

图 1-13 鲍林近似能级图和电子填充顺序

1) 屏蔽效应

每个在核外运动的、处于一定能级轨道上的电子均有一定的能量。求解多电子原子的波动方程,结果证明轨道能级可依式(1-10)计算:

$$E=-\frac{Z^{*2}}{n^2}\times 2.179\times 10^{-18}\ \mathrm{J} \qquad (1-10)$$

式(1-10)与单电子原子轨道能级公式相似,只是将式中的核电荷 Z 换为 Z^*。Z^* 表示实际作用于指定电子的、发自原子中心的正电荷，称为有效核电荷。

在多电子原子中的某个电子，除了受到核的引力之外，还要受到其他电子的排斥作用。由于其他电子对该电子的排斥作用，减弱(屏蔽)了原子核发出的正电场对该电子的吸引力的效应就称为屏蔽效应。由于屏蔽效应，指定电子所受到来自原子中心的有效核电荷 Z^* 小于核电荷 Z：$Z^*=Z-\sigma$，其中 σ 为屏蔽常数，σ 值越大，表明指定电子受其他电子的屏蔽作用越大，电子受到的来自原子核的吸引力就越小，因而电子的能量就越大。一般来说，越是内层的电子，对外层电子的屏蔽作用越大，同层电子间的屏蔽作用较小，外层电子对内层电子的作用不必考虑。例如，对于 1s、2s、2p、3s 上的电子，2s 电子可屏蔽 2p、3s 等电子，也可屏蔽另一 2s 电子，但它也受到 1s 电子和另一 2s 电子的屏蔽。1s 电子对 2s、2p、3s 等电子的屏蔽作用很大，而自己只受到另一 1s 电子的屏蔽。所谓屏蔽是内层电子对外层电子和同层电子的屏蔽。

从径向分布图可以看出，n 越大，电子离核平均距离越远，则其他电子对它的屏蔽作用就越大，即 σ 越大，电子的能量就越高。例如，$E_{1s}<E_{2s}<E_{3s}<E_{4s}<\cdots$，$E_{2p}<E_{3p}<E_{4p}<E_{5p}<\cdots$。

2）钻穿效应

由图 1-14 可见，n 相同时，l 越小，其径向分布峰的数目就越多，则它的第一个小峰钻得越深；图中 3s 的第一个峰比 3p 的第一个峰离核近。钻穿作用的大小对轨道能量有明显的影响，电子钻得越深，越靠近原子核，受其他电子的屏蔽作用就越小，其受核的吸引力就会越强，因而能量就越低。电子钻穿作用的不同导致 n 相同而 l 不同的轨道能级发生分裂的现象称为钻穿效应(穿透效应)。钻穿效应使得同一原子中同一电子层不同亚层的轨道发生了“能级分裂”，如 $E_{2s}<E_{2p}$、$E_{3s}<E_{3p}<E_{3d}$、$E_{4s}<E_{4p}<E_{4d}<E_{4f}$ 等。由此可见，钻穿效应实质上是讨论 s、p、d、f 的径向分布不同而引起的能量效应。

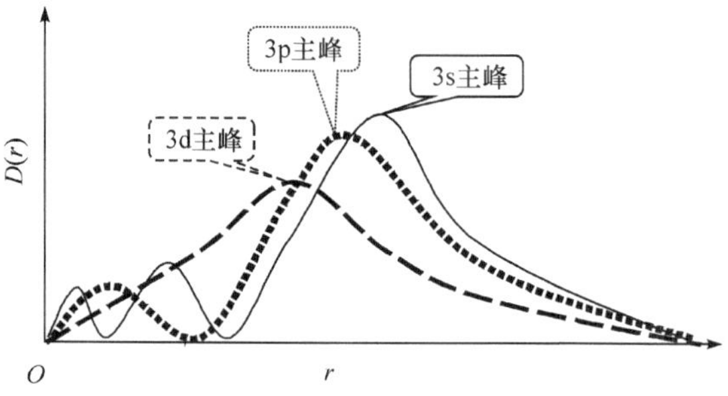

图 1-14　氢原子 3s、3p、3d 电子云的径向分布图比较

3）能级交错现象

当 n 和 l 都不相同时，可由我国化学家徐光宪总结归纳的 $(n+0.7l)$ 规则判断轨道能级的高低，即 $(n+0.7l)$ 值越大，轨道的能级越高。例如，4s 和 3d 的 $(n+0.7l)$ 值分别为 4.0 和 4.4，因此 $E_{4s}<E_{3d}$。又如，4f、5d 和 6s 的 $(n+0.7l)$ 值分别为 6.1、6.4 和 6.0，因此 $E_{6s}<E_{4f}<E_{5d}$。从图 1-13 可以看出 ns 的能级均小于 $(n-1)$d 和 $(n-2)$f，这种 n 值大的亚层的能级反而小于 n 值小的亚层的能级的现象称为能级交错。

从图 1-15 可以看出，4s 最大概率峰虽然比 3d 离核远得多，但它却有小峰钻到核近

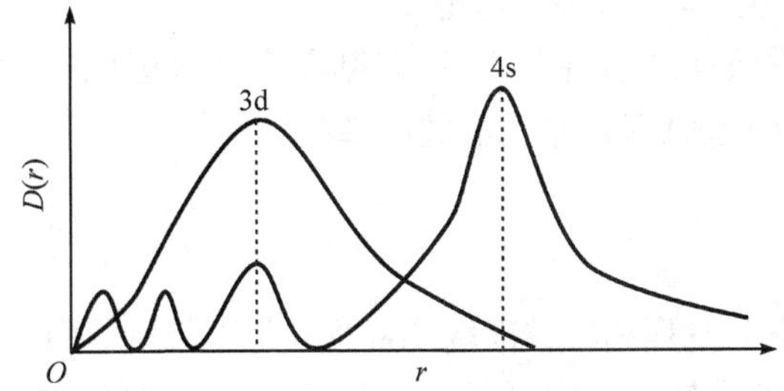

图 1-15　氢原子 4s、3d 径向分布图比较

处，有效地回避了内层电子的屏蔽。结果是 4s 轨道的主量子数 n 虽然比 3d 的 n 多了 1，但角量子数 l 少了 2，其钻穿效应对轨道能量所起的降低作用超过了主量子数增大对轨道能量的提升作用，因此 4s 轨道能量反而低于 3d 轨道。类似地可解释其他的能级交错现象。显然，由于屏蔽和钻穿效应的存在，多电子原子的轨道能级已远不像单电子原子那么简单了。

把$(n+0.7l)$值整数部分相同的能级分为一组，称为“能级组”，共可分为 7 个能级组，且此值为几，就称为第几能级组。同一能级组中的各轨道能量相差较小。能级组的划分是元素划分周期的基础。

必须指出，能级顺序图只能看作电子填入的顺序图，当电子填入后，中性原子“能级交错”现象不复存在，即恢复正常。例如，${}_{26}Fe(1s^2 2s^2 2p^6 3s^2 3p^6 3d^6 4s^2)$，填充时 $E_{3d}>E_{4s}$，填充后 $E_{3d}<E_{4s}$。所以当 Fe 变为 Fe^{3+} 时，先失去能量较高的 4s 电子，而非 3d 电子，即 $Fe^{3+}(1s^2 2s^2 2p^6 3s^2 3p^6 3d^5)$。而且对多电子原子来说，处于较深的内层电子也不存在“能级交错”现象。

1.3.2　基态原子电子排布（电子组态）

1. 核外电子排布规则

处于稳定状态的原子，为使体系能量最低，核外电子的排布要遵循以下三条原则：

(1) 能量最低原理。电子在各原子轨道的排布方式应尽可能使体系的能量处于最低状态（基态）。故可按照近似能级图所示的能级从低到高的顺序填充电子。

(2) 泡利(Pauli)不相容原理。在同一个原子中不可能有四个量子数(n, l, m, m_s)完全相同的电子存在。换言之，同一个原子轨道中至多只能容纳两个自旋相反的电子。由此可以推算出每个电子层最多可容纳的电子数应为

$$\sum_{l=0}^{n-1} 2(2l+1)=\frac{2+2\times[2(n-1)+1]}{2}n=2n^2$$

令 $n=1$、2、3、4、…，则得每个电子层最多可容纳的电子数分别为 2、8、18、32、…。

(3) 洪德(Hund)规则（简并轨道原理）。在简并轨道（n、l 相同的轨道）上，电子尽可能以自旋相同的方式分占不同的轨道，以避免同一轨道内两个电子的相互排斥作用，这有利于系统能量保持最低。

洪德规则的补充：当简并轨道处于全空（p^0、d^0、f^0），或被电子半充满（p^3、d^5、f^7）、全充

满(p^6、d^{10}、f^{14})时，体系能量较低，较为稳定。

洪德规则是由光谱数据总结出来的，只有符合简并轨道原理，才能使体系能量最低、最稳定。所以说，简并轨道原理是能量最低原理的补充。

2. 电子的排布

根据电子排布的三个原理和鲍林能级顺序图，将基态原子的电子按顺序依次填入各原子轨道中，最后将各原子轨道按主量子数和角量子数递增的顺序排列，就可以得到各元素原子基态的电子组态(也称为基态原子的电子排布式、电子层构型)。电子的排布通常有以下三种表示方法：

(1) 电子排布式。按电子在原子核外各亚层中分布的情况，在亚层符号的右上角注明排列的电子数。例如，$_{13}$Al 的电子排布式为 $1s^2 2s^2 2p^6 3s^2 3p^1$；$_{35}$Br 的电子排布式为 $1s^2 2s^2 2p^6 3s^2 3p^6 3d^{10} 4s^2 4p^5$。

由于参加化学反应的只是原子的外层电子(价电子)，内层电子结构一般是不变的，因此可以用"原子实"表示原子的内层电子结构。当内层电子构型与稀有气体的电子构型相同时，经常只需写出原子的价电子组态，而将内层电子构型用相应稀有气体的元素符号代替即可。例如，以上两例的电子排布也可简写成$_{13}$Al：[Ne] $3s^2 3p^1$，$_{35}$Br：[Ar] $3d^{10} 4s^2 4p^5$。又如，根据光谱实验数据得到的基态铬原子和铜原子的核外电子排布式如下：

$_{24}$Cr：[Ar]$3d^5 4s^1$，而不是[Ar]$3d^4 4s^2$(简并轨道半充满)。

$_{29}$Cu：[Ar]$3d^{10} 4s^1$，而不是[Ar]$3d^9 4s^2$(简并轨道全充满)。

这些结果与洪德规则的内容是一致的，42 号元素钼(Mo)、47 号元素银(Ag)、79 号元素金(Au)等也有类似现象。

(2) 轨道表示式。根据电子在核外原子轨道中的分布情况，用一个圆圈或一个方格表示一个原子轨道，并用向上或向下箭头表示电子的自旋状态。例如：

(3) 用量子数表示。按所处的状态用整套量子数表示。原子核外电子的运动状态是由四个量子数确定的。例如，$_{15}$P：[Ne] $3s^2 3p^3$，其中 $3s^2$ 的 2 个电子用整套量子数分别表示为 $\left(3,0,0,+\frac{1}{2}\right)$ 和 $\left(3,0,0,-\frac{1}{2}\right)$；$3p^3$ 的 3 个电子用整套量子数分别表示为 $\left(3,1,-1,+\frac{1}{2}\right)$、$\left(3,1,0,+\frac{1}{2}\right)$ 和 $\left(3,1,1,+\frac{1}{2}\right)$。

表 1-4 列出了由光谱实验数据得到的原子序数为 1～108 的各元素基态原子中的电子排布情况。其中绝大多数元素的电子排布与所述的排布原理是一致的，但也有少数不符合。对此，必须尊重事实，并在此基础上探求更符合实际的理论解释。

表 1-4　元素基态原子的电子构型

原子序数	元素符号	电子构型	原子序数	元素符号	电子构型	原子序数	元素符号	电子构型
1	H	$1s^{1}$	39	Y	$[Kr]4d^{1}5s^{2}$	77	Ir	$[Xe]4f^{14}5d^{7}6s^{2}$
2	He	$1s^{2}$	40	Zr	$[Kr]4d^{2}5s^{2}$	78	Pt	$[Xe]4f^{14}5d^{9}6s^{1}$
3	Li	$[He]2s^{1}$	41	Nb	$[Kr]4d^{4}5s^{1}$	79	Au	$[Xe]4f^{14}5d^{10}6s^{1}$
4	Be	$[He]2s^{2}$	42	Mo	$[Kr]4d^{5}5s^{1}$	80	Hg	$[Xe]4f^{14}5d^{10}6s^{2}$
5	B	$[He]2s^{2}2p^{1}$	43	Tc	$[Kr]4d^{5}5s^{2}$	81	Tl	$[Xe]4f^{14}5d^{10}6s^{2}6p^{1}$
6	C	$[He]2s^{2}2p^{2}$	44	Ru	$[Kr]4d^{7}5s^{1}$	82	Pb	$[Xe]4f^{14}5d^{10}6s^{2}6p^{2}$
7	N	$[He]2s^{2}2p^{3}$	45	Rh	$[Kr]4d^{8}5s^{1}$	83	Bi	$[Xe]4f^{14}5d^{10}6s^{2}6p^{3}$
8	O	$[He]2s^{2}2p^{4}$	46	Pd	$[Kr]4d^{10}$	84	Po	$[Xe]4f^{14}5d^{10}6s^{2}6p^{4}$
9	F	$[He]2s^{2}2p^{5}$	47	Ag	$[Kr]4d^{10}5s^{1}$	85	At	$[Xe]4f^{14}5d^{10}6s^{2}6p^{5}$
10	Ne	$[He]2s^{2}2p^{6}$	48	Cd	$[Kr]4d^{10}5s^{2}$	86	Rn	$[Xe]4f^{14}5d^{10}6s^{2}6p^{6}$
11	Na	$[Ne]3s^{1}$	49	In	$[Kr]4d^{10}5s^{2}5p^{1}$	87	Fr	$[Rn]7s^{1}$
12	Mg	$[Ne]3s^{2}$	50	Sn	$[Kr]4d^{10}5s^{2}5p^{2}$	88	Ra	$[Rn]7s^{2}$
13	Al	$[Ne]3s^{2}3p^{1}$	51	Sb	$[Kr]4d^{10}5s^{2}5p^{3}$	89	Ac	$[Rn]6d^{1}7s^{2}$
14	Si	$[Ne]3s^{2}3p^{2}$	52	Te	$[Kr]4d^{10}5s^{2}5p^{4}$	90	Th	$[Rn]6d^{2}7s^{2}$
15	P	$[Ne]3s^{2}3p^{3}$	53	I	$[Kr]4d^{10}5s^{2}5p^{5}$	91	Pa	$[Rn]5f^{2}6d^{1}7s^{2}$
16	S	$[Ne]3s^{2}3p^{4}$	54	Xe	$[Kr]4d^{10}5s^{2}5p^{6}$	92	U	$[Rn]5f^{3}6d^{1}7s^{2}$
17	Cl	$[Ne]3s^{2}3p^{5}$	55	Cs	$[Xe]6s^{1}$	93	Np	$[Rn]5f^{4}6d^{1}7s^{2}$
18	Ar	$[Ne]3s^{2}3p^{6}$	56	Ba	$[Xe]6s^{2}$	94	Pu	$[Rn]5f^{6}7s^{2}$
19	K	$[Ar]4s^{1}$	57	La	$[Xe]5d^{1}6s^{2}$	95	Am	$[Rn]5f^{7}7s^{2}$
20	Ca	$[Ar]4s^{2}$	58	Ce	$[Xe]4f^{1}5d^{1}6s^{2}$	96	Cm	$[Rn]5f^{7}6d^{1}7s^{2}$
21	Sc	$[Ar]3d^{1}4s^{2}$	59	Pr	$[Xe]4f^{3}6s^{2}$	97	Bk	$[Rn]5f^{9}7s^{2}$
22	Ti	$[Ar]3d^{2}4s^{2}$	60	Nd	$[Xe]4f^{4}6s^{2}$	98	Cf	$[Rn]5f^{10}7s^{2}$
23	V	$[Ar]3d^{3}4s^{2}$	61	Pm	$[Xe]4f^{5}6s^{2}$	99	Es	$[Rn]5f^{11}7s^{2}$
24	Cr	$[Ar]3d^{5}4s^{1}$	62	Sm	$[Xe]4f^{6}6s^{2}$	100	Fm	$[Rn]5f^{12}7s^{2}$
25	Mn	$[Ar]3d^{5}4s^{2}$	63	Eu	$[Xe]4f^{7}6s^{2}$	101	Md	$[Rn]5f^{13}7s^{2}$
26	Fe	$[Ar]3d^{6}4s^{2}$	64	Gd	$[Xe]4f^{7}5d^{1}6s^{2}$	102	No	$[Rn]5f^{14}7s^{2}$
27	Co	$[Ar]3d^{7}4s^{2}$	65	Tb	$[Xe]4f^{9}6s^{2}$	103	Lr	$[Rn]5f^{14}6d^{1}7s^{2}$
28	Ni	$[Ar]3d^{8}4s^{2}$	66	Dy	$[Xe]4f^{10}6s^{2}$	104	Rf	$[Rn]5f^{14}6d^{2}7s^{2}$
29	Cu	$[Ar]3d^{10}4s^{1}$	67	Ho	$[Xe]4f^{11}6s^{2}$	105	Db	$[Rn]5f^{14}6d^{3}7s^{2}$
30	Zn	$[Ar]3d^{10}4s^{2}$	68	Er	$[Xe]4f^{12}6s^{2}$	106	Sg	$[Rn]5f^{14}6d^{4}7s^{2}$
31	Ga	$[Ar]3d^{10}4s^{2}4p^{1}$	69	Tm	$[Xe]4f^{13}6s^{2}$	107	Bh	$[Rn]5f^{14}6d^{5}7s^{2}$
32	Ge	$[Ar]3d^{10}4s^{2}4p^{2}$	70	Yb	$[Xe]4f^{14}6s^{2}$	108	Hs	$[Rn]5f^{14}6d^{6}7s^{2}$
33	As	$[Ar]3d^{10}4s^{2}4p^{3}$	71	Lu	$[Xe]4f^{14}5d^{1}6s^{2}$	109	Mt	
34	Se	$[Ar]3d^{10}4s^{2}4p^{4}$	72	Hf	$[Xe]4f^{14}5d^{2}6s^{2}$	110	Ds	
35	Br	$[Ar]3d^{10}4s^{2}4p^{5}$	73	Ta	$[Xe]4f^{14}5d^{3}6s^{2}$	111	Uuu	
36	Kr	$[Ar]3d^{10}4s^{2}4p^{6}$	74	W	$[Xe]4f^{14}5d^{4}6s^{2}$	112	Uub	
37	Rb	$[Kr]5s^{1}$	75	Re	$[Xe]4f^{14}5d^{5}6s^{2}$			
38	Sr	$[Kr]5s^{2}$	76	Os	$[Xe]4f^{14}5d^{6}6s^{2}$			

注：□框内为过渡金属元素；⬚框内为内过渡金属元素，即镧系与锕系元素。

1.4 原子的电子层结构和元素周期律

从表 1-4 可见，元素之间彼此不是相互孤立的，而是有内在联系的。元素的性质随着核电荷数的增加呈现周期性的变化，这就是元素周期律。依照这个规律把自然界所有元素组织在一起形成一个完整的体系，就是元素周期系，其图表形式称为元素周期表。

1.4.1 周期表的结构

1. 电子层结构与周期

周期是依据能级组划分的(表 1-5)。周期表中有 7 个横行，每个横行表示 1 个周期，共有 7 个周期。第一周期只有 2 种元素，为特短周期；第二、三周期各有 8 种元素，为短周期；第四、五周期各有 18 种元素，为长周期；第六周期有 32 种元素，为特长周期；第七周期预测有 32 种元素，现只有 26 种元素，故称为不完全周期。第七周期中，从铹以后的元素都是人工合成元素(104～112)。根据电子层结构稳定性和元素性质递变的规律，我国科学家预言，元素周期表可能存在的上限是第八周期的 119～168 号，大约在 138 号终止。

表 1-5 能级组与周期的关系

周期	周期名称	能级组	能级组内各亚层电子填充次序	起止元素	所含元素个数
一	特短周期	1	$1s^{1\sim2}$	$_1H\sim{}_2He$	2
二	短周期	2	$2s^{1\sim2}\rightarrow2p^{1\sim6}$	$_3Li\sim{}_{10}Ne$	8
三	短周期	3	$3s^{1\sim2}\rightarrow3p^{1\sim6}$	$_{11}Na\sim{}_{18}Ar$	8
四	长周期	4	$4s^{1\sim2}\rightarrow3d^{1\sim10}4p^{1\sim6}$	$_{19}K\sim{}_{36}Kr$	18
五	长周期	5	$5s^{1\sim2}\rightarrow4d^{1\sim10}5p^{1\sim6}$	$_{37}Rb\sim{}_{54}Xe$	18
六	特长周期	6	$6s^{1\sim2}\rightarrow4f^{1\sim14}\rightarrow5d^{1\sim10}\rightarrow6p^{1\sim6}$	$_{55}Cs\sim{}_{86}Rn$	32
七	不完全周期	7	$7s^{1\sim2}\rightarrow5f^{1\sim14}\rightarrow6d^{1\sim7}$未完	$_{87}Fr\sim$未完	

将元素周期表与原子的电子层结构、原子轨道近似能级图进行对照分析，可以看出：

(1) 各周期的元素数目与其相应的能级组中的电子数目一致，而与各层的电子数目并不相同(第一周期和第二周期除外)。

(2) 每一周期开始都出现一个新的电子层，元素原子的电子层数就等于该元素在周期表中所处的周期数。也就是说，原子的最外层的主量子数与该元素所在的周期数相等。

(3) 每一周期中的元素随着原子序数的递增，总是从活泼的碱金属开始(第一周期除外)，逐渐过渡到稀有气体为止。与此对应，其电子层结构的能级组均是从 ns^1 开始至 ns^2np^6 结束，如此周期性地重复出现。在长周期或特长周期中，其电子层结构中还夹有 $(n-2)d$、$(n-2)f$、$(n-1)d$ 亚层。

2. 电子层结构与族

价电子是指原子参加化学反应时能用于成键的电子。价电子所在的亚层统称为价电子层，简称价层。原子的价电子构型是指价层电子的排布式，它能反映该元素原子的电子层结构特征。

周期表中的纵行称为族，一共有 18 个纵行，分为 8 个主(A)族和 8 个副(B)族。同族元素虽然电子层数不同，但价电子构型基本相同(少数除外)，所以原子的价电子构型是元素分族的依据。

1) 主族元素

周期表中共有 8 个主族，表示为ⅠA～ⅧA。凡原子核外最后一个电子填入 ns 或 np 亚层的元素都是主族元素，其价电子构型为 $ns^{1\sim2}$ 或 $ns^2np^{1\sim6}$，价电子总数等于其族数。由于同一族中各元素原子核外电子层数从上到下递增，因此同族元素的化学性质具有递变性。ⅧA 族为稀有气体元素，这些元素原子的最外层都已填满电子，价电子构型为 ns^2np^6，因此它们的化学性质很不活泼，也称为零族元素。

2) 副族元素

周期表中共有 8 个副族，即ⅠB～ⅦB 和Ⅷ。凡原子核外最后一个电子填入 $(n-1)d$ 或 $(n-2)f$ 亚层的元素都是副族元素，也称过渡元素，其价电子构型为 $(n-1)d^{1\sim10}ns^{0\sim2}$。ⅢB～ⅦB 族元素原子的价电子总数等于其族数。Ⅷ族有三个纵行，它们的价电子数为 8～10，与其族数不完全相同。ⅠB、ⅡB 族元素由于其 $(n-1)d$ 亚层已经填满，所以最外层 (ns) 上的电子数等于其族数。

同一副族元素的化学性质也具有一定的相似性，但其化学性质递变性不如主族元素明显。镧系和锕系元素的最外层和次外层的电子排布基本相同，只是倒数第三层的电子排布不同，这使得镧系 15 种元素与锕系 15 种元素的化学性质极为相似，在周期表中只各占据一个位置，因此将镧系、锕系元素单独各列一行，置于周期表下方。

3. 电子层结构与元素的分区

周期表中的元素除按周期和族划分外，还可以根据元素原子的核外电子排布特征分为五个区，如表 1-6 所示。

表 1-6　元素的价电子构型与元素的分区、族

周期	ⅠA	ⅡA	ⅢB	ⅣB	ⅤB	ⅥB	ⅦB	Ⅷ	ⅠB	ⅡB	ⅢA	ⅣA	ⅤA	ⅥA	ⅦA	0 (ⅧA)
1～7	s区 $ns^{1\sim2}$		d区 $(n-1)d^{1\sim9}ns^{1\sim2}$						ds区 $(n-1)d^{10}ns^{1\sim2}$		p区 $ns^2np^{1\sim6}$					

镧系元素	f区
锕系元素	$(n-2)f^{0\sim14}(n-1)d^{0\sim2}ns^2$

(1) s 区元素。价电子构型为 $ns^{1\sim2}$（ⅠA 和ⅡA 族）。

(2) p 区元素。价电子构型为 $ns^2np^{1\sim6}$（ⅢA～ⅧA 族）。

(3) d 区元素。价电子构型为 $(n-1)d^{1\sim9}ns^{1\sim2}$［ⅢB～ⅦB，Ⅷ族，Pd 为 $(n-1)d^{10}ns^0$］。

(4) ds 区元素。价电子构型为 $(n-1)d^{10}ns^{1\sim2}$（ⅠB 和ⅡB 族）。

(5) f 区元素。价电子构型为 $(n-2)f^{1\sim14}(n-1)d^{0\sim2}ns^2$（镧系和锕系元素，有例外）。

1.4.2 元素重要性质的周期性

元素原子核外的电子排布呈现周期性变化，导致一些与原子结构有关的基本性质（如有效核电荷、原子半径、电离能、电子亲和能、电负性等）也随之呈现周期性的变化。

1. 有效核电荷 Z^*

元素的化学性质主要取决于原子的外层电子，下面讨论原子核作用在最外层电子上的有效核电荷数在周期表中的变化规律。

同一周期主族元素，从左到右，随着核电荷的增加，增加的电子都填入同一电子层中，彼此间的屏蔽作用较小（σ 约为 0.35），使有效核电荷数依次显著增加。每增加一个电子，有效核电荷数增加约 0.65。

同一周期副族元素，从左到右，随着核电荷数的增加，增加的电子依次进入次外层的 d 轨道。由于次外层电子对最外层电子的屏蔽作用较大（σ 约为 0.85），因此有效核电荷增加不多。每增加一个电子，有效核电荷增加约 0.15。对 f 区元素来说，从左到右，随核电荷的增加，增加的电子填充在 $(n-2)$ 层的 f 轨道上。由于 $(n-2)$ 层电子对最外层电子的屏蔽作用较大（$\sigma=1.00$），故有效电荷数几乎没有增加。

同一族中的主族元素或副族元素，从上到下，相邻的两元素之间增加了一个 8 电子或 18 电子的内层，每个内层电子对外层电子的屏蔽作用较大，因此有效核电荷数增加并不显著。

有效核电荷随原子序数的变化如图 1-16 所示。

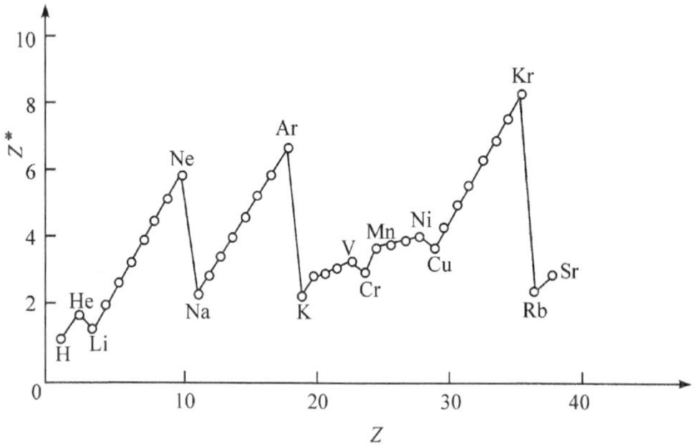

图 1-16 有效核电荷的周期性变化

2. 原子半径 r

假设原子呈球形，在固体中原子间相互接触，以球面相切，这样只要测出单质在固态下相邻两原子核间距离的一半就是原子半径。

由于电子在原子核外的运动是概率分布的，没有明显的界限，因此原子的大小无法直接测定。通常所说的原子半径是通过实验测得的。核间距被形象地认为是两原子的半径之和。通常根据原子之间成键的类型不同，将原子半径分为以下三种：

(1) 金属半径。指金属晶体中相邻两原子的核间距的一半。

(2) 共价半径。指某一元素的两个原子以共价键结合时，其核间距的一半。

(3) 范德华半径。指分子晶体中紧邻的两个非键合原子的核间距的一半。

由于作用力性质不同，三种原子半径相互间没有可比性。一般来说，同一元素原子的范德华半径明显大于其共价半径和金属半径，如图 1-17 所示。

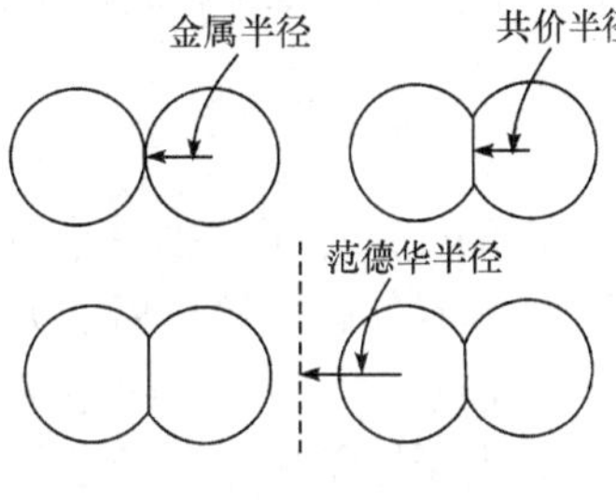

图 1-17　三种原子半径示意图

原子半径的大小主要取决于原子的有效核电荷和核外电子层数。核外电子层数相同时，原子的有效核电荷越大，核对电子的吸引力就越大，原子半径就越小；有效核电荷基本相同时，原子核外电子层数越多，核对电子的吸引力就越小，原子半径就越大。附录Ⅸ给出了各元素的原子半径，其中稀有气体采用的是范德华半径。原子半径在周期表中的变化规律可归纳如下：

1) 同周期元素原子半径的变化

同一周期主族元素，从左到右，随着原子序数的递增，电子层数保持不变。每增加一个核电荷，核外最外层就增加一个电子。由于同层电子间的屏蔽作用较小，故作用于最外层电子的有效核电荷明显增大，原子半径明显减小，相邻元素原子半径平均减少约 10 pm，致使同周期元素的金属性明显减小，非金属性明显增大，直至形成 ns^2np^6 结构的稀有气体。稀有气体原子并没有形成化学键，其原子半径是范德华半径，所以半径都特别大。

同一周期过渡元素，从左到右，随着原子序数的递增，每增加一个核电荷，核外所增加的每一个电子依次填充于 $(n-1)$d 轨道，对最外层电子产生较大的屏蔽作用，使得作用于最外层电子的有效核电荷增加较少，因而原子半径减小较为缓慢，不如主族元素变化明显，相邻元素原子半径平均减少约 5 pm，致使同周期元素的金属性递减缓慢，因此整个过渡元素都保持金属的性质。当 d 电子全充满(ⅠB、ⅡB 族)时，由于全满的 d 亚层对最外层 s 电子产生较大的屏蔽作用，作用于最外层电子的有效核电荷反而减小，原子半径突然增大。对于内过渡元素(如镧系元素)，增加的电子依次填入 $(n-2)$f 轨道，对外层电子的屏蔽作用更大，因此原子半径从左至右减小的幅度更小，相邻元素原子半径平均仅减少 1 pm，镧系元素原子半径随原子序数逐渐缓慢减小的现象称为“镧系收缩”。镧系收缩是无机化学中一个非常重要的现象，它不仅造成镧系元素性质十分相似，而且还对镧系后第三系列过渡元素的性质影响极大。

2) 同族元素原子半径的变化

同一主族元素，从上到下电子层数依次增多，外层电子随着主量子数的增大，运动空间向外扩展，虽然核电荷明显增加，但由于多了一层电子的屏蔽作用，作用于最外层电子的有效核电荷增加并不显著，故原子半径依次增大，金属性依次增强。

同一族的过渡元素中，ⅢB 族从上到下原子半径依次增大，这与主族的变化趋势一致。而后面的各族却不同，从第一系列过渡元素到第二系列过渡元素，原子半径增大，由第二系列过渡元素到第三系列过渡元素，原子半径基本不变，甚至缩小。例如，Hf 的半径(159 pm)小于 Zr(160 pm)；Ta(146 pm)与 Nb(146 pm)、W(139 pm)与Mo(139 pm)的半径相等。这种反常现象主要源于镧系收缩。第三系列过渡元素，从镧(La)到相邻的铪(Hf)，中间实际还包含从铈(Ce)到镥(Lu)的 14 个元素，虽然相邻镧系元素的原子半径变化很小，原子半径收缩的总和却是明显的，累积共减小 9 pm，所以从 La 到 Hf，原子半径共减小了24 pm，远大于相应的第二系列元素钇(Y)到锆(Zr)的原子半径的降低值 20 pm。因此“镧系收缩”的结果将影响镧系后所有第三系列过渡元素的性质。

3. 元素的电离能 I

基态的气态原子失去一个电子形成气态一价正离子时所需能量称为元素的第一电离能(I_1)。元素气态一价正离子失去一个电子形成气态二价正离子时所需能量称为元素的第二电离能(I_2)。第三、四电离能依此类推，由于失去电子逐渐困难，因此 $I_1 < I_2 < I_3 < \cdots$。由于原子失去电子必须消耗能量克服核对外层电子的引力，因此电离能总为正值，SI 单位为 $J \cdot mol^{-1}$，常用 $kJ \cdot mol^{-1}$。通常不特别说明，所指的都是第一电离能，附录Ⅹ列出各元素的第一电离能。

电离能的大小反映气态原子失去电子的难易，电离能越大，原子越难失去电子，该元素的金属性就越弱；反之金属性就越强。影响电离能大小的因素有有效核电荷、原子半径和原子的电子层构型。

1) 主族元素

同一主族及零族元素，从上到下原子的价电子构型相同，虽然有效核电荷有所增加，但由于电子层数增加、原子半径增大，因此最外层电子能量升高，电离能递减，元素的金属性从上到下增强。

同一周期的主族元素从左到右，由于有效核电荷递增，半径递减，故总的趋势是电离能明显增大，元素从强金属性过渡到强非金属性，到稀有气体元素达到最高的电离能。但也有几处“反常”，如图 1－18 所示，ⅡA 族 Be、Mg 的第一电离能分别大于ⅢA 族的 B、Al；ⅤA 族 N、P 的第一电离能分别大于ⅥA 族的 O、S。这是为什么呢？现以 Be 和 B 为

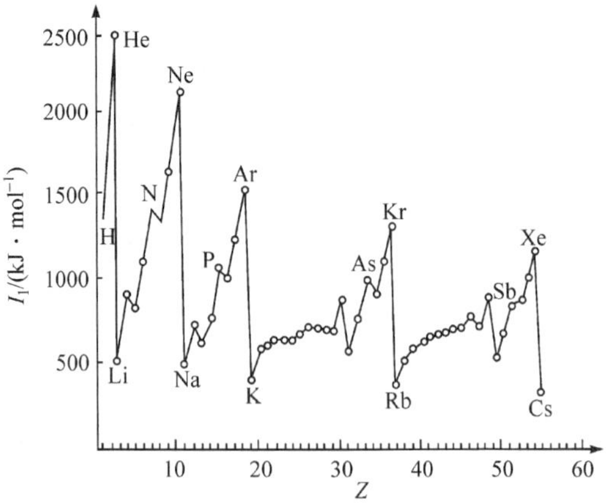

图 1－18　元素的第一电离能与原子序数的关系

例说明。Be的价电子构型为$2s^2 2p^0$，B的价电子构型为$2s^2 2p^1$，Be的p亚层为全空的稳定结构，失去电子较难，所以Be的第一电离能比B的高。Mg的第一电离能高于Al也是同样道理。至于ⅤA族N、P的第一电离能分别小于ⅥA族O、S，是由于N、P具有$2s^2 2p^3$的价电子结构，p亚层为半充满，处于稳定状态。若失去1个电子将由稳定状态变为不稳定状态，所需的能量较多，因此第一电离能较大。

2）副族元素

同系列过渡元素从左到右，有效核电荷的增大及原子半径的减小均不如主族元素显著，故第一电离能不规则地升高，且升高幅度不及主族明显。并且过渡元素最外层只含一两个电子，所以均显金属性。

同副族（包括Ⅷ族）过渡元素，从第一到第二系列，第一电离能减小，金属性增强；而从ⅣB族开始，第三系列过渡元素的第一电离能明显大于第二系列过渡元素，很多第一电离能高的不活泼金属元素（如Hg、Au、Pt、Ir、Os、Re、W、Ta）均位于第三过渡系列。这种反常现象还是源于镧系收缩。因为从第二到第三过渡系列，作用于最外层电子的有效核电荷增加，而它们的半径却没有增加，并且几乎是相等的，所以第三过渡系列金属失电子更加困难。

对于镧系元素，由于作用于最外层电子的有效核电荷相近，从左到右原子半径缓慢减小，电子构型相似，故电离能变化很小，因而镧系元素性质非常相近，均为活泼金属。由于镧系收缩作用，Y的原子半径落在镧系元素半径范围以内，Sc的原子半径只比Lu略小，又由于Sc、Y外层电子构型与镧系元素相似，所以Sc、Y和15个镧系元素在自然界常共生，统称为稀土（rare earth，RE）元素。

我国有丰富的稀土资源，占世界稀土总储量的76%，位居首位。因为稀土元素性质十分相似，所以稀土元素的分离仍然是我国化学工作者的重大研究课题。从20世纪70年代以来，通过深入的试验研究与反复的生产实践，科研工作者解决了一系列关键技术问题，成功地将稀土元素应用于农业生产，从而将时停时续进行了近60年的稀土元素生物活性研究发展成为一项实用技术，使我国成为世界上第一个把稀土元素作为一种商业性产品应用于农业生产的国家，产生了可观的社会效益与经济效益，为我国极其丰富的稀土资源的开发利用开拓了一个崭新的领域。稀土元素目前在农业上应用较多。例如，北京园林科研所的科研人员制成了方便实用的稀土花肥——瑞尔花友系列产品（“瑞尔”即稀土英文名称的音译）。

对于主族元素，利用电离能的数据可说明元素的常见价态。例如，Na、Mg、Al都是金属，如表1-7所示。

表1-7　Na、Mg、Al的各级电离能（单位：$kJ \cdot mol^{-1}$）

电离能	I_1	I_2	I_3	I_4
$Na(3s^1)$	495.8	4 563.1	6 911.6	9 540.0
$Mg(3s^2)$	737.7	1 450.9	7 733.8	10 540.0
$Al(3s^2 3p^1)$	577.76	1 816.9	2 745.1	11 579.0

由表1-7可见，Na的第二电离能比第一电离能大很多，故Na通常只失去一个电子形成Na^+；同理，Mg易形成Mg^{2+}，Al易形成Al^{3+}。对任何元素来说，在第三电离能之后

的各级电离能都很大，所以高于+3价的独立离子很少存在。

4. 电子亲和能 E

基态的气态原子得到一个电子形成气态−1价离子所放出的能量称为第一电子亲和能，在数值上等于电子亲和反应焓变的负值，以 E_1 表示，依次有 E_2、E_3、…如不注明，一般指的是第一电子亲和能。电子亲和能的SI单位为 $J \cdot mol^{-1}$，常用 $kJ \cdot mol^{-1}$。例如：

$$Cl(g) + e^- \longrightarrow Cl^-(g) \qquad \begin{aligned} &\Delta_r H_m^\ominus = -348.7\ kJ \cdot mol^{-1} \\ &E_1 = -\Delta_r H_m^\ominus = 348.7\ kJ \cdot mol^{-1} \end{aligned}$$

一般元素的第一电子亲和能为正值，而第二电子亲和能为负值，这是因为负离子获得电子时需要克服负电荷之间的排斥力，所以需要吸收能量。附录Ⅺ给出一些元素的第一电子亲和能。

电子亲和能较难测定，有的是用计算方法推测的，因此数据不全，且可靠性较差。但从附录Ⅺ的数据中可以大致看出，电子亲和能的周期性变化规律与电离能的变化规律相似，具有大的电离能的元素一般也都具有大的电子亲和能。活泼非金属一般具有较大的电离能和电子亲和能，通常不易失去电子，而容易获得电子形成负离子；而金属元素的电离能和电子亲和能都较小，通常易于失去电子形成正离子，而难以获得电子形成负离子。

从附录Ⅺ的数据还可以看出，第二周期元素的电子亲和能反常地低于同族第三周期元素，如电子亲和能最大的元素是Cl而不是F。这是因为第二周期元素原子半径较小，电子云密度大，电子间斥力较大。ⅡA和ⅤA族元素的数据出现反常，与p轨道全空、半满结构有关。

根据电子亲和能可以近似判断元素原子金属性和非金属性的强弱。一般来说，元素的电子亲和能越大，表示元素由气态原子得到电子生成负离子的倾向越大，则该金属的非金属性就越强。但在卤族元素中，氟的情况却不是这样。F的电子亲和能小于Cl和Br的电子亲和能，但实际上氟单质的金属性要比氯、溴单质强得多，而且氟单质也是最强的非金属。因此不能单凭元素电子亲和能的数据判断单质的非金属性强弱。

5. 元素的电负性 χ

每一种元素的原子都同时具有得、失电子两个倾向，而电子亲和能和电离能都只能从一个侧面反映原子得失电子的能力。电负性是综合考虑得、失电子两方面的情况而提出的概念，1932年鲍林定义，元素的电负性是原子在分子中吸引成键电子的能力，用符号 χ 表示。原子的电负性越大，原子对成键电子的吸引能力越大。

目前电负性还无法直接测定，只能用间接方法标度。至今已提出多种标度电负性的方法，较为通用的是鲍林电负性标度。鲍林指定电负性最大的氟(F)原子电负性等于3.98，锂(Li)原子的电负性等于0.98，依此为参照标准，求得其他元素原子的电负性值，参见附录Ⅻ。电负性大的元素集中在周期表的右上角，F是电负性最大的元素；电负性小的元素集中在周期表的左下角，Cs是电负性最小的元素。

在周期系中，电负性的递变规律如下：

(1) 同一周期元素从左到右电负性逐渐增加，过渡元素的电负性变化不大。

(2) 同一主族元素从上到下电负性逐渐减小，副族元素电负性变化规律不明显。

(3) 稀有气体的电负性是同周期元素中最大的。

根据元素电负性的大小，可判断元素金属性和非金属性的强弱。一般来说，非金属元素的电负性大于 2.0，金属元素的电负性小于 2.0。

电负性数据是研究化学键性质的重要参数。电负性差值大的元素之间的化学键以离子键为主，电负性相同或相近的非金属元素以共价键结合，电负性相等或相近的金属元素以金属键结合。

阅读材料

原 子 钟

时间是宇宙中最永恒的使者。从原始的日晷、水钟、沙漏到现代的机械钟、石英钟乃至原子钟，计时工具追随着人类物质文明进步的步伐，经历了计时精度由模糊到精确的过程。

如今，人们常用的钟表，精度高的大约每年有 1 min 的误差，这对日常生活是没有影响的，但在要求很高的生产、科研中就需要更准确的计时工具。根据爱因斯坦的理论，在引力场内，空间和时间都会弯曲。因此，在珠穆朗玛峰顶部的一个时钟，比海平面处完全相同的一个时钟平均每天快三千万分之一秒。所以精确测定时间的唯一办法只能是通过原子本身的微小振动来控制计时钟。

量子力学的发展为更精确的时间测量提供了条件。诺贝尔物理学奖获得者伊西多·伊萨克·拉比在 1945 年提出，可以运用原子束磁共振技术制造原子钟。根据他的设想，美国国家标准局在 1949 年使用氨分子作为磁振源，制成了世界上首台原子钟。它是利用原子吸收或释放能量时发出的电磁波共振频率一致性的原理来计时的。由于这种电磁波非常稳定，再加上利用一系列精密的仪器进行控制，原子钟的计时就可以非常准确了。1952 年美国国家标准局又制成了第一台铯原子钟，将时间测量精度提高到每 1500 万年误差 1 s 这个精度，已经达到了天文数字的水平。然而，进一步提高时间测量精度的探索并未止步。

2001 年 8 月，美国国家标准与技术协会又研制出一种更新的原子钟，由于这种时钟的研制主要是依靠激光技术，因而被命名为“全光学原子钟”。原子时钟的“滴答”来自于原子的转变，在当前的原子钟中，铯原子是在微波频率范围内转变的，而光学转变发生在比微波转变高得多的频率范围，因此它能够提供一个更精细的时间尺度，也就可以更精确地计时。这种新研制出来的全光学原子时钟的指针在 1 s 内走动时发出的“滴答”声为 1×10^{15}，是现在最高级的时钟——微波铯原子钟的十万倍。所以，用它来测量时间将更精确，达到了每 10 亿年误差 1 s 的精度。

目前世界上最准确的计时工具就是原子钟。科学家预言这种时钟可以提高航空技术、通信技术(如移动电话和光纤通信技术等)的应用水平，同时可用于调节卫星的精确轨道、外层空间的航空和连接太空船等。

习　题

1-1　微观粒子的运动有什么特点？可分别由什么实验来证实？

1-2　量子力学中用______来描述微观粒子运动状态，并用其绝对值的平方表示________。

1-3　下列各组量子数哪些是不合理？

(1) $n=2, l=1, m=0$。

(2) $n=2, l=2, m=-1$。

(3) $n=3, l=0, m=0$。

(4) $n=3, l=1, m=+1$。

(5) $n=2, l=0, m=-1$。

(6) $n=2, l=3, m=+2$。

1-4　用四个量子数表示氮原子外层 $2s^2 2p^3$ 各电子的运动状态。

1-5　在多电子原子中，主量子数为 4 的电子层有几个能级？各能级有几个轨道？最多能容纳几个电子？

1-6　下列说法是否正确？将错误的说法改正过来。

(1) 基态氢原子的能量具有确定值，但它的核外电子的位置不确定。

(2) 微观粒子的质量越小，运动速度越快，波动性就表现得越明显。

(3) 原子中某电子的合理的波函数代表了该电子可能存在的运动状态，该运动状态可视为一个原子轨道。

(4) 因为氢原子只有一个电子，所以它只有一条原子轨道。

(5) p 轨道的空间构型为双球形，则每一个球形代表一条原子轨道。

(6) 电负性反映了化合态原子吸引电子能力的大小。

(7) 某元素的原子难失电子，不一定就容易获得电子。

(8) 电离能大的元素，其电子亲和能也大。

(9) 电子具有波粒二象性，故每个电子都既是粒子又是波。

1-7　基态原子 $_{36}Kr$ 中，符合量子数 $m=0$ 的电子有______个，符合量子数 $l=1$ 的原子轨道有______个，符合量子数 $m_s=+\frac{1}{2}$ 的电子有______个。

1-8　M^{3+} 的 3d 轨道上有 6 个电子，则 M 原子基态时核外电子排布式为______，M 属于______周期______族________区元素，原子序数为______。

1-9　某元素基态原子 $l=1$ 的轨道排布了 15 个电子，该元素的电子排布式为______，原子序数为______，它可以形成最高氧化数为______的化合物。

1-10　某元素的基态价层电子构型为 $4d^2 5s^2$，请给出比该元素的原子序数小 4 的元素的基态原子电子组态。

1-11　某元素原子的最外层上仅有 1 个电子，此电子的量子数是 $n=4, l=0, m=0, m_s=+\frac{1}{2}$。

(1) 符合上述条件的元素有几种？原子序数各为多少？

(2) 写出相应元素的元素符号和电子排布式，并指出其价层电子结构及在周期表中的位置(周期、族和区)。

1-12　在 He^+ 中，3s、3p、3d、4s 轨道能量自低至高排列顺序为____________；在 K 原子中，顺序为____________；在 Mn 原子中，顺序为____________。

1-13　Fe、Mn、Cu、Zn 等均为生物必需的营养元素，而 Hg、As、Cd、Cr 等为有毒元素。写出上述元素基态原子核外电子排布式，并说明它们在周期表中的位置。

1-14　已知两元素基态原子的外层电子结构分别为 $4d^{10}5s^1$ 和 $3d^1 4s^2$，试推算出它们的原子序数。

1-15　写出符合下列条件的基态原子的元素符号。

(1) 次外层有 8 个电子，最外层电子构型为 $4s^2$。

(2) 位于零族元素，但最外层没有 p 电子。

(3) 在 3p 轨道上只有一个电子。

1-16　活泼金属主要集中于周期表中____________，惰性金属大都集中于周期表____________。

1-17　具有下列原子外层电子结构的四种元素：

(1) $2s^2$　(2) $2s^2 2p^1$　(3) $2s^2 2p^3$　(4) $2s^2 2p^4$

其中第一电离能最大的是______，最小的是______。

1-18 设第四周期有A、B、C、D 4种元素，其原子序数依次增大，价电子数分别为1、2、2、7，A和B的次外层电子数为8，C和D为18。

(1) A、B、C、D的原子序数各为多少？

(2) 哪些是金属？哪些是非金属？

(3) A和D的简单离子是什么？

(4) B和D两种元素形成何种化合物？写出化学式。

1-19 设有元素A、B、C、D、E、G、L、M，已知：

(1) A、B、C为同一周期的金属元素，C有3个电子层，A的原子半径在周期中最大，且A>B>C。

(2) D、E为非金属元素，与氢化合生成HD和HE，在室温时D的单质是液体，E的单质是固体。

(3) G是所有元素中电负性最大的元素。

(4) L的单质在常温下是气体，性质很稳定，是除氢以外最轻的气体。

(5) M为金属元素，有四个电子层，其最高化合价和Cl的最高化合价相同。

试推断它们的元素符号、电子排布式以及在周期表中的位置。

1-20 根据原子结构理论，预测：

(1) 第八周期将包含多少种元素？

(2) 电子开始填充5g轨道时，元素的原子序数为多少？

(3) 写出第116号元素的价电子构型。

第 2 章　化学键和分子结构

分子是物质参与化学反应的基本单位，其性质取决于组成原子的种类、数目、原子间的强相互作用力和原子的空间排列方式。原子间的强相互作用力又称为化学键。化学键可分为离子键、共价键和金属键三种。原子的空间排列方式就是分子结构。

本章将在原子结构的基础上，重点讨论分子的形成过程以及有关的化学键理论，并且对分子间作用力、氢键以及分子结构与物质性质的关系进行简要的探讨。

2.1　离子键理论

实验表明 NaCl、KBr 等晶体在熔融状态或溶于水后可以导电，说明这些物质内部存在带正、负电荷的粒子。1916 年，德国化学家柯塞尔(W. Kossel)根据稀有气体原子具有稳定结构的事实提出了离子键理论，对离子化合物的形成及性质进行了科学解释。

2.1.1　离子键的形成

柯塞尔的离子键理论认为：一定条件下，电离能较低的活泼金属原子(主要是ⅠA、ⅡA 族金属元素的原子)与电子亲和能高的活泼非金属元素原子(主要是ⅦA族元素的原子及 O、S 等)相互接触时会发生电子转移。金属原子失电子形成正离子，非金属原子得电子形成负离子，形成的正、负离子都具有类似稀有气体原子的稳定结构，然后正、负离子通过静电引力形成离子键。例如，NaCl 的形成过程如下：

$$\left.\begin{array}{l} n\mathrm{Cl}(3s^2 3p^5, g) \xrightarrow{+ne^-} n\mathrm{Cl}^-(3s^2 3p^6, g) \\ n\mathrm{Na}(3s^1, g) \xrightarrow{-ne^-} n\mathrm{Na}^+(2s^2 2p^6, g) \end{array}\right\} \xrightarrow{\text{静电引力}} n\mathrm{NaCl}(s)$$

一般认为只有电负性差值大于或等于 1.7 的典型金属原子与典型非金属原子才能形成离子键。由离子键形成的化合物通常以离子晶体的形式存在。例如，Na 的电负性为 0.93，Cl 的电负性为 3.16，$\Delta\chi=2.23$，故 NaCl 是离子晶体。但$\Delta\chi\geqslant1.7$ 作为判断离子键的一个指标并不是绝对的。例如，HF 中 H 与 F 的 $\Delta\chi=1.78$，但H—F键却是共价键。

近代化学实验和量子化学计算表明，即使在典型的离子化合物中，离子间的作用力也不完全是静电作用，仍有原子轨道重叠的成分，即有部分共价性。例如，由最活泼的金属原子与最活泼的非金属原子形成的离子化合物 CsF 也有 8%的共价成分。

2.1.2　离子键的特点

离子键的本质是静电引力。若正、负离子所带电荷分别为 q^+ 和 q^-，两者之间距离为 R，则静电引力为

$$F=\frac{q^+ \cdot q^-}{R^2}$$

由上式可知，离子所带电荷越大，离子间距离越小，静电引力就越大，形成的离子键也就越强。

由于离子所带电荷分布是球形对称的，它在空间各个方向上的静电效应相同，因此可在任何方向上吸引带相反电荷的离子，所以离子键是无方向性的。而且只要空间条件许可，每个离子均可吸引尽量多的异号离子，故离子键无饱和性。例如，NaCl 晶体每个 Na^+ 的周围被六个 Cl^- 包围，相应地每个 Cl^- 周围也被六个 Na^+ 包围。分子式 NaCl 仅代表晶体的离子组成比，并非表示晶体中存在 NaCl 分子。故离子晶体是由正、负离子按化学式组成比相间排列形成的“巨型分子”。

一个离子可以吸引的异号离子的数目（配位数）主要取决于正、负离子的半径比 $r_{正}/r_{负}$，半径比值越大，正离子吸引负离子的数目就越多，配位数也就越大，详见表 2-1。

表 2-1　AB 型化合物的离子半径比、配位数与晶体构型的关系

半径比 $r_{正}/r_{负}$	配位数	一般构型	实　例
0.225～0.414	4	ZnS	BeO、BeS、MgTe 等
0.414～0.732	6	NaCl	KCl、KBr、AgF、MgO、CaS 等
0.732～1.00	8	CsCl	CsBr、TlCl 等

2.1.3　离子键的强度与晶格能

离子键的强度常用晶格能衡量。

晶格能(U)是相距无穷远的气态正、负离子结合成 1 mol 离子晶体时所释放的能量。一般以正值表示。例如，下列离子晶体的晶格能为

$$mM^{n+}(g)+nX^{m-}(g)=\!=\!=M_mX_n(s)\qquad U=-\Delta_r H_m^{\ominus}$$

晶格能的大小可以反映离子键的强度和晶体的稳定性。对于同类型的离子晶体，晶格能与正、负离子的电荷数成正比，与核间距成反比。晶格能越大，离子键强度越大，晶体稳定性也就越高，与此有关的物理性质（如熔点、沸点、硬度等）也就越大。晶格能数据难以通过实验直接测量，一般可用热力学的方法，通过设计热化学循环，如玻恩-哈伯(Born-Haber)循环，由赫斯(G. H. Hess)定律求算。

2.1.4　离子的特征及对离子键强度的影响

离子是离子化合物的基本结构粒子，离子的性质在很大程度上决定离子键的强度和离子化合物的性质。其中，离子的电荷、电子构型和离子半径是影响离子键强弱的三个重要因素。

1. 离子的电荷

原子在形成离子化合物的过程中失去或得到电子的数目称为离子的电荷。离子所带电荷的多少直接影响离子键的强度，并进而影响离子化合物的性质。例如，MgO 的离子键强度远大于 NaF，因此 MgO 的熔、沸点和硬度均高于 NaF。又如，Fe^{2+} 和 Fe^{3+} 尽管只是所带电荷不同，但性质却有很多不同：Fe^{2+} 在水溶液中是浅绿色的，具有还原性；Fe^{3+}

在水溶液中是黄色的，具有氧化性。

2. 离子的电子构型

简单负离子（如 F^-、Cl^-、S^{2-}、O^{2-} 等）最外层一般具有稳定的 8 电子构型，而正离子的情况比较复杂，其价电子层构型可分为以下 5 种：

（1）2 电子构型（$1s^2$）：如 Li^+、Be^{2+} 等。

（2）8 电子构型（ns^2np^6）：如 Na^+、K^+、Ca^{2+}、Mg^{2+} 等。

（3）9～17 电子构型（$ns^2np^6nd^{1\sim9}$）：如 Mn^{2+}、Fe^{2+}、Fe^{3+}、Cr^{3+}、Co^{2+} 等 d 区元素的离子。

（4）18 电子构型（$ns^2np^6nd^{10}$）：如 Cu^+、Ag^+、Zn^{2+}、Cd^{2+}、Hg^{2+} 等 ds 区元素的离子及 Sn^{4+}、Pb^{4+} 等 p 区高氧化态的金属正离子。

（5）18＋2 电子构型［$(n-1)s^2(n-1)p^6(n-1)d^{10}ns^2$］：如 Pb^{2+}、Bi^{3+}、Sn^{2+}、Sb^{3+} 等 p 区的低氧化态的金属正离子。

离子的电子构型对离子的性质影响很大。例如，2 电子构型和 8 电子构型的离子形成的离子键较强，晶格能较大；通常情况下，9～17、18、18＋2 电子构型的离子形成配合物的能力比 2、8 电子构型的离子强得多。又如，NaCl 和 AgCl 都是由 Cl^- 和＋1 价离子形成的化合物，但 Na^+ 与 Ag^+ 电子构型不同，导致 NaCl 易溶于水，AgCl 却难溶于水，Ag^+ 易形成配合物，而 Na^+ 难。

3. 离子半径

离子的电子云分布和原子一样，没有确定的边界，因此离子半径和原子半径一样没有明确的含义，而且同一离子的半径随推算方法和所用晶体的不同而不同。通常将 AB 型离子晶体中处于平衡位置的离子看成相互接触的圆球，则核间距 $R=r_+ + r_-$（图 2－1）。实际上正、负离子是不接触的，保持一定距离。

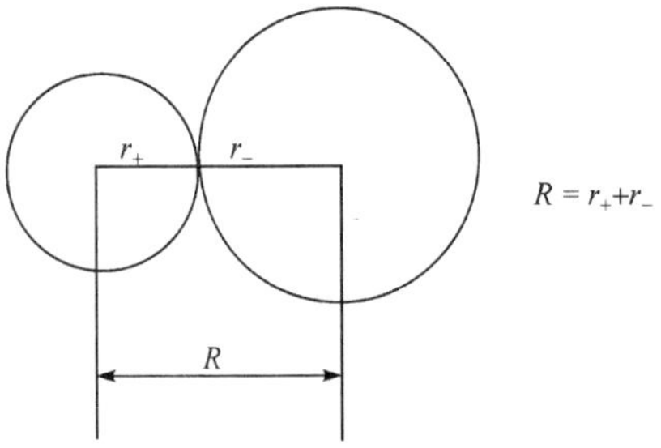

图 2－1　离子半径示意图

离子半径的大小由核电荷对核外电子吸引的强弱决定，因此它在周期表中的递变规律与原子半径的变化规律大致相同。

同主族、电荷数相同的离子，离子半径随电子层数的增大而增大，如 $r(F^-)<r(Cl^-)<r(Br^-)<r(I^-)$；同周期元素的离子当电子构型相同时，随离子电荷数的增加，阳离子半径减小，阴离子半径增大，如 $r(Na^+)>r(Mg^{2+})>r(Al^{3+})$，因 Al^{3+} 的核电荷最多，对核外电子的吸引最强，故半径最小。具有相同电子数的原子或离子（等电体）的半径随核电荷数的增加而减小，如 $r(F^-)>r(Ne)>r(Na^+)>r(Al^{3+})>r(Si^{4+})$。

离子半径的大小是分析离子化合物物理性质的重要依据之一。对于相同构型的离子晶体，如 MgO、CaO、SrO、BaO，虽然正离子电荷相同，但由于 $r(Mg^{2+})<r(Ca^{2+})<r(Sr^{2+})<r(Ba^{2+})$，因此它们的熔点依次降低。

2.2 共价键理论

离子键理论虽然成功地说明了离子化合物的形成过程以及离子的特征与性质的关系，但对于阐释为何同种元素的原子或电负性相近的元素的原子也能形成稳定的分子（如 H_2、O_2、NH_3、H_2O）却无能为力。1916 年，美国物理化学家路易斯（G. N. Lewis）根据稀有气体原子具有最外层 8 电子稳定结构（八隅体）的事实，提出了共价学说（经典的共价键理论）。该理论认为原子间可通过共用电子对使成键原子都具有稳定的八隅体结构，从而形成分子。原子间通过共用电子对形成的化学键称为共价键。路易斯的共价键理论解释了一些简单非金属原子间形成分子的过程，初步揭示了离子键与共价键的区别，但它不能说明共价键的本质和特性，而且也无法解释偏离八隅体结构的分子（如 BF_3、SF_6）稳定存在的原因以及其他分子的某些性质。1927 年，德国化学家海特勒（W. Heitler）和伦敦（F. London）将量子力学理论应用于处理 H_2 分子的形成，第一次揭示了共价键的本质。后又经鲍林等科学家的发展，建立了现代的价键理论，简称 VB 理论。

2.2.1 价键理论

1. 共价键的形成与本质

海特勒和伦敦在运用量子力学原理处理 H 原子形成 H_2 的过程中，得到氢分子的能量（E）与核间距（R）的关系曲线。如图 2-2 所示，若自旋方向相反的两个 H 原子从无限远离处（$E=0$）相互接近，系统能量将如曲线 b 所示逐渐降低，在 R_0（87 pm，实际是 74 pm）处体系能量达到最低点。此时两个 H 原子间原子轨道的重叠达到最大，体系处于最稳定状态。若核间距 R 继续变小，原子核间的排斥力增大，系统能量迅速增大，排斥作用又会将 H 原子推回平衡位置 R_0，以降低体系的能量。因此两个 H 原子在 R_0 位置附近来回振动，最终形成稳定的 H_2 分子。

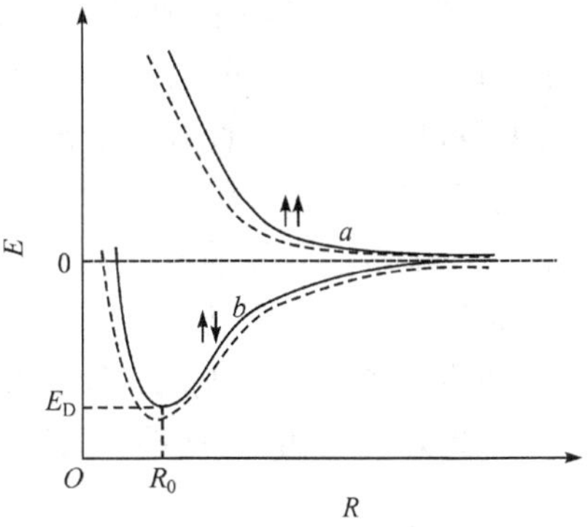

图 2-2 H_2 分子形成时的能量变化
（实线为计算值，虚线为测量值）

若自旋方向相同的两个 H 原子靠近，系统能量将像图 2-2 曲线 a 那样变化，能量越来越高，即两核间的排斥力不断增大，电子云重叠变少，系统处于不稳定状态，处于这种状态下的两个 H 原子是无法形成 H_2 分子的。

将量子力学对 H_2 分子的处理方法推广到其他体系，就形成了现代价键理论，其基本要点如下：

(1) 只有自旋相反的未成对电子相互接近，且两个原子轨道相互重叠才能形成共价键。

(2) 原子轨道重叠成键须满足三条原则：①能量近似，只有能量相近的原子轨道才可能相互重叠；②对称性匹配，相同对称性的原子轨道重叠才是有意义的（波函数角度分布图中＋、＋重叠，－、－重叠，称为对称性一致的重叠）；③满足最大重叠，原子轨道重叠越多，两原子核间的电子云密度越大，对两核的吸引就越强，体系就越稳定。例如，H 与 Cl

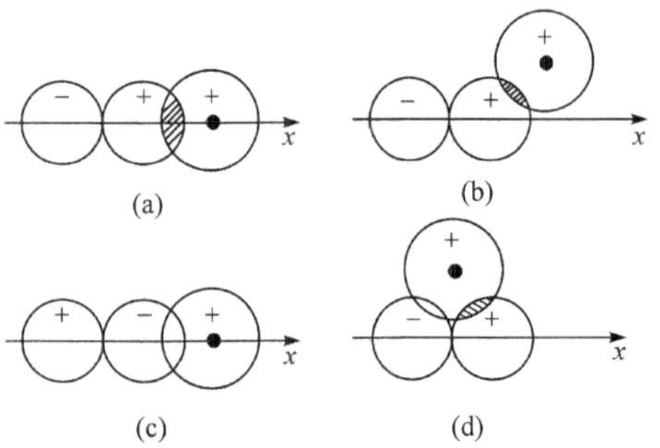

图 2-3　s 和 p_x 轨道重叠示意图

结合形成 HCl 分子时，H 原子的 1s 电子与 Cl 原子的一个未成对电子（假设处于 $3p_x$ 轨道上）配对成键时有四种重叠方式（图2-3）。只有 H 原子的 1s 原子轨道沿 x 轴的方向向 Cl 原子的 $3p_x$ 轨道接近，才能达到最大的重叠，形成稳定的共价键[图 2-3(a)]，故 HCl 是直线形分子；图 2-3(b)所示的重叠方式，两原子轨道同号部分重叠比图 2-3(a)少，结合较不稳定，H 原子有移向 x 轴的倾向；图 2-3(c)为 s 和 p_x 原子轨道的异号重叠，对称性不匹配，为无效重叠；图 2-3(d)所示的重叠方式，原子轨道同号重叠与异号重叠部分相等，正好相互抵消，这种重叠也为无效重叠，故 H 与 Cl 在这个方向上不能结合。

2. 共价键的特点

共价键仍然属于电性引力。共价键的结合力来自两个原子核对共用电子所形成的负电区域的吸引力，因此与离子键有明显的区别。共价键结合力的大小取决于原子轨道重叠的多少，而重叠多少又与共用电子对的数目和重叠方式有关。一般说来，共用电子对数目越多结合力就越大。例如，C—C、C═C、C≡C 的结合力是依次增大的。

(1) 饱和性。共价键要形成必须要求原子中有成单电子，而且自旋方向相反。一个原子有几个未成对电子，就可以与几个自旋相反的电子配对，形成共价键，即原子形成共价键的数目是一定的，此为共价键的饱和性。例如，氢原子形成氢分子就只能是 H_2，而不会形成 H_3、H_4 等。

(2) 方向性。原子轨道在空间都是有一定取向的，除 s 轨道是球形对称外，p、d、f 轨道在空间都有一定的伸展方向。所以除 s 与 s 轨道间可以在任何方向上达到最大重叠外，其他形式的原子轨道的重叠都必须沿着一定的方向进行，才能满足对称性匹配原则和最大重叠原则，此为共价键的方向性。共价键的方向性决定了共价分子具有一定的空间构型。

3. 共价键的键型

根据原子轨道重叠方式及重叠部分对称性的不同，可以将共价键分为 σ 键和 π 键两类。

(1) σ 键。若两原子轨道按“头碰头”的方式发生重叠，且重叠部分沿着键轴（成键原子核间连线）呈圆柱形对称，如图 2-4(a)所示，这种共价键称为 σ 键。形成 σ 键的电子称为 σ 电子。例如，H_2 分子是 s-s 重叠成键，HCl 分子是 s-p_x 重叠成键，Cl_2 分子则是 p_x-p_x 重叠成键，这些键都是 σ 键。σ 键的轨道重叠程度较大，稳定性高。

(2) π 键。若两原子轨道按“肩并肩”的方式发生重叠，轨道重叠部分对通过键轴的一个平面呈镜面反对称，如图 2-4(b)所示，这种共价键称为 π 键，形成 π 键的电子称为 π 电子。例如，N_2 分子中的两个 N 原子各以三个 3p 轨道（$3p_x$，$3p_y$，$3p_z$）相互重叠形成共价叁键。如图 2-5 所示，设键轴为 x 轴，当两个 N 原子的未成对 $3p_x$ 电子彼此沿 x 轴方向以“头碰头”的方式重叠形成一个 σ 键后，相互平行的另外两个 3p 电子只能采取“肩并肩”的方式重叠，形成 p_y-p_y 和 p_z-p_z 两个互相垂直的 π 键。

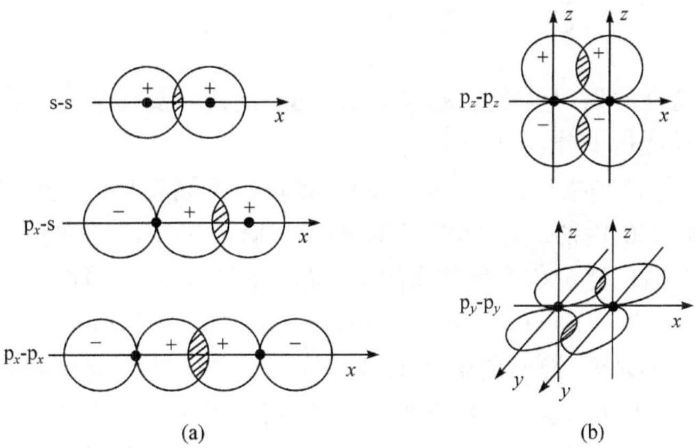

图 2-4　σ 键(a)和 π 键(b)

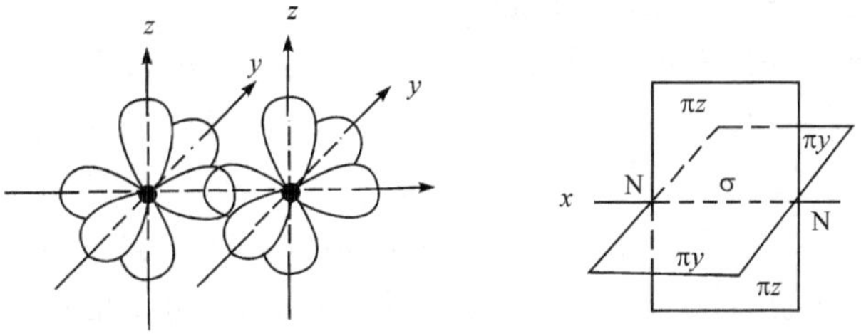

图 2-5　N_2 分子叁键示意图

必须注意：π 键不能单独存在，它总和 σ 键相伴形成。一般双键含一个 σ 键、一个 π 键，叁键含一个 σ 键、两个 π 键。π 键原子轨道重叠程度相对较小，稳定性较低。表 2-2 为两种键型的性质比较。

表 2-2　σ 键和 π 键的性质比较

性　质	σ 键	π 键
原子轨道重叠方式	沿键轴方向"头碰头"重叠	沿键轴方向"肩并肩"重叠
原子轨道重叠部位	集中在两核之间键轴处，可绕键轴旋转	分布在通过键轴的平面的上下方，键轴处电子云密度为零，不可绕轴旋转
原子轨道重叠程度	大	小
键的强度	较大	较小
化学活泼性	不活泼	活泼

以上提到的共价键都是由成键两原子各提供一个电子所组成的，称为正常共价键，如 H_2、O_2、HCl 等。若成键的共用电子对仅由成键两原子中的一个原子提供，而另一原子提供接受电子对的空轨道，这样形成的键称为配位共价键，简称配位键。通常用"→"表示配位键，以区别于正常共价键，箭头指向具有空轨道的原子。

含配位键的离子或化合物是相当普遍的，如$[Cu(NH_3)_4]^{2+}$、$[Fe(CN)_6]^{4-}$、$Fe(CO)_5$ 等，将在第 9 章进行深入讨论。

4. 键参数

表征化学键特性的物理量称为键参数，如键能、键长以及键角等。键参数对于研究共价键乃至分子的性质都十分重要。

(1) 键能 E。键能是描述化学键强弱的物理量。不同类型的化学键有不同的键能。这里主要讨论共价键的键能。在 298.15 K 和 100 kPa 下，1 mol 理想气体分子的键断裂拆成气态原子所吸收的能量称为键的离解能，以符号 D 表示。例如：

$$Cl_2(g) \longrightarrow 2Cl(g) \qquad D_{(Cl-Cl)} = 239.7\ kJ \cdot mol^{-1}$$

对于双原子分子来说，键的离解能就是该气态分子中共价键的键能 E，即 $E_{(Cl-Cl)} = D_{(Cl-Cl)}$；而对于两种不同元素组成的多原子分子，可取键离解能总和的平均值作为键能。例如，NH_3 分子有三个等价的N—H键，但每个N—H键的离解能因离解先后次序的不同而各不相同：

$$NH_3(g) \longrightarrow NH_2(g) + H(g) \qquad D_1 = 427\ kJ \cdot mol^{-1}$$

$$NH_2(g) \longrightarrow NH(g) + H(g) \qquad D_2 = 375\ kJ \cdot mol^{-1}$$

$$NH(g) \longrightarrow N(g) + H(g) \qquad D_3 = 356\ kJ \cdot mol^{-1}$$

则

$$E_{(N-H)} = (D_1 + D_2 + D_3)/3 = 1158/3 = 386(kJ \cdot mol^{-1})$$

所以键能也称为平均离解能。键能越大，键越牢固，形成的分子也越稳定。

(2) 键长 L。分子中两个相邻的成键原子核间的平均距离称为键长。理论上用量子力学的近似方法可以算出键长，实际上对于复杂分子往往通过光谱或 X 射线衍射等实验方法来测定键长。一般来说，键长越短，键越牢固，分子也越稳定。

(3) 键角 θ。在分子中，共价键之间的夹角称为键角。它是反映分子空间构型的重要参数。例如，H_2O 分子的两个O—H键之间的夹角为 104.5°，因此其空间构型为 V 形。一些分子的键参数和空间构型的关系见表 2-3。

表 2-3 一些分子的键参数和空间构型的关系

分子	共价键	键长/pm	键角/(°)	键能/($kJ \cdot mol^{-1}$)	分子构型
H_2	H—H	74	180	436	直线形
H_2O	H—O	96	104.5	464	V 形(角形)
BF_3	B—F	132	120	613.3	平面三角形
NH_3	N—H	101	107.3	386	三角锥形
CH_4	C—H	109	109.5	414	正四面体

2.2.2 杂化轨道理论

VB 理论成功地解释了许多共价键分子的形成，阐明了共价键的本质及特征。但在解释许多分子的空间结构时遇到了困难。例如，按照价键理论，H_2O 分子中的 2 个 H 原子的 1s 原子轨道与 O 原子的 $2p_x$、$2p_y$ 原子轨道重叠，键角应为 90°，但实际的键角为 104.5°。又如，碳原子基态电子结构为 $1s^2 2s^2 2p^2$，按价键理论，它应该生成氧化数为 2 的碳化合物，但在实际中大多数的碳化合物都是+4价的。虽然可以假设2s轨道上的一个电子被激发到2p的一个轨道上形成4个未成对电子，然后和四个H原子配对成键。但这个假设依然不能解释CH_4分子中四个C—H键的强度相同，且键角为109°28′的实验事实。1931年，美国化学家鲍林从电子具有波动性、电子波可以叠加的观点出发提出了杂化轨道理论，进一步补充和发展了价键理论，合理地解释了分子的空间构型。

1. 杂化轨道理论基本要点

杂化轨道理论认为，在共价键的形成过程中，为了增加轨道的有效重叠程度从而增强成键能力，同一原子中能量相近的若干不同类型的原子轨道可以“混合”起来，重新组合形成一组成键能力更强的新的原子轨道，这一过程称为原子轨道的杂化。杂化后的原子轨道称为杂化轨道。杂化轨道理论的基本要点可归结如下：

(1) 只有能量相近的原子轨道才能发生杂化。

(2) 原子轨道数目杂化前后保持不变，但是杂化后轨道的电子云分布发生变化，杂化轨道重新取向，能量也与原来的轨道不同。

(3) 发生轨道杂化的中心原子与其他原子成键时一般倾向于形成σ键。

(4) 杂化发生在分子形成过程中，单个原子不发生杂化。

2. 杂化轨道的类型

根据参与杂化的原子轨道的种类和数目的不同，可将杂化轨道分成以下几类：由ns、np轨道组合成的s-p型杂化轨道；由$(n-1)$d、ns、np轨道组成的d-s-p型杂化轨道；由ns、np、nd轨道组成的s-p-d型杂化轨道。

1) s-p型等性杂化

(1) sp杂化。能量相近的1个ns轨道和1个np轨道杂化，可形成2个等价的sp杂化轨道。每个sp杂化轨道均含有$\frac{1}{2}$s成分和$\frac{1}{2}$p成分，轨道呈一头大、一头小，两个sp杂化轨道之间的夹角为180°，如图2-6所示，分子呈直线形。未参与杂化的2个2p轨道互相垂直并与杂化轨道垂直。

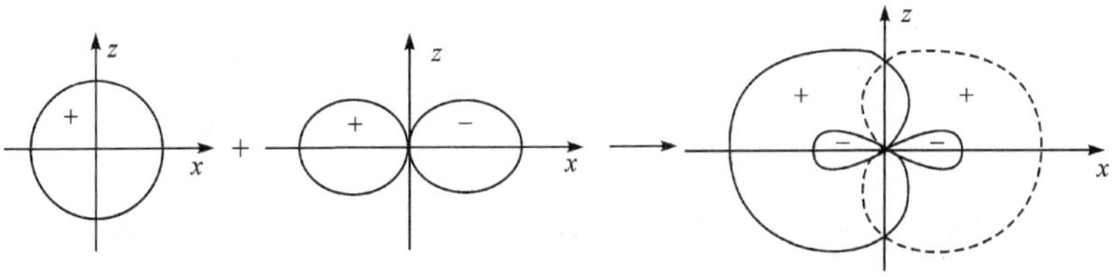

图2-6　sp杂化轨道形成示意图

以气态$BeCl_2$分子的形成为例。基态Be原子的外层电子构型为$2s^2$，无未成对电子，似乎不能再形成共价键，但Be的1个2s电子可以激发进入2p轨道，含1个电子的2s轨道与含1个电子的2p轨道经杂化形成2个各具1个单电子的能量相等的呈线形分布的sp杂化轨道，然后分别与2个Cl原子的具单电子的3p轨道沿键轴方向重叠，生成2个σ键(sp-p)，故$BeCl_2$是线形分子(图2-7)。

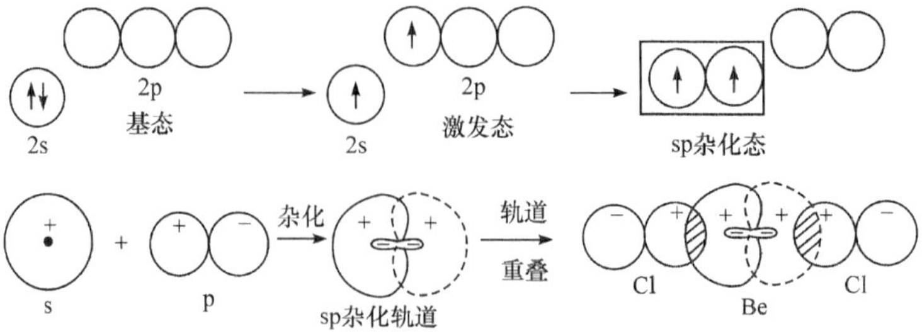

图 2-7　Be 原子的 sp 杂化及 $BeCl_2$ 分子形成示意图

此外，CO_2 分子、$[Ag(NH_3)_2]^+$ 以及周期表ⅡB 族 Zn、Cd、Hg 元素的某些共价化合物（如 $ZnCl_2$、$HgCl_2$ 等）都是中心原子采取 sp 杂化方式后，以杂化轨道与相邻原子的轨道重叠成键的。

（2）sp^2 杂化。由能量相近的 1 个 ns 轨道和 2 个 np 轨道杂化，可形成 3 个等价的 sp^2 杂化轨道。每个轨道均含有$\frac{1}{3}$s 成分和$\frac{2}{3}$p 成分。轨道呈一头大、一头小，轨道之间的夹角均为 120°，指向平面三角形的三个顶点，故分子的空间构型为平面三角形。

以 BF_3 分子的形成为例。基态 B 原子的外层电子构型为 $2s^2 2p^1$，价键理论无法解释 BF_3 的形成。杂化轨道理论认为，在与 F 原子成键时 B 的 1 个 2s 电子被激发到 1 个空的 2p 轨道上，形成 $2s^1\ 2p_x^1 2p_y^1$ 构型，然后含 1 个电子的 2s 轨道与含 2 个单电子的 2p 轨道经 sp^2 杂化形成 3 个能量相等的 sp^2 杂化轨道，再分别与 3 个 F 的 2p 轨道重叠，形成 3 个 σ 键（sp^2-p），键角为 120°。所以，BF_3 分子呈平面三角形（图 2-8）。

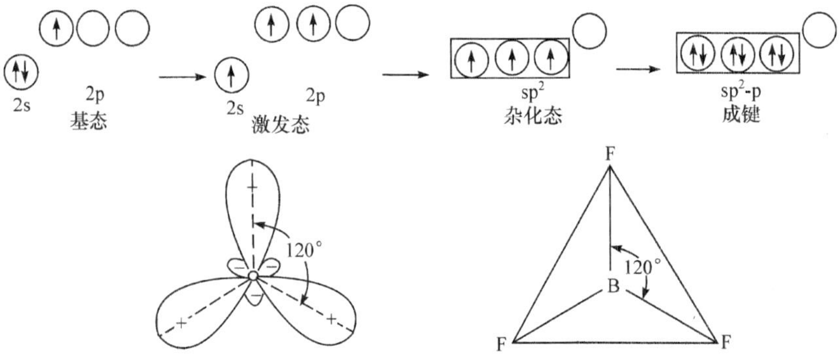

图 2-8　B 原子的 sp^2 杂化及 BF_3 分子形成示意图

除 BF_3 外，其他气态卤化硼分子（BCl_3、BBr_3）以及 NO_3^-、CO_3^{2-} 等离子的中心原子也是以 sp^2 杂化与配位原子成键的。

（3）sp^3 杂化。能量相近的 1 个 ns 轨道和 3 个 np 轨道杂化，可形成 4 个等价的 sp^3 杂化轨道。每个 sp^3 杂化轨道均含有$\frac{1}{4}$s 成分和$\frac{3}{4}$p 成分，轨道呈一头大、一头小，各 sp^3 杂化轨道间的夹角为 109°28′，分别指向正四面体的四个顶点，故分子呈正四面体构型。

以 CH_4 分子为例，基态 C 原子的外层电子构型为 $2s^2 2p_x^1 2p_y^1$。在与 H 原子结合时，C 原子的 2s 轨道上的一个电子被激发到 $2p_z$ 轨道上，形成 $2s^1 2p_x^1 2p_y^1 2p_z^1$ 构型，激发所需的能量可由成键所放出的更多的能量得到补偿。含有 4 个单电子的 2s、$2p_x$、$2p_y$、$2p_z$ 轨道互相"混杂",线性组合成 4 个新的能量相等的杂化轨道。此杂化轨道由 1 个 s 轨道和 3 个 p 轨道杂化而成,故称为 sp^3 杂化轨道。新形成的 4 个 sp^3 杂化轨道与 4 个 H 原子的 1s 原子轨道重叠,形成 4 个 σ 键(sp^3-s),形成 CH_4 分子(图 2-9)。

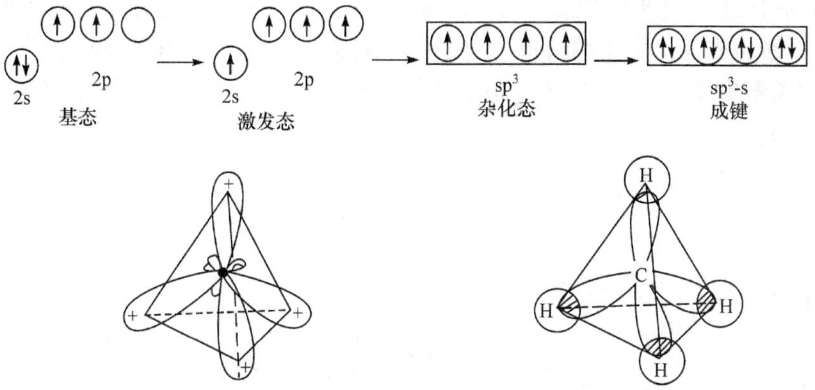

图 2-9 C 原子的 sp^3 杂化及 CH_4 分子形成示意图

除 CH_4 分子外,CCl_4、$CHCl_3$、CF_4、SiH_4、$SiCl_4$、$GeCl_4$、ClO_4^- 等分子和离子的中心原子也是采取 sp^3 杂化的。

以上讨论的三种 s-p 杂化方式中,参与杂化的原子轨道均含有未成对电子,每种杂化方式所得到的杂化轨道的能量、成分都相同,而且成键能力也相同,这样的杂化称为等性杂化。若参与杂化的原子轨道中有含有孤对电子的轨道,这时得到的杂化轨道的成分就不完全相同,能量也不相等,这类杂化称为不等性杂化。

2) s-p 型不等性杂化

(1) NH_3 的分子结构。基态 N 原子的外层电子构型为 $2s^2 2p_x^1 2p_y^1 2p_z^1$,成键时这 4 个价电子轨道发生了 sp^3 杂化,得到 4 个 sp^3 杂化轨道,其中有 3 个 sp^3 杂化轨道分别被未成对电子占有,所含 s 成分小于$\frac{1}{4}$,p 成分大于$\frac{3}{4}$。第 4 个 sp^3 杂化轨道则被孤对电子占有,其所含 s 成分大于$\frac{1}{4}$,p 成分小于$\frac{3}{4}$,杂化过程如图2-10(a)所示。成键时,含孤对电子的杂化轨道不参与成键,其他 3 个杂化轨道和 3 个 H 原子的 1s 电子形成 3 个N—H σ 键[图 2-10(b)]。由于孤对电子较靠近 N 原子,其电子云密集于 N 原子周围,从而对 3

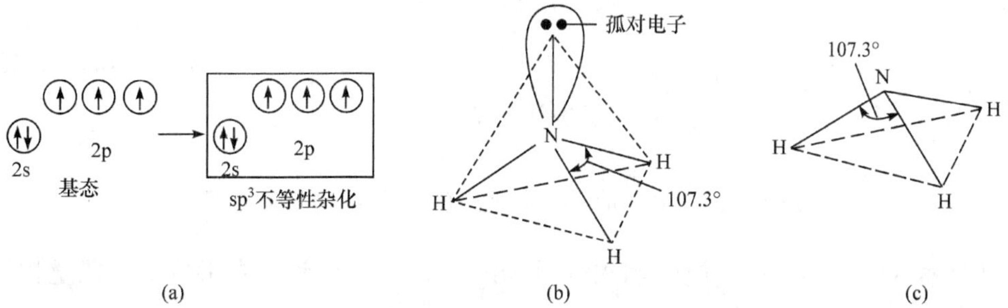

图 2-10 N 原子的 sp^3 不等性杂化及 NH_3 分子的形成过程和空间结构

个被成键电子对占有的 sp^3 杂化轨道产生较大排斥作用，故使键角从 109.5°压缩到 107.3°。因此 NH_3 分子呈三角锥形[图 2－10(c)]。

(2) H_2O 的分子结构。中心原子 O 的外层电子构型为 $2s^2 2p_x^2 2p_y^1 2p_z^1$，成键时 O 原子也采取 sp^3 不等性杂化，如图 2－11(a)所示，成键时，不含孤对电子的 2 个 sp^3 杂化轨道与 2 个 H 原子的 1s 电子形成 2 个O—H σ 键[图 2－11(b)]。含有孤对电子的 2 个 sp^3 杂化轨道不参与成键。由于两对孤对电子比一对孤对电子对成键电子的排斥作用大，两个O—H的夹角更小，小于 107.3°，实验测得为 104.5°，故 H_2O 分子的空间构型呈 V 形[图 2－11(c)]。

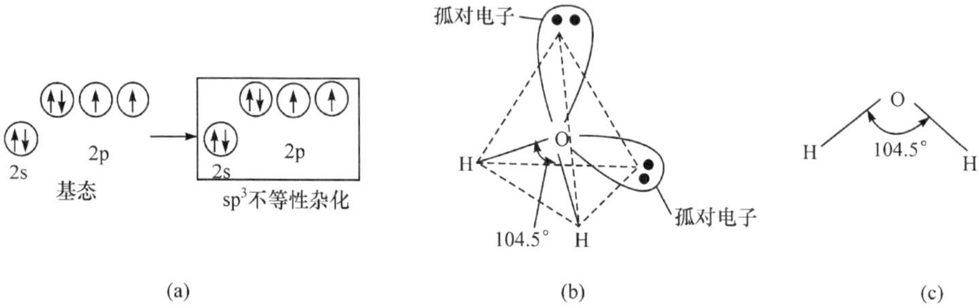

图 2－11　O 原子的 sp^3 不等性杂化及 H_2O 分子的形成过程和空间结构

由以上例子可以看出，中心原子采用等性杂化方式还是不等性杂化方式，对分子的几何构型有很大的影响。

3) s-p-d 型杂化

不仅 ns、np 原子轨道可以杂化，能量相近的(n－1)d 或 nd 原子轨道也可以参与杂化。

(1) sp^3d 杂化。由 1 个 ns 轨道、3 个 np 和 1 个 nd 轨道组合成 5 个能量相等的 sp^3d 杂化轨道。每个 sp^3d 杂化轨道均含有$\frac{1}{5}$s 成分、$\frac{3}{5}$p 成分和$\frac{1}{5}$d 成分，轨道呈一头大、一头小，分别指向三角双锥的 5 个顶点，相邻轨道间的夹角有 90°和 120°两种。所以分子的空间构型为三角双锥。例如，PCl_5(g)分子的形成如图 2－12 所示。

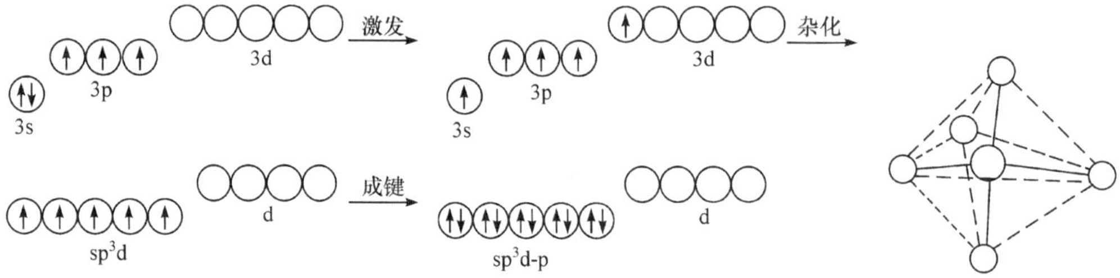

图 2－12　P 原子的 sp^3d 杂化及 PCl_5 的几何构型示意图

(2) sp^3d^2 杂化。由 1 个 ns 轨道、3 个 np 和 2 个 nd 轨道组合形成 6 个能量相等的 sp^3d^2 杂化轨道。每个 sp^3d^2 杂化轨道均含有$\frac{1}{6}$s 成分、$\frac{3}{6}$p 成分和$\frac{2}{6}$d 成分，轨道呈一头

大、一头小，分别指向正八面体的 6 个顶点，相邻轨道间的夹角为 90°，所以分子的几何构型为正八面体。例如，SF_6 分子的形成如图 2-13 所示。

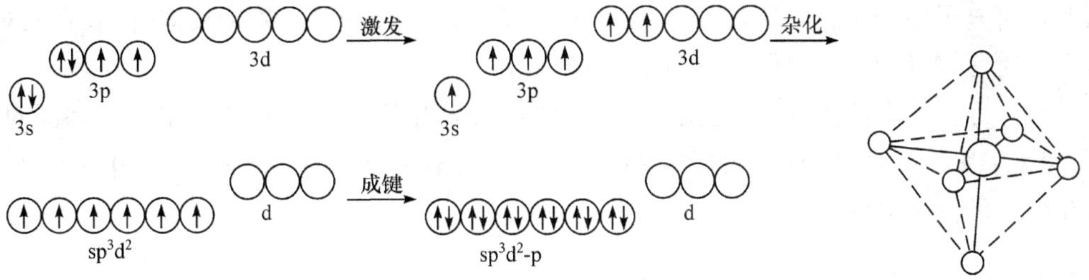

图 2-13　S 原子的 sp^3d^2 杂化及 SF_6 的几何构型示意图

中心原子杂化类型和分子空间构型的关系总结于表 2-4 中。

表 2-4　中心原子的杂化类型和分子空间构型间的关系

杂化轨道类型		杂化轨道数目	孤电子对数	杂化轨道形状	杂化轨道间夹角/(°)	分子几何形状	实　例
sp^3	等性杂化	4	0	正四面体	109.5	正四面体	CH_4、SiH_4、NH_4^+
	不等性杂化	4	1	变形四面体	107.3	三角锥	NH_3、PCl_3、H_3O^+
			2		104.5	角形	OF_2、H_2O
sp^2	等性杂化	3	0	平面三角形	120	平面三角形	BF_3、SO_3、C_2H_4
	不等性杂化	3	1	三角形	<120	角形	NO_2、SO_2
sp	等性杂化	2	0	直线形	180	直线形	$BeCl_2$、$HgCl_2$、CO_2
sp^3d	等性杂化	5	0	三角双锥	90、120	三角双锥	PCl_5
sp^3d^2	等性杂化	6	0	正八面体	90	正八面体	SF_6

此外，过渡元素原子的$(n-1)$d 轨道与 ns、np 轨道还能形成 dsp^2、d^2sp^3 等类型的杂化轨道，这些将在第 9 章中介绍。

杂化轨道理论虽然成功地解释了一些共价分子的形成和结构，但要预测未知共价分子的构型并不容易，特别是对中心原子杂化轨道类型的判断十分困难，往往还产生偏差。因为杂化轨道理论的建立是以事实(已知分子的实际构型)为基础的。当只需判断分子的空间构型时，价层电子对互斥理论反而更为实用。

2.3　价层电子对互斥理论

1940 年，美国科学家西奇威克(N. V. Sidgwick)在总结了大量已知共价分子构型的基础上提出价层电子对互斥理论，简称 VSEPR 理论。该理论根据中心原子的成键电子对数目和孤对电子数目判断和预测分子的几何构型，具有独到之处。

2.3.1　价层电子对互斥理论基本要点

价层电子对互斥理论基本要点如下：

(1) 中心原子的价层电子对包括形成 σ 键的共用电子对和未参与成键的孤对电子，

不包括形成 π 键的电子对。例如，H_2O 分子中 O 的价电子层共有 8 个电子，其中 6 个是 O 原子自身的，另外 2 个是由 H 原子提供的，8 个价电子组成 4 个电子对，其中成键电子对和孤对电子各两对。又如，CO_2 分子中 C 原子和两个 O 原子分别形成双键，共有两对 σ 键和两对 π 键，因此 C 原子的价层电子对数为 2。

(2) 为使电子云之间的相互排斥最小，中心原子周围的电子对（成键电子对和孤对电子）尽可能采取一种完全对称的空间排布方式，以使电子对间的距离最远，静电排斥最小，分子体系的能量最低。

2.3.2 分子几何构型的判断

根据价层电子对互斥理论，对主族元素间形成的 AB_n 型共价分子或共价型离子（其中 A 为中心原子，B 为配位原子，$n \geqslant 2$）来说，只要知道中心原子的价层电子对数，就能比较容易而且准确地判断出分子的空间构型，具体判断方法如下。

1. 计算中心原子的价层电子对数

计算式如下：

价层电子对数＝(中心原子的价电子数＋配体所提供的电子数－离子电荷的代数值)/2

计算价层电子对数时，规定：①作为配体，卤素原子和 H 原子均提供 1 个价电子，氧族元素的原子不提供电子；②作为中心原子，卤素原子按提供 7 个电子计算，氧族元素的原子按提供 6 个电子计算；③计算电子对数时，若剩余 1 个电子，也当作 1 对电子处理；④双键、叁键等多重键仅作为 1 对电子看待。

2. 判断分子的空间构型

根据中心原子的价层电子对数，从表 2-5 找到使电子对之间排斥力最小的最佳电子排布方式。

表 2-5 静电斥力最小的电子对排布方式

价层电子对数	2	3	4	5	6
电子对空间构型	直线	平面三角形	四面体	三角双锥	八面体

将配位原子按相应的几何构型依次与电子对连接，剩下的未结合配位原子的电子对即为孤对电子。再根据孤对电子的数目确定分子的空间构型，表 2-6 列出电子对分布与分子几何构型的关系。

例 2-1 试判断下列分子的空间构型。

(1) PCl_5　(2) H_2O　(3) HCHO　(4) HCN　(5) I_3^-

解 (1) 中心原子 P 有 5 个价电子，5 个配体 Cl 原子各提供 1 个电子，所以 P 原子的价层电子对数为(5+5)/2=5，其电子对排布方式为三角双锥。由于价层电子对数与配位原子数目相同，价层电子对中无孤对电子，因此 PCl_5 分子的空间构型为三角双锥。

(2) O 是 H_2O 分子的中心原子，它有 6 个价电子，与 O 化合的 2 个 H 原子各提供 1 个电子，所以 O 原子价层电子对数为(6+2)/2=4，其电子对排布方式为四面体。因为只有 2 个配位原子 H，所以价层电子对中有 2 对孤对电子，H_2O 分子的空间构型为 V 形。

(3) HCHO 的中心原子为 C，有 1 个 C═O 键，看作 1 对成键电子，2 个 C—H 键为 2 对成键电子，所以 C 原子的价层电子对数为 3，与配位原子数目相同，无孤对电子，所以 HCHO 分子的空间构型为平面三角形。

(4) HCN 分子的结构式为 H—C≡N，以 C 为中心原子，1 个 C≡N 键可看作 1 对成键电子，1 个 C—H 键为 1 对成键电子，故 C 原子的价层电子对数为 2，且无孤对电子，所以 HCN 分子的空间构型为直线形。

(5) I_3^- 的价电子总数为 10(中心原子 I 有 7 个价电子，与 I 化合的 2 个 I 原子各提供 1 个电子，再加上离子的电荷数)，所以价层电子对数为 (7+2+1)/2=5，其电子对排布方式为三角双锥。因为只有 2 个配位原子，所以价层电子对中有 3 对孤对电子。中心原子位于三角双锥的中心，两个配位原子 I 各占据两个顶角，这样孤对电子之间的排斥最小，所以 I_3^- 的空间构型为直线形。

表 2-6 AB_n 型分子价层电子对分布与分子空间构型的关系

价层电子对数	分子类型	成键电子对数	孤电子对数	电子对空间排布	分子几何构型	实例
2	AB_2	2	0	直线	直线	CO_2、CS_2
3	AB_3	3	0	三角形	平面三角形	BF_3、SO_3、CO_3^{2-}
	AB_2E	2	1		V 形	SO_2，NO_2^-
4	AB_4	4	0	四面体	正四面体	XeO_4、SO_4^{2-}、CCl_4
	AB_3E	3	1		三角锥形	NCl_3、AsH_3、SO_3^{2-}
	AB_2E_2	2	2		V 形	H_2O、OF_2
5	AB_5	5	0	三角双锥	三角双锥	PCl_5、$AsCl_5$
	AB_4E	4	1		变形四面体	$TeCl_4$、SCl_4
	AB_3E_2	3	2		T 形	ClF_3、$XeOF_2$
	AB_2E_3	2	3		直线	I_3^-、XeF_2
6	AB_6	6	0	八面体	正八面体	SF_6、PCl_6^-
	AB_5E	5	1		四方锥	$XeOF_4$、IF_5
	AB_4E_2	4	2		平面四方	XeF_4、IF_4^-

VSEPR 理论在判断分子或离子的几何构型方面比较简便、直观，与采用杂化轨道理论判断分子几何构型的结果完全吻合。但该理论在判断一些复杂分子或离子，如 $[Cu(CN)_3]^-$、$[TiF_6]^{3-}$ 等的构型时，与实验事实并不相符，而且它也不能很好地说明原子间成键的原因和键的相对稳定性，因此仍有一定的局限性。

2.4 分子的极性、分子间力和氢键

2.4.1 分子的极性

1. 键的极性

分子是由原子通过化学键结合而成的。分子有无极性与化学键的极性密切相关。键的极性是指化学键中正、负电荷中心是否重合。若正、负电荷中心重合，则键无极性，反

之键有极性。根据键的极性可将共价键分为极性键和非极性键两类。同种元素原子形成的化学键，$\Delta\chi=0$，正、负电荷中心重合，为非极性键，如 N_2、O_2、Cl_2 等；不同种元素形成的化学键，$\Delta\chi\neq0$，共用电子对偏向电负性大的原子，正、负电荷中心不重合，为极性键，如 HCl、CO、NH_3 等。

一般来说，成键原子的电负性差值越大，键的极性就越强。如果两个成键原子的电负性差足够大，共用电子对完全转移到电负性大的原子上，形成正、负离子，这样的极性键就是离子键。离子键是最强的极性键，极性共价键是非极性共价键和离子键的过渡状态。

2. 分子的极性和偶极

任何分子都是由带正电荷的原子核和带负电荷的电子组成的，而且正、负电荷总值相等，故分子是电中性的。可以假设分子的正电荷总和集中于某一点，负电荷总和也集中于某一点，这两点分别称为正、负电荷的中心。若分子中正、负电荷的中心不重合，则整个分子存在正、负两极，称为偶极，具有偶极的分子为极性分子；若分子中正、负电荷的中心重合，则整个分子不具有偶极，称为非极性分子。图 2－14 为极性分子和非极性分子示意图。

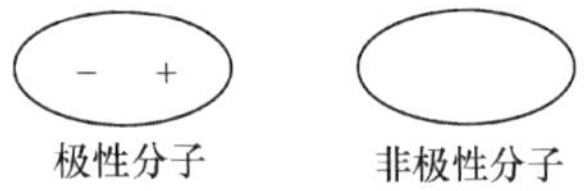

图 2－14　极性分子和非极性分子示意图

对于双原子分子，共价键的极性和分子的极性是一致的，如 HCl、CO、NO 等为极性分子，H_2、O_2、Cl_2 等为非极性分子。

多原子分子的极性取决于键的极性和分子的对称性。如果键无极性，则分子也无极性；如果键有极性，则分子是否有极性还需考虑分子的对称性。例如，CH_4、BF_3、CO_2 分子中，C—H、B—F、C—O都是极性键，但由于这些分子的构型是对称的，因此键的极性相互抵消，整个分子呈非极性。又如，在 H_2O、NH_3、$CHCl_3$ 分子中，形成分子的化学键都是极性的，而且它们的分子都不是中心对称结构，所以这些分子是极性的。

分子极性的强弱用偶极矩（μ）表示，偶极矩的概念是德拜（Debye）1912 年提出来的，他将偶极矩定义为分子中正、负电荷中心的距离 d 与偶极电荷量的乘积，即

$$\mu=q\cdot d$$

偶极矩是矢量，方向由分子的正电荷中心指向负电荷中心，单位为 C· m（库[仑]米）。如果分子的几何构型呈中心对称（如直线形、平面正三角形等），其偶极矩为 0，如 BF_3、CH_4 的 $\mu=0$。如果分子的几何构型不是中心对称（如 V 形、三角锥形等），其偶极矩不为 0，如 SO_2、NH_3 的 $\mu\neq0$。偶极矩越大，分子的极性就越大。

2.4.2　分子间力

化学键是分子内部原子间强烈的相互作用力，是决定物质化学性质的主要因素。除了分子内部的作用力外，分子之间还存在一种比化学键弱得多的相互作用力——分子间力，又称范德华力。分子间力通常不影响物质的化学性质，但却是影响分子晶体的熔点、沸点、溶解度及物质的状态等物理性质的重要因素。

1. 分子的极化

分子间力实质是分子偶极间的电性引力。分子间力源于分子的极化——正、负电荷

中心由重合变为不重合或进一步分开的过程。通常，分子极性的变化有下列三种情况：

(1) 固有(永久)偶极。由于极性分子的正、负电荷中心不重合而产生的偶极称为固有偶极。永久偶极始终存在于极性分子中，通常，正、负电荷中心偏移越大，永久偶极越大。

(2) 诱导偶极。分子的正、负电荷重心在外电场的作用下会发生变化，非极性分子在外电场的影响下可以变成具有一定偶极的极性分子，而极性分子在外电场影响下也可以使其偶极变大。这种在外电场影响下所产生的偶极称为诱导偶极。其大小与外界电场的强度成正比。一旦外电场撤去，诱导偶极也随之消失。

(3) 瞬时偶极。分子内部的原子核和电子总是处在不停的运动过程中，而且在不断地改变位置，在运动的某一瞬间，可能导致分子的正、负电荷重心不重合，这时分子就会产生偶极，称为瞬时偶极。瞬时偶极瞬时产生，瞬时消失。由于分子始终不停地运动，因此瞬时偶极始终存在，并对分子间力起重要作用。瞬时偶极存在于任何分子之间，其大小与分子的变形性有关，分子越大，越易变形，瞬时偶极就越大。

2. 分子间力的类型

分子间力是一个整体的概念，但为了更好地理解和分析分子间力，科学家将之分为取向力、诱导力和色散力。

(1) 色散力。非极性分子中，原子核与电子在运动过程中发生瞬时的相对位移，使得正、负电荷中心分离而产生瞬时偶极，瞬时偶极之间相互吸引而产生的作用力即为色散力[图 2-15(a)、(b)]。瞬时偶极必然采取异极相邻的状态。虽然瞬时偶极存在时间很短，但异极相邻的状态却是不断出现的[图 2-15(c)]，所以非极性分子间的色散力是始终存在的。由于瞬时偶极存在于一切分子中，因此色散力存在于一切分子中。一般来说，分子变形性越大，所产生的瞬时偶极也越大，分子间的色散力就越大。

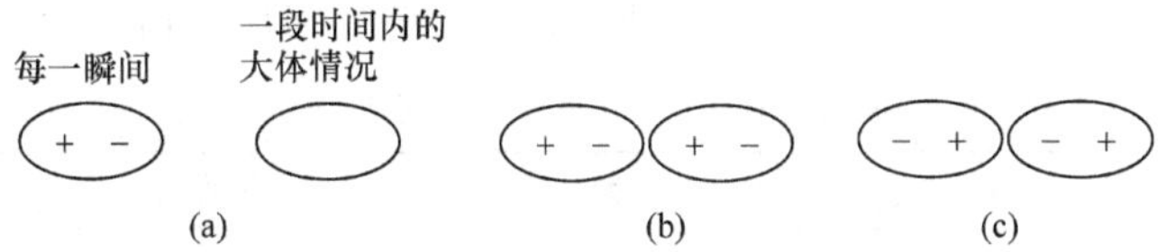

图 2-15 非极性分子相互作用示意图

(2) 诱导力。极性分子和非极性分子相互靠近时，极性分子的固有偶极产生的电场会诱导非极性分子产生诱导偶极[原来重合的正、负电中心被拉开(极化)]，于是就产生了固有偶极与诱导偶极之间的作用力，称为诱导力(图 2-16)。通常，极性分子的固有偶极越大，非极性分子就越易变形，其诱导偶极也就越大。此外，当极性分子与极性分子相邻时，在彼此固有偶极的作用下，每个分子都会变形而产生诱导偶极[图 2-17(c)]，其结果是使极性分子的偶极矩增大，分子间的相互作用力进一步加强。所以诱导力不仅存在于极性分子与非极性分子之间，同时也存在于极性分子之间。

图 2-16 极性分子与非极性分子相互作用示意图

(3) 取向力。它是发生在极性分子之间的作用力。当两个极性分子靠近时，由于同极相斥，异极相吸，分子在空间按异极相邻的状态定向排列[图 2-17(b)]，因此产生的分子间力称为取向力。分子的极性越大，分子间距离越小，取向力就越大。

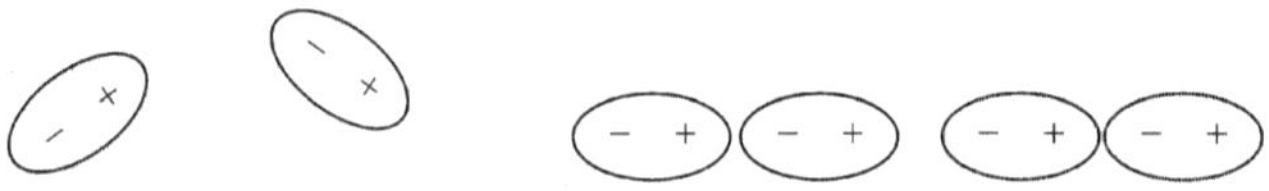

图 2-17　极性分子间相互作用示意图

总之，在非极性分子之间只存在色散力，如 SO_3 和 CH_4 分子都是非极性分子，它们之间仅存在色散力；在极性与非极性分子之间存在色散力和诱导力，如 SO_2 是极性分子，CH_4 是非极性分子，它们之间存在色散力和诱导力；在极性分子之间，色散力、诱导力、取向力都存在，如 PCl_3 和 NO_2 都是极性分子，因此分子间存在色散力、诱导力、取向力。

3. 分子间力的特点

分子间力的特点如下：

(1) 它是永远存在于分子之间的一种作用力，其本质是一种静电吸引力。

(2) 作用能量一般为几至几十千焦每摩，比化学键小一两个数量级。

(3) 它是一种短程力，作用范围约 500 pm 以内。分子间力与分子间距离的 6 次方成反比，距离太远，分子间力可迅速减小甚至消失。分子间力没有方向性和饱和性。只要空间许可，气体凝聚时总是尽可能多地吸引其他分子于其正、负两极周围。

(4) 大多数分子间的作用力以色散力为主。只有极性很大的分子，取向力才占较大的比例。从表 2-7 列举的几种物质分子间吸引作用能的数值可以看出，除了偶极矩很大的分子(如 H_2O)外，色散作用是最主要的吸引作用，诱导作用所占成分最少。

表 2-7　分子间的吸引作用(10^{-22} J)(两分子间距离=500 pm，T=298 K)

分　子	取向能	诱导能	色散能	总　和
He	0	0	0.05	0.05
Ar	0	0	2.9	2.9
Xe	0	0	18	18
CO	0.000 21	0.003 7	4.6	4.6
CCl_4	0	0	116	116
HCl	1.2	0.36	7.8	9.4
HBr	0.39	0.28	15	16
HI	0.021	0.10	33	33
H_2O	11.9	0.65	2.6	15
NH_3	5.2	0.63	5.6	11

4. 分子间力对物质性质的影响

分子间力对物质的物理性质，包括熔点、沸点、熔化热、气化热、溶解度和黏度等都有较大的影响。

一系列组成相似的非极性或极性分子，其熔、沸点随相对分子质量的增加而升高。例如，卤素单质 F_2、Cl_2、Br_2、I_2，在常温下，F_2、Cl_2 是气体，Br_2 是液体，而 I_2 是固体。这是因为从 F_2 到 I_2，随相对分子质量的增加，分子的变形性增强，由此产生的瞬时偶极也就增加，分子间的色散力随之增强。

对于相对分子质量相近而极性不同的分子来说，极性分子的熔点和沸点往往高于非极性分子。这是因为非极性分子间只存在色散力，极性分子间除色散力外，还存在取向力和诱导力。例如，CO 和 N_2 分子的相对分子质量相近，但 CO 的熔、沸点比 N_2 高。具有离域 π 键的分子(如苯)，因 π 电子间的结合力较弱，分子容易变形，故分子间作用力较大，此类物质的熔、沸点往往高于无离域 π 键的分子(如环己烷)。

分子间力也可以说明物质间的互溶情况。一般来说，极性分子易溶于极性溶剂中，非极性分子易溶于非极性的有机溶剂中，即“极性相似相溶”。例如，NH_3、HCl 极易溶于水，难溶于 CCl_4 和苯；而 Br_2、I_2 难溶于水，易溶于 CCl_4、苯等有机溶剂。根据此性质，可用 CCl_4、苯等溶剂将 Br_2、I_2 从它们的水溶液中萃取出来。

图 2-18 给出了ⅣA～ⅦA 同族元素氢化物熔点、沸点的递变情况，图中除 F、O、N 外，其余氢化物熔点、沸点的变化趋势可以用分子间作用力的大小很好地加以解释。

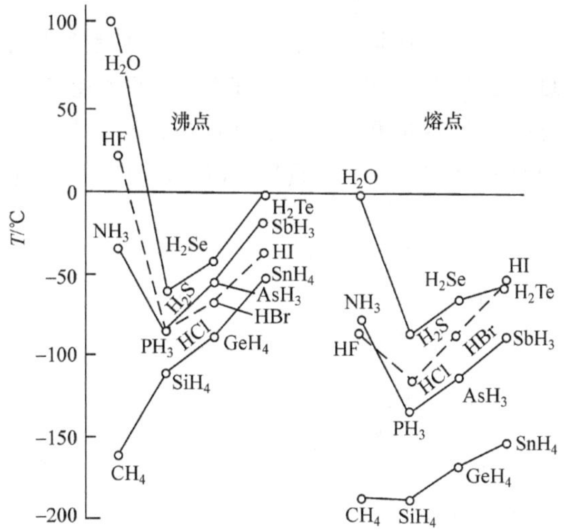

图 2-18　ⅣA～ⅦA 同族元素氢化物熔点、沸点的递变情况

2.4.3　氢键

1. 氢键的形成

当 H 原子与电负性很大、半径很小的原子 X(如 F、O、N 等)以共价键结合时，由于 X 原子吸引电子的能力很强，共用电子对强烈偏向 X 原子，H 原子成为几乎没有电子云的只带有正电荷的“裸露”的质子。由于质子的半径(30 pm)很小，正电荷密度很高，因此还可以吸引另一个电负性大且半径较小的原子 Y(如 F、O、N 等)的孤对电子，于是就形成了氢键，通常表示为 X—H…Y。形成氢键的条件是：

(1) 有一个与电负性很大、半径很小的原子 X 以共价键结合的 H 原子。

(2) 靠近 H 原子的另一个原子 Y 必须电负性很大、半径很小且有孤对电子。X 和 Y 可以是同种元素，也可以是不同种元素。

氢键的键能是指打开 1 mol H⋯Y 键所需要的能量。它比共价键的键能小得多，为 10～40 $kJ \cdot mol^{-1}$，与分子间作用力的数量级相同，所以称之为特殊的分子间作用力。但它又不完全类同于分子间作用力。氢键的强弱与 X、Y 的电负性和半径大小有密切关系。元素的电负性越大，形成的氢键越强。

F—H⋯F＞O—H⋯O＞O—H⋯N＞N—H⋯N＞O—H⋯Cl＞O—H⋯S

Cl 的电负性和 N 相同，但半径比 N 大，只能形成极弱的氢键(O—H⋯Cl)；O—H⋯S 氢键更弱；C 因电负性很小，一般不形成氢键。

2. 氢键的特点

1) 方向性

在氢键 X—H⋯Y 中，Y 原子取 X—H 的键轴方向与 H 靠近，即 X—H⋯Y 中三个原子在一直线上，以使 Y 与 X 距离最远，两原子电子云之间的斥力最小，从而能形成较强的氢键，即氢键键角为 180°。

2) 饱和性

由于 H 原子半径比 X 和 Y 小得多，当 X—H 与 Y 原子形成氢键后，如果再有另一个电负性大的原子靠近，则这个原子的电子云受到 X 和 Y 电子云的排斥力远远大于受到带正电荷的 H 的吸引力，所以很难与 H 靠近，因此 X—H⋯Y 上的氢原子不可能再与另一个电负性大的原子形成氢键，即氢键中 H 原子的配位数为 2。

3. 氢键的种类

除了分子间氢键外，某些化合物，如一些有机化合物(如邻硝基苯酚、水杨醛等)，可以形成分子内氢键(图 2-19)。

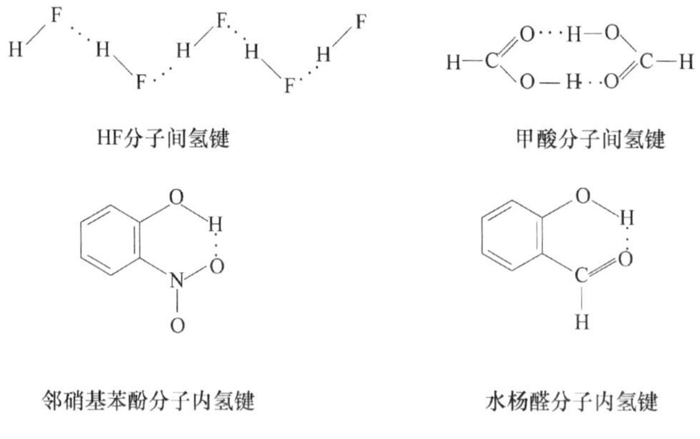

图 2-19　分子间氢键与分子内氢键示例

4. 氢键对物质性质的影响

氢键的形成对物质的性质有很大的影响。

1）熔、沸点升高

分子间氢键的形成会增加分子间作用力，从而使物质的熔、沸点显著升高。图 2-18 中 HF、H_2O、NH_3 的熔、沸点与同族氢化物相比都特别高，原因就是这些分子之间存在氢键。而 CH_4 因分子间没有形成氢键的条件，所以它的溶、沸点在同族元素的氢化物中是最低的。必须指出，当物质存在分子内氢键时，反而会使其熔、沸点下降。例如，对硝基苯酚和邻硝基苯酚的沸点分别为 114 ℃和 45 ℃，这是因为前者只能生成分子间氢键，而后者可以生成分子内氢键。

2）溶解度变化

溶质和极性溶剂间形成分子间氢键会使溶质的溶解度增加，如 NH_3 与 H_2O 之间可形成氢键，所以 NH_3 在水中的溶解度很大。若溶质分子间能形成分子内氢键，则其在极性溶剂中的溶解度反而会减小，在非极性溶剂中的溶解度反而会增加。

3）对物质酸性的影响

苯甲酸（C_6H_5COOH）是一元有机酸，解离常数 $K_a^{\ominus}=6.2\times10^{-12}$，如果—COOH的邻位上有羟基（—OH），其解离常数变为 $K_a^{\ominus}=9.9\times10^{-11}$；如果—COOH的邻位上有两个羟基，其解离常数又变为 $K_a^{\ominus}=5.0\times10^{-9}$。酸性依次增强的原因是取代基—OH和—COOH之间形成了六元环的分子内氢键，使得氢离子更容易解离（图 2-20）。

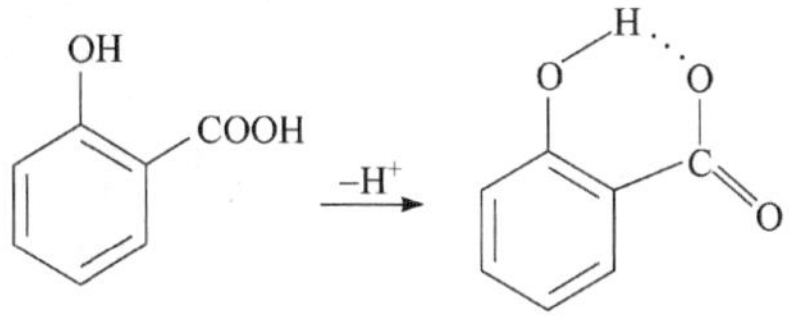

图 2-20　邻羟基苯甲酸形成分子内氢键促进氢离子的解离

此外，氢键的形成还会影响物质的密度、介电常数等性质。例如，在液态水中，H_2O 分子间可以形成缔合分子（图 2-21）。当水凝固成冰时，同样以氢键结合形成缔合分子（图 2-22）。由于分子必须按照氢键键轴排列，所以冰的排列不是最紧密排列，冰的密度反而比水小。水的另一个反常现象就是在 4 ℃时密度最大。因为大于 4 ℃时，分子的热运动使水的体积膨胀，密度减小；小于 4 ℃时，分子间热运动降低，形成氢键的倾向增加，分子间的空隙增大，密度也减小。0 ℃时水结成冰，全部水分子都以氢键相连，形成空旷的结构，所以体积更大，密度更小。

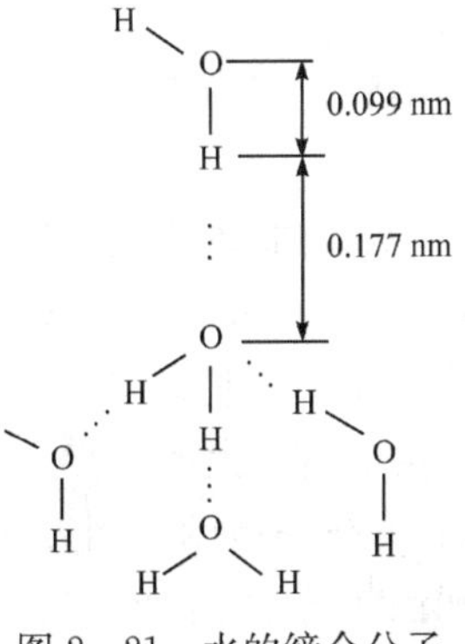

图 2-21　水的缔合分子

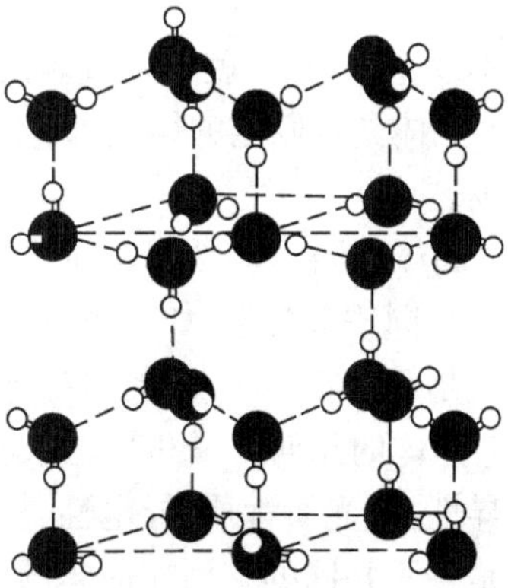

图 2-22　冰的结构

4）氢键形成对生物体的影响

氢键广泛存在于无机含氧酸、有机羧酸、醇、酚、胺等分子内。氢键在生物大分子（如蛋白质、核酸、糖类等）中起着重要作用。蛋白质分子的 α-螺旋结构就是靠羰基（C═O）上的 O 和亚氨基（—NH）上的 H 以氢键（C═O···H—N）彼此连接而成（图 2－23）。脱氧核糖核酸（DNA）的双螺旋结构各圈之间也是靠氢键连接而维持其一定的空间构型，并增强其稳定性（图 2－24）。可以说，没有氢键的存在，就没有这些特殊而稳定的大分子结构，而正是这些大分子支撑了生物机体，担负储存营养、传递信息等各种生物功能。

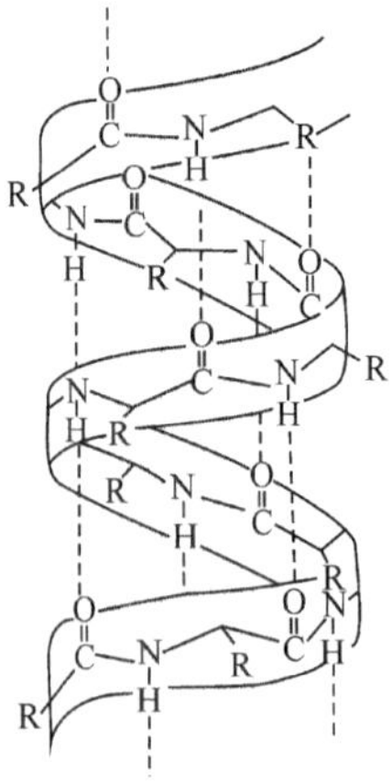

图 2－23　蛋白质 α-螺旋结构示意图

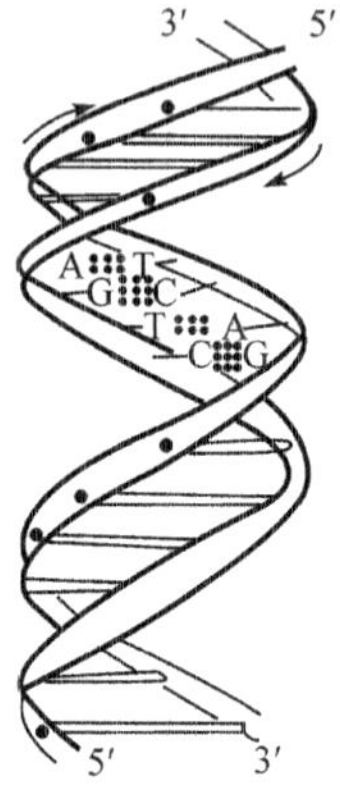

图 2－24　DNA 分子双螺旋结构示意图

2.5　晶体结构简介

2.5.1　晶体的基本概念与结构特征

固体具有一定的体积和形状，可分为晶体和非晶体。自然界中的固体绝大多数是晶体。非晶体又称为无定形体，没有固定的熔点和规则的几何外形，各向是同性的。

晶体是由分子、离子或原子在空间按一定规律周期性地重复排列而成的，晶体的这种周期性排列使其具有下列共同特征：

（1）晶体具有规则的几何外形，组成晶体的质点（分子、离子或原子）在空间有规则地排列而成规则的多面体。非晶体不会自发地形成多面体外形，从熔融状态冷却时，其内部粒子来不及整齐排列，就固化成表面圆滑的无定形体。

（2）晶体具有固定的熔点，而非晶体（如玻璃）受热逐渐软化成液态，有一段宽的软化温度范围。

（3）晶体有同质多晶性，由同样的分子（或原子）以不同的方式堆积成不同的晶体，这种现象称为同质多晶性，如 ZnS 可形成闪锌矿和纤锌矿。因此在研究晶体时，确定化学成分仅仅是第一步，只有进一步确定其结构，才能深入探讨晶体的性质。

（4）晶体的几何度量和物理效应常随方向的不同而表现出量上的差异，这种性质称为各向异性，如光学性质、导电性、热膨胀系数和机械强度等在晶体的不同方向上测定时其结果是各不相同的。而非晶体的各种物理性质不随测定的方向而改变。

晶体内部的质点以确定的位置在空间作有规则的排列，这些点群具有一定的几何形状，称为晶格。晶格上的点称为结点。晶格中含有晶体结构的具有代表性的最小重复单位称为单元晶胞，简称晶胞。晶胞在三维空间无限重复就产生晶体，故晶体的性质是由晶胞的大小、形状和质点的种类以及质点间的作用力所决定的。

2.5.2 晶体分类

按照晶格上质点的种类和质点间作用力的不同，把晶体分为四种类型：离子晶体、原子晶体、分子晶体、金属晶体。

1. 离子晶体

1）概述

离子晶体是晶格结点上的正、负离子通过离子键相互结合形成的，如 NaCl 晶体。通常离子晶体具有较高的熔、沸点，硬度较大。

离子键无方向性，也无饱和性，故在离子周围可以尽量多地排列异号离子，而这些异号离子之间也存在斥力，故要尽量远离。离子晶体的配位数取决于正、负离子半径之比和离子的电子构型。CsCl、NaCl、ZnS 是 AB 型离子晶体中常见的三种类型，其晶体在空间的分布如图 2-25 所示。

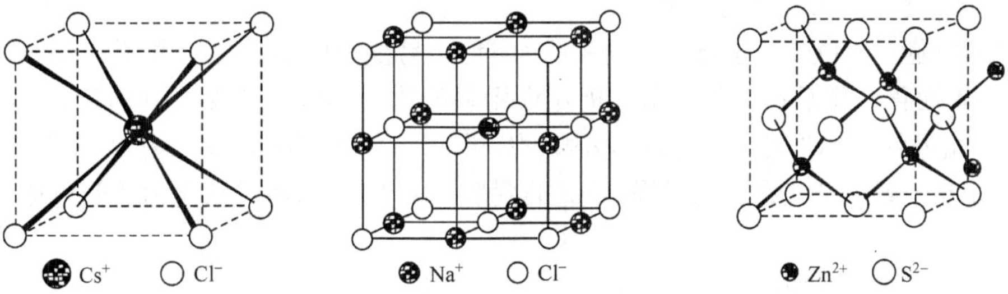

图 2-25 CsCl、NaCl、ZnS 离子晶体晶胞示意图

（1）NaCl 型：晶胞为面心立方，阴、阳离子均构成面心立方且相互穿插而形成；每个阳离子周围紧密相邻有 6 个阴离子，每个阴离子周围也有 6 个阳离子，均形成正八面体；每个晶胞中有 4 个阳离子和 4 个阴离子，组成比为 1∶1。

（2）CsCl 型：晶胞为体心立方，阴、阳离子均构成空心立方体，且相互成为对方立方体的体心；每个阳离子周围有 8 个阴离子，每个阴离子周围也有 8 个阳离子，均形成立方体；每个晶胞中有 1 个阴离子和 1 个阳离子，组成比为 1∶1。

（3）ZnS 型：晶胞为立方晶胞，阴、阳离子均构成面心立方且互相穿插而形成；每个阳离子周围有 4 个阴离子，每个阴离子周围也有 4 个阳离子，均形成正四面体；晶胞中有 4 个阳离子和 4 个阴离子，组成比为 1∶1。

2）离子极化和键的变异现象

离子极化是指在电场的作用下产生的离子电子云变形的现象。对于离子晶体来说，离子本身带有电荷，形成一个电场，离子在相互电场作用下发生电子云变形，正、负电荷中心进一步远离，并导致物质在结构和性质上发生相应的变化。

一种离子使异号离子极化而变形的作用称为离子的极化作用；被异号离子极化而发生离子电子云变形的性能称为离子的变形性或可极化性。正、负离子都具有极化作用和变形性两方面，但由于正离子的半径一般都比负离子小，电场强，因此正离子极化作用大，而负离子变形性大。阳离子极化作用的强弱取决于该离子对周围离子施加的电场强度。电荷高、半径小的正离子有强的极化作用，如 $Na^+ < Mg^{2+} < Al^{3+}$；对于不同电子层结构的正离子，极化作用大小顺序为 18 电子构型或 18+2 电子构型的离子>9～17 电子构型的离子>8 电子构型的离子。而最容易变形的离子是体积大的负离子（如 I^-、S^{2-}）和 18、18+2 以及不规则电子层的少电荷的正离子（如 Ag^+、Hg^{2+}）。

离子的相互极化使得正、负离子的电子云强烈变形，外层电子云发生重叠，键的极性减弱，键长缩短，最终导致离子键向共价键过渡。离子的极化会影响化合物的性质。

（1）熔、沸点。AgCl 与 NaCl 同属 NaCl 型晶体，但 Ag^+ 的极化力和变形性远大于 Na^+，所以 AgCl 的键型为过渡型，因而 AgCl 的熔点（455 ℃）远低于 NaCl 的熔点（800 ℃）。

（2）溶解度。以 AgX 为例，AgF、AgCl、AgBr、AgI 在水中的溶解度依次降低。这是因为卤离子 X^- 的变形性大小顺序为 $F^- < Cl^- < Br^- < I^-$，Ag^+ 的极化力和变形性都很强，相互极化的结果使 AgX 中键的离子性逐渐减弱，共价性逐渐增强，所以它们在极性溶剂水中的溶解度降低。S^{2-} 和 O^{2-} 的电荷、半径以及变形性都比卤素大，所以它们与具有 18、18+2、9～17 电子构型的金属离子（如 Cu^{2+}、Ag^+、Pb^{2+}、Bi^{3+}、Cd^{2+}、Hg^{2+} 等）形成的硫化物和氧化物一般都难溶于水。

（3）颜色。颜色的产生与离子的变形性有关，易变形的离子易吸收可见光使电子发生跃迁，因而化合物常具颜色。离子极化作用强的化合物颜色较深。例如，AgI 为黄色，AgBr 为浅黄色，AgCl 则为白色，这是因为从 Cl^- 到 I^-，离子半径逐渐增大，变形性增强，极化作用从 AgCl 到 AgI 逐渐增强。S^{2-} 的变形性大于 O^{2-}，所以硫化物的颜色通常比氧化物深。

（4）配位数。例如，AgCl、AgBr、AgI 的正、负离子半径比为 $r_+/r_- = 0.696 \sim 0.583$，类似 NaCl 晶格，配位数应为 6，但由于 Ag^+ 的价电子层属于 18 电子构型，极化力和变形作用都很大，而且 I^- 半径很大，变形性也大，因此两离子间的相互极化作用很强烈，导致它们的配位数往小的方向变化，AgI 的配位数仅为 4。

离子极化作用在许多方面影响化合物的性质，可以把它看作离子键理论的补充。

2. 分子晶体

由共价键形成的单质或化合物，当温度降至一定程度时，会形成晶体。这种共价分子作为晶格结点上的微粒，分子间以分子间作用力（及氢键）相结合而形成的晶体称为分子晶体。分子晶体用分子式表示组成，大多为非金属间形成的小分子，平均每个原子形成 σ 键数目不多于两个。

分子间作用力的大小可由色散力、取向力和诱导力来判断，但一般只要判断其色散力大小即可，故由相对分子质量的大小可大致判断分子间力的大小。大多数非金属单质及其形成的化合物，如干冰（CO_2）、I_2、大多数有机化合物，其固态均为分子晶体。

由于分子间的作用力很弱（应注意分子晶体的分子内原子之间是共价键。不要把分子间力与分子内的化学键弄混，而且分子晶体中存在独立的分子，这与离子晶体和原子晶体不同)，因此分子晶体的熔、沸点较低，硬度较小，挥发性大。

分子晶体的结点是电中性的分子，在固态和熔融时导电性差，是电的不良导体。

3. 原子晶体

组成晶体的微粒是原子，原子间通过共价键形成的晶体统称为原子晶体，如金刚石、晶体硅、碳化硅、二氧化硅等。原子晶体中不存在独立的简单分子，整个晶体构成一个巨型分子，其化学式仅表示物质的组成。单质的化学式直接用元素符号表示，两种以上元素组成的原子晶体则按各原子数目的最简比写化学式。

例如，金刚石晶体是一个以 C 原子为中心，通过共价键连接 4 个 C 原子而形成的正四面体结构，所有的 C—C 键长均为 1.55×10^{-10} m，键角为 109.5°，键能也都相等，金刚石是典型的原子晶体，熔点高达 3550 ℃，是自然界中硬度最大的单质。

原子晶体中，原子间通过共价键相结合，共价键结合牢固，所以原子晶体的熔、沸点高，硬度大，不溶于一般的溶剂，多数原子晶体为绝缘体，有些(如硅、锗等)是优良的半导体材料。

4. 金属晶体

金属晶体的晶格结点上排列的是金属原子和金属阳离子，在金属晶格空间充填着自由电子，金属原子(离子)好像浸没在自由电子的海洋中，这些电子可被所有金属原子共用，自由电子与金属离子间的作用力称为金属键。金属键可看成是由许多原子共用许多电子的一种特殊形式的共价键，故金属键无方向性和饱和性。为形成稳定结构，金属原子采取尽可能紧密的堆积方式，所以金属一般密度较大，配位数较大。

通常，金属晶体熔、沸点高，不溶于水，硬度大，导电性和延展性也较好。上述四种晶体的性质比较列于表 2-8。

表 2-8　四类晶体的性质比较

晶体类型	离子晶体	分子晶体	原子晶体	金属晶体
晶格结点上的微粒	正、负离子	分子	原子	金属离子(原子)
微粒间作用力	离子键	分子间力、氢键	共价键	金属键
是否存在“分子”	否	是	否	否
熔、沸点	较高	较低	很高	一般较高，但有部分低熔点金属，如 Hg、Cd
挥发性	挥发性低	高挥发性	无挥发性	
硬度	较大而脆	较小	硬而脆	一般较高，部分低
导电、导热性	导热性较，熔融或溶于水时导电	非导电(热)体	非导电(热)体	良好的导电(热)体
溶解性	易溶于极性溶剂	相似相溶	不溶于一般溶剂	不溶于一般溶剂
机械加工性	不良	不良	不良	良好的延展性和机械加工性
实例	CsCl、NaCl、ZnS、BaO、MgO、CaF_2	HCl、H_2O、H_2、CO_2、Cl_2、NH_3	金刚石、单晶硅、SiC、SiO_2、AlN	Na、Mg、Al、Cu、Ag、Hg、Au

阅读材料

超分子化学

在化学中，随着分子结构和行为复杂性程度的提高，信息语言扩展到分子构造中，使分子构造表现出具有生物学特性的自组织功能。这一过程的展开向传统化学研究方式提出了前所未有的挑战，促使化学研究正在实现从结构研究向功能研究的转变，而这一前瞻性的转变首先发生在超分子化学领域。

超分子化学是一门处于近代化学、材料化学和生命科学交汇点的新兴学科。它的发展不仅与大环化学（冠醚、穴醚、环糊精、杯芳烃、C_{60}等）的发展密切相连，而且与分子自组装（双分子膜、胶束、DNA双螺旋等）、分子器件和新兴有机材料的研究息息相关。到目前为止，尽管超分子化学还没有一个完整、精确的定义和范畴，但它的诞生和成长却是生机勃勃、充满活力的。

现代化学与十八九世纪的经典化学相比较，其显著特点是从宏观进入微观，从静态研究进入动态研究，从个别、细致研究发展到相互渗透、相互联系的研究，从分子内的原子排列发展到分子间的相互作用。从某种意义上讲，超分子化学淡化了有机化学、无机化学、生物化学和材料化学之间的界限，着重强调了具有特定结构和功能的超分子体系，将四大基础化学（有机化学、无机化学、分析化学和物理化学）有机地融合为一个整体，从而为分子器件、材料科学和生命科学的发展开辟了一条崭新的道路，且为21世纪化学发展提供了一个重要方向。

超分子化学并非高不可攀，有许多超分子结构似乎都可在日常生活中看见。例如，可以把轮烷（rotaxane）比为算盘；索烃（catenane）好像舞池中的一对舞伴；C_{60}类似于圆拱建筑；环糊精（cyclodextrins）和激光唱盘（CD）有同样的简称和信息存放功能；DNA双螺旋结构与家喻户晓的小吃麻花多少有点相似。以非共价键弱相互作用力键合的复杂有序且有特定功能的分子结合体——“超分子”是共价键分子化学的一次升华，被称为“超越分子概念的化学”，它不仅在材料科学、信息科学，而且在生命科学中都具有重要的理论意义和广阔的应用前景。

为了鼓励和推进超分子化学的深入研究，1987年诺贝尔化学奖授予了超分子化学研究方面的三位科学家：美国人佩德森（C. J. Pedersen）、克拉姆（D. J. Cram）和法国人莱恩（J. M. Lehn）。莱恩在获奖演说中曾为超分子化学作了如下解释：以化学键为基础，以分子为研究对象的化学，可称为分子化学；而研究两种以上的化学物种通过分子间力相互作用缔结而成的具有特定结构和功能的超分子体系的科学则称为超分子化学。

习　题

2-1　下列说法是否正确？举例说明其原因。

(1) 非极性分子只含非极性共价键。

(2) 极性分子只含极性共价键。

(3) 离子型化合物中不可能含有共价键。

(4) 全由共价键结合形成的化合物只能形成分子晶体。

(5) 色散力只存在于非极性分子之间。

(6) 共价型的氢化物之间可以形成氢键。

2-2　下列说法中哪些是不正确的？请说明理由。

(1) sp^2 杂化轨道是由某个原子的 1s 轨道和 2p 轨道混合形成的。

(2) 中心原子中的几个原子轨道杂化时必定形成数目相同的杂化轨道。

(3) 所谓 sp^3 杂化，是指 1 个 s 电子与 3 个 p 电子的混杂。

(4) 原子在基态时没有未成对电子，就一定不能形成共价键。

2-3　用玻恩-哈伯循环计算氯化钾的晶格能。相关数据如下：

$$K(s) \longrightarrow K(g) \qquad \Delta H_1 = 90.0\ kJ \cdot mol^{-1}$$

$$Cl_2(g) \longrightarrow 2Cl(g) \qquad \Delta H_2 = 241.8\ kJ \cdot mol^{-1}$$

$$K(g) \longrightarrow K^+(g) + e^- \qquad \Delta H_3 = 419\ kJ \cdot mol^{-1}$$

$$Cl(g) + e^- \longrightarrow Cl^-(g) \qquad \Delta H_4 = -348.6\ kJ \cdot mol^{-1}$$

$$K(s) + \frac{1}{2}Cl_2(g) \longrightarrow KCl(s) \qquad \Delta H_5 = -435.8\ kJ \cdot mol^{-1}$$

2-4　写出下列离子的核外电子排布式，并指出属于哪一种离子构型。

Cl^-　Al^{3+}　Fe^{2+}　Bi^{3+}　Cd^{2+}　Sn^{2+}　Cu^+　Li^+　S^{2-}　Mn^{2+}

2-5　判断下列有机物分子中，每个 C 原子所采用的杂化类型。

C_2H_6　C_2H_4　$CH_3C{\equiv}CH$　CH_3CH_2OH　$H{-}\overset{\overset{O}{\|}}{C}{-}H$　$Cl{-}\overset{\overset{O}{\|}}{C}{-}Cl$

2-6　试比较下列各组物质晶格能的大小，并作简单说明。

(1) MgO 与 KCl　(2) MgO 与 SrS　(3) NaF、NaCl 与 NaBr

2-7　用离子极化理论说明下列各组氯化物的熔点高低。

(1) $MgCl_2$ 和 $SnCl_4$　(2) $ZnCl_2$ 和 $CaCl_2$　(3) $FeCl_3$ 和 $FeCl_2$　(4) $MnCl_2$ 和 $TiCl_4$

2-8　试用杂化轨道理论判断下列各物质是以何种杂化轨道成键的，并说明各分子的空间构型以及分子是否有极性。

PH_3　CH_4　NF_3　BBr_3　SiH_4

2-9　根据价层电子对互斥理论，判断 ClO^-、ClO_2^-、ClO_3^-、ClO_4^- 的几何构型。

2-10　用价层电子对互斥理论推测下列离子或分子的几何构型。

$PbCl_2$　NF_3　PH_4^+　SO_4^{2-}　NO_3^-　$CHCl_3$

2-11　根据键的极性和分子的几何构型，判断下列哪些分子是极性分子，哪些分子是非极性分子。

Ne　Br_2　HF　NO　H_2S　CS_2　$CHCl_3$　CCl_4　NF_3

2-12　判断下列各组物质中不同物质分子之间存在何种分子间力。

(1) 苯和四氯化碳　(2) 氦气和水　(3) 硫化氢和水　(4) 氨水

2-13　判断下列化合物中有无氢键存在，如果有氢键，请说明氢键的类型。

$C_2H_5OC_2H_5$　HF　H_2O　HBr　H_2S　CH_3OH　邻硝基苯酚

2-14　指出下列各组晶体熔点由高到低的顺序以及各种晶体所属的晶体类型。

(1) NaCl，Au，CO_2，HCl　(2) $MgCl_2$，SiC，HF，W　(3) NaCl，N_2，NH_3，Si

2-15　要使 NaF、F_2、Na 和 Si 各晶体熔融，需分别克服何种作用力？

2-16　试说明下列问题：

(1) 为什么水蒸气易液化，而 N_2、H_2 在通常条件下不易液化？

(2) 为什么在通常状态下，CF_4 为气态，CCl_4 为液态，CBr_4 和 CI_4 为固态，而且熔点依次升高(但均很低)？

2-17　试指出稀有气体 He、Ne、Ar、Kr、Xe 在水中溶解度大小的顺序。

2-18　在 $T=300$ K、$p=101.3$ kPa 时，HF(g)的密度为 3.22 g·L^{-1}。计算其摩尔质量。计算结果与M(HF)理论值[M(HF)=20 g·mol^{-1}]是否相符？试解释之。

2-19　NaCl 与 CuCl 同为金属卤化物，并且 Na^+ 与 Cu^+ 半径相近($r_{Na^+}=9.8$ nm，$r_{Cu^+}=10.0$ nm)，但是 CuCl 在水中溶解度比 NaCl 小得多。试用离子极化的概念加以解释。

第 3 章　化学热力学基础

判断化学反应能否进行是化学工作者最关心的问题之一。自然界中，许多变化都有一定的方向性。例如，物体在重力作用下总是自发地由较高处落到较低处；热总是自发地由高温物体向低温物体传递；溶液中的溶质总是自发地从浓度大的一方向浓度小的一方扩散。那么对任一给定的化学反应来说，是什么因素决定其反应的自发方向呢？

化学热力学主要解决化学反应中的两大问题：①化学反应中能量是如何转化的；②化学反应朝着什么方向进行，限度如何。通过本章的学习，将找到化学反应的反应热计算方法以及判断化学反应自发方向的统一判据。

热力学研究的是大量质点的统计行为，即物质的宏观性质，并根据系统的宏观性质，推导出有用的结论以指导实践。但热力学也有其局限性，由于它不考虑个别质点的行为，不涉及物质的微观结构及时间因素，因此它只能告诉我们一定条件下反应进行的可能性，而不能告诉我们反应如何进行（反应机理）以及反应的速率有多大，这些问题的解决必须依赖化学动力学理论。

3.1　热力学基础知识

3.1.1　体系与环境

用热力学的方法研究问题时，首先要确定研究对象。为此，把要研究的那一部分物体与其余部分划分开来，作为研究的对象。被划作研究对象的这一部分物体称为系统（或体系）；而系统以外，与其密切相关的部分称为环境。例如，要研究某容器中 HCl 和 NaOH 溶液的反应，可选酸碱混合液作为体系，而混合液以外的部分（如烧杯、周围的空气）均为环境。系统和环境是根据研究问题的需要人为划分的，因此系统和环境之间一定有一个接口（界面），这个接口可以是实际的物理接口，也可以是想像的。上例中反应液表面就是一个实际的物理界面。若容器是敞开的，也可将反应液和液面上方的空气合起来作为体系，此时系统和环境之间的接口就是想像的。

根据体系和环境之间物质和能量交换情况的不同，可以把热力学体系分为三种：

(1) 敞开体系：体系与环境之间既有物质交换又有能量交换。

(2) 封闭体系：体系与环境之间只有能量交换而无物质交换。例如，锌粒与稀盐酸作用生成氯化锌和氢气并放出热量，若该反应在密闭容器中进行，且容器不绝热，则该反应体系可看作一个封闭体系。

(3) 孤立体系：体系与环境之间既无物质交换又无能量交换。事实上，自然界中并不存在绝对孤立的体系，但因研究的需要，常将一些体系近似地看作孤立体系，同样是上例中的封闭体系，若使密闭容器绝热（既不辐射也不吸收能量），就成了孤立体系。此外，体系和环境合起来，也可看作一个超大的孤立体系。

3.1.2 状态与状态函数

热力学体系的状态是体系的各种宏观物理性质和化学性质的总和。用来描述、确定体系所处状态的宏观物理量称为状态函数。例如，描述气体状态的物理量：物质的量 n、温度 T、压力 p 和体积 V 等都是状态函数。体系的状态有平衡态和非平衡态之分。处于热力学平衡态的体系，各部分的温度、压力相等，各相的组成和数量不随时间而改变，即体系已达到热平衡、力平衡、相平衡和化学平衡；而处于非平衡态的体系，各部分的宏观性质是不相等的。在本章的后续讨论中，若无特殊说明，状态均指热力学平衡态。

状态函数具有以下特点：

(1) 体系的状态是由体系的性质(状态函数)确定的。当系统的各状态函数都有确定值时，该系统就处于一定的状态；若其中的一个状态函数发生改变，则系统所处的状态也随之而变；换言之，若体系的状态发生变化，体系的性质也会随之改变。因此，状态函数与状态是一一对应的关系。

(2) 系统的各个状态函数之间往往存在一定的函数关系。因此在确定系统状态时，不需对体系所有的性质逐一描述。例如，描述理想气体性质的四个物理量 n、T、p、V 符合理想气体状态方程，因此只需确定其中的任意三个，就可以确定该理想气体所处的状态。通常总选择最易测定的状态函数确定体系的状态。

根据系统的性质与系统的物质的量的关系，可把系统的性质分为两类：

(1) 容量性质(广度性质)。具有容量性质的物理量的大小与其所含物质的物质的量成正比，所以在一定的条件下具有加和性。例如，质量(m)、体积(V)、热力学能(U)等都是容量性质的物理量。

(2) 强度性质。具有强度性质的物理量的大小与其所含物质的物质的量无关，因此不具有加和性。例如，将一杯温度为 80 ℃的水倒出一半后，水的质量和体积都变为原来的一半，但水的温度仍是 80 ℃，而不是 40 ℃，所以温度是强度性质的物理量。此外，压力、表面张力、黏度等都是强度性质的物理量。

容量性质物理量与强度性质物理量之间有一定的关系。在明确系统的物质的量后，两个容量性质物理量相除，就可以得到一个强度性质物理量。例如，体积 V 和质量 m 都是具有容量性质的物理量，而密度($\rho=m/V$)就是强度性质的物理量。

3.1.3 过程与途径

系统的状态发生变化时，这种变化称为过程，完成这个过程的具体步骤则称为途径。

由于状态函数的数值仅取决于系统所处的状态，因此状态函数的变化值只与变化的过程(系统的始态和终态)有关，而与变化的途径无关，此为状态函数的第三个重要特点。根据状态函数的这一重要特征，系统要完成一个变化过程，可以经由多种不同的途径完成。例如，1 mol 理想气体，由始态 $T_1=200\ \text{K}$、$p_1=100\ \text{kPa}$ 变化到终态 $T_2=300\ \text{K}$、$p_2=200\ \text{kPa}$，可先等温升压至 200 K、200 kPa，再定压升温到达终态(途径Ⅰ)；也可先定压升温至 300 K、100 kPa，再等温升压到达终态(途径Ⅱ)，如下所示。虽然经历了不同的途径，但其状态函数的改变量却是相同的，即 $\Delta T=T_2-T_1=100\ \text{K}$，$\Delta p=p_2-p_1=200\ \text{kPa}$。

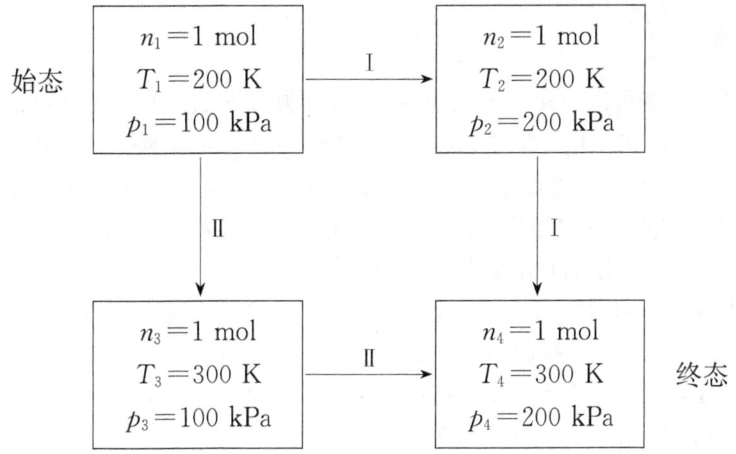

状态函数的这种特性使复杂问题的处理大为简化。对于比较复杂的过程通常可以设计出比较简单的途径来完成，并依此计算状态函数的变化量，其计算结果与按实际途径进行的计算值是一样的。热力学方法之所以简便，就是基于这个原理。热力学上经常遇到的过程有以下几种：

（1）等压过程：系统始态压力（p_1）和终态压力（p_2）相同（允许中间过程有压力波动），且等于环境压力（p_e）的过程，即 $p_1=p_2=p_e$。在敞口容器中进行的反应可看作等压过程，因为系统始终经受相同的大气压力。绝大多数化学反应是在敞口容器中进行的，所以等压过程是化学反应的主要过程。

（2）等容过程：系统体积始终恒定不变的过程。在密闭容器中进行的反应就是等容过程。

（3）等温过程：系统状态变化过程中始态和终态温度相同（允许中间过程有温度波动），且等于环境温度的过程。当化学反应发生后，反应的热效应会引起系统的温度升高或降低。如果把过程设计成反应后生成物的温度经冷却或升温后与反应前反应物的温度相同，则该反应就可以按等温过程处理。

3.1.4 功与热

1. 热力学能

能量是物质运动的基本形式。体系的总能量一般由动能、势能和热力学能组成。动能由体系的整体运动所决定，势能由体系在外力场中的位置所决定，热力学能是体系内部所储藏的能量。化学热力学通常只研究静止的、且不考虑外力场作用的体系，则热力学体系能量仅指热力学能。

热力学能是热力学系统内各种形式的能量总和，用符号 U 表示，它包括组成系统的各种粒子（如分子、原子、电子、原子核等）的动能（如分子的平动能、振动能、转动能等）以及粒子间相互作用的势能（如分子的吸引能、排斥能，化学键能等），SI 单位为 J。热力学能的大小与系统的温度、体积、压力以及物质的量有关，由于系统内部各种粒子运动的复杂性，至今仍无法确定一个体系热力学能的绝对值。但可以肯定的是，体系处于一定状态时必有一个确定的热力学能，因此热力学能是体系本身的性质，是状态函数。

2. 功和热

系统能量的改变可以由多种方式实现，从大的方面来看，有功(work)、热(heat)和辐射(radiation)三种形式。热力学中，仅考虑功和热两种能量交换形式。由于功和热是能量交换的形式，因此只有在系统发生变化时才表现出来。若系统不发生变化，就没有能量交换，也就没有功或热，故功和热不是系统自身的性质，它们不是状态函数。系统做多少功、放多少热与系统变化所经历的具体途径有关。

热力学中，系统和环境之间由于温度差而导致的能量传递称为热，用符号 Q 表示，通常规定，系统吸热，$Q>0$；系统放热，$Q<0$，热的 SI 单位为 J。除热以外，系统与环境之间以其他形式交换或传递的能量为功，用符号 W 表示，通常规定，环境对系统做功，$W>0$；系统对环境做功，$W<0$，功的 SI 单位为 J。

功是由于压力差或其他机电“力”所引起的能量在系统与环境之间的一种流动。为研究方便，热力学中将功分为体积功和非体积功两类。体积功是系统反抗外力发生体积变化时所做的功。体积功因难以被人们所利用，通常也称为无用功；除体积功外，其他各种形式的功统称为非体积功，如电功、表面功(系统表面积变化时所做的功)等。这些形式的功易于被人们所利用，通常也称为有用功。在化学反应中，系统一般只做体积功。因为非体积功(如电功)一定要在原电池这种特殊的装置中才可能产生。所以，本章下面讨论中，除特别指明外，都限于系统只做体积功的情况。在等温、定压条件下，如果化学反应中有气体产生或消耗，则系统就会做体积功。例如

$$CaCO_3(s) = CaO(s) + CO_2(g)$$

$$NH_3(g) + HCl(g) = NH_4Cl(s)$$

设定压过程中环境外压为 p_e，系统体积变化为 ΔV，所做体积功可表示为

$$W = -p_e \cdot \Delta V \tag{3-1}$$

3.1.5 标准状态

同一系统由于所处的状态不同，其性质也不尽相同。在热力学研究中需要对物质的状态规定一个统一的比较标准，即热力学标准状态。物质的热力学标准状态是指在某一指定温度 T 和 100 kPa 的压力下该物质的物理状态。在 SI 单位制中，标准压力应为 101.325 kPa，但这个数字使用不太方便，国际纯粹与应用化学联合会(IUPAC)建议以 1×10^5 Pa 作为气态物质的热力学标准压力。因此热力学规定 100 kPa 为标准压力，用符号 $p^\ominus$表示，p 的上标“$\ominus$”读作标准。同一种物质，所处的状态不同，标准状态的含义也不同，具体规定如下：

(1) 气体的标准状态：物质的物理状态为气态，气体具有理想气体的性质，且气体的压力(或分压)值为标准压力。

(2) 纯液体(或纯固体)的标准状态：处于标准压力下，且物理状态为纯液体(或纯固体)。

(3) 溶液的标准状态：处于标准压力下，且溶质的质量摩尔浓度 $b^\ominus = 1\ mol\cdot kg^{-1}$。热力学用 $b^\ominus$表示标准浓度，且 $b^\ominus = 1\ mol\cdot kg^{-1}$。对于比较稀的溶液，通常作近似处理，用物质的量浓度 c 代替 b，这样标准状态就可近似看作 $c = 1\ mol\cdot L^{-1}$时

的状态，记为 $c^{\ominus}$。

标准状态明确指定了标准压力 $p^{\ominus}$ 为 100 kPa，但未指定温度。因从手册中查到的热力学常数大多是 298.15 K 下的数据，所以本书以 298.15 K 为参考温度。

热力学上的"标准状态"与理想气体状态方程中所提到的"标准状况"含义不同。后者指的是压力 101.325 kPa、温度 273.15 K 的状况，而前者只规定了浓度（或压力），可以任意指定温度。如果反应系统中各物质均处于标准状态下，则称反应在标准状态下进行。在热力学计算中，必须标明物质所处的状态，这样的计算结果才是有意义的。

3.1.6 热力学第一定律

经过迈耶（J. R. Mayer）、焦耳（J. P. Joule）和亥姆霍兹（H. van Helmholtz）等科学家的共同努力，科学界终于在 19 世纪中叶公认了能量转化与守恒定律。

能量转化与守恒定律指出：自然界的一切物质都具有能量。能量不能消灭，也不能创造。能量有各种存在形式，不同形式的能量可相互转化，能量在不同的物体之间也可相互传递，在转化和传递过程中能量的总和保持不变。该定律应用于宏观热力学体系研究时也称为热力学第一定律。

热力学第一定律的数学表达式：当宏观静止且不考虑外力场作用时，对于一个与环境没有物质交换的封闭系统，若环境对其做功 W，系统从环境吸热 Q，则体系的能量必有增加。根据能量守恒原理，系统能量的增加值等于 W 与 Q 之和，即

$$\Delta U = Q + W \tag{3-2}$$

使用式（3-2）计算系统的热力学能变化时，应特别注意功和热的符号规定。

由热力学第一定律可看出，系统经由不同途径发生同一过程时，不同途径中的热和功不一定相同，但热和功的代数和却是相同的，即只与过程有关，与途径无关。

尽管 U 的绝对值无法确定，但热力学所感兴趣的仅是一个体系在变化过程中吸收或释放了多少能量，即热力学能的变化值 ΔU。ΔU 可通过热力学第一定律进行计算。

例 3-1 某系统经一变化过程，从环境吸热 100 J，对环境做功 50 J，求系统的热力学能变。

解 系统的热力学能变

$$\Delta U_{系统} = Q + W = 100 + (-50) = 50(\text{J})$$

上述变化中，系统吸热，环境就要放热。因此对于环境而言，$Q = -100$ J，环境接受系统做的功，所以 $W = 50$ J，则环境的热力学能变为

$$\Delta U_{环境} = Q + W = -100 + 50 = -50(\text{J})$$

通过计算可知：系统与环境的能量变化之和等于零。这就是能量守恒。由热力学第一定律表达式还可以得出以下结论：由于孤立系统与环境之间没有物质和能量交换，因此孤立系统中发生的任何过程，有 $Q=0$、$W=0$、$\Delta U=0$，即孤立体系的热力学能恒定不变，这是热力学第一定律的一个推论。

例 3-2 设有 1 mol 理想气体，由始态 487.8 K、20 L 反抗恒外压 101.325 kPa 迅速膨胀至终态 414.6 K、34 L。因膨胀迅速，体系与环境来不及进行热交换。试计算 W、Q 及体系的热力学能变 ΔU。

解 按题意此过程可认为是绝热膨胀，故 $Q=0$。

$$W = -p_e \cdot \Delta V = -p_e(V_2 - V_1) = -101.325 \times (34-20) = -1418.55(\text{J})$$

$$\Delta U = Q + W = 0 - 1418.55 = -1418.55(\text{J}) < 0$$

表明在绝热膨胀过程中，体系对环境所做的功是通过消耗体系的热力学能实现的。

3.2 热 化 学

化学反应常伴随有吸热或放热现象。研究化学反应中热量变化规律的学科称为热化学。热化学是化学热力学的一个重要组成部分，是热力学第一定律在化学反应中的实际应用。

3.2.1 化学反应进度

1. 化学计量数

对任一化学反应：

$$aA+bB+\cdots=\!=\!=\cdots+yY+zZ \tag{3-3}$$

式中，A、B 代表反应物，Y、Z 代表生成物；a、b、y、z 代表相应物质的系数。式(3－3)也可写为

$$-\nu_A A-\nu_B B-\cdots=\cdots+\nu_Y Y+\nu_Z Z \tag{3-4}$$

式中，ν_A、ν_B、ν_Y、ν_Z 为相应物质的化学计量数。对比式(3－3)和式(3－4)可知

$$\nu_A=-a \qquad \nu_B=-b \qquad \nu_Y=y \qquad \nu_Z=z$$

因此，对于反应物来说，ν 取负值；对于生成物来说，ν 取正值。ν 的 SI 单位为 1。它可以是整数也可以是简分数。

例如，对于反应

$$2H_2(g)+O_2(g)=\!=\!=2H_2O(l)$$

有

$$\nu(H_2)=-2 \qquad \nu(O_2)=-1 \qquad \nu(H_2O)=+2$$

若将反应式写为如下形式：

$$H_2(g)+\frac{1}{2}O_2(g)=\!=\!=H_2O(l)$$

则有

$$\nu(H_2)=-1 \qquad \nu(O_2)=-\frac{1}{2} \qquad \nu(H_2O)=+1$$

将式(3－4)移项后得

$$-\nu_A A-\nu_B B-\cdots-\nu_Y Y-\nu_Z Z=0$$

上式可简化为

$$\sum_B \nu_B B=0 \tag{3-5}$$

式(3－5)表明化学反应方程式的书写依据为质量守恒定律，即反应物和生成物的质量的代数和为 0。式中，B 既代表反应物，也代表生成物。

2. 反应进度

化学反应的反应进度是描述和表征化学反应进行程度的物理量，用符号 ξ(读作 ksai)表示。对任一化学反应

$$\sum_{B} \nu_B B = 0$$

达到平衡时，若参与反应的某一物质 B 的物质的量从状态Ⅰ的 $n_{B,1}$ 变为状态Ⅱ的 $n_{B,2}$，则该反应的反应进度 ξ 为

$$\xi = \frac{n_{B,2} - n_{B,1}}{\nu_B} = \frac{\Delta n_B}{\nu_B} \qquad (3-6)$$

式中，Δn_B 的 SI 单位是 mol，ν_B 的 SI 单位是 1，所以反应进度 ξ 的 SI 单位为 mol。

例如，对于反应

$$2H_2(g) + O_2(g) \xlongequal{} 2H_2O(l)$$

若 $\xi = 1$ mol，则

$$\Delta n(H_2) = \xi \times \nu(H_2) = 1 \times (-2) = -2(\text{mol})$$
$$\Delta n(O_2) = \xi \times \nu(O_2) = 1 \times (-1) = -1(\text{mol})$$
$$\Delta n(H_2O) = \xi \times \nu(H_2O) = 1 \times (+2) = +2(\text{mol})$$

计算结果表明，1 mol 反应进度的含义为 2 mol H_2 与 1 mol O_2 完全反应，生成了2 mol H_2O。

由于 ξ 与 ν 有关，而 ν 与反应式的写法有关，因此 ξ 的数值也与反应式的写法有关，但与选择反应系统中何种物质来表示反应进度无关。计算反应进度时，选用反应体系中的任一物质的变化量计算，都可得到相同的结果。

例如，若反应式写为

$$H_2(g) + \frac{1}{2}O_2(g) \xlongequal{} H_2O(l)$$

同样是 1 mol 反应进度，却表示 1 mol H_2 与$\frac{1}{2}$mol O_2 完全反应，生成 1 mol H_2O。因此在使用反应进度概念时，必须指明与之对应的反应式。

3.2.2 化学反应热

同一化学反应在不同条件下进行，其吸收或放出的热量是不相等的。热化学中化学反应的热效应（简称反应热）是指化学反应发生后，当反应物的温度与产物的温度相同，且系统不做非体积功时所吸收或放出的热量。由于热不是状态函数，热与途径有关，因此，在讨论反应热时不但要明确系统的始、终态，还应指明具体的反应途径。根据化学反应进行的具体过程的不同，化学反应热可分为定容反应热和定压反应热。

1. 定容反应热

在恒容（$\Delta V = 0$）条件下进行的化学反应的反应热即为定容反应热，用符号 Q_V 表示，单位为 J 或 kJ。依据反应热的定义，若反应过程中系统不做非体积功、且在等温条件下进行，此时的定容反应热为

$$Q_V = \Delta U - W = \Delta U - (W_{体} + W_{非体}) = \Delta U - 0 = \Delta U \qquad (3-7)$$

式(3－7)表明定容过程中，系统吸收的热量 Q_V 全部用来增加系统的热力学能。虽然定容热在数值上等于体系的热力学能变，即其数值只与过程有关，而与途径无关，但定容热不是状态函数。

2. 定压反应热

在恒压($\Delta p=0$)条件下进行的化学反应的反应热即为定压反应热,用符号 Q_p 表示,单位为 J 或 kJ。依据反应热的定义,若反应过程中系统不做非体积功、且在等温条件下进行,此时的定压反应热为

$$Q_p=\Delta U-W=\Delta U+p\Delta V \tag{3-8}$$

式(3-8)表明定压过程中,系统吸收的热量 Q_p 除用来增加系统的热力学能外还要做体积功。展开式(3-8),得

$$Q_p=(U_2-U_1)+(p_2V_2-p_1V_1)=(U_2+p_2V_2)-(U_1+p_1V_1)$$

因为 U、p、V 均为状态函数,所以它们的组合也必为状态函数。热力学将其定义为一个新的状态函数——焓,用符号 H 表示,即

$$H\equiv U+pV \tag{3-9}$$

结合式(3-8)和式(3-9),则有

$$Q_p=H_2-H_1=\Delta H \tag{3-10}$$

式(3-10)表明,化学反应定压热在数值上等于系统的焓变。尽管定压热不是状态函数,但由于焓是状态函数,因此定压热在数值上只与过程有关,而与途径无关。

焓是一个非常重要的状态函数,其 SI 单位为 J,但焓没有确切的物理意义,它仅是由式(3-9)定义出来的一个状态函数。与热力学能一样,焓的绝对值也是不可测的。

3. 定容反应热与定压反应热的关系

由焓的定义式 $H=U+pV$ 可知,在等压变化过程中,系统的焓变(ΔH)与热力学能的变化(ΔU)之间的关系为

$$\Delta H=\Delta U+p\Delta V \quad 或 \quad Q_p=Q_V+p\Delta V \tag{3-11}$$

当反应物和生成物都是固态或液态时,反应前后体系的体积变化 ΔV 值必然很小,$p\Delta V$ 可忽略,故 $\Delta H\approx\Delta U$(或 $Q_p\approx Q_V$);对于有气体参加的反应,ΔV 值往往较大,$p\Delta V$ 不能忽略,由理想气体状态方程可得

$$p\Delta V=p(V_2-V_1)=(n_2-n_1)RT=(\Delta n)RT$$

式中,Δn 为气态生成物的总物质的量与气态反应物的总物质的量之差。将此关系式代入式(3-11)可得

$$\Delta H=\Delta U+(\Delta n)RT \quad 或 \quad Q_p=Q_V+(\Delta n)RT \tag{3-12}$$

例 3-3 比较下列反应的 Q_p 和 Q_V 的大小。

(1) $Zn(s)+CuSO_4(aq)=\!=\!=ZnSO_4(aq)+Cu(s)$

(2) $CaCO_3(s)=\!=\!=CaO(s)+CO_2(g)$

(3) $N_2(g)+3H_2(g)=\!=\!=2NH_3(g)$

解 (1) 中无气体物质,$\Delta V\approx0$,所以 $Q_p\approx Q_V$。

(2) 中 $\Delta n=1-0=1$,$(\Delta n)RT>0$,所以 $Q_p>Q_V$。

(3) 中 $\Delta n=2-(1+3)=-2$,$(\Delta n)RT<0$,所以 $Q_p<Q_V$。

例 3-4 在 298.15 K 和 100 kPa 下,4.0 mol $H_2(g)$ 和 2.0 mol $O_2(g)$ 反应,生成 4.0 mol $H_2O(l)$,共放出 1143 kJ 的热量。求该反应过程的 ΔH 和 ΔU。

解
$$O_2(g)+2H_2(g)=\!=\!=2H_2O(l)$$

因反应在等压下进行，所以 $\Delta H=Q_p=-1143\ \text{kJ}$

$$\begin{aligned}\Delta U&=\Delta H-(\Delta n)RT\\&=-1143-[0-(4.0+2.0)]\times 8.314\times 10^{-3}\times 298.15\\&=-1143-(-15)=-1128(\text{kJ})\end{aligned}$$

由例 3 - 4 可见，尽管反应前后体积变化很大，但 $p\Delta V$ 值与 ΔH 或 ΔU 相比还是很小的。因此对大多数反应来说，ΔU 和 ΔH（或 Q_V 和 Q_p）还是相近的。

4. 化学反应的摩尔热力学能变和摩尔焓变

由于 ΔU、ΔH 是容量性质的物理量，其数值大小与参加反应的物质的量多少有关，因此热化学中引入摩尔热力学能[变]和摩尔焓[变]的概念。

反应的摩尔热力学能变 $\Delta_r U_m$（下标“r”表示化学反应，“m”表示反应进度为 1 mol）表示 1 mol 反应进度所产生的热力学能变，在数值上等于反应的热力学能变 $\Delta_r U$ 除以反应进度 $\Delta\xi$（反应进度由 ξ_1 变为 ξ_2），即

$$\Delta_r U_m=\Delta_r U/\Delta\xi \tag{3-13}$$

反应的摩尔焓变 $\Delta_r H_m$ 表示 1 mol 反应进度所产生的焓变，在数值上等于反应的热力学焓变 $\Delta_r H$ 除以反应进度 $\Delta\xi$（反应进度由 ξ_1 变为 ξ_2），即

$$\Delta_r H_m=\Delta_r H/\Delta\xi \tag{3-14}$$

反应的摩尔热力学能变和摩尔焓变的 SI 单位均为 $\text{J}\cdot\text{mol}^{-1}$，常用 $\text{kJ}\cdot\text{mol}^{-1}$。

在热化学中，只有在反应进度相同的前提下比较不同反应的反应热才是有意义的。

5. 热化学方程式

表示化学反应和反应热（$\Delta_r U_m$ 或 $\Delta_r H_m$）关系的方程式称为热化学方程式。例如，火箭燃料联氨在氧气中定容完全燃烧，其热化学方程式可表示为

$$N_2H_4(\text{l},298.15\ \text{K},100\ \text{kPa})+O_2(\text{g},298.15\ \text{K},100\ \text{kPa})=\!=\!=$$
$$N_2(\text{g},298.15\ \text{K},100\ \text{kPa})+2H_2O(\text{l},298.15\ \text{K},100\ \text{kPa})$$
$$\Delta_r U_m=-662\ \text{kJ}\cdot\text{mol}^{-1}$$

上式表示 298.15 K、100 kPa 时按上述方程式进行反应，反应进度达 1 mol 时，系统的热力学能减少了 662 kJ，或者说反应放热 662 kJ。又如，氢气在氧气中完全燃烧，其热化学方程式可表示为

$$H_2(\text{g},298.15\ \text{K},100\ \text{kPa})+\frac{1}{2}O_2(\text{g},298.15\ \text{K},100\ \text{kPa})=\!=\!=$$
$$H_2O(\text{l},298.15\ \text{K},100\ \text{kPa})$$
$$\Delta_r H_m=-285.84\ \text{kJ}\cdot\text{mol}^{-1}$$

上式表示 298.15 K、100 kPa 时按上述方程式进行反应，反应进度达 1 mol 时，系统的焓减少了 285.84 kJ，或者说反应放热 285.84 kJ。

大量的化学反应是在敞口的容器中以及基本恒定的大气压力下进行的，因此反应的摩尔焓变比摩尔热力学能变更常见更重要，一般所说的反应热大都指反应的摩尔焓变。

书写热化学方程式时要特别注意以下几点：

(1) 定容或定压摩尔反应热分别用 $\Delta_r U_m$ 或 $\Delta_r H_m$ 表示，标准状态下反应的摩尔热力学能变和摩尔焓变分别记为 $\Delta_r U_m^\ominus$ 或 $\Delta_r H_m^\ominus$。

(2) 要注明参与反应的各种物质的温度、压力、聚集状态。若温度为 298.15 K、压力为 $p^\ominus$(100 kPa)，可不必注明。

(3) 由于反应进度与反应式的写法有关，因此热效应数值与反应式要一一对应。例如，上述热化学方程式若表示成如下形式：

$$2H_2(g,298.15\ K,100\ kPa)+O_2(g,298.15\ K,100\ kPa) = 2H_2O(l,298.15\ K,100\ kPa)$$

其热效应值则相应变为

$$\Delta_r H_m = -285.84\times 2 = -571.6(kJ\cdot mol^{-1})$$

(4) 正、逆反应的热效应数值相等、符号相反。例如，反应

$$2H_2O(l,298.15\ K,100\ kPa) = 2H_2(g,298.15\ K,100\ kPa) + O_2(g,298.15\ K,100\ kPa)$$

为上述反应的逆反应，则其热效应值为

$$\Delta_r H_m = 571.6\ kJ\cdot mol^{-1}$$

3.2.3 化学反应热的计算

化学家用特殊的量热计测定了大量化学反应的反应热。但是许多重要化学反应的反应热仍无法通过实验测得。例如，动物体内所发生的化学反应，由于体内外实验条件不同，测定结果往往不一致。又如，有些反应受自身的特点(如速率慢、副反应多等)或测试条件的限制，反应热很难准确测得。因此这些反应的反应热只能通过计算得到。为此，化学家依据现有的实验资料研究了反应热的多种理论计算方法。

1. 利用赫斯定律计算反应热

1840 年，俄国化学家赫斯在大量实验事实的基础上总结出了著名的热化学定律，也称赫斯定律：一个化学反应不管是一步完成还是分几步完成，其反应热都是相同的。由于化学反应一般都在定压或定容条件下进行，而定压反应热 $Q_p=\Delta H$，定容反应热 $Q_V=\Delta U$，因此只要反应的始态和终态确定，其反应热就是定值，与反应的具体的途径无关。赫斯定律是热化学计算的理论基础，有广泛的应用，它不仅适用于 ΔU、ΔH 的计算，还适用于所有的状态函数。

例如，298.15 K 时碳的燃烧反应可按反应式(1)一步完成：

(1) C(石墨)$+O_2(g) = CO_2(g)$　　$\Delta_r H_m^\ominus(1) = -393.51\ kJ\cdot mol^{-1}$

也可以分两步完成：

(2) C(石墨)$+\frac{1}{2}O_2(g) = CO(g)$　　$\Delta_r H_m^\ominus(2) = ?$

(3) $CO(g)+\frac{1}{2}O_2(g) = CO_2(g)$　　$\Delta_r H_m^\ominus(3) = -282.98\ kJ\cdot mol^{-1}$

其中，反应式(2)的反应热难以通过实验测得，但是可利用赫斯定律计算出来。

上述三个反应方程式之间的关系为反应式(1)＝反应式(2)＋反应式(3)。以 C(石

墨)$+O_2(g)$为始态，$CO_2(g)$为终态，以上三个反应的关系可用热化学循环图表示如下：

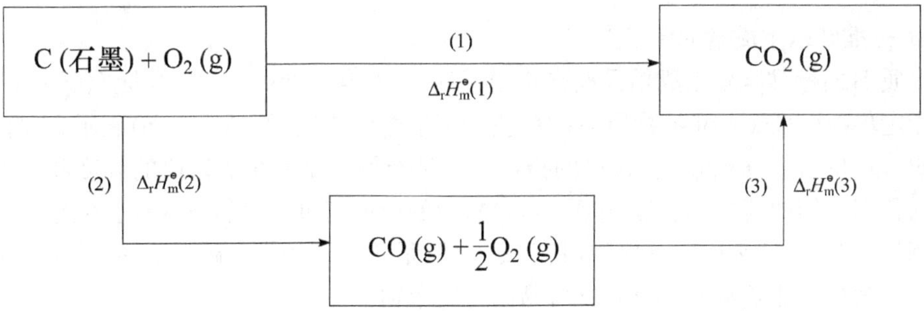

根据赫斯定律有

$$\Delta_r H_m^\ominus(1)=\Delta_r H_m^\ominus(2)+\Delta_r H_m^\ominus(3)$$

代入已知的 $\Delta_r H_m^\ominus(1)$和 $\Delta_r H_m^\ominus(3)$，即可计算得

$$\Delta_r H_m^\ominus(2)=\Delta_r H_m^\ominus(1)-\Delta_r H_m^\ominus(3)=-393.51+282.98=-110.53(\mathrm{kJ\cdot mol^{-1}})$$

由此不难理解，一个反应若在定压(或定容)条件下分多步进行，则总定压(或定容)反应热必然是各分步定压(定容)反应热的代数和。这是赫斯定律的推论。根据这一推论，化学方程式就能像代数方程式一样进行加减消元运算，并根据某些已经测出的反应热数据计算难以直接测定的另一些化学反应的热效应。

例 3-5 已知：

(1) $4NH_3(g)+3O_2(g)$══$2N_2(g)+6H_2O(l)$　$\Delta_r H_m^\ominus(1)=-1530\ \mathrm{kJ\cdot mol^{-1}}$

(2) $H_2(g)+\frac{1}{2}O_2(g)$══$H_2O(l)$　$\Delta_r H_m^\ominus(2)=-286\ \mathrm{kJ\cdot mol^{-1}}$

试求反应(3)$N_2(g)+3H_2(g)$══$2NH_3(g)$ 的 $\Delta_r H_m^\ominus$。

解 以上三个反应方程式的关系如下：

$$(3)=3\times(2)-\frac{1}{2}\times(1)$$

则

$$\Delta_r H_m^\ominus(3)=3\Delta_r H_m^\ominus(2)-\frac{1}{2}\Delta_r H_m^\ominus(1)=3\times(-286)-\frac{1}{2}\times(-1530)=-93(\mathrm{kJ\cdot mol^{-1}})$$

利用热化学定律进行计算时应注意：

(1) 消去各反应中的相同物质时，不仅物质种类要相同，物质的所处的状态(如温度、聚集状态、压力等)条件也应该相同，否则不能相消。

(2) 方程式的计量系数变动时，反应的热力学能变(或焓变)的数值也应有相应的系数变动。

(3) 所选取的有关反应的数量越少越好，以避免误差积累。

利用热化学定律计算反应热，关键在于寻找到有关的已知 $\Delta_r U_m^\ominus$ 或 $\Delta_r H_m^\ominus$ 的反应，并设计出热化学循环。但化学反应种类繁多，任何化学手册也无法刊载完全的数据，并且对复杂的反应，热化学循环有时很难设计，所以化学家还设想出了几种十分简单的计算反应热方法，如使用物质的标准摩尔生成焓和标准摩尔燃烧焓计算反应的标准摩尔焓变等。

2. 利用标准摩尔生成焓计算反应热

1）标准摩尔生成焓的定义

物质B的标准摩尔生成焓是指在指定温度 T(通常为298.15 K)及标准压力下，由元素的指定单质生成1 mol纯物质B时反应的标准摩尔焓变，用 $\Delta_f H_m^{\ominus}(B)$ 表示（下标"f"表示生成），单位为 $kJ \cdot mol^{-1}$。这里的指定单质是指每个元素在所讨论的温度和压力时最稳定的状态。例如，碳的最稳定单质是石墨，硫的最稳定单质是斜方硫等。但也有少数例外。例如，磷的最稳定单质是黑磷，其次是红磷，最不稳定的是白磷，但是磷的指定单质是白磷。因为白磷比较常见，结构简单，易制得纯净物。

例如，298.15 K时，下列各反应的标准摩尔焓变即为各生成物在298.15 K时的标准摩尔生成焓：

$$H_2(g)+\frac{1}{2}O_2(g)=\!=\!=H_2O(l)$$

$$\Delta_r H_m^{\ominus}(298.15\ K)=\Delta_f H_m^{\ominus}(H_2O,l,298.15\ K)=-285.84\ kJ\cdot mol^{-1}$$

$$H_2(g)+\frac{1}{2}O_2(g)=\!=\!=H_2O(g)$$

$$\Delta_r H_m^{\ominus}(298.15\ K)=\Delta_f H_m^{\ominus}(H_2O,g,298.15\ K)=-241.82\ kJ\cdot mol^{-1}$$

$$C(石墨)+2H_2(g)+\frac{1}{2}O_2(g)=\!=\!=CH_3OH(l)$$

$$\Delta_r H_m^{\ominus}(298.15\ K)=\Delta_f H_m^{\ominus}(CH_3OH,l,298.15\ K)=-238.7\ kJ\cdot mol^{-1}$$

根据标准摩尔生成焓的定义可知，指定单质的 $\Delta_f H_m^{\ominus}$ 在所有温度均为零，如 $\Delta_f H_m^{\ominus}(O_2,g,298.15\ K)=0$、$\Delta_f H_m^{\ominus}(C,石墨,298.15K)=0$、$\Delta_f H_m^{\ominus}(I_2,s,298.15\ K)=0$、$\Delta_f H_m^{\ominus}(P,白磷,298.15\ K)=0$ 等。由此可知，物质的标准摩尔生成焓实际上是一种特殊的焓变，它是以指定单质的标准摩尔生成焓（等于零）为基准，与之相比较所得出的一个相对焓值。一些物质在298.15 K时的标准摩尔生成焓列于附录Ⅲ。

2）标准摩尔生成焓的应用

根据物质标准摩尔生成焓的数据可方便地计算298.15 K时化学反应的标准摩尔焓变。对任一化学反应

$$\Delta_r H_m^{\ominus}(298.15\ K)=\sum_B \nu_B \Delta_f H_m^{\ominus}(B,298.15\ K) \tag{3-15}$$

即反应的标准摩尔焓变等于各反应物和生成物的标准摩尔生成焓与各自化学计量数乘积之和。根据热化学定律，很容易理解以上结论。例如，由始态到终态有两条途径：从指定单质直接转化为生成物为途径Ⅰ；由指定单质先转化为反应物，然后由反应物再转化为生成物为途径Ⅱ，如下所示：

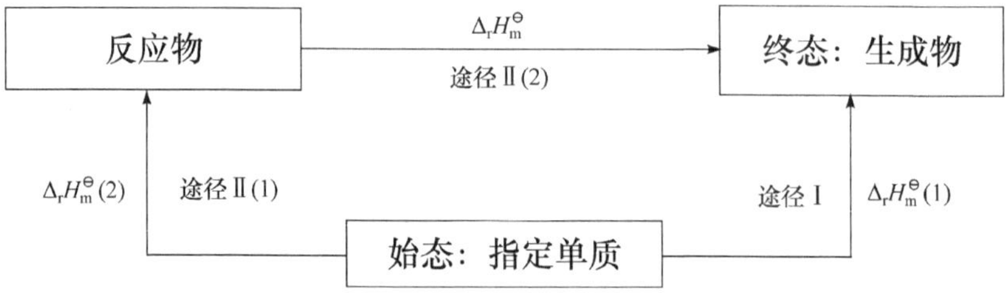

途径Ⅰ:指定单质→生成物。$\Delta_r H_m^{\ominus}(1)$等于各生成物 $\Delta_f H_m^{\ominus}$ 与其化学计量数乘积之和,即

$$\Delta_r H_m^{\ominus}(1)=\sum_B \nu_B \Delta_f H_m^{\ominus}(\text{生成物})$$

途径Ⅱ:(1)指定单质→反应物。$\Delta_r H_m^{\ominus}(2)$等于各反应物 $\Delta_f H_m^{\ominus}$与其化学计量数乘积之和的相反数,即

$$\Delta_r H_m^{\ominus}(2)=-\sum_B \nu_B \Delta_f H_m^{\ominus}(\text{反应物})$$

(2) 反应物→生成物。因 $\Delta_r H_m^{\ominus}(1)=\Delta_r H_m^{\ominus}(2)+\Delta_r H_m^{\ominus}$,则有

$$\Delta_r H_m^{\ominus}=\Delta_r H_m^{\ominus}(1)-\Delta_r H_m^{\ominus}(2)=\sum_B \nu_B \Delta_f H_m^{\ominus}(B)$$

例 3-6 计算 298.15 K 时,双氨基肽氧化反应的标准摩尔焓变:

$$C_4H_8N_2O_3(s)+3O_2(g)=\!=\!=H_2NCONH_2(s)+3CO_2(g)+2H_2O(l)$$

1.000 g 固体双氨基肽在 298.15 K、标准状态时氧化生成尿素、二氧化碳和水,放热多少?已知 $M(C_4H_8N_2O_3)=132.12\ g\cdot mol^{-1}$。

解 根据式(3-15),有

$$\begin{aligned}\Delta_r H_m^{\ominus}(298.15\ K)&=[\Delta_f H_m^{\ominus}(H_2NCONH_2,s)+3\Delta_f H_m^{\ominus}(CO_2,g)+2\Delta_f H_m^{\ominus}(H_2O,l)]\\&\quad+[(-1)\Delta_f H_m^{\ominus}(C_4H_8N_2O_3,s)+(-3)\Delta_f H_m^{\ominus}(O_2,g)]\\&=[-333.17+3\times(-393.51)+2\times(-285.84)]+[(-1)\times(-745.25)+(-3)\times(0)]\\&=-1340.13(kJ\cdot mol^{-1})\end{aligned}$$

若 1.000 g 双氨基肽被氧化,由式(3-14),有

$$\begin{aligned}Q_p&=\Delta_r H^{\ominus}=\Delta\xi\times\Delta_r H_m^{\ominus}\\&=[\Delta n(C_4H_8N_2O_3)/\nu(C_4H_8N_2O_3)]\times\Delta_r H_m^{\ominus}\\&=[\Delta n(C_4H_8N_2O_3)/(-1)]\times\Delta_r H_m^{\ominus}\\&=(1/132.12)\times(-1340.13)=-10.14(kJ)\end{aligned}$$

即 1.000 g 双氨基肽氧化可放热 10.14 kJ。

营养学研究中,由于研究对象组成复杂、各组分含量不固定,而且一些组分的单元(化学式)不明确,如大豆中同时含有脂肪、蛋白质、碳水化合物和水分等多种组分,因此不便用 $kJ\cdot mol^{-1}$作为热量单位表示燃烧热量。食品或饲料的营养状况常用一定质量(如 1 g、100 g 等)物质的发热量表示。

还应补充说明的是,对于有离子参加的水溶液化学反应,如能求出每种离子的标准摩尔生成焓,则这一类反应的标准摩尔焓变同样可用式(3-15)计算。标准离子生成焓是指在指定温度下,由处于标准状态的稳定单质生成 1 mol 离子 B 时反应的标准摩尔焓变,用 $\Delta_f H_m^{\ominus}(B,aq\infty)$表示,aq∞表示无限稀释的水溶液。由于溶液中正、负离子总是按电中性的原则而共同存在,因此无法测出单一离子的标准摩尔生成焓。国际上规定水合氢离子在无限稀释水溶液中的标准摩尔生成焓为零,即

$$\Delta_f H_m^{\ominus}(H^+,aq\infty)=0$$

由此可获得其他离子的标准摩尔生成焓。一些离子的标准摩尔生成焓见附录Ⅲ。

实验证明,化学反应的焓变随温度变化不大,在一般化学计算中可近似地认为

$$\Delta_r H_m^{\ominus}(T)\approx\Delta_r H_m^{\ominus}(298.15\ K)$$

3. 利用标准摩尔燃烧焓计算反应热

一般来说,有机化合物的标准摩尔生成焓很难测定,但有机物大多可在氧气中燃烧,

其燃烧热容易准确测得，故可用标准摩尔燃烧焓的数据进行有关计算。

物质B的标准摩尔燃烧焓是指在指定温度 T 及标准压力下，物质B完全燃烧生成稳定产物时反应的标准摩尔焓变，用 $\Delta_c H_m^\ominus$ 表示（下标“c”表示燃烧），单位也是 $kJ \cdot mol^{-1}$。热力学规定，完全燃烧是指有机物中各元素均氧化为最稳定的氧化产物，如 $C \longrightarrow CO_2(g)$、$N \longrightarrow N_2(g)$、$H \longrightarrow H_2O(l)$、$S \longrightarrow SO_2(g)$、$Cl_2 \longrightarrow HCl(aq)$ 等。因为上述燃烧产物及 O_2 已不能再燃烧，所以它们的标准摩尔燃烧焓均为零。表3-1列出了一些物质的标准摩尔燃烧焓。

表3-1　一些物质的标准摩尔燃烧焓(298.15 K)

物　质	$\Delta_c H_m^\ominus/(kJ \cdot mol^{-1})$	物　质	$\Delta_c H_m^\ominus/(kJ \cdot mol^{-1})$
$H_2(g)$	−285.84	$(COOH)_2(s)$草酸	−246.0
C(石墨)	−393.51	$C_6H_6(l)$	−3267.62
CO(g)	−283.0	$C_6H_{12}(l)$环己烷	−3919.91
$CH_4(g)$	−890.31	$C_7H_8(l)$甲苯	−3909.95
$C_2H_2(g)$	−1299.63	$C_8H_{10}(l)$对二甲苯	−4552.86
$C_2H_4(g)$	−1410.97	$C_6H_5COOH(s)$	−3227.5
$C_2H_6(g)$	−1559.88	$C_6H_5OH(s)$	−3053.48
$C_3H_6(g)$	−2058.49	$C_6H_5CHO(l)$	−3527.95
$C_3H_8(g)$	−2220.07	$C_{10}H_8(s)$萘	−5153.9
$C_4H_{10}(g)$正丁烷	−2878.51	$CH_3OH(l)$	−726.64
$C_4H_{10}(g)$异丁烷	−2871.65	$C_2H_5OH(l)$	−1366.83
$C_4H_8(g)$	−2718.6	$(CH_2OH)_2(l)$乙二醇	−1192.9
$C_5H_{12}(g)$	−3536.15	$C_6H_5OH(s)$苯酚	−3063
HCHO(g)	−563.6	$C_3H_8O_3(l)$甘油	−1664.4
$CH_3CHO(g)$	−1192.4	$(CN)_2(g)$氰	−1087.8
$CH_3COCH_3(l)$	−1802.9	$CO(NH_2)_2(s)$尿素	−631.99
$CH_3COOC_2H_5(l)$	−2246.5	$C_6H_5NH_2(l)$苯胺	−3397.0
$(C_2H_5)_2O(l)$	−2730.9	$CS_2(l)$	−1075
HCOOH(l)	−269.9	$C_6H_{12}O_6(s)$葡萄糖	−2815.8
$CH_3COOH(l)$	−871.54	$C_{12}H_{22}O_{11}(s)$蔗糖	−5648

有了标准摩尔燃烧焓的数据，就可以方便地计算298.15 K时化学反应的标准摩尔焓变，即

$$\Delta_r H_m^\ominus(298.15\ K) = -\sum_B \nu_B \Delta_c H_m^\ominus(B, 298.15\ K) \qquad (3-16)$$

例3-7　乙炔是焊接工业的主要燃料，试计算78 g乙炔在298.15 K、标准状态下完全燃烧时所放出的热量。

解 298.15 K、标准状态下，乙炔完全燃烧的反应式如下：

$$C_2H_2(g)+\frac{5}{2}O_2(g)=\!=\!=2CO_2(g)+H_2O(l)$$

查表 3-1，$\Delta_c H_m^{\ominus}(C_2H_2,g)=-1299.63\ kJ\cdot mol^{-1}$，则

$$\Delta_r H_m^{\ominus}(298.15\ K)=-\left[-\Delta_c H_m^{\ominus}(C_2H_2)-\frac{5}{2}\Delta_c H_m^{\ominus}(O_2)+2\Delta_c H_m^{\ominus}(CO_2)+\Delta_c H_m^{\ominus}(H_2O)\right]$$

$$=-\left[-(-1299.63)-\frac{5}{2}\times 0+2\times 0+0\right]=-1299.63(kJ\cdot mol^{-1})$$

已知 $M(C_2H_2)=26\ g\cdot mol^{-1}$，78 g 乙炔完全燃烧所放出的热量为

$$Q_p=\Delta_r H^{\ominus}=\Delta\xi\times\Delta_r H_m^{\ominus}=\frac{78}{26}\times(-1299.63)=-3898.89(kJ)$$

3.3 化学反应的自发性

热力学第一定律解决了化学反应过程中的能量变化问题，而化学反应的方向以及限度问题需要用热力学第二定律来说明。

3.3.1 自发过程

自然界中发生的许多变化是自发进行的，如铁在潮湿的空气中生锈，水自高处向低处流，热从高温物体传向低温物体等。这种在一定条件下不需要环境对系统做功就能自动进行的过程称为自发过程，反之称为非自发过程。科学家通过对大量自发过程的分析，总结出自发过程有如下几个特点：

(1) 自发过程是单向的，具有方向性。其逆过程是非自发的，除非外力对其做功，如冰箱需要耗电才能制冷。

(2) 自发过程可以被用来做非体积功，如热机就是利用热传导做功，化学反应可以设计成原电池做电功。

(3) 自发过程只能进行到一定的程度，不会无休止地进行下去。例如，高处水向低处流至两处水位相等时，就会停止流动；热传导也是在温度相等($\Delta T=0$)时，就自动停止了。自发过程的最大限度就是体系达到平衡状态。需要指出的是，自发过程并不一定进行得很快，如 N_2 与 H_2 作用生成 NH_3 是自发过程，但反应在低温、无催化剂时反应极慢。另外，非自发反应也不是一定不能发生，当条件改变时，也可能成为自发反应。例如，$CaCO_3$ 分解反应在 100 kPa、298.15 K 时，反应不能自动进行，若减小 CO_2 分压或提高反应温度至一定程度，$CaCO_3$ 即可自动分解。究竟是什么因素决定过程(或反应)的自发方向？能否找到一个判断一定条件下过程(或反应)自发方向的共同准则？

经验告诉我们，系统的能量越低越稳定。自然界很多简单的物理过程都是朝着能量降低的方向自发进行的。早在 19 世纪，化学家就将化学反应是否放热，即 $\Delta_r H_m^{\ominus}$ 是否小于 0 作为判断反应是否自发的准则，即 $\Delta_r H_m^{\ominus}<0$ 的反应为自发反应，反之为逆向自发反应。大量的实验事实也证明，许多放热反应是自发的，如甲烷燃烧、氢气燃烧等自发过程均为放热反应。但很快人们就注意到有些吸热反应也能自发进行，如高温下 $CaCO_3$ 的自发分解，常温、常压下冰的自动融化以及氯化钾、氯化铵晶体溶于水等都是吸热过程。由

此可见，影响过程自发的内在因素不仅仅是过程放热，还有其他的因素影响反应的自发性，那就是熵。

3.3.2 混乱度和熵

对吸热但能自发进行的过程(或反应)的研究发现：这些过程都有一个共同的特点，即系统的终态(或生成物)比始态(或反应物)都处于更不规则的状态。通常用混乱度来说明系统的不规则状态，也就是说，吸热且能自发进行的过程(或反应)均为混乱度增加的过程(或反应)。

1. 混乱度和熵

热力学所研究的系统是由大量的微观粒子所构成的，这些微观粒子始终不停地运动着，空间位置和能量每时每刻都在改变。在一定条件下，系统内部微观粒子的无序程度就是系统的混乱度。系统处于一定状态时，内部分子的排列及运动的剧烈程度是一定的，所以可以用一状态函数来表示此时系统的混乱度，这个状态函数就是熵，用符号 S 表示。系统的混乱度越高，熵值越大。

2. 热力学第二定律

热力学第二定律有多种等效的表达方式，从一种说法可以推证出其他的说法，其中一种表达方式是：孤立系统的任何自发过程，其熵值总是增加的，即

$$\Delta S_{孤}>0 \tag{3-17}$$

式中，$\Delta S_{孤}$ 代表孤立系统的熵变。如前所述，孤立系统是指与环境不发生物质和能量交换的系统。真正的孤立系统是不存在的，因为能量交换不能完全避免。但是，若将系统以及与系统有物质或能量交换的那一部分环境合起来一起作为研究对象，则新组成的大系统就可算作孤立系统。因此式(3-17)可改写为

$$\Delta S_{系}+\Delta S_{环}>0 \tag{3-18}$$

式中，$\Delta S_{系}$ 和 $\Delta S_{环}$ 分别代表系统的熵变和环境的熵变。如果某一变化过程的 $\Delta S_{系}$ 和 $\Delta S_{环}$ 都已知，则可用式(3-18)来判断该过程是否自发，即

$$\Delta S_{系}+\Delta S_{环}>0 \qquad 过程自发$$

$$\Delta S_{系}+\Delta S_{环}<0 \qquad 过程不自发$$

由于环境的熵变 $\Delta S_{环}$ 很难计算，因此在化学反应中，很少用孤立系统的熵变 $\Delta S_{孤}>0$ 判断反应的自发方向。但我们有理由认为系统的熵变也是影响反应自发性的一个重要因素。

3. 物质的标准摩尔熵

对于任何纯物质系统，温度越低，内部微粒运动的速率和自由活动的范围就越小，混乱度也就越小，熵就越低。当温度降至 0 K 时，所有微粒都位于晶格点上，分子的热运动完全停止，体系处于理想的最有序状态。因此热力学第三定律指出：任何纯物质的完美晶体在 0 K 时，熵值都等于零。当一物质的完美晶体从 0 K 升温至 T K 时，系统熵的增加值 ΔS 为

$$\Delta S = S_T - S_0$$

式中，S_T代表物质在 T K 时的熵值，S_0 代表物质在 0 K 时的熵值。由于 $S_0=0$，因此

$$\Delta S = S_T$$

物质从 0 K 升温到 T K 的熵变 ΔS 即为该物质在 T K 时的绝对熵，此熵与系统内物质的量 n 之比为该物质在 T K 时的摩尔熵 S_m，即

$$S_m = S/n \qquad (3-19)$$

标准状态下物质 B 的摩尔熵 S_m 称为物质的标准摩尔熵，用符号 $S_m^\ominus$ 表示，SI 单位为 $J \cdot K^{-1} \cdot mol^{-1}$。附录Ⅲ列出了一些物质在 298.15 K 时的标准摩尔熵。

系统熵值的大小与温度、物质的聚集状态等许多因素有关。就物质的聚集状态而言，若两种物质相混合，混合后比混合前混乱度更大。

物质的标准摩尔熵的大小一般有如下规律：

(1) 熵值的大小与物质所处的聚集状态有关。由于固体物质内部的粒子排列整齐，有序程度高，因此熵值小；液态物质粒子相对固体来说，有序性较差，因此熵值较大；气体分子总是处于快速的、无规则的运动之中，因此有序性更低，熵值更大。例如，298.15 K 时，$H_2O(g)$、$H_2O(l)$和 $H_2O(s)$的 $S_m^\ominus$ 分别为 188.7 $J \cdot K^{-1} \cdot mol^{-1}$、69.91 $J \cdot K^{-1} \cdot mol^{-1}$和 39.33 $J \cdot K^{-1} \cdot mol^{-1}$。

(2) 结构相似的同类物质（如卤素、直链烷烃等），摩尔质量越大，$S_m^\ominus$越大。例如，$F_2(g)$、$Cl_2(g)$、$Br_2(g)$、$I_2(g)$的 $S_m^\ominus$(298.15 K)依次递增。

(3) 摩尔质量相同的物质，分子结构越复杂，$S_m^\ominus$ 越大。例如，$C_2H_5OH(g)$ 与 $CH_3OCH_3(g)$的 $S_m^\ominus$ 分别为 281.6 $J \cdot K^{-1} \cdot mol^{-1}$和 266.3 $J \cdot K^{-1} \cdot mol^{-1}$。

(4) 聚集状态相同时，复杂分子比简单分子有较大的熵值，原子数越多，$S_m^\ominus$越大。例如，$O(g)$、$O_2(g)$、$O_3(g)$的 $S_m^\ominus$(298.15 K)依次递增。

(5) 同一物质在相同聚集状态下，温度越高，$S_m^\ominus$越大。

4. 化学反应熵变的计算

根据物质标准摩尔熵 $S_m^\ominus$ 的数据，可方便地计算 298.15 K 时化学反应的标准摩尔熵变 $\Delta_r S_m^\ominus$。对任一化学反应

$$\Delta_r S_m^\ominus(298.15\ K) = \sum_B \nu_B S_m^\ominus(298.15\ K) \qquad (3-20)$$

即化学反应的标准摩尔熵变等于各反应物和生成物的标准摩尔熵与其化学计量数乘积的代数和。

例 3-8 计算下列反应在 298.15 K 时的标准摩尔熵变。

(1) $2SO_2(g) + O_2(g) = 2SO_3(g)$

(2) $CaCO_3(s) = CaO(s) + CO_2(g)$

解 (1) $\Delta_r S_m^\ominus(298.15\ K) = -2S_m^\ominus(SO_2, g) - S_m^\ominus(O_2, g) + 2S_m^\ominus(SO_3, g)$

$= -2\times248.2 - 205.2 + 2\times256.8 = -188.0(J \cdot K^{-1} \cdot mol^{-1})$

(2) $\Delta_r S_m^\ominus(298.15\ K) = S_m^\ominus(CO_2, g) + S_m^\ominus(CaO, s) - S_m^\ominus(CaCO_3, s)$

$= 213.8 + 38.1 - 91.7 = 160.2(J \cdot K^{-1} \cdot mol^{-1})$

由计算可知反应(1)的 $\Delta_r S_m^\ominus < 0$，然而该反应在指定条件下却能够自发进行。这说明仅仅依据系统的熵变（$\Delta_r S_m^\ominus$）是否大于 0 来判断反应的自发性也是不全面的。熵增的过

程不一定自发，熵减的过程也可能是自发的。

依据物质 $S_m^\ominus$ 的变化规律，可初步估计一个反应的熵变情况：

(1) 反应前后气态物质的分子数增加的反应，$\Delta_r S_m^\ominus$ 总是正值，如例 3-8(2)。

(2) 反应前后气态物质的分子数减少的反应，$\Delta_r S_m^\ominus$ 总是负值，如例 3-8(1)。

(3) 对于不涉及气态物质或反应前后气态物质的分子数不变的反应，$\Delta_r S_m^\ominus$ 一般总是很小。

尽管物质的熵值随温度升高而增加，但对一个反应来说，温度升高时生成物和反应物的熵值增加程度接近，所以反应的熵变受反应温度的影响并不十分显著。故在实际应用中，若温度变化范围不是很大，作为一般估算时，可忽略温度对反应摩尔熵变的影响，即

$$\Delta_r S_m^\ominus(T) \approx \Delta_r S_m^\ominus(298.15\ \text{K})$$

3.3.3 吉布斯自由能

1. 吉布斯自由能

由上述讨论可知，只考虑系统是否熵增，或只考虑系统是否焓减，均不能对过程的自发性做出准确的判断。只有综合熵变(ΔS)和焓变(ΔH)这两个因素，并结合温度的影响，才能对过程的自发性做出正确的判断。

1876 年，美国物理化学家吉布斯(J. W. Gibbs)提出了一个综合熵、焓和温度的状态函数——吉布斯自由能(或称自由焓)，用符号 G 表示。其定义为

$$G \equiv H - TS \tag{3-21}$$

U、H、T 都是状态函数，因此它们的线性组合 G 也是状态函数。G 具有能量量纲，SI 单位为 J。由于 U、H 的绝对值不可知，因此 G 的绝对值也不可知。但其变化值 ΔG 是可以得到的。

对于一个等温过程，若始态的自由焓为 G_1，终态的自由焓为 G_2，则该过程的吉布斯自由能的变化为

$$\Delta G = G_2 - G_1 = (H_2 - TS_2) - (H_1 - TS_1) = (H_2 - H_1) - T(S_2 - S_1)$$

所以

$$\Delta G = \Delta H - T\Delta S \tag{3-22}$$

式(3-22)称为吉布斯-亥姆霍兹方程，是热力学中非常重要、实用的方程。将式(3-22)应用于化学反应，有

$$\Delta_r G_m = \Delta_r H_m - T\Delta_r S_m \tag{3-23}$$

若反应在标准状态下进行，则有

$$\Delta_r G_m^\ominus = \Delta_r H_m^\ominus - T\Delta_r S_m^\ominus \tag{3-24}$$

式中，$\Delta_r G_m$ 和 $\Delta_r G_m^\ominus$ 分别称为反应的摩尔吉布斯自由能变和反应的标准摩尔吉布斯自由能变，SI 单位为 $J \cdot mol^{-1}$。

2. 吉布斯自由能与反应的自发性

由于吉布斯自由能综合了熵和焓这两个影响过程自发性的因素，因此吉布斯自由能的变化将决定反应的自发性。

由吉布斯-亥姆霍兹方程可以看出，ΔG 的符号取决于 ΔH 和 ΔS 的符号：

(1) $\Delta H<0$，$\Delta S>0$。两因素都对过程的自发有利，任何温度下总是 $\Delta G<0$，因此过程正向自发。

(2) $\Delta H>0$，$\Delta S<0$。两因素都对过程的自发不利，任何温度下总是 $\Delta G>0$，因此过程逆向自发。

(3) $\Delta H<0$，$\Delta S<0$。焓减为有利因素，熵减为不利因素。只有在 $|\Delta H|>|T\Delta S|$ 时，才能使 $\Delta G<0$，所以低温有利于过程正向自发。例如，水结冰时放出热量，$\Delta H<0$；但结冰过程是水分子变得有序，$\Delta S<0$。为了保证 $\Delta G<0$，温度 T 不能高。在 101.325 kPa 下，温度低于 273.15 K 时水才会结冰；温度高于 273.15 K 时，因 $|T\Delta S|>|\Delta H|$，即 $\Delta G>0$，水不能自发结冰，而是逆向自发(冰融化)。

(4) $\Delta H>0$，$\Delta S>0$。焓增为不利因素，熵增为有利因素。只有在 $|T\Delta S|>|\Delta H|$ 时，才能使 $\Delta G<0$。所以高温有利于过程的自发。冰融化、水蒸发即属于这一类的过程。

(5) $\Delta H=T\Delta S$。两个因素对过程自发产生的作用大小相等，方向相反，反应处于平衡状态，此时 $\Delta G=0$。

综合上述几种情况，可以总结出，等温、定压且系统不做非体积功条件下发生的过程总是自发地向着系统吉布斯自由能降低的方向进行，这就是自由能减小原理，也是热力学第二定律的自由能表述。因此过程自发的判据为

$\Delta G<0$，过程自发

$\Delta G>0$，过程非自发(其逆过程自发)

$\Delta G=0$，过程处于平衡状态

化学反应大都在等温、定压且系统不做非体积功条件下进行，所以可以很方便地将以上判据应用于化学反应系统，判断准则可写为

$\Delta_r G_m<0$，反应正向自发进行

$\Delta_r G_m>0$，反应正向不自发进行，其逆向自发

$\Delta_r G_m=0$，反应系统处于平衡状态

若反应系统处于标准状态，则可用 $\Delta_r G_m^\ominus$ 作为判据判断反应的自发方向。

所有在等温、定压且不做非体积功的条件下自发的过程均有对外做非体积功(W')的本领。自发过程体系的自由能降低，释放出的自由能可用来对环境做功，一个过程实际能做多少功，在一定程度上取决于做功机器的效率。例如，1 mol 甲烷在内燃机内燃烧，得到的有用功只有 100～200 kJ；而在燃烧电池中的情况要好得多，可达到 700 kJ；但是不论机器设计得多么巧妙，在 298.15 K 和 $p^\ominus$ 下，1 mol 甲烷燃烧所得到的有用功不会超过 818 kJ。该值就是甲烷燃烧反应的 $\Delta_r G_m^\ominus$。

$$CH_4(g)+2O_2(g) = CO_2(g)+2H_2O(l) \qquad \Delta_r G_m^\ominus=-818\ \text{kJ}\cdot\text{mol}^{-1}$$

因此 ΔG 的物理意义为系统在等温、定压条件下，可能对外做的最大非体积功，即 $W'_{max}=\Delta G$。实际过程中，系统所做的非体积功永远小于最大非体积功 ΔG。例如，298.15 K、标准状态下，反应

$$Cu^{2+}(aq)+Zn(s) = Zn^{2+}(aq)+Cu(s) \qquad \Delta_r G_m^\ominus=-212.3\ \text{kJ}\cdot\text{mol}^{-1}$$

进行了 1 mol，对外所做的电功一定小于 212.3 kJ。欲使上述反应逆向进行，且反应进度达 1 mol，需环境对系统做功，且所需电功至少为 212.3 kJ。

3. 化学反应吉布斯自由能的计算

1）利用物质的标准摩尔生成吉布斯自由能计算

吉布斯自由能是状态函数，根据状态函数的特点，在化学反应中如果能够知道反应物和生成物的吉布斯自由能，则反应的吉布斯自由能变可由简单的加减法求得。由于吉布斯自由能的绝对值不可知，因此可仿照求物质标准摩尔生成焓的方法求算物质的标准摩尔生成吉布斯自由能。

首先规定一个相对的标准：在指定温度 T 及标准压力下，令指定单质的吉布斯自由能为零。然后设计一个反应：在指定温度 T 及标准压力下，由指定单质生成 1 mol 纯物质 B（注意这里要使 B 的化学计量数 $\nu_B=+1$），则该反应的标准摩尔吉布斯自由能变就称为物质 B 的标准摩尔生成吉布斯自由能，用符号 $\Delta_f G_m^\ominus(B)$ 表示，SI 单位为 $J \cdot mol^{-1}$。例如，下列各反应的标准摩尔吉布斯自由能变即为各生成物的标准摩尔生成吉布斯自由能：

$$H_2(g)+\frac{1}{2}O_2(g) = H_2O(l)$$

$$\Delta_r G_m^\ominus(298.15\ K)=\Delta_f G_m^\ominus(H_2O,l,298.15\ K)=-237.19\ kJ \cdot mol^{-1}$$

$$H_2(g)+\frac{1}{2}O_2(g) = H_2O(g)$$

$$\Delta_r G_m^\ominus(298.15\ K)=\Delta_f G_m^\ominus(H_2O,g,298.15\ K)=-228.59\ kJ \cdot mol^{-1}$$

$$C(\text{石墨})+2H_2(g)+\frac{1}{2}O_2(g) = CH_3OH(l)$$

$$\Delta_r G_m^\ominus(298.15\ K)=\Delta_f G_m^\ominus(CH_3OH,l,298.15\ K)=-116.4\ kJ \cdot mol^{-1}$$

一些物质在 298.15 K 时的 $\Delta_f G_m^\ominus$ 列于附录Ⅲ。利用这些数据可方便地计算 298.15 K 时化学反应的标准摩尔吉布斯自由能变（$\Delta_r G_m^\ominus$）。

$$\Delta_r G_m^\ominus(298.15\ K)=\sum_B \nu_B \Delta_f G_m^\ominus(298.15\ K) \qquad (3-25)$$

即反应的标准摩尔吉布斯自由能变等于各反应物和生成物的标准摩尔生成吉布斯自由能与各自相应的化学计量数乘积之和。

例 3-9 计算下列反应在 298.15 K 时的标准摩尔吉布斯自由能变。

$$C_6H_{12}O_6(s)+6O_2(g) = 6CO_2(g)+6H_2O(l)$$

解 查附录Ⅲ，得各物质的 $\Delta_f G_m^\ominus$，代入式（3-25），得

$$\begin{aligned}\Delta_r G_m^\ominus(298.15\ K) &= -\Delta_f G_m^\ominus(C_6H_{12}O_6)-6\Delta_f G_m^\ominus(O_2)+6\Delta_f G_m^\ominus(CO_2)+6\Delta_f G_m^\ominus(H_2O)\\ &= -(-910.5)-6\times 0+6\times(-394.4)+6\times(-237.2)\\ &= -2879.1(kJ \cdot mol^{-1})\end{aligned}$$

因为 $\Delta_r G_m^\ominus<0$，所以上述反应在 298.15 K、标准状态下能自发进行。

在此要特别指出，等温、定压条件下反应是否自发的判据是 $\Delta_r G_m<0$，而不是 $\Delta_r G_m^\ominus<0$，即 $\Delta_r G_m^\ominus$ 只能用来判断标准状态下反应是否自发或是否已平衡，而在任一指定条件下反应是否自发的判据应为 $\Delta_r G_m$。但在新的化学反应合成设计中，反应的 $\Delta_r G_m^\ominus$ 是十分重要的数据，可用来定性地估计反应的可能性。表 3-2 是历史上有名的规则，表中的 $\Delta_r G_m^\ominus$ 是对应于主要反应生成物 B 的化学计量数为 +1 的反应方程式。

表 3-2　反应的标准摩尔吉布斯自由能变与反应的可能性

$\Delta_r G_m^{\ominus}/(kJ \cdot mol^{-1})$	反应的可能性
<0	反应有希望
$0\sim42$	反应的可能性有怀疑，应进一步研究
>42	反应非常不利，只有在特殊条件下方可成为有利

当反应的 $\Delta_r G_m^{\ominus}(T)>0$ 时，一般不能得出反应无希望这一结论，因为如果改变反应的温度、压力、浓度等条件，反应就有可能自发进行。

2）根据吉布斯-亥姆霍兹公式计算

根据物质的标准摩尔生成吉布斯自由能数据仅能计算反应在 298.15 K 时的标准摩尔吉布斯自由能变，那么其他温度下反应的标准摩尔吉布斯自由能变如何求算呢？

根据吉布斯-亥姆霍兹公式：

$$\Delta_r G_m^{\ominus}(T)=\Delta_r H_m^{\ominus}(T)-T\Delta_r S_m^{\ominus}(T)$$

因 $\Delta_r H_m^{\ominus}(T)$ 和 $\Delta_r S_m^{\ominus}(T)$ 受温度影响较小，若忽略温度对二者的影响，则可得吉布斯-亥姆霍兹公式的近似式：

$$\Delta_r G_m^{\ominus}(T)\approx\Delta_r H_m^{\ominus}(298.15\ K)-T\Delta_r S_m^{\ominus}(298.15\ K) \tag{3-26}$$

因此依据式(3-26)，只要求得 298.15 K 时反应的 $\Delta_r H_m^{\ominus}$ 和 $\Delta_r S_m^{\ominus}$，就可求算任一温度时的 $\Delta_r G_m^{\ominus}$。

例 3-10　计算说明反应 $N_2O_4(g)$══$2NO_2(g)$在标准状态下，298.15 K 和 500 K 时的自发方向。

解　查附录Ⅲ，得有关物质的 $\Delta_f H_m^{\ominus}(298.15\ K)$和 $S_m^{\ominus}(298.15\ K)$，则有

$$\begin{aligned}\Delta_r H_m^{\ominus}(298.15\ K)&=2\Delta_f H_m^{\ominus}(NO_2,g,298.15\ K)-\Delta_f H_m^{\ominus}(N_2O_4,g,298.15\ K)\\&=2\times33.2-11.1=55.3(kJ\cdot mol^{-1})\end{aligned}$$

$$\begin{aligned}\Delta_r S_m^{\ominus}(298.15\ K)&=2S_m^{\ominus}(NO_2,g,298.15\ K)-S_m^{\ominus}(N_2O_4,g,298.15\ K)\\&=2\times240.1-304.4=175.8(J\cdot K^{-1}\cdot mol^{-1})\end{aligned}$$

$$\begin{aligned}\Delta_r G_m^{\ominus}(298.15\ K)&=\Delta_r H_m^{\ominus}(298.15\ K)-298.15\ K\times\Delta_r S_m^{\ominus}(298.15\ K)\\&=55.3-298.15\times0.1758=2.89(kJ\cdot mol^{-1})>0\end{aligned}$$

说明标准状态下、298.15 K 时，反应逆向自发进行。

$$\begin{aligned}\Delta_r G_m^{\ominus}(500\ K)&=\Delta_r H_m^{\ominus}(298.15\ K)-500\ K\times\Delta_r S_m^{\ominus}(298.15\ K)\\&=55.3-500\times0.1758=-32.6(kJ\cdot mol^{-1})<0\end{aligned}$$

即标准状态下、500 K 时，反应正向自发进行。

计算结果表明温度对吉布斯自由能的影响是很大的。

4. 吉布斯-亥姆霍兹公式的应用

当熵变和焓变对反应自发性的贡献相矛盾时，反应的自发方向往往由反应的温度决定。根据吉布斯-亥姆霍兹公式可对反应的温度条件进行估计。

1）估算反应的温度条件

等温、定压条件下反应自发方向与温度的关系见表 3-3。

表 3-3 表明，当反应焓变和熵变的符号相反时，如 1、2 两种情况，反应方向不受温度的影响；而当反应焓变和熵变的符号相同时，如 3、4 两种情况，温度对反应方向起决定性作用，例 3-10 已经说明了这一点。

表 3-3 等温、定压条件下反应方向与温度的关系

反　应	ΔH	ΔS	自发进行的温度条件
1	>0	<0	任何温度下反应不能自发进行
2	<0	>0	任何温度下反应均能自发进行
3	>0	>0	高温时，反应正向自发
4	<0	<0	低温时，反应正向自发

2) 转变温度的计算

当反应的焓变和熵变的符号相同时，改变反应温度，吉布斯自由能变 ΔG 的符号也会随之改变。例如，对于 $\Delta H>0$、$\Delta S>0$ 的反应，当温度从低到高发生变化时，吉布斯自由能变从 $\Delta G>0$ 到 $\Delta G=0$ 最后到 $\Delta G<0$。$\Delta G=0$ 时的温度称为转变温度。

由 $\Delta_r G_m^\ominus(T)\approx\Delta_r H_m^\ominus(298.15\ \text{K})-T\Delta_r S_m^\ominus(298.15\ \text{K})=0$，求得

$$T_{\text{转}}=\frac{\Delta_r H_m^\ominus(298.15\ \text{K})}{\Delta_r S_m^\ominus(298.15\ \text{K})}$$

若反应的 $\Delta_r H_m^\ominus(298.15\ \text{K})<0$，$\Delta_r S_m^\ominus(298.15\ \text{K})<0$，则温度小于 $T_{\text{转}}$ 时，反应正向自发。

若反应的 $\Delta_r H_m^\ominus(298.15\ \text{K})>0$，$\Delta_r S_m^\ominus(298.15\ \text{K})>0$，则温度大于 $T_{\text{转}}$ 时，反应正向自发。

例 3-11　近似计算碳酸钙在大气压力下的热分解温度。

解　碳酸盐、氯化铵等盐类在大气压力下的热分解温度可由分解反应在标准压力(100 kPa)下达平衡时的温度来估计。

	$CaCO_3(s)$	$=\!=\!=$	$CaO(s)$	$+$	$CO_2(g)$
$\Delta_f H_m^\ominus/(\text{kJ}\cdot\text{mol}^{-1})$	-1207.6		-634.9		-393.5
$S_m^\ominus/(\text{J}\cdot\text{K}^{-1}\cdot\text{mol}^{-1})$	91.7		38.1		213.8

$$\Delta_r H_m^\ominus(298.15\ \text{K})=-634.9-393.5-(-1207.6)=179.2(\text{kJ}\cdot\text{mol}^{-1})$$

$$\Delta_r S_m^\ominus(298.15\ \text{K})=38.1+213.8-91.7=160.2(\text{J}\cdot\text{K}^{-1}\cdot\text{mol}^{-1})$$

$$T_{\text{转}}=\frac{\Delta_r H_m^\ominus(298.15\ \text{K})}{\Delta_r S_m^\ominus(298.15\ \text{K})}=\frac{179.2}{160.2\times10^{-3}}=1119(\text{K})$$

石灰窑中，炉温一般控制在 1070 K 左右，与上述估算大体一致。

例 3-12　利用热力学数据估计乙醇的正常沸点。

解　物质的正常沸腾温度是指在 $p=101.3$ kPa 条件下，气、液两相间达平衡时的温度。近似地，可认为是在标准状态下气、液两相间达到平衡时的温度，即 $\Delta_r G_m^\ominus=0$ 时的温度。

	$C_2H_5OH(l)$	$=\!=\!=$	$C_2H_5OH(g)$
$\Delta_f H_m^\ominus/(\text{kJ}\cdot\text{mol}^{-1})$	-277.6		-234.8
$S_m^\ominus/(\text{J}\cdot\text{K}^{-1}\cdot\text{mol}^{-1})$	160.7		281.6

$$\Delta_r H_m^\ominus(298.15\text{K})=(-234.8)-(-277.6)=42.8(\text{kJ}\cdot\text{mol}^{-1})$$

$$\Delta_r S_m^\ominus(298.15\text{K})=281.6-160.7=120.9(\text{J}\cdot\text{K}^{-1}\cdot\text{mol}^{-1})$$

$$T_{\text{沸}}\approx\frac{\Delta_r H_m^\ominus(298.15\ \text{K})}{\Delta_r S_m^\ominus(298.15\ \text{K})}=\frac{42.8}{120.9\times10^{-3}}=354(\text{K})$$

乙醇正常沸腾温度的实测值为 351.6 K，与本题的估算值大体一致。

例 3-13　金属锡有两种晶形(灰锡和白锡)，利用有关的热力学数据，计算标准状态下白锡和灰锡

的相变温度。

解 Sn(白) ══ Sn(灰)

	Sn(白)	Sn(灰)
$\Delta_f H_m^{\ominus}/(kJ \cdot mol^{-1})$	0	−2.1
$S_m^{\ominus}/(J \cdot K^{-1} \cdot mol^{-1})$	51.2	44.1

$$\Delta_r H_m^{\ominus}=(-2.1)-0=-2.1(kJ \cdot mol^{-1})$$

$$\Delta_r S_m^{\ominus}=44.1-51.2=-7.1(J \cdot K^{-1} \cdot mol^{-1})$$

相变点时 $\Delta_r G_m^{\ominus}=0$,则有

$$T_{相变} \approx \frac{\Delta_r H_m^{\ominus}(298.15\ K)}{\Delta_r S_m^{\ominus}(298.15\ K)}=\frac{-2.1}{-7.1\times 10^{-3}}=3.0\times 10^{2}(K)$$

5. 化学反应的等温方程式

如前所述,根据标准摩尔吉布斯自由能 $\Delta_r G_m^{\ominus}(T)$可以判断标准状态下化学反应进行的方向。但大多数化学反应是在非标准状态下进行的,因此应选用具有普遍意义的判据 $\Delta_r G_m(T)$ 判断反应的自发方向。热力学已经证明,非标准状态下反应的 $\Delta_r G_m(T)$与标准状态下反应的 $\Delta_r G_m^{\ominus}(T)$之间有如下关系:

$$\Delta_r G_m(T)=\Delta_r G_m^{\ominus}(T)+RT\ \ln Q$$

上式称为化学反应等温方程式,也称为范特霍夫(van't Hoff)等温式。式中,Q 称为反应商。反应商是反应进行到任一状态(包括平衡状态)时,系统内各物质相对浓度或相对分压以其化学计量数为幂的连乘积,因此其 SI 单位为 1。反应的类型不同,其 Q 值的表达式也不相同。

(1) 对于气体反应,如

$$N_2(g)+3H_2(g)=\!=\!=2NH_3(g)$$

反应商 Q 为

$$Q=\frac{[p(NH_3)/p^{\ominus}]^2}{[p(N_2)/p^{\ominus}][p(H_2)/p^{\ominus}]^3}$$

(2) 对于溶液中发生的反应,如

$$Ag^{+}(aq)+2NH_3(aq)=\!=\![Ag(NH_3)_2]^{+}(aq)$$

反应商 Q 为

$$Q=\frac{c([Ag(NH_3)_2]^{+})/c^{\ominus}}{[c(Ag^{+})/c^{\ominus}][c(NH_3)/c^{\ominus}]^2}$$

(3) 对于复相反应,反应中既有气体又有离子,则在反应商表达式中,气体的数量用相对压力表示,液态离子的数量用相对浓度表示。例如,反应

$$2H^{+}(aq)+CaCO_3(s)=\!=\!=Ca^{2+}(aq)+CO_2(g)+H_2O(l)$$

反应商 Q 为

$$Q=\frac{[c(Ca^{2+})/c^{\ominus}][p(CO_2)/p^{\ominus}]}{[c(H^{+})/c^{\ominus}]^2}$$

由于固相或纯液相的标准态是它本身的纯物质,纯物质的相对浓度均为 1,因此不必代入表达式。

利用化学反应等温方程式进行计算时,必须注意公式中的 $\Delta_r G_m(T)$与$\Delta_r G_m^{\ominus}(T)$必须是同一热力学温度 T 下的值。

例 3-14 已知25 ℃时，$\Delta_f G_m^\ominus(NOBr)=82.4\ kJ\cdot mol^{-1}$，$\Delta_f G_m^\ominus(NO)=86.6\ kJ\cdot mol^{-1}$，$\Delta_f G_m^\ominus(Br_2)=3.1\ kJ\cdot mol^{-1}$。试判断该温度时，反应 $2NO(g)+Br_2(g)=\!=\!=2NOBr(g)$ 在下列两种情况下的自发方向：

(1) 标准状态。

(2) $p(NO)=4\ kPa$，$p(Br_2)=100\ kPa$，$p(NOBr)=80\ kPa$。

解 (1) $\Delta_r G_m^\ominus=2\Delta_f G_m^\ominus(NOBr)-2\Delta_f G_m^\ominus(NO)-\Delta_f G_m^\ominus(Br_2)$

$=2\times82.4-2\times86.6-3.1$

$=-11.5(kJ\cdot mol^{-1})<0$

因此反应正向进行。

$$(2)\ \Delta_r G_m=\Delta_r G_m^\ominus+RT\ln Q=\Delta_r G_m^\ominus+RT\ln\left[\frac{p^2(NOBr)}{p^2(NO)p(Br_2)}\left(\frac{1}{p^\ominus}\right)^{2-(2+1)}\right]$$

$$=-11.5+8.314\times10^{-3}\times298.15\times\ln\left[\frac{80^2}{4^2\times100}\times\left(\frac{1}{100}\right)^{-1}\right]$$

$$=-11.5+14.9=3.4(kJ\cdot mol^{-1})>0$$

因此反应逆向进行。

习　题

3-1 等温条件下，压力为 10^6 Pa 的 2 m^3 理想气体抵抗恒外压 5×10^5 Pa 膨胀，直到平衡为止。在此变化过程中，该气体做功多少？

3-2 2.0 mol H_2（设为理想气体）在恒温（298.15 K）下，分别经下列两种途径，从始态 0.015 m^3 膨胀到终态 0.040 m^3，求各途径中气体所做的功。

(1) 自始态反抗 100 kPa 的外压到终态。

(2) 自始态反抗 200 kPa 的外压到中间平衡态，然后反抗 100 kPa 的外压到终态。

3-3 某理想气体在恒定外压（101.3 kPa）下吸热膨胀，其体积从 80 L 变到 160 L，同时吸收 25 kJ 的热量，试计算系统热力学能的变化。

3-4 计算下列系统的热力学能变化。

(1) 系统吸收 100 J 热量，并且系统对环境做功 540 J。

(2) 系统放出 100 J，并且环境对系统做功 636 J。

3-5 在 $p^\ominus$ 和 885 ℃下，分解 1.0 mol $CaCO_3$ 需消耗热量 165 kJ。试计算此过程的 W、ΔU 和 ΔH。$CaCO_3$ 的分解反应方程式为 $CaCO_3(s)=\!=\!=CaO(s)+CO_2(g)$。

3-6 已知：

(1) $4NH_3(g)+5O_2(g)=\!=\!=4NO(g)+6H_2O(l)$　　$\Delta_r H_m^\ominus(1)=-1168.8\ kJ\cdot mol^{-1}$

(2) $4NH_3(g)+3O_2(g)=\!=\!=2N_2(g)+6H_2O(l)$　　$\Delta_r H_m^\ominus(2)=-1530.4\ kJ\cdot mol^{-1}$

试求 NO 的标准摩尔生成焓。

3-7 298 K、标准状态下，1.00 g 金属镁在定压条件完全燃烧生成 MgO(s)，放热 24.7 kJ，则 $\Delta_f H_m^\ominus$(MgO,298 K) 等于多少？已知 $M(Mg)=24.3\ g\cdot mol^{-1}$。

3-8 已知下列化学反应的反应热：

(1) $C_2H_2(g)+\frac{5}{2}O_2(g)\longrightarrow2CO_2(g)+H_2O(g)$　　$\Delta_r H_m^\ominus=-1246.2\ kJ\cdot mol^{-1}$

(2) $C(s)+2H_2O(g)\longrightarrow CO_2(g)+2H_2(g)$　　$\Delta_r H_m^\ominus=+90.9\ kJ\cdot mol^{-1}$

(3) $2H_2O(g)\longrightarrow2H_2(g)+O_2(g)$　　$\Delta_r H_m^\ominus=+483.6\ kJ\cdot mol^{-1}$

求乙炔（C_2H_2,g）的标准摩尔生成焓 $\Delta_f H_m^\ominus$。

3-9 利用下列反应的 $\Delta_r G_m^\ominus$(298.15 K)，计算 Fe_3O_4(s) 在 298.15 K 时的标准摩尔生成吉布斯自由能 $\Delta_f G_m^\ominus$(298.15 K)。

(1) $2Fe(s)+\frac{3}{2}O_2(g)=\!=\!=Fe_2O_3(s)$　　$\Delta_r G_m^\ominus(298.15\ K)=-742.2\ kJ\cdot mol^{-1}$

(2) $4Fe_2O_3(s)+Fe(s)=\!=\!=3Fe_3O_4(s)$　　$\Delta_r G_m^\ominus(298.15\ K)=-77.7\ kJ\cdot mol^{-1}$

3-10 计算下列反应在 298.15 K 和 500 K 时的 $\Delta_r G_m^{\ominus}(T)$。

(1) $CaCO_3(s) \longrightarrow CaO(s) + CO_2(g)$

(2) $CO(g) + 3H_2(g) \longrightarrow CH_4(g) + H_2O$(注意水在不同温度下的状态不同)

3-11 1mol 水在其沸点 100 ℃下气化，求该过程的 W、Q、ΔU、ΔH、ΔS、ΔG。已知水的气化热为 2.26 kJ·g^{-1}。

3-12 蔗糖在新陈代谢过程中所发生的总反应可写成：

$$C_{12}H_{22}O_{11}(s) + 12O_2(g) \longrightarrow 12CO_2(g) + 11H_2O(l)$$

假定有 25%的反应热转化为有用功，则体重为 65 kg 的人登上 3000 m 的高山，需消耗多少蔗糖？已知 $\Delta_f H_m^{\ominus}(C_{12}H_{22}O_{11}) = -2222$ kJ·mol^{-1}。

3-13 设有反应 $A(g) + B(g) \longrightarrow 2C(g)$，A、B、C 都是理想气体。在 298 K、$1\times10^5$ Pa 条件下，若分别按下列两种途径发生变化：

(1) 不做功，体系放热 41.8 kJ·mol^{-1}。

(2) 体系做最大功，放出 1.64 kJ·mol^{-1}的热。

则 Q、W、$\Delta_r U_m^{\ominus}$、$\Delta_r H_m^{\ominus}$、$\Delta_r S_m^{\ominus}$、$\Delta_r G_m^{\ominus}$ 分别为多少？(提示：状态变化值与途径无关)

3-14 298 K 时，在一定容器中，0.5 g 苯 $C_6H_6(l)$完全燃烧生成 $CO_2(g)$和 $H_2O(l)$，放热 20.9 kJ。试求 1 mol 苯燃烧过程的 $\Delta_r U_m$ 和 $\Delta_r H_m$。

3-15 阿波罗登月火箭用 $N_2H_4(l)$(肼)作燃料，用 $N_2O_4(g)$作氧化剂，燃烧后产生 $N_2(g)$和 $H_2O(l)$，写出配平的化学方程式，并利用 $\Delta_f H_m^{\ominus}$ 计算 $N_2H_4(l)$的 $\Delta_c H_m^{\ominus}$。

3-16 计算下列反应在 298.15 K 时的 $\Delta_r H_m^{\ominus}$、$\Delta_r S_m^{\ominus}$ 和 $\Delta_r G_m^{\ominus}$，并判断哪些反应能自发向右进行。

(1) $2CO(g) + O_2(g) \longrightarrow 2CO_2(g)$

(2) $4NH_3(g) + 5O_2(g) \longrightarrow 4NO(g) + 6H_2O(g)$

(3) $Fe_2O_3(s) + 3CO(g) \longrightarrow 2Fe(s) + 3CO_2(g)$

(4) $2SO_2(g) + O_2(g) \longrightarrow 2SO_3(g)$

3-17 在一定温度下 Ag_2O 的分解反应为

$$Ag_2O(s) \longrightarrow 2Ag(s) + \frac{1}{2}O_2(g)$$

假定反应的 $\Delta_r H_m^{\ominus}$、$\Delta_r S_m^{\ominus}$ 不随温度的变化而改变，估算 Ag_2O 的最低分解温度。

3-18 已知反应 $2CuO(s) \longrightarrow Cu_2O(s) + \frac{1}{2}O_2(g)$在 300 K 时的 $\Delta_r G_m^{\ominus} = 112.7$ kJ·mol^{-1}，在 400 K 时的 $\Delta_r G_m^{\ominus} = 102.6$ kJ·mol^{-1}。

(1) 计算反应的 $\Delta_r H_m^{\ominus}$ 和 $\Delta_r S_m^{\ominus}$(不查表)。

(2) 当 $p(O_2) = 101.325$ kPa 时，该反应能自发进行的最低温度是多少？

3-19 已知：

	$SO_3(g)$	+	$CaO(s)$	$\longrightarrow$	$CaSO_4(s)$
$\Delta_f H_m^{\ominus}$/(kJ·mol^{-1})	−395.7		−634.9		−1434.5
$S_m^{\ominus}$/(J·K^{-1}·mol^{-1})	256.8		38.1		106.5

求该反应的转变温度。

3-20 在 298 K 及 $p^{\ominus}$下，C(金刚石)和 C(石墨)的 $S_m^{\ominus}$ 值分别为 2.38 J·K^{-1}·mol^{-1}和 5.74 J·K^{-1}·mol^{-1}，其 $\Delta_c H_m^{\ominus}$ 值分别为−395.4 kJ·mol^{-1}和−393.51 kJ·mol^{-1}：

(1) 计算 298 K 及 $p^{\ominus}$下，石墨$\longrightarrow$金刚石的 $\Delta_{trs} G_m^{\ominus}$ 值。

(2) 通过计算说明哪一种晶形较为稳定。

3-21 碘钨灯泡是用石英(SiO_2)制作的。试用热力学数据论证："用玻璃取代石英的设想是不能实现的"。(灯泡内局部高温可达 623 K，玻璃主要成分之一是 Na_2O，它能与碘蒸气反应生成 NaI)

物　质	$Na_2O(s)$	$I_2(g)$	$NaI(g)$	$O_2(g)$
$\Delta_f H_m^{\ominus}$/(kJ·mol^{-1})	−414.22	62.44	−287.78	0
$S_m^{\ominus}$/(J·K^{-1}·mol^{-1})	75.06	260.58	98.53	205.03

第4章 化学平衡

研究化学反应时，人们除了关注一定条件下反应的能量和方向外，还非常关心化学反应完成的程度，即一定条件下化学反应进行的最大限度（反应物的最大转化率）及反应达到最大限度时各物质间量的关系，这便是化学平衡要解决的问题。

4.1 标准平衡常数

4.1.1 可逆反应与化学平衡状态

在一定条件下，既可按反应方程式从左向右进行，又可以从右向左进行的反应称为可逆反应。例如，高温下反应

$$CO(g)+H_2O(g)═══CO_2(g)+H_2(g)$$

在一氧化碳与水蒸气作用生成二氧化碳与氢气的同时，也进行着二氧化碳与氢气反应生成一氧化碳与水蒸气的过程。向右进行的反应称为正反应，向左进行的反应称为逆反应。

大多数反应都是可逆的，只是可逆的程度不同。当可逆反应在一定条件下达到一种状态，即单位时间内每一种物质的生成量等于它的消耗量，从表面上看反应好像已经停止了，这种状态就称为平衡状态。化学平衡状态有如下三个特征：

(1) 化学平衡状态是 $\Delta_r G_m=0$ 的状态。从热力学原理，即从宏观角度分析，当反应的 $\Delta_r G_m<0$ 时，反应有正向进行的趋势，随着反应的进行，$\Delta_r G_m$ 负值减小，最后达到 $\Delta_r G_m=0$；同理，当反应的 $\Delta_r G_m>0$ 时，反应有逆向进行的趋势，随着反应的进行，$\Delta_r G_m$ 正值减小，最后达到 $\Delta_r G_m=0$。因此化学平衡状态是反应在一定条件下所能达到的最大限度状态。

(2) 化学平衡是一种动态平衡。从化学动力学，即从微观角度分析，达到化学平衡状态时，正向反应和逆向反应的速率相等，系统内反应物和生成物的浓度或分压均不再随时间而变化。

(3) 化学平衡是有条件的平衡。对于在一定条件下达到化学平衡的系统，当反应条件改变时，原有的平衡状态即被破坏。此时，从宏观上看，反应或正向自发，或逆向自发，直到在新的条件下建立新的平衡。

4.1.2 道尔顿分压定律

1. 理想气体

理想气体的基本假设前提是：①分子间距离很大，分子间的相互作用力可以忽略不计；②气体分子自身的体积很小，与气体所占体积相比，分子本身的体积可以忽略不计。低压、高温下的实际气体分子自身的体积与其所占体积相比可忽略，且气体分子之间距离相当远，分子间的作用力显得微不足道，可近似看作理想气体。

2. 理想气体状态方程

理想气体的压力 p、体积 V、温度 T 和物质的量 n 之间的关系可用理想气体状态方程表示：

$$pV=nRT \tag{4-1}$$

式中，R 为摩尔气体常数。实验测得在标准状况(273.15 K、101.325 kPa)下，理想气体的摩尔体积 $V_m=0.0224\ m^3\cdot mol^{-1}$，依下式：

$$pV_m=RT$$

可得 $R=8.314\ Pa\cdot m^3\cdot mol^{-1}\cdot K^{-1}=8.314\ J\cdot mol^{-1}\cdot K^{-1}$。

例 4-1 已知体积为 438 L 的钢瓶中装有 0.885 kg 氧气，试计算 21 ℃时该钢瓶中氧气的压力。

解 已知 $V=438$ L，$T=21+273.15=294.15$(K)，则

$$n(O_2)=\frac{m}{M(O_2)}=\frac{0.885\times10^3}{32.0}=27.7(\text{mol})$$

$$p(O_2)=\frac{nRT}{V}=\frac{27.7\times8.314\times294.15}{438}=155(\text{kPa})$$

3. 道尔顿分压定律

实际工作中，经常遇到两种或多种气体组成的多组分系统。若多种混合气体之间相互不发生化学反应，且分子本身的体积和相互作用力均忽略不计，则称之为理想气体混合物。理想气体混合物中各种组分气体均匀充满整个容器，某一组分气体分子对器壁碰撞所产生的压力不会因其他组分气体的存在而改变，就如同单独存在一样，此时该组分气体所产生的压力称为该组分气体的分压(p_i)，它的大小与该组分气体单独占据整个容器时所产生的压力相同，即

$$p_i=\frac{n_i}{V}RT \tag{4-2}$$

在 T、V 一定的情况下，理想气体混合物的总压力 p 等于混合气体中各组分气体分压力之和，即

$$p=p_1+p_2+p_3+\cdots=\sum p_i \tag{4-3}$$

此规律最早于1801年由英国化学家道尔顿(J. Dalton)通过实验提出，后经气体分子运动论证明，故称之为道尔顿理想气体分压定律。

合并式(4-2)和式(4-3)得

$$p=\sum p_i=\sum n_i\frac{RT}{V}=n\frac{RT}{V} \tag{4-4}$$

式中，n 为混合气体的总物质的量。

将式(4-2)与式(4-4)相比可得

$$\frac{p_i}{p}=\frac{n_i}{n}\quad 或\quad p_i=\frac{n_i}{n}p=x_ip \tag{4-5}$$

式中，x_i 为某组分气体的摩尔分数。式(4-5)表明，理想气体混合物中某组分气体的分压等于该组分气体的摩尔分数与总压力的乘积。

在实际反应中，直接测定各组分气体的分压较困难，而测定某一组分气体的摩尔分数

及混合气体的总压较方便，故常通过式(4－5)计算各组分气体的分压。

分压定律的实际应用很多。在实验室中常用于计算化学反应中不溶于水的气体的产量。当用排水集气法收集气体时，收集到的气体是含有水蒸气的混合物，计算气体的产量时，必须考虑水蒸气的存在。不同温度下水的蒸气压列于表4－1。

表4－1 不同温度下水的蒸气压

T/K	p/kPa	T/K	p/kPa
273	0.6106	333	19.9183
278	0.8719	343	35.1574
283	1.2279	353	47.3426
293	2.3385	363	70.1001
303	4.2423	373	101.3247
313	7.3574	423	476.0262
323	12.3336		

例4－2 乙炔是一种重要的焊接燃料，实验室用电石(CaC_2)与水反应制备乙炔：

$$CaC_2(s)+2H_2O(l)\longrightarrow C_2H_2(g)+Ca(OH)_2(aq)$$

某学生在室温(23 ℃)时用排水集气法收集乙炔，气体总压力为98.4 kPa，总体积为523 mL，已知23 ℃时水的蒸气压为2.8 kPa，计算收集到的乙炔气体质量。

解 $p(C_2H_2)=p-p(H_2O)=98.4-2.8=95.6(\text{kPa})$

$$V=0.523\ \text{L}\qquad T=23+273.15=296.15(\text{K})$$

根据理想气体状态方程，得

$$n(C_2H_2)=\frac{p(C_2H_2)V}{RT}=\frac{95.6\times0.523}{8.314\times296.15}=0.0203(\text{mol})$$

因此，收集到的乙炔质量为

$$m(C_2H_2)=n(C_2H_2)M(C_2H_2)=0.0203\times26.04=0.529(\text{g})$$

4.1.3 标准平衡常数

1. 标准平衡常数表达式

在前面的学习中，我们已经知道非标准状态下反应的 $\Delta_rG_m(T)$ 与标准状态下反应的 $\Delta_rG_m^{\ominus}(T)$ 之间有如下关系：

$$\Delta_rG_m(T)=\Delta_rG_m^{\ominus}(T)+RT\ln Q$$

根据热力学原理，当反应系统达到平衡状态时 $\Delta_rG_m(T)=0$，所以

$$\Delta_rG_m(T)=\Delta_rG_m^{\ominus}(T)+RT\ln Q^{eq}=0$$

移项后得

$$RT\ln Q^{eq}=-\Delta_rG_m^{\ominus}(T)$$

式中，Q^{eq}代表平衡状态时的反应商。习惯上用 $K^{\ominus}(T)$ 来表示 Q^{eq}，所以

$$\ln K^{\ominus}(T)=-\Delta_rG_m^{\ominus}(T)/RT \qquad (4-6)$$

$K^{\ominus}(T)$ 即为由 $-\Delta_rG_m^{\ominus}(T)$ 定义的热力学标准平衡常数。说明如下：

(1) 由式(4－6)可知，对一指定的化学反应来说，一定温度下 $K^{\ominus}(T)$ 是一个只与反

应的本性，即 $\Delta_r G_m^\ominus(T)$ 有关，而与有关物质的浓度或压力无关的常数。因此在指定温度下，当反应达到平衡状态时，系统中各物质的相对浓度或相对压力以其化学计量数为幂的连乘积为一常数。

(2) 反应的标准平衡常数 $K^\ominus$ 是研究化学平衡问题时的一个很重要的热力学函数。其值只与反应温度有关，故在使用标准平衡常数时，必须注明反应温度。

(3) 标准平衡常数在数值上等于平衡状态时的反应商(Q^{eq})，SI 单位为 1。虽然 Q 和 $K^\ominus$ 表达式的形式完全相同，但二者含义不同。Q 是反应在任一时刻(可能为平衡态也可能为非平衡态)时，各物种的相对浓度或相对压力以其计量系数为幂的连乘积，而 $K^\ominus$ 则特指反应达到平衡状态时，各物种的相对浓度或相对压力以其化学计量数为幂的连乘积。

(4) 利用标准平衡常数 $K^\ominus$ 的大小可以判断反应的完成程度。$K^\ominus$ 越大，反应进行得越完全；$K^\ominus$ 越小，反应的完成程度越小。

书写标准平衡常数表达式应注意以下几点：

(1) 代入标准平衡常数表达式的各组分的浓度和分压应为平衡时的浓度和分压。

(2) 与反应商的书写相似，若有纯固体、纯液体参加反应，或是在稀的水溶液中发生的反应，纯固体、纯液体以及溶剂水都不写入平衡常数表达式中。

(3) 由于反应的标准摩尔吉布斯自由能的大小与反应式的写法有关，因此标准平衡常数的大小及其表达式也必然与反应式的写法有关。例如，298.15 K 时

① $H_2(g)+I_2(g)=\!=\!=2HI(g)$ $\qquad K^\ominus(1)=\dfrac{[p(HI)/p^\ominus]^2}{[p(H_2)/p^\ominus][p(I_2)/p^\ominus]}$

② $2H_2(g)+2I_2(g)=\!=\!=4HI(g)$ $\qquad K^\ominus(2)=\dfrac{[p(HI)/p^\ominus]^4}{[p(H_2)/p^\ominus]^2[p(I_2)/p^\ominus]^2}$

③ $\dfrac{1}{2}H_2(g)+\dfrac{1}{2}I_2(g)=\!=\!=HI(g)$ $\qquad K^\ominus(3)=\dfrac{p(HI)/p^\ominus}{[p(H_2)/p^\ominus]^{\frac{1}{2}}[p(I_2)/p^\ominus]^{\frac{1}{2}}}$

④ $2HI(g)=\!=\!=H_2(g)+I_2(g)$ $\qquad K^\ominus(4)=\dfrac{[p(H_2)/p^\ominus][p(I_2)/p^\ominus]}{[p(HI)/p^\ominus]^2}$

显然，它们之间存在如下关系：

$$K^\ominus(1)=[K^\ominus(2)]^{\frac{1}{2}}=[K^\ominus(3)]^2=1/K^\ominus(4)$$

利用标准平衡常数 $K^\ominus$ 可进行一些有关化学平衡的计算。

例 4-3 将 1.5 mol H_2 和 1.5 mol I_2 充入某容器中，使其在 793 K 达到平衡。经分析，平衡系统中含 HI 2.4 mol，求反应 $H_2(g)+I_2(g)=\!=\!=2HI(g)$ 在该温度下的 $K^\ominus$。

解 从反应式可知，每生成 2 mol HI 要消耗 1 mol H_2 和 1 mol I_2，故

	$H_2(g)$	+	$I_2(g)$	$=\!=\!=$	$2HI(g)$
起始时 n_0/mol	1.5		1.5		0
平衡时 n/mol	$1.5-\dfrac{2.4}{2}$		$1.5-\dfrac{2.4}{2}$		2.4

所以

$$K^\ominus=\frac{[p(HI)/p^\ominus]^2}{[p(H_2)/p^\ominus][p(I_2)/p^\ominus]}$$

由公式 $p=\dfrac{nRT}{V}$，有

$$K^{\ominus}=\frac{n^2(\mathrm{HI})}{n(\mathrm{H_2})n(\mathrm{I_2})}\left(\frac{RT}{V}\right)^{2-1-1}=\frac{2.4^2}{0.3\times0.3}=64$$

例 4-4 一定温度下反应 $H_2(g)+CO_2(g)$══$CO(g)+H_2O(g)$ 的 $K^{\ominus}=3.24$。在该温度下将 0.300 mol H_2 和 0.300 mol CO_2 充入 1.00 L 的容器中，求反应达到平衡时体系中 CO 的浓度。

解 设平衡时 $n(\mathrm{CO})=x$ mol，根据反应式可知

	$H_2(g)$	+	$CO_2(g)$	══	$CO(g)$	+	$H_2O(g)$
起始时 n_0/mol	0.300		0.300		0		0
平衡时 n/mol	$0.300-x$		$0.300-x$		x		x

$$K^{\ominus}=\frac{[p(\mathrm{CO})/p^{\ominus}][p(\mathrm{H_2O})/p^{\ominus}]}{[p(\mathrm{H_2})/p^{\ominus}][p(\mathrm{CO_2})/p^{\ominus}]}=\frac{n(\mathrm{CO})n(\mathrm{H_2O})}{n(\mathrm{H_2})n(\mathrm{CO_2})}\left(\frac{RT}{V}\right)^{(1+1)-(1+1)}$$

$$=\frac{x^2}{(0.300-x)\times(0.300-x)}=3.24$$

解得

$$x=0.193(\mathrm{mol})$$

即平衡时

$$c(\mathrm{CO})=\frac{0.193}{1.00}=0.193(\mathrm{mol\cdot L^{-1}})$$

2. 化学反应方向的判断

由化学反应等温方程式及标准平衡常数的定义：

$$\Delta_r G_m(T)=\Delta_r G_m^{\ominus}(T)+RT\ln Q$$

$$\Delta_r G_m^{\ominus}(T)=-RT\ln K^{\ominus}(T)$$

可得

$$\Delta_r G_m(T)=-RT\ln K^{\ominus}+RT\ln Q=RT\ln(Q/K^{\ominus}) \qquad (4-7)$$

式(4-7)是等温方程式的另一种表达形式。由式(4-7)可知，通过比较 $K^{\ominus}$ 与 Q 的相对大小，即可对反应是否达到平衡作出判断：

若 $Q>K^{\ominus}$，则反应的 $\Delta_r G_m(T)>0$，反应逆向自发进行。

若 $Q<K^{\ominus}$，则反应的 $\Delta_r G_m(T)<0$，反应正向自发进行。

若 $Q=K^{\ominus}$，则反应的 $\Delta_r G_m(T)=0$，反应处平衡状态。

例 4-5 计算反应 $Ag_2CO_3(s)$══$Ag_2O(s)+CO_2(g)$ 在 298.15 K 时的 $K^{\ominus}$。为防止 Ag_2CO_3 分解，容器内空气中 CO_2 的分压最低应为多少？

解 $\Delta_r G_m^{\ominus}=\Delta_f G_m^{\ominus}(\mathrm{Ag_2O,s})+\Delta_f G_m^{\ominus}(\mathrm{CO_2,g})-\Delta_f G_m^{\ominus}(\mathrm{Ag_2CO_3,s})$

$=(-11.2)+(-394.4)-(-437.1)=31.5(\mathrm{kJ\cdot mol^{-1}})$

$$\ln K^{\ominus}=\frac{-\Delta_r G_m^{\ominus}}{RT}=\frac{-31.5\times10^3}{8.314\times298.15}=-12.7$$

解得

$$K^{\ominus}=3.1\times10^{-6}$$

因为

$$Q=\frac{p(\mathrm{CO_2})}{p^{\ominus}}$$

要使 Ag_2CO_3 不分解，必须使 $Q>K^{\ominus}$，所以容器内空气中 CO_2 的分压为

$$p(\mathrm{CO_2})\geqslant K^{\ominus}p^{\ominus}=3.1\times10^{-6}\times100=3.1\times10^{-4}(\mathrm{kPa})$$

例 4-6 298 K 时往 100 L 的密闭容器中充入 NO_2、N_2O、O_2 各 0.10 mol，试判断反应 $2N_2O(g)+3O_2(g)=4NO_2(g)$ 的自发方向。已知该反应在 298 K 时的 $K^\ominus=1.6$。

解 $p(NO_2)=p(N_2O)=p(O_2)=\dfrac{nRT}{V}=\dfrac{0.10\times8.314\times298}{100}=2.5(\text{kPa})$

$$Q=\frac{p^4(NO_2)}{p^2(N_2O)p^3(O_2)}(p^\ominus)^{5-4}=\frac{2.5^4}{2.5^2\times2.5^3}\times(100)^1=40>K^\ominus=1.6$$

所以反应逆向进行。

4.2 多重平衡规则

我们通常接触的化学平衡系统通常含有多个化学反应。例如，碳在氧气中燃烧的反应，达到平衡时系统内有以下三个化学平衡：

(1) $C(s)+\frac{1}{2}O_2(g)=CO(g)$ $\qquad K^\ominus(1)=\dfrac{p(CO)/p^\ominus}{[p(O_2)/p^\ominus]^{\frac{1}{2}}}$

(2) $CO(g)+\frac{1}{2}O_2(g)=CO_2(g)$ $\qquad K^\ominus(2)=\dfrac{p(CO_2)/p^\ominus}{[p(CO)/p^\ominus][p(O_2)/p^\ominus]^{\frac{1}{2}}}$

(3) $C(s)+O_2(g)=CO_2(g)$ $\qquad K^\ominus(3)=\dfrac{p(CO_2)/p^\ominus}{p(O_2)/p^\ominus}$

从上述反应式不难看出，氧气同时参与了三个平衡。由于处在同一个系统中，因此氧气的相对分压力值是唯一的，且此值必须同时满足三个平衡，即在反应(1)、(2)、(3)的标准平衡常数表达式中 $p(O_2)$是相同的。像这样，系统内的一些物质同时参与了多个平衡，而且这些平衡是彼此相互关联的，此种平衡系统即为多重平衡系统。多重平衡系统中，彼此有关联的反应的标准平衡常数之间必有联系，这种关系就称为多重平衡规则。多重平衡规则可由热力学原理证明如下：

观察上述三个反应不难看出

$$反应(3)=反应(1)+反应(2)$$

由赫斯定律则有

$$\Delta_r G_m^\ominus(3)=\Delta_r G_m^\ominus(1)+\Delta_r G_m^\ominus(2)$$

又因为

$$\Delta_r G_m^\ominus(1)=-RT\ln K^\ominus(1)$$
$$\Delta_r G_m^\ominus(2)=-RT\ln K^\ominus(2)$$
$$\Delta_r G_m^\ominus(3)=-RT\ln K^\ominus(3)$$

则有

$$-RT\ln K^\ominus(3)=-RT\ln K^\ominus(1)+[-RT\ln K^\ominus(2)]$$

故得

$$K^\ominus(3)=K^\ominus(1)K^\ominus(2)$$

同理不难证明，如果一个体系满足

$$反应(4)=反应(5)-反应(6)$$

则有

$$-RT\ln K^\ominus(4)=-RT\ln K^\ominus(5)-[-RT\ln K^\ominus(6)]$$

$$K^\ominus(4)=K^\ominus(5)/K^\ominus(6)$$

利用多重平衡规则可间接求算反应的标准平衡常数。但使用时应注意，由于 $K^\ominus$ 与温度有关，故系统中相关联的所有平衡的平衡常数必须是同一温度下的数据。

例 4-7 已知 823 K 时

(1) $CO_2(g)+H_2(g)═══CO(g)+H_2O(g)$ $K^\ominus(1)=0.14$

(2) $CoO(s)+H_2(g)═══Co(s)+H_2O(g)$ $K^\ominus(2)=67$

试求 823 K 时，反应(3) $CoO(s)+CO(g)═══Co(s)+CO_2(g)$ 的标准平衡常数 $K^\ominus(3)$。

解 由题意可知反应(3)＝反应(2)－反应(1)，所以

$$K^\ominus(3)=K^\ominus(2)/K^\ominus(1)=67/0.14=4.8\times10^2$$

4.3 化学平衡的移动

一切平衡都是有条件的、暂时的，一旦条件发生改变，平衡即有可能被破坏，反应或正向自发，或逆向自发进行，直到在新的条件下达到新的平衡。这种因条件改变而使化学平衡由旧的平衡状态向新的平衡状态移动的现象称为化学平衡的移动。由 $\Delta_rG_m(T)=RT\ln(Q/K^\ominus)$ 可知，凡是能使反应商 Q 或标准平衡常数 $K^\ominus$ 改变的因素都会导致化学平衡的移动。一般来说，影响化学平衡的因素主要有浓度、压力和温度。

4.3.1 浓度对化学平衡的影响

增加反应物浓度，平衡就向能减少反应物浓度的方向移动。这是力求减弱条件改变的结果。同理，减少生成物的浓度，平衡就向能增加生成物浓度的方向移动。例如，向 $MgCl_2$ 溶液中加入氨水，可发生如下反应：

$$Mg^{2+}(aq)+2NH_3\cdot H_2O(aq)═══Mg(OH)_2(s)+2NH_4^+(aq)$$

若向此系统中加入 NH_4Ac 固体，由于 NH_4Ac 溶解产生大量的 NH_4^+，生成物的浓度增大，平衡逆向移动，$Mg(OH)_2$ 沉淀减少直至完全溶解。

对于已达化学平衡的系统($Q=K^\ominus$)，改变任意一种反应物或生成物的浓度，都将改变反应商 Q，导致 $Q\neq K^\ominus$。增大反应物浓度或减小生成物浓度，Q 值减小，则使 $Q<K^\ominus$，平衡正向移动；反之，若减小反应物浓度或增大生成物浓度，Q 值增大，则使 $Q>K^\ominus$，平衡逆向移动。工业生产中，经常通过增大廉价易得的反应物浓度的方法来提高贵重反应物的利用率。例如，合成氨反应中，加大 N_2 的用量可以提高 H_2 的转化率。又如，在反应 $CO(g)+H_2O(g)═══CO_2(g)+H_2(g)$ 中，增加水蒸气的用量可使 CO 的转化率大大提高。在实验室中，也经常利用浓度对平衡的影响来控制反应条件。例如，$BiCl_3$ 易水解，其反应为 $BiCl_3+H_2O═══BiOCl\downarrow+2HCl$，在配制 $BiCl_3$ 试剂时，为防止其水解，总是先将 $BiCl_3$ 固体溶于盐酸溶液中，而后再用水稀释到所需浓度。

4.3.2 压力对化学平衡的影响

压力对固相或液相反应的平衡几乎没有影响。

对于有气态物质参加或生成的可逆反应，可有多种方法改变平衡状态时气体的压力，如改变系统的体积，即同样倍数改变参加平衡的所有气体的分压力；在体积不变或总压力

不变条件下，改变某一种或某几种气体的分压力；在体积不变或总压力不变条件下，向系统内加入惰性气体等。无论采用何种方法，只要能改变反应商 Q，就会使化学平衡发生移动。在此仅讨论改变平衡系统的体积使系统总压力发生变化所引起的化学平衡的移动。

(1) 有气体参加，但反应前后气体分子总数不等的反应。例如，下列反应：

$$N_2(g)+3H_2(g)=\!=\!=2NH_3(g)$$

在一定温度下达到平衡，则

$$K^\ominus=\frac{[p(NH_3)/p^\ominus]^2}{[p(H_2)/p^\ominus]^3[p(N_2)/p^\ominus]}$$

如果减小平衡系统的体积，使系统总压力增加为原来的两倍，此时各组分的分压也相应增加为原来的两倍，则此状态下

$$Q=\frac{[2p(NH_3)/p^\ominus]^2}{[2p(H_2)/p^\ominus]^3[2p(N_2)/p^\ominus]}=\frac{4[p(NH_3)/p^\ominus]^2}{16[p(H_2)/p^\ominus]^3[p(N_2)/p^\ominus]}=\frac{1}{4}K^\ominus<K^\ominus$$

表明该系统的平衡已被破坏，反应向生成氨(气体分子总数减小)的方向移动。

同理，如果将系统的总压力降低到原来的一半，这时

$$Q=\frac{\left[\frac{1}{2}p(NH_3)/p^\ominus\right]^2}{\left[\frac{1}{2}p(H_2)/p^\ominus\right]^3\left[\frac{1}{2}p(N_2)/p^\ominus\right]}=\frac{16[p(NH_3)/p^\ominus]^2}{4[p(H_2)/p^\ominus]^3[p(N_2)/p^\ominus]}=4K^\ominus>K^\ominus$$

因此，反应向氨分解(气体分子总数增大)的方向移动。

(2) 有气体参加，但反应前后气体分子总数相等的反应。例如，下列反应：

$$H_2(g)+I_2(g)=\!=\!=2HI(g)$$

等温下达平衡时

$$K^\ominus=\frac{[p(HI)/p^\ominus]^2}{[p(H_2)/p^\ominus][p(I_2)/p^\ominus]}$$

若系统总压力增加为原来的两倍，则各组分的分压也相应增加为原来的两倍，此状态下

$$Q=\frac{[2p(HI)/p^\ominus]^2}{[2p(H_2)/p^\ominus][2p(I_2)/p^\ominus]}=\frac{4[p(HI)/p^\ominus]^2}{4[p(H_2)/p^\ominus][p(I_2)/p^\ominus]}=K^\ominus$$

如果将系统的总压力降低为原来的一半，同样可以导出 $Q=K^\ominus$。

因此，对反应前后气体分子总数不变的反应，增加或降低系统的总压力对平衡都没有影响。

综合以上讨论可以得出，系统总压力变化只会促使那些反应前后气体的物质的量有变化的反应的平衡发生移动。若增加压力，平衡就向能减小压力(减少气体分子数目)的方向移动；若降低压力，平衡就向能增大压力(增加气体分子数目)的方向移动。

4.3.3 温度对化学平衡的影响

温度对化学平衡的影响与前两种情况有本质的区别。浓度(或压力)改变对平衡的影

响是通过改变Q值实现的，而温度的影响是通过改变标准平衡常数$K^\ominus$，使得$Q \neq K^\ominus$，从而使平衡发生移动的。

由吉布斯-亥姆霍兹方程和标准平衡常数的定义式

$$\Delta_r G_m^\ominus(T) = \Delta_r H_m^\ominus(T) - T\Delta_r S_m^\ominus(T)$$

$$\Delta_r G_m^\ominus(T) = -RT\ln K^\ominus(T)$$

两式相比得

$$\ln K^\ominus = -\frac{\Delta_r H_m^\ominus}{RT} + \frac{\Delta_r S_m^\ominus}{R} \qquad (4-8)$$

式(4－8)是表述标准平衡常数与温度关系的重要方程，也是化学热力学中十分重要的关系式之一。假设反应在温度T_1时的标准平衡常数为$K^\ominus(1)$，在温度为T_2时的标准平衡常数为$K^\ominus(2)$，根据式(4－8)，有

$$\ln K^\ominus(1) = -\frac{\Delta_r H_m^\ominus}{RT_1} + \frac{\Delta_r S_m^\ominus}{R}$$

$$\ln K^\ominus(2) = -\frac{\Delta_r H_m^\ominus}{RT_2} + \frac{\Delta_r S_m^\ominus}{R}$$

两式相减得

$$\ln\frac{K^\ominus(2)}{K^\ominus(1)} = \frac{\Delta_r H_m^\ominus}{R}\left(\frac{1}{T_1} - \frac{1}{T_2}\right) = \frac{\Delta_r H_m^\ominus}{R}\frac{T_2 - T_1}{T_1 T_2} \qquad (4-9)$$

式(4－9)表明了平衡常数与反应的焓变及温度的关系。如果已知反应的$\Delta_r H_m^\ominus$以及温度T_1时的$K^\ominus(1)$，即可利用式(4－9)求算另一个温度T_2下的$K^\ominus(2)$。但要注意，只有当温度T_1与T_2差别不大时，才可认为$\Delta_r H_m^\ominus$近似不变，式(4－9)才适用。

例 4－8 已知反应 $2Hg(g) + O_2(g) \longrightarrow 2HgO(s)$ 在 298.15 K 时，$\Delta_r H_m^\ominus = -304.2\ kJ \cdot mol^{-1}$，$\Delta_r G_m^\ominus = -180.7\ kJ \cdot mol^{-1}$。分别计算该反应在 298.15 K 和 398 K 时的标准平衡常数。

解 根据式(4－6)

$$\ln K^\ominus(T) = -\Delta_r G_m^\ominus(T)/RT$$

可得

$$\ln K^\ominus(298.15\ K) = -\frac{-180.7\times10^3}{8.314\times298.15} = 72.90$$

所以

$$K^\ominus(298.15\ K) = 4.57\times10^{31}$$

又根据式(4－9)

$$\ln\frac{K^\ominus(2)}{K^\ominus(1)} = \frac{\Delta_r H_m^\ominus}{R}\frac{T_2 - T_1}{T_1 T_2}$$

可得

$$\ln\frac{K^\ominus(398\ K)}{4.57\times10^{31}} = \frac{-304.2\times10^3}{8.314}\times\frac{398-298.15}{398\times298.15}$$

解得

$$K^\ominus(398\ K) = 1.95\times10^{18}$$

该题还有另外一个解题思路。要计算 398 K 时的$K^\ominus$，可以首先计算$\Delta_r G_m^\ominus(398\ K)$，$\Delta_r G_m^\ominus(398\ K)$可依据吉布斯-亥姆霍兹近似式求得

$$\Delta_r G_m^\ominus(398\ K) = \Delta_r H_m^\ominus(298.15\ K) - 398\ K\times\Delta_r S_m^\ominus(298.15\ K)$$

然后由

$$\ln K^{\ominus}(398\ \text{K})=\frac{-\Delta_r G_m^{\ominus}(398\ \text{K})}{398R}$$

计算 $K^{\ominus}(398\ \text{K})$。

例 4-9 根据有关热力学数据，近似计算 CCl_4(l)在 101.3 kPa 和 40 kPa 压力下的沸腾温度。已知 $\Delta_f H_m^{\ominus}(CCl_4,g,298.15\ \text{K})=-102.93\ \text{kJ}\cdot\text{mol}^{-1}$，$S_m^{\ominus}(CCl_4,g,298.15\ \text{K})=309.74\ \text{J}\cdot\text{K}^{-1}\cdot\text{mol}^{-1}$；$\Delta_f H_m^{\ominus}(CCl_4,l,298.15\ \text{K})=-135.4\ \text{kJ}\cdot\text{mol}^{-1}$，$S_m^{\ominus}(CCl_4,l,298.15\ \text{K})=216.4\ \text{J}\cdot\text{K}^{-1}\cdot\text{mol}^{-1}$。

解

$$CCl_4(l) = CCl_4(g)$$

$$\begin{aligned}\Delta_r H_m^{\ominus}(298.15\ \text{K})&=\Delta_f H_m^{\ominus}(CCl_4,g,298.15\ \text{K})-\Delta_f H_m^{\ominus}(CCl_4,l,298.15\ \text{K})\\&=(-102.93)-(-135.4)=32.5(\text{kJ}\cdot\text{mol}^{-1})\\\Delta_r S_m^{\ominus}(298.15\ \text{K})&=S_m^{\ominus}(CCl_4,g,298.15\ \text{K})-S_m^{\ominus}(CCl_4,l,298.15\ \text{K})\\&=309.74-216.4=93.3(\text{J}\cdot\text{K}^{-1}\cdot\text{mol}^{-1})\end{aligned}$$

则 CCl_4 的正常沸点为

$$T_1\approx\frac{32.5}{93.4\times10^{-3}}=348(\text{K})$$

由式(4-9)

$$\ln\frac{K^{\ominus}(2)}{K^{\ominus}(1)}=\frac{\Delta_r H_m^{\ominus}}{R}\,\frac{T_2-T_1}{T_1T_2}$$

$$\ln\frac{p(CCl_4)_2}{p(CCl_4)_1}=\frac{\Delta_r H_m^{\ominus}}{R}\,\frac{T_2-T_1}{T_1T_2} \tag{4-10}$$

$$\ln\frac{40}{101.3}=\frac{32.47\times10^3}{8.314}\times\frac{T_2-348}{348T_2}$$

解得

$$T_2=321(\text{K})$$

说明在减压条件下，CCl_4 在 321 K 即可沸腾。

式(4-10)是一个非常有实用意义的公式，将其用于液体的气化过程可表示为

$$\ln\frac{p_2}{p_1}=\frac{\Delta_{vap}H_m^{\ominus}}{R}\,\frac{T_2-T_1}{T_1T_2} \tag{4-11}$$

式中，$\Delta_{vap}H_m^{\ominus}$ 为液体的标准摩尔气化焓。式(4-11)称为克劳修斯-克拉贝龙(Clausius-Clapeyron)方程。此式经常用于计算液体的饱和蒸气压、沸点和蒸发热等。

综上所述，浓度、压力和温度等因素对化学平衡的影响各有其特点。1887 年，法国化学家勒夏特列(Le Chatelier)将外界条件对化学平衡的影响概括为一条普遍规律——平衡移动原理：假如对平衡系统施加外力，平衡就向着能减小此外力的方向移动。此规律适用于各种动态平衡(包括物理平衡)系统。

习　题

4-1 写出下列反应的标准平衡常数表达式。

(1) $2H_2S(g) = 2H_2(g)+2S(s)$

(2) $AgCl(s)+2NH_3(aq) = [Ag(NH_3)_2]^+(aq)+Cl^-(aq)$

(3) $H_2O(l) = H_2O(g)$

(4) $SiCl_4(l)+2H_2O(g) = SiO_2(s)+4HCl(g)$

(5) $ZnS(s)+2H^+(aq) = Zn^{2+}(aq)+H_2S(g)$

4-2　673 K 时，将 0.025 mol $COCl_2(g)$充入 1.0 L 容器中，发生下列反应：

$$COCl_2(g) = CO(g) + Cl_2(g)$$

达到平衡时有 16% $COCl_2$ 解离，求此反应的 $K^{\ominus}(673\ K)$。

4-3　反应 $H_2(g)+I_2(g) = 2HI(g)$，628 K 时的 $K^{\ominus}=54.4$。现于反应容器内充入 H_2 和 I_2 各0.200 mol，并在该温度下达到平衡，求此时 I_2 的转化率。

4-4　已知 1123 K 时

(1) $C(s)+CO_2(g) = 2CO(g)$　　$K^{\ominus}(1)=1.3\times10^{14}$

(2) $CO(g)+Cl_2(g) = COCl_2(g)$　　$K^{\ominus}(2)=6.0\times10^{-3}$

求反应 $2COCl_2(g) = C(s)+CO_2(g)+2Cl_2(g)$ 在 1123 K 时的平衡常数 $K^{\ominus}$。

4-5　在 1 L 容器中，将 2.659 g $PCl_5(g)$加热分解为 $PCl_3(g)$和 $Cl_2(g)$，在 523 K 时达到平衡时总压力为 101.3 kPa，求此时 PCl_5 的分解率和反应的 $K^{\ominus}$。

4-6　超音速飞机燃料燃烧时排出的废气中含有 NO 气体，NO 可直接破坏臭氧层，$NO(g)+O_3(g) = NO_2(g)+O_2(g)$，已知 100 kPa、298.15 K 时 NO、O_3 和 NO_2 的 $\Delta_f G_m^{\ominus}$ 分别为 86.57 kJ·mol^{-1}、163.18 kJ·mol^{-1}和 51.30 kJ·mol^{-1}，求该温度下此反应的 $\Delta_r G_m^{\ominus}$ 和 $K^{\ominus}$。

4-7　反应 $NH_4HS(s) = NH_3(g)+H_2S(g)$为吸热反应。298 K 时，将 5.2589 g 固体 NH_4HS 样品放入一个 3.00 L 的空容器中，经过足够时间后建立平衡，容器内的总压是 66.76 kPa，一些固体 NH_4HS 仍保留在容器中。

(1) 计算 298 K 时的 $K^{\ominus}$值。

(2) 容器中的固体 NH_4HS 的分解百分数是多少？

4-8　已知下列反应在指定温度下的 $\Delta_r G_m^{\ominus}$ 和 $K^{\ominus}$：

(1) $N_2(g)+\frac{1}{2}O_2(g) = N_2O(g)$　　$\Delta_r G_m^{\ominus}(1)$、$K^{\ominus}(1)$

(2) $N_2O_4(g) = 2NO_2(g)$　　$\Delta_r G_m^{\ominus}(2)$、$K^{\ominus}(2)$

(3) $\frac{1}{2}N_2(g)+O_2(g) = NO_2(g)$　　$\Delta_r G_m^{\ominus}(3)$、$K^{\ominus}(3)$

求反应 $2N_2O(g)+3O_2(g) = 2N_2O_4(g)$ 的 $\Delta_r G_m^{\ominus}$ 和 $K^{\ominus}$。

4-9　(1) 写出反应 $O_2(g) = O_2(aq)$的标准平衡常数表达式。已知 20 ℃，$p(O_2)=101$ kPa 时，氧气在水中溶解度为 1.38×10^{-3} mol·L^{-1}，计算该反应在 20 ℃时的 $K^{\ominus}$，并计算 20 ℃时与 101.3 kPa 大气平衡的水中氧的浓度 $c(O_2)$。[大气中 $p(O_2)=21.0$ kPa]

(2) 已知血红蛋白(Hb)氧化反应 $Hb(aq)+O_2(g) = HbO_2(aq)$，在 20 ℃时 $K^{\ominus}=85.5$，计算反应 $Hb(aq)+O_2(aq) = HbO_2(aq)$ 在 20 ℃时的 $K^{\ominus}(293.15\ K)$。

4-10　已知 $\Delta_f H_m^{\ominus}(NO,g)=90.25$ kJ·mol^{-1}，2273 K 时反应 $N_2(g)+O_2(g) = 2NO(g)$的 $K^{\ominus}=0.100$。在 2273 K 时，若 $p(N_2)=p(O_2)=10$ kPa，$p(NO)=20$ kPa，反应商 Q=______，反应向______方向自发；在 2000 K 时，若 $p(NO)=p(N_2)=10$ kPa，$p(O_2)=100$ kPa，反应商 Q=______，反应向______方向自发。

4-11　已知反应 $N_2(g)+3H_2(g) = 2NH_3(g)$在 500 K 时的 $K^{\ominus}=0.16$。试判断该温度下，在 10 L 密闭容器中充入 N_2、H_2 和 NH_3 各 0.10 mol 时反应的方向。

4-12　已知反应 $CO_2(g)+4H_2(g) = CH_4(g)+2H_2O(g)$在 298.15 K 时，$\Delta_r H_m^{\ominus}=-164.9$ kJ·mol^{-1}，$\Delta_r G_m^{\ominus}=-133.6$ kJ·mol^{-1}，求该反应在 800 K 时的 $K^{\ominus}$。

4-13　反应 $H_2(g)+I_2(g) = 2HI(g)$ 在 713 K 时的 $K^{\ominus}=49$，在 698 K 时的 $K^{\ominus}=54.3$，计算此温度范围内的 $\Delta_r H_m^{\ominus}$ 和 713 K 时反应的 $\Delta_r G_m^{\ominus}$。

4-14　压力锅内，水约在 383 K 时沸腾，计算压力锅内水的蒸气压(已知标准大气压力为 101.3 kPa，水的正常沸点为 100 ℃)。

4-15　相对分子质量为 46 的纯液体，在 60.0 ℃其蒸气压为 46.5 kPa，在 70.0 ℃时为 72.0 kPa，试求：

(1) 液体的正常沸点。

(2) 正常沸点时的摩尔蒸发熵变。

第 5 章　化学反应速率

化学热力学主要研究化学反应的能量变化规律、判断反应进行的方向及限度，不涉及反应时间，因此它不能告诉我们化学反应进行的快慢，即化学反应速率的大小。例如，氢气和氧气化合生成水，常温下该反应的 $\Delta_r G_m^\ominus = -237\ \text{kJ} \cdot \text{mol}^{-1}$。从热力学的角度分析，该反应应该进行得相当完全，而事实是室温下两气体混合物放置 1 万年仍没有任何生成 H_2O 的迹象，即反应速率太慢。若改变条件，如加入催化剂或加热、点火，该反应就可以很快进行，甚至发生爆炸。可见化学热力学虽然能解决反应的可能性问题，但是无法解决反应的现实性问题。解决反应的现实性问题需要化学动力学理论。化学动力学的重要任务之一就是研究反应机理，确定反应历程，深入揭示反应的本质。

5.1　化学反应速率的定义

有些化学反应在一瞬间就能完成，如酸碱中和反应、一些爆炸反应；有些反应却需要经历一段时间才可以完成，如金属的锈蚀、食品的腐烂和塑料的老化等。

化学反应速率是指在给定条件下反应物通过化学反应转化为生成物的速率。通常用一定条件下(定容反应器中)单位时间内反应物浓度或生成物浓度的变化来表示，其值为正，常用单位为 $\text{mol} \cdot \text{L}^{-1} \cdot \text{s}^{-1}$、$\text{mol} \cdot \text{L}^{-1} \cdot \text{min}^{-1}$、$\text{mol} \cdot \text{L}^{-1} \cdot \text{h}^{-1}$ 等。

例如，H_2O_2 在少量 I^- 作用下迅速分解放出氧气，其反应式如下：

$$H_2O_2(aq) \xrightarrow{I^-} H_2O(l) + \frac{1}{2}O_2(g)$$

分解过程中 H_2O_2 的浓度与时间的关系如表 5 - 1 所示。表 5 - 1 中，$\bar{v}$ 为时间间隔 Δt 内反应的平均速率，可表示为

$$\bar{v} = \pm \frac{\Delta c}{\Delta t} \tag{5-1}$$

由于反应物的浓度随着反应的进行而减少，而生成物的浓度随着反应的进行而增大，因此，若以反应物浓度随时间的变化表示反应的平均速率，Δc 前应加负号(－)，$\bar{v}$(反应物)$= -\dfrac{\Delta c}{\Delta t}$；若以生成物浓度随时间的变化来表示反应的平均速率，Δc 为正值，$\bar{v}$(生成物)$= +\dfrac{\Delta c}{\Delta t}$。上述分解反应的反应速率可表示为

$$\bar{v}(H_2O_2) = -\frac{\Delta c(H_2O_2)}{\Delta t} \qquad \bar{v}(O_2) = +\frac{\Delta c(O_2)}{\Delta t}$$

表 5-1　H_2O_2 溶液浓度与时间的关系

t/min	$c(H_2O_2)/(mol \cdot L^{-1})$	$\bar{v}=-\frac{\Delta c}{\Delta t}/(mol \cdot L^{-1} \cdot min^{-1})$
0	0.80	
20	0.40	$\frac{0.40}{20}=0.020$
40	0.20	$\frac{0.20}{20}=0.010$
60	0.10	$\frac{0.10}{20}=0.0050$
80	0.050	$\frac{0.050}{20}=0.0025$

从表 5-1 可看出，不同时间段内，H_2O_2 浓度随时间的变化率是不同的，而且在任一时间段内，前半段的平均速率与后半段的平均速率也不同。为了准确表示某一时刻的反应速率，即瞬时速率，可以将观察的时间间隔缩短，时间间隔越短，所得平均速率就越趋近于瞬时速率。因此所谓瞬时速率应为观察时间 Δt 趋近于 0 时，平均速率的极限值，即

$$v=\pm\lim_{\Delta t\to 0}\frac{\Delta c}{\Delta t}=\pm\frac{dc}{dt} \tag{5-2}$$

式中，$\frac{dc}{dt}$为浓度 c 对时间 t 的微商。上例中 H_2O_2 分解反应的瞬时速率可表示为

$$v(H_2O_2)=-\frac{dc(H_2O_2)}{dt} \qquad v(O_2)=+\frac{dc(O_2)}{dt}$$

瞬时反应速率用作图法求得。如上例中，将 H_2O_2 浓度随时间的变化作图，可得图 5-1。取曲线上任一点，对该曲线作切线，切线的斜率即为该点对应时刻的瞬时速率。图 5-1 中 A、B、C 各点的瞬时速率分别为各点切线斜率的正值。

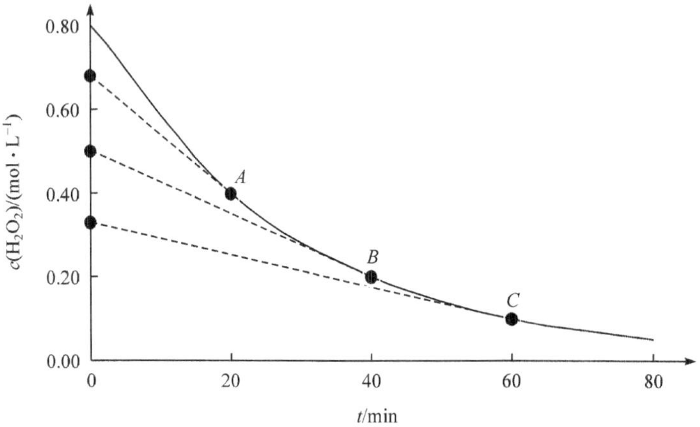

图 5-1　H_2O_2 分解反应的浓度-时间曲线

必须注意的是，反应式中各物质的化学计量数往往不同，因此用不同反应物或生成物表示同一反应的反应速率时，其数值往往是不同的。为避免出现混淆，现行国际单位制建

议用物质B的化学计量数 ν_B 去除 dc_B/dt，这样所得的反应速率对同一反应来说数值就相同了。因此上例中 H_2O_2 分解反应的速率可表示为

平均速率： $$\bar{v}=\frac{\bar{v}(H_2O_2)}{1}=\frac{\bar{v}(H_2O)}{1}=\frac{\bar{v}(O_2)}{1/2}$$

瞬时速率： $$v=\frac{v(H_2O_2)}{1}=\frac{v(H_2O)}{1}=\frac{v(O_2)}{1/2}$$

对于一般的化学反应

$$-\nu_A A-\nu_B B-\cdots=\cdots+\nu_Y Y+\nu_Z Z$$

反应的平均速率为

$$\bar{v}=\frac{\Delta c(A)}{\nu_A \Delta t}=\frac{\Delta c(B)}{\nu_B \Delta t}=\frac{\Delta c(Y)}{\nu_Y \Delta t}=\frac{\Delta c(Z)}{\nu_Z \Delta t} \tag{5-3}$$

反应的瞬时速率为

$$v=\frac{dc(A)}{\nu_A dt}=\frac{dc(B)}{\nu_B dt}=\frac{dc(Y)}{\nu_Y dt}=\frac{dc(Z)}{\nu_Z dt} \tag{5-4}$$

反应速率的大小主要取决于反应物的本性，但也受浓度、温度、压力及催化剂等外界因素的影响。

5.2 浓度对化学反应速率的影响

5.2.1 基元反应和非基元反应

化学反应方程式只告诉我们反应物和生成物，并没有告诉我们反应是如何进行的。例如，下列反应：

$$H_2+I_2 = 2HI \tag{1}$$

大量实验证明，该反应是一个分步进行的反应。首先，I_2 分子离解为两个I原子，然后一个 H_2 分子再与两个I原子结合生成两个HI分子。具体步骤如下：

$$I_2 = 2I（快） \tag{2}$$

$$H_2+2I = 2HI（慢） \tag{3}$$

化学反应所经历的途径称为反应机理或反应历程。从反应机理的角度考虑，可以把化学反应分为“基元反应”和“非基元反应”两大类。基元反应是指反应物分子在碰撞中一步直接转化为产物的反应，也称为简单反应。若反应物分子需要经过多步才能转化为生成物，则称该反应为非基元反应或复杂反应。非基元反应一般由两个或两个以上的基元反应组成。上例中反应(2)、(3)均为基元反应，反应(1)为非基元反应。

化学反应速率的快慢与反应机理有关。对于非基元反应(1)，其反应速率主要取决于速率最慢的基元反应，即反应(2)。决定复杂反应速率的反应称为定速反应。对于绝大多数的化学反应方程式来说，除非特别指明是基元反应，一般都为复杂反应。

5.2.2 基元反应的速率方程——质量作用定律

大量实验事实表明，恒温下的化学反应速率与反应物的浓度密切相关。基元反应的反应速率与反应物浓度之间的关系比较简单。1864年，挪威科学家古德贝格(G. M.

Guldberg)和瓦格(W. Waage)对其定量关系进行了总结:温度一定时,基元反应的反应速率与反应物浓度以其计量系数为幂的乘积成正比,并称之为质量作用定律。对于一般的基元反应

$$aA+bB \xlongequal{} yY+zZ$$

其速率方程为

$$v=kc^a(A)c^b(B) \tag{5-5}$$

式中,$c(A)$、$c(B)$分别为反应物 A、B 的浓度,单位为 $mol \cdot L^{-1}$;k 为速率常数;指数之和$(a+b)$称为该反应的反应级数。

例如,基元反应

$$HIO_3+5HI \xlongequal{} 3H_2O+3I_2$$

根据质量作用定律,其速率方程可表示为

$$v=kc(HIO_3)c^5(HI)$$

应当强调的是:

(1) 质量作用定律只适用于基元反应,不适用于非基元反应。

(2) 速率常数是反应物浓度均为 1 $mol \cdot L^{-1}$时的反应速率,一般由实验测定。k 的大小取决于反应的本性,与反应物浓度无关。改变反应物浓度,可以改变反应速率,但不会改变速率常数。不同的反应有不同的 k 值。同一反应的 k 值随温度的改变而发生变化。

(3) 多相反应中,固态反应物的浓度不写入速率方程。例如

$$C(s)+O_2(g) \xlongequal{} CO_2(g)$$

速率方程为

$$v=kc^a(O_2)$$

5.2.3 非基元反应的速率方程

基元反应中某一反应物的级数与其化学计量数的相反数相同,而复杂反应则可能不同。因而如果没有特别指明是基元反应,不能直接由反应方程式导出非基元反应的速率方程和反应级数,需要通过实验来确定。

例如,对于一般的化学反应

$$cC+dD \xlongequal{} eE+fF$$

可先假设其速率方程为

$$v=kc^x(C)c^y(D) \tag{5-6}$$

然后通过实验确定 x 和 y 的值。式(5-6)中,浓度的指数 x 和 y 分别为反应物 C 和 D 的级数,即该反应对 C 来说是 x 级反应,对 D 来说是 y 级反应。各反应物级数的代数和$(x+y)$称为该反应的级数。

反应级数的大小表示浓度对反应速率的影响程度,级数越大,速率受浓度的影响越大。若 $x+y=1$,称为一级反应;$x+y=2$,称为二级反应;依此类推。四级及四级以上反应不存在。但反应级数可以是分数或是零。

例 5-1 有一化学反应 $A+2B \xlongequal{} 2C$,在 250 K 时,其速率和浓度的关系如下:

$c(A)/(mol \cdot L^{-1})$	$c(B)/(mol \cdot L^{-1})$	$-\frac{dc(B)}{dt}/(mol \cdot L^{-1} \cdot s^{-1})$
0.10	0.010	2.4×10^{-3}
0.10	0.040	9.6×10^{-3}
0.20	0.010	4.8×10^{-3}

(1) 写出反应的速率方程，并指出反应的级数。

(2) 求该反应的速率常数。

(3) 求出当 $c(A)=0.010\ mol \cdot L^{-1}$、$c(B)=0.020\ mol \cdot L^{-1}$时的反应速率。

解 (1) 设反应的速率方程为 $v=kc^m(A)c^n(B)$。

将上述三组数据代入速率方程可得

$$1.2\times10^{-3}=k(0.10)^m(0.010)^n \tag{1}$$

$$4.8\times10^{-3}=k(0.10)^m(0.040)^n \tag{2}$$

$$2.4\times10^{-3}=k(0.20)^m(0.010)^n \tag{3}$$

由式(1)/式(3)得 $m=1$；由式(1)/式(2)得 $n=1$。所以反应的级数为 $m+n=2$，对 A 和 B 来说都是一级反应。速率方程为

$$v=kc(A)c(B)$$

(2) 将 m 和 n 值代入任一方程可得

$$k=1.2\ L \cdot mol^{-1} \cdot s^{-1}$$

(3) 将 $c(A)=0.010\ mol \cdot L^{-1}$、$c(B)=0.020\ mol \cdot L^{-1}$代入速率方程可得

$$v=kc(A)c(B)=1.2\times0.010\times0.020=2.4\times10^{-4}(mol \cdot L^{-1} \cdot s^{-1})$$

总之，反应级数和速率常数一经确定，反应的速率方程也就确定了。速率常数 k 的量纲取决于反应级数，二者满足关系式 $L^{n-1} \cdot mol^{1-n} \cdot s^{-1}$。表 5-2 列出了一些化学反应的速率方程、反应级数和 k 的量纲。

表 5-2 某些化学反应的速率方程、反应级数和速率常数的量纲

反 应	速率方程	反应级数	k 的量纲
$2NH_3 \xlongequal{Fe} N_2+3H_2$	$v=k$	0	$L^{-1} \cdot mol \cdot s^{-1}$
$2H_2O_2 = 2H_2O+O_2$	$v=kc(H_2O_2)$	1	s^{-1}
$CH_3CHO = CH_4+CO$	$v=k[c(CH_3CHO)]^{3/2}$	$\frac{3}{2}$	$L^{1/2} \cdot mol^{-1/2} \cdot s^{-1}$
$4HBr+O_2 = 2H_2O+2Br_2$	$v=kc(HBr)c(O_2)$	2	$L \cdot mol^{-1} \cdot s^{-1}$
$2NO+2H_2 = N_2+2H_2O$	$v=kc^2(NO)c(H_2)$	3	$L^2 \cdot mol^{-2} \cdot s^{-1}$

5.3 温度对化学反应速率的影响

5.3.1 范特霍夫规则

温度对反应速率的影响人们并不陌生。日常生活中，夏天的食物比冬天更容易变质；冰块在热水中更易融化；由于压力升高可使溶液的沸点升高，故食物在高压锅中更快、更易熟等。大量的事实都说明升高温度可使大多数反应的速率加快。范特霍夫(van't Hoff)曾依据大量实验事实总结出一条经验规则：温度每升高 10 K(或℃)，反应速率增大

至原来的 2～4 倍，即

$$\frac{k_{T+10}}{k_T}=2\sim4 \tag{5-7}$$

式中，k_T、k_{T+10}分别表示温度为 T K、(T+10)K 时反应的速率常数。这个规律称为范特霍夫规则。利用范特霍夫规则可粗略估计温度变化对反应速率的影响。

5.3.2 阿伦尼乌斯公式

范特霍夫规则只能粗略地估计温度变化对反应速率的影响，无法给出化学反应速率和温度的定量关系。1889 年，瑞典化学家阿伦尼乌斯(S. A. Arrhenius)在总结大量实验事实的基础上，提出了一个经验关系式

$$k=A\mathrm{e}^{-\frac{E_a}{RT}} \tag{5-8}$$

式中，A 为指前因子，与 k 有相同的量纲；E_a 为反应的活化能。A 和 E_a 对指定反应是经验常数，经理论研究证实它们都有一定的物理意义。将式(5-8)两边取自然对数，有

$$\ln k=-\frac{E_a}{RT}+\ln A \tag{5-9}$$

设反应在温度 T_1 和 T_2时的反应速率常数分别为 k_1和 k_2，则

$$\ln k_1=-\frac{E_a}{RT_1}+\ln A$$

$$\ln k_2=-\frac{E_a}{RT_2}+\ln A$$

两式相减，得

$$\ln\frac{k_2}{k_1}=\frac{-E_a}{R}\left(\frac{1}{T_2}-\frac{1}{T_1}\right) \tag{5-10}$$

或

$$\lg\frac{k_2}{k_1}=\frac{-E_a}{2.303R}\left(\frac{1}{T_2}-\frac{1}{T_1}\right) \tag{5-11}$$

式(5-10)和式(5-11)都称为阿伦尼乌斯公式。利用这些公式，可计算反应的活化能、指前因子和不同温度下的速率常数。

例 5-2 实验测得反应

$$2NOCl(g)=\!=\!=2NO(g)+Cl_2(g)$$

在 300 K 时的速率常数 $k_1=2.8\times10^{-5}\ \mathrm{L\cdot mol^{-1}\cdot s^{-1}}$，400 K 时的速率常数 $k_2=7.0\times10^{-1}\ \mathrm{L\cdot mol^{-1}\cdot s^{-1}}$，求反应的活化能。

解 将已知数据代入式(5-10)可得

$$\ln\frac{7.0\times10^{-1}}{2.8\times10^{-5}}=-\frac{E_a}{8.314}\left(\frac{1}{400}-\frac{1}{300}\right)$$

解得

$$E_a=1.01\times10^5(\mathrm{J\cdot mol^{-1}})=101(\mathrm{kJ\cdot mol^{-1}})$$

阿伦尼乌斯公式从实验事实出发，不仅说明了反应速率与温度的关系，而且引出了 E_a 这个经验常数。从阿伦尼乌斯公式中可以看出，反应的活化能 E_a 是决定化学反应速率的最重要的因素。一般活化能较小的化学反应可在室温下或在稍低的温度下进行，活

化能较大的反应则需在稍高的温度下进行。那么 E_a 的物理意义是什么呢？影响化学反应速率的本质又是什么呢？为了从微观上对化学反应速率及其影响因素做出理论解释，揭示化学反应速率的内在本质并预测反应速率，人们提出了各种关于反应速率的理论，其中影响较大的是 20 世纪初发展起来的碰撞理论和过渡态理论。

5.4 反应速率理论简介

5.4.1 碰撞理论

1918 年，路易斯(Lewis)在阿伦尼乌斯研究的基础上，以气体分子运动论为基础，提出了适用于气体双分子反应的有效碰撞理论。其理论要点如下：

对于气态双分子反应

$$A_2 + B_2 \longrightarrow 2AB$$

(1) 反应物分子间的相互碰撞是反应进行的先决条件。

对气相双分子基元反应，反应物分子必须相互碰撞才有可能发生反应，反应速率的快慢与单位时间内分子的碰撞频率 Z(单位时间、单位体积内分子的碰撞次数)成正比，而碰撞频率与反应物浓度成正比：$Z(AB)=Z_0c(A)c(B)$[Z_0 为 $c(A)=c(B)=1\ mol\cdot L^{-1}$时的碰撞频率]。碰撞频率越高，反应速率越大。

以 HI 气体的分解为例：

$$2HI(g) = H_2(g) + I_2(g)$$

根据理论计算，浓度为 $1.0\ mol\cdot L^{-1}$ 的 HI 气体，在 973 K 时，分子碰撞次数为 $3.5\times 10^{28}\ L^{-1}\cdot s^{-1}$。如果每次碰撞都发生反应，反应速率应为约 $5.8\times 10^{4}\ mol\cdot L^{-1}\cdot s^{-1}$。但在该条件下实际测得的反应速率约为 $1.2\times 10^{-8}\ mol\cdot L^{-1}\cdot s^{-1}$，两者相差约 10^{12}倍。所以在千万次的碰撞中，只有极少数次是有效的。因此，反应速率并不仅仅只与碰撞频率有关，分子间发生碰撞仅是反应进行的必要条件，而不是充分条件。

(2) 只有具备足够大动能的分子的碰撞才是有效的。

碰撞理论认为，并非分子间的每一次碰撞都能使旧的化学键断裂进而形成新的化学键。只有那些相对动能足够大、且超过一临界值 E_a 的分子间的碰撞才是有效碰撞，才可能发生反应。碰撞理论中，E_a 称为反应的活化能，是发生有效碰撞所需要的最低能量。有效碰撞在总碰撞次数中所占的比例 f 符合麦克斯韦-玻耳兹曼(Maxwell-Boltzmann)能量分布规律：

$$f=\frac{有效碰撞频率}{总的碰撞频率}=e^{-\frac{E_a}{RT}}$$

式中，f 称为能量因子；R 为摩尔气体常量；T 为反应的热力学温度。

某一温度下，气体分子的能量分布曲线如图 5-2 所示，称为麦克斯韦分布曲线，图中能量 $E_a\rightarrow\infty$ 的阴影面积表示能量高于活化能的分子(活化分子)占全部分子的百分数。可以看出，一定条件下，反应的 E_a 越大，活化分子所占百分数越小，发生有效碰撞

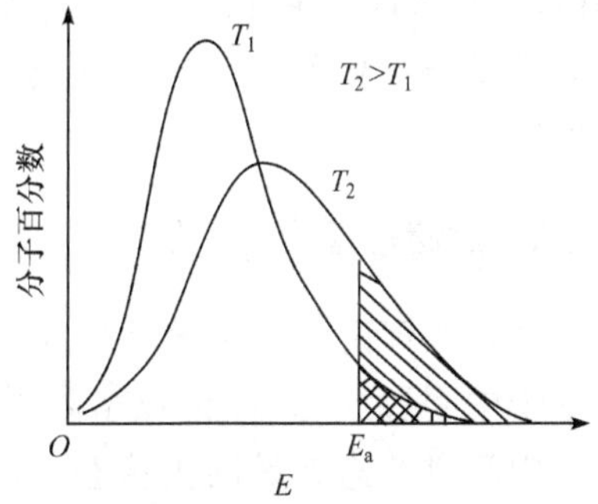

图 5-2 气体分子的能量分布示意图

的概率越低，反应速率就越慢。而且随着温度的升高，活化分子所占百分数也随之增大。

(3) 要使分子间发生反应，即发生有效碰撞，除了要求分子必须具有足够高的能量之外，还必须考虑碰撞时分子的空间取向。

例如，反应

$$A_2+B_2 \longrightarrow 2AB$$

分子 A_2 与 B_2 只有在一定的方向上发生碰撞，才能使 A—A 键和 B—B 键在断裂的同时又形成两个新的 A—B 键，从而完成化学反应(图 5-3)。

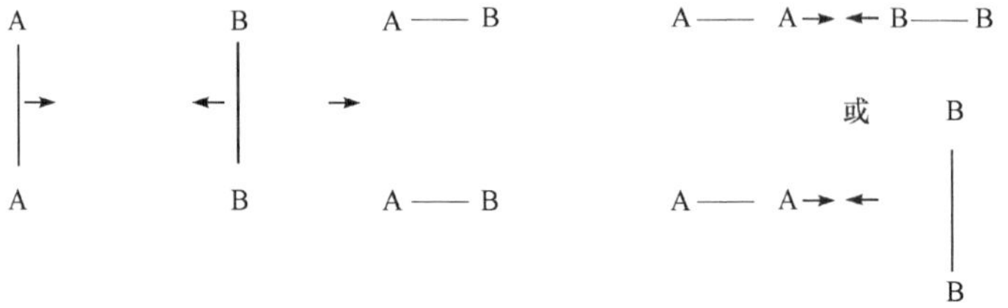

图 5-3　有效碰撞的方向性示意图

总之，只有能量足够、方位适当的分子间的碰撞才是有效的。因此，由碰撞理论可以得出速率表达式

$$Y=PfZ \qquad (5-12)$$

式中，P 为方位因子，表示方位适当的分子间的碰撞频率与总碰撞频率的比值。分别代入相关因子的表达式得

$$v=Pe^{-\frac{E_a}{RT}}Z_0c(A)c(B) \qquad (5-13)$$

令 $k=Pe^{-\frac{E_a}{RT}}Z_0$，则有

$$v=kc(A)c(B)$$

碰撞理论从理论上说明了浓度、温度对反应速率的影响，并对速率常数、活化能做出了解释。碰撞理论说明，升高温度，分子间碰撞频率变化并不显著，但会使能量因子 f 增大，所以反应速率明显加快。尽管碰撞理论比较直观，而且可以成功地解决某些反应系统的速率计算问题，但该理论无法从理论上计算活化能，只能借助阿伦尼乌斯公式通过实验测得，因此碰撞理论无法预测化学反应速率。随着人们对原子分子内部结构认识的深化，1930 年艾林(H. Eyring)等在量子力学和统计力学的基础上提出了化学反应速率的过渡态理论。

5.4.2　过渡态理论

过渡态理论认为化学反应并不是通过反应物简单的碰撞就能完成的，而是首先经过一个中间过渡态，即由反应物分子活化而形成的活性复合物，然后转化成生成物。这个中间过渡态就是活化状态。例如，反应 A+BC ══ AB+C，过渡态理论认为其实际过程为

$$A+BC \longrightarrow [A\cdots B\cdots C] \longrightarrow AB+C$$

反应物　　活化复合物　　生成物

（过渡态）

反应过程的势能变化如图 5-4 所示，图中 E_1 表示反应物分子 A+BC 的平均势能，E_2 表示产物分子 AB+C 的平均势能，E^* 表示过渡态分子[A…B…C]的平均势能。

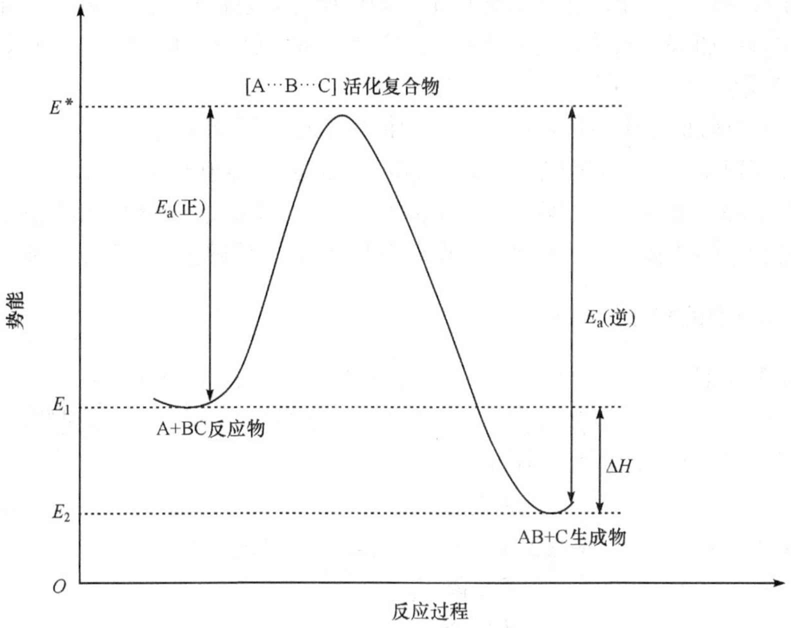

图 5-4　反应过程势能变化示意图

从图 5-4 不难看出，反应物分子(A+BC)和生成物分子(AB+C)分子均处于能量较低的稳定状态，过渡态是能量高的不稳定状态。要使反应发生，反应物分子必须吸收一定能量先成为过渡态，反应物处于过渡态[A…B…C]时，原有的化学键 B—C 被削弱但未完全断裂，新的化学键 A—B 开始形成但未完全形成。它既有可能分解为原来的反应物(A+BC)，也有可能分解成生成物(AB+C)。反应速率的大小取决于活化复合物的浓度、活化复合物的分解速率和分解百分数等因素。

反应物分子(A+BC)成为过渡态所吸收的能量 E^*-E_1 即为正反应的活化能 E_a(正)；而生成物分子(AB+C)成为过渡态所吸收的能量 E^*-E_2 即为逆反应的活化能 E_a(逆)。E_a(正)与 E_a(逆)之差就是反应的焓变(ΔH)或热力学能变(ΔU)。若 E_a(正)＜E_a(逆)，ΔH 为负，则反应为放热反应；若 E_a(正)＞E_a(逆)，ΔH 为正，则反应为吸热反应。

过渡态理论将反应中涉及的物质的微观结构与反应速率结合起来，这是比碰撞理论先进的一面。从理论上讲，只要知道过渡态的结构，就可以运用光谱学数据及量子力学和统计力学的方法计算化学反应的动力学数据，如活化能 E_a、速率常数 k 等。但是，对于复杂的反应系统，过渡态的结构难以确定，而且量子力学对多质点系统的计算也是尚未解决的难题，因此该理论在实际反应系统中的应用仍存在一定的难度。

5.5 催化剂对化学反应速率的影响

5.5.1 催化剂

凡是能改变反应速率，而本身的组成和质量在反应前后保持不变的物质称为催化剂。催化剂改变反应速率的作用称为催化作用。如前所述，室温下 H_2 和 O_2 混合很难有水生成。若往体系中加入微量的 Pt 粉，反应立即进行，而且反应前后 Pt 粉的量未发生改变，Pt 粉在这个反应中就是催化剂。

像 Pt 粉这样加快 H_2 和 O_2 反应速率的催化剂称为正催化剂。使用催化剂并非都是为了加快反应速率。例如，为防止 H_2O_2 分解、橡胶老化，常在产品中加入少量的物质，使其反应速率下降。像这种可以降低反应速率的催化剂称为负催化剂或阻化剂。一般使用催化剂都是为了加快体系的反应速率，若不特别指明，所谓的催化剂均为正催化剂。

5.5.2 催化作用的特点

通过对催化剂作用机理的研究，得出催化作用有以下几个特点：

(1) 催化剂之所以能改变反应速率，是因为催化剂本身参与了化学过程，改变了反应的途径，降低了反应的活化能。例如，反应

① $A+B \longrightarrow AB$　　　　活化能 E_a

若向体系中加入催化剂 C，改变了反应途径，具体反应机理如下：

② $A+C \longrightarrow AC$　　　　活化能 E_{a1}

$AC+B \longrightarrow AB+C$　　　　活化能 E_{a2}

图 5-5 表示上述两种机理①、②中能量的变化。在非催化机理①中势垒较高，活化能为 E_a；而在催化机理②中，只有两个较低的势垒(活化能 E_{a1} 和 E_{a2} 均小于 E_a)。显然，催化剂的加入使反应沿着一条活化能比原来低的反应途径进行，因而大大加快了反应速率。

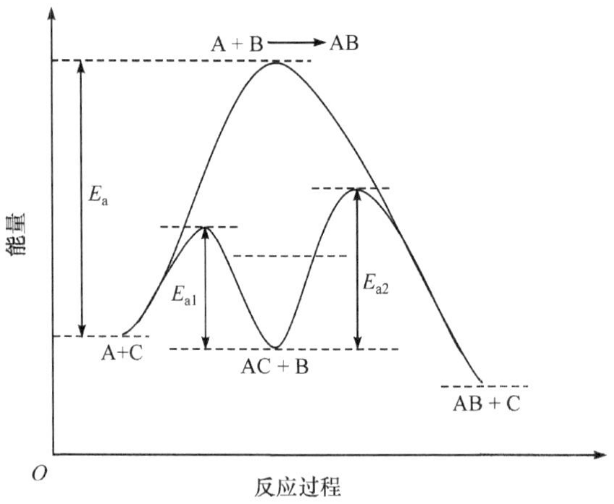

图 5-5　两种反应途径的能量变化示意图

(2) 从反应机理②中还可以看出，催化剂虽然参与了化学反应，但反应前后催化剂的质量并没有改变。但由于参与反应后催化剂的某些物理性状，特别是表面性状发生了变

化，因此工业生产中使用的催化剂仍需经常“再生”或补充。

(3) 催化剂只能改变反应达到平衡的时间，而不会改变反应的标准平衡常数和平衡状态。由图 5-5 可看出，催化剂并没有改变反应的始态和终态，只是改变了反应的具体途径，也就是说状态函数的变化量，即反应的 $\Delta_r G_m^\ominus(T)$ 不因使用催化剂而改变。又由 $\ln K^\ominus(T) = -\Delta_r G_m^\ominus(T)/RT$ 可知，对一指定的反应，$\Delta_r G_m^\ominus(T)$ 和 $K^\ominus(T)$ 都不因催化剂的存在而变化。因此对于热力学计算不可能发生的反应，即 $\Delta_r G_m^\ominus(T) > 0$ 的反应，使用任何催化剂都无法使反应变为可能。

(4) 催化剂具有一定的选择性。这主要表现在以下两方面：①不同的反应要用不同的催化剂催化，即使是同一类型的反应也是如此，不存在万能的催化剂；②同一化学反应在不同的反应条件下往往产物也不同，筛选适当催化剂可以使反应定向进行，以获取所需的产物。

(5) 某些物质会影响催化剂的催化效果。有时反应体系中的某些少量杂质会严重降低甚至完全破坏催化剂的活性，这种物质称为催化毒物，这种现象称为催化剂中毒。同时，有些物质会使催化剂的活性增强，这些物质称为助催化剂。

5.5.3 均相催化和非均相催化

催化反应的种类很多，根据催化剂和反应物所处状态的不同，催化反应可分为均相催化反应和非均相催化反应。

(1) 均相催化反应。反应物和催化剂处于同一相的催化反应称为均相催化反应。例如

$$CH_3CHO(g) \longrightarrow CH_4(g) + CO(g)$$

该反应的活化能为 190 $kJ \cdot mol^{-1}$。若在反应系统中加入少量 I_2 蒸气，其反应机理为

① $CH_3CHO + I_2 \longrightarrow CH_3I + HI + CO$

② $CH_3I + HI \longrightarrow CH_4 + I_2$

通过计算可知，700 K 时，由于催化剂的加入，反应速率提高了 10 000 倍。

均相催化反应中最重要且最普遍的一类是酸碱催化反应。例如，酯类的水解常加酸作催化剂以提高反应速率：

$$RCOOR' + H_2O \xrightarrow{H^+} RCOOH + R'OH$$

其中，反应物、生成物和催化剂都处于溶液相中。

在均相反应中，有一类反应不需要另加入催化剂就会自动发生催化作用。例如，酸性条件下，$Na_2C_2O_4$ 与 $KMnO_4$ 的反应，反应式如下：

$$2KMnO_4 + 5Na_2C_2O_4 + 8H_2SO_4 = 2MnSO_4 + 10CO_2 + 8H_2O + K_2SO_4 + 5Na_2SO_4$$

当向溶液中逐滴加入 $KMnO_4$ 时，最初 $KMnO_4$ 颜色褪去很慢，但反应一段时间后，速率逐渐加快，$KMnO_4$ 颜色迅速褪去。这是由于反应的产物 Mn^{2+} 对反应有催化作用，这类反应称为自催化反应。

(2) 非均相催化反应。非均相反应又称为多相反应，一般是催化剂自成一相。多相催化反应中，反应物一般是气体或液体，催化剂通常是固体，催化反应发生在固体表面，与表面吸附有关，如 Fe 催化合成氨、Pt 催化氧化 SO_2、Ag 催化合成环氧乙烷等反应。

有些反应过程既是均相催化也属于多相催化。例如，SO_2 在高空氧化成 SO_3 的过程，既是受 NO、O_3 等催化的均相催化过程，也是受烟尘中 Fe、Mn 氧化物催化的多相催化反应。

5.5.4 酶催化反应

1833 年，佩延(Payen)和帕索兹(Persoz)从麦芽的水抽提物中沉淀出一种对热不稳定的物质，它可促使淀粉水解成可溶性的糖。至此人们开始意识到生物细胞中可能存在一种类似催化剂的物质。1878 年，库尼(W. Kuhne)首先把这类物质称为“enzyme”，中文译为“酶”。酶是由活细胞产生的，能在体内或体外起同样催化作用的、具有活性中心和特殊构象的一类生物大分子，其本质是蛋白质或核酸(包括 RNA 和 DNA)。几乎所有的生物都能合成自身所需要的酶，包括许多病毒，而且几乎所有的生命活动过程都有酶的参与。它是一切生命活动的序幕，是机体内一切化学变化的活性中心。

酶具有一般催化剂的特征，大多数酶催化反应的速率与反应物(又称底物)的浓度无关，为零级反应。酶是生物大分子，具有以下特点：

(1) 催化效率高。酶在生物体内的量很少，一般以微克或纳克计。而且酶催化反应的速率比非酶催化反应的速率高 108～1020 倍，比一般催化剂高 107～1013 倍。例如，1 mol 乙醇脱氢酶在室温下，1 s 内可使 720 mol 乙醇转化为乙醛。而同样的反应，工业生产中以 Cu 作催化剂，在 200 ℃下，1 mol Cu 1 s 内只能催化 0.1～1 mol 乙醇转化。

(2) 酶的催化反应条件温和。例如，化学工业中，要在高温、高压下才能使空气中的 N_2 固定成氮的化合物，如 NH_3、$CO(NH_2)_2$ 等，而植物根瘤菌的固氮酶在常温、常压下便能固定空气中的 N_2。

(3) 酶具有高度专一性。酶作用的专一性是指酶对它所催化的反应或反应物有严格的选择性，酶往往只能催化一种或一类反应，作用于一种或一类物质。这是酶与非酶催化剂最重要的区别之一。如果没有这种专一性，生命本身有序的代谢活动就不存在，生命也就不复存在。例如，尿酶专门催化尿素水解成 NH_3 和 CO_2，但不能催化甲基尿素的水解；转氨酶只能催化 α-酮酸和 α-氨基酸之间氨基的转移作用。

实验证明，与酶的催化活性有关的并非酶的整个分子，往往只是酶分子中的一小部分结构。酶的活性部位也称活性中心，是酶分子中直接参与和底物结合、并与酶的催化作用直接有关的部位。它是酶行使催化功能的结构基础。酶活性中心有两个功能部位：一个是结合部位，一定的底物靠此部位结合到酶分子上；一个是催化部位，底物分子中的化学键在此处被打断或形成新的化学键，从而发生一定的化学反应。但这两个功能部位并非完全独立，有的部位同时兼有结合底物和催化底物发生反应的功能。

研究酶催化作用可以更深入地了解生命现象。酶催化反应若用于工业生产，可以简化工艺过程，降低能耗，节省资源，减少污染。因此，酶及酶催化作用是当前化学家和生物学家都感兴趣的研究领域。随着研究的不断深入，有可能用模拟酶代替普通催化剂，这必将引发意义深远的技术革新。

习 题

5-1 化学反应速率如何表示？速率方程中的速率指的是平均速率还是瞬时速率？

5-2 反应 $H_2(g)+I_2(g)═══2HI(g)$的速率方程为 $v=kc(H_2)c(I_2)$，能否断言该反应为基元反应？

5-3 在某温度下，测得反应 $4HBr(g)+O_2(g)═══2H_2O(g)+2Br_2(g)$的 $\frac{dc(Br_2)}{dt}=4.0\times10^{-5}\ mol\cdot L^{-1}\cdot s^{-1}$，求：

(1) 此时反应的$\frac{dc(O_2)}{dt}$和$\frac{dc(HBr)}{dt}$。

(2) 此时的反应速率 v。

5-4 反应 $A+B\longrightarrow C$ 是二级反应(是 A 的一级反应，又是 B 的一级反应)。在 1.20 L 溶液中，当 A 为4.0 mol、B 为 3.0 mol 时，v 为 0.0042 $mol\cdot L^{-1}\cdot s^{-1}$。写出该反应的速率方程式，并计算反应的速率常数。

5-5 在某容器中，A 与 B 反应，实验测得数据如下：

$c(A)/(mol\cdot L^{-1})$	$c(B)/(mol\cdot L^{-1})$	$v/(mol\cdot L^{-1}\cdot s^{-1})$
1.0	1.0	1.2×10^{-2}
1.0	2.0	4.8×10^{-2}
8.0	1.0	9.6×10^{-2}

(1) 确定该反应的反应级数，写出反应速率方程。

(2) 计算该反应的速率常数 k。

5-6 298.15 K 时，用反应

$$S_2O_8^{2-}(aq)+2I^-(aq)═══2SO_4^{2-}(aq)+I_2(aq)$$

进行实验，得到的数据如下：

实验序号	$c(S_2O_8^{2-})/(mol\cdot L^{-1})$	$c(I^-)/(mol\cdot L^{-1})$	$v/(mol\cdot L^{-1}\cdot min^{-1})$
1	1.0×10^{-4}	1.0×10^{-2}	0.65×10^{-6}
2	2.0×10^{-4}	1.0×10^{-2}	1.30×10^{-6}
3	2.0×10^{-4}	0.5×10^{-2}	0.65×10^{-6}

求：

(1) 反应速率方程。

(2) 速率常数。

(3) $c(S_2O_8^{2-})=5.0\times10^{-4}\ mol\cdot L^{-1}$、$c(I^-)=5.0\times10^{-2}\ mol\cdot L^{-1}$时的反应速率。

5-7 某二级反应在不同温度下的反应速率常数如下：

T/K	645	676	714	752
$k/(L\cdot mol^{-1}\cdot min^{-1})$	6.17×10^{-3}	21.9×10^{-3}	77.6×10^{-3}	251×10^{-3}

计算：

(1) 该反应的活化能 E_a。

(2) 700 K 时该反应的速率常数 k。

5-8 已知反应 $2H_2(g)+2NO(g)\longrightarrow2H_2O(g)+N_2(g)$ 的速率方程 $v=kc(H_2)c^2(NO)$，在一定温度下，若使容器体积缩小到原来的一半，则反应速率如何变化？

5-9 形成烟雾的化学反应之一是

$$O_3(g)+NO(g)═══O_2(g)+NO_2(g)$$

已知此反应对 O_3 和 NO 都是一级反应，且速率常数为 $1.2\times10^7\ L\cdot mol^{-1}\cdot s^{-1}$。计算当受空气污染的空气中 O_3 及 NO 的浓度均为 $5\times10^{-8}\ mol\cdot L^{-1}$时，每秒生成 NO_2 的速率。

5-10 在 301 K 时鲜牛奶大约 4.0 h 变酸，但在 278 K 的冰箱中可保持 48 h。假定反应速率与变酸时间成反比，求牛奶变酸反应的活化能。

5 - 11　已知青霉素G的分解反应为一级反应，37 ℃时其活化能为84.8 kJ·mol^{-1}，指前因子A为4.2×10^{12} h^{-1}，求37 ℃时青霉素G分解反应的速率常数。

5 - 12　某酶催化反应的活化能是51 kJ·mol^{-1}，正常人的体温为37 ℃。计算病人发烧至39.5 ℃时，酶催化反应速率增加的百分数。

5 - 13　已知反应

A. $2N_2O_5 = 4NO_2 + O_2$　　$E_a = 103.3$ kJ·mol^{-1}

B. $C_2H_5Cl = C_2H_4 + HCl$　　$E_a = 246.9$ kJ·mol^{-1}

(1) 如果A、B反应的温度由300 K升到310 K，上述两反应速率增大多少倍？从而说明了什么问题？

(2) 如果把B反应的温度由700 K升到710 K，反应速率又增大多少倍？和(1)中B反应比较又说明了什么？

5 - 14　已知A⟶B的$\Delta H = 67$ kJ·mol^{-1}，$E_a = 90$ kJ·mol^{-1}。

(1) B⟶A的活化能为多少？

(2) 若在0 ℃时$k_1 = 1.1\times10^{-5}$ min^{-1}，则45 ℃时的k_2为多少？

第 6 章　溶液和胶体

自然界中，物质除了以气态、液态和固态等不同的聚集状态单独存在以外，还普遍存在混合体系，如泥浆、牛奶、海水等。这种以一种或多种物质分散于另一种物质中形成的混合体系称为分散系。分散系由分散质和分散剂组成，其中，被分散的物质称为分散质，是不连续的；容纳分散质的物质称为分散剂，是连续的。例如，糖水是一种分散系，其中糖是分散质，水是分散剂；泥浆也是一种分散系，其中泥土是分散质，水是分散剂。

分散系根据分散质和分散剂聚集状态的不同可分为气-气、液-液等 9 类，见表 6-1。

表 6-1　按聚集状态分类的各种分散系

分散质	分散剂	实　例
气	气	空气、家用煤气
液	气	云、雾
固	气	烟、灰尘
气	液	泡沫、汽水
液	液	牛奶、豆浆、农药乳浊液
固	液	泥浆、油漆
气	固	泡沫塑料、木炭
液	固	肉冻、硅胶
固	固	红宝石、合金、有色玻璃

其中分散剂的聚集状态为液态的分散体系（气-液、液-液和固-液）均称为液态分散系。生物体内的各种生理、生化反应都是在液体介质中完成的，人们的日常生活、科学研究和工农业生产也都与液态分散系密切相关。因此，液态分散系是最常见、最重要的分散体系。通常按分散质粒子的大小，将液态分散系分成粗分散系、胶体分散系和分子（离子）分散系 3 类，见表 6-2。

表 6-2　按分散质粒子大小分类的各种分散系

分散系类型	分子（离子）分散系	胶体分散系		粗分散系
		高分子溶液	溶　胶	
粒子直径	小于 1 nm	1～100 nm	1～100 nm	大于 100 nm
存在形式	小分子或离子	高分子	小分子聚集体	分子的大聚集体
主要性质	均相，电子显微镜也不可见分散质颗粒，最稳定，扩散快，能透过半透膜	单相，很稳定，超显微镜可见分散质颗粒，扩散慢，能透过滤纸，但不可透过半透膜	多相，较稳定，超显微镜可见分散质颗粒，扩散慢，能透过滤纸，但不可透过半透膜	多相，不稳定，普通显微镜可见分散质颗粒，扩散很慢，不能透过滤纸
实　例	氯化钠、蔗糖等水溶液	蛋白质、核酸等水溶液	氢氧化铁、氯化银等溶胶	泥浆、牛奶等

上述三种液态分散系之间虽然有明显的区别，但彼此之间并没有绝对的界限，三者之间的过渡是渐变的。分散系的分类严格来说是很复杂的，有的体系会同时表现出两种或两种以上分散系的性质。例如，已经发现颗粒直径为 500 nm 的分散系也表现出胶体的性质。

本章主要介绍稀溶液的依数性和胶体分散系的基本性质。

6.1 溶　　液

分子(离子)分散系通常又称为溶液，它是分散质以小分子、离子和原子为质点均匀地分散在分散剂中所形成的分散体系。溶液是由溶质和溶剂组成的，根据溶质聚集状态的不同，可以分为气体溶液、液体溶液和固体溶液，但最重要的还是液体溶液。最常见的是以水为溶剂的溶液。溶液的性质与溶质和溶剂的相对含量(溶液的浓度)有关。溶液的浓度有不同的表示方法，常见的有物质的量浓度、质量摩尔浓度、摩尔分数、质量分数等。

6.1.1　溶质 B 的物质的量浓度

溶液中溶质 B 的物质的量与混合物的体积之比称为溶质 B 的物质的量浓度，其数学表达式为

$$c_B = \frac{n_B}{V} \tag{6-1}$$

式中，n_B 为物质 B 的物质的量，SI 单位为 mol；V 为混合物的体积，SI 单位为 m^3。体积的常用单位为 L，故物质的量浓度 c_B 的常用单位为 $mol \cdot L^{-1}$。

根据 SI 规定，使用物质的量单位“摩尔”时，要指明溶质的基本单元。因为物质的量浓度单位是由基本单位“摩尔”推导而来的，所以在使用物质的量浓度时必须注明物质的基本单元。

6.1.2　溶质 B 的质量摩尔浓度

溶液中溶质 B 的物质的量除以溶剂的质量称为溶质 B 的质量摩尔浓度，其数学表达式为

$$b_B = \frac{n_B}{m_A} \tag{6-2}$$

式中，n_B 为溶质 B 的物质的量，SI 单位为 mol；m_A 为溶剂的质量，SI 单位为 kg。溶质 B 的质量摩尔浓度 b_B 的 SI 单位为 $mol \cdot kg^{-1}$。

由于物质的质量不受温度的影响，因此溶液的质量摩尔浓度是一个与温度无关的物理量。

6.1.3　溶质 B 的摩尔分数

溶液中组分 B 的物质的量与各组分总的物质的量之比称为组分 B 的摩尔分数，其数学表达式为

$$x_B=\frac{n_B}{n} \tag{6-3}$$

式中，n_B 为组分B的物质的量，SI单位为mol；n 为各组分的物质的量之和，SI单位为mol；溶质B的摩尔分数 x_B 的SI单位为1。

若溶液由溶剂A和溶质B两种组分组成，溶质B的摩尔分数与溶剂A的摩尔分数分别为

$$x_B=\frac{n_B}{n_A+n_B} \qquad x_A=\frac{n_A}{n_A+n_B}$$

显然

$$x_A+x_B=1$$

若将这个关系推广到任何一个多组分系统中，则 $\sum x_i=1$。

6.1.4　溶质B的质量分数

溶液中组分B的质量与各组分总的质量之比称为组分B的质量分数，其数学表达为

$$w_B=\frac{m_B}{m} \tag{6-4}$$

式中，m_B 为组分B的质量；m 为各组分的总质量；w_B 为组分B的质量分数，SI单位为1（也可用百分数表示）。

若溶液由多种组分组成，则溶液各组分的质量分数之和等于1，即 $\sum w_i=1$。

6.1.5　溶质B的质量浓度

溶液中溶质B的质量与混合物的体积之比称为B的质量浓度，其数学表达为

$$\rho_B=\frac{m_B}{V} \tag{6-5}$$

式中，m_B 为溶质B的质量；V 为混合物的体积；ρ_B 为溶质B的质量浓度，SI单位为 $kg\cdot m^{-3}$，常用单位为 $g\cdot mL^{-1}$。

例6-1　通常用作消毒剂的过氧化氢溶液中过氧化氢的质量分数为3.0%，水溶液的密度为 $1.0\ g\cdot mL^{-1}$，请计算这种水溶液中的 $c(H_2O_2)$、$c\left(\frac{1}{2}H_2O_2\right)$、$b(H_2O_2)$、$x(H_2O_2)$ 和 $x(H_2O)$。

解　依题意可知，100 g溶液含3 g H_2O_2 和97 g H_2O。

$$c(H_2O_2)=\frac{w(H_2O_2)\rho}{M(H_2O_2)}=\frac{1.0\times10^3\times3.0\%}{34.0}=0.88(mol\cdot L^{-1})$$

$$c\left(\frac{1}{2}H_2O_2\right)=\frac{w(H_2O_2)\rho}{M\left(\frac{1}{2}H_2O_2\right)}=\frac{1.0\times10^3\times3.0\%}{17.0}=1.8(mol\cdot L^{-1})$$

$$b(H_2O_2)=\frac{n(H_2O_2)}{m(H_2O)}=\frac{3.0/34.0}{(100-3.0)\times10^{-3}}=0.91(mol\cdot kg^{-1})$$

$$x(H_2O_2)=\frac{n(H_2O_2)}{n(H_2O)+n(H_2O_2)}=\frac{3.0/34.0}{(3.0/34.0)+(97.0/18.0)}=0.016$$

$$x(H_2O)=1-x(H_2O_2)=1-0.016=0.98$$

由计算结果可以看出，同一溶液，由于基本单元选择不同，其物质的量浓度的数值也不相同。

6.2 稀溶液的依数性

溶质溶解在溶剂中形成溶液，溶质和溶剂的某些性质也会发生相应的变化。溶液性质的变化通常可分为两类：一类是与溶质和溶剂本身的性质有关的，如溶液的颜色、相对密度、酸碱性和导电性等性质的变化；另一类则是与溶液中溶质的独立质点数而非溶质本身的性质有关的变化，如溶液的蒸气压下降、沸点升高、凝固点降低和渗透压等，奥斯特瓦尔德(W. F. Ostwald)把这类性质称为依数性。

6.2.1 溶液的蒸气压下降

将一种纯溶剂置于一个封闭的容器中，当溶剂表面达到蒸发与凝结的动态平衡，即单位面积的溶剂表面上蒸发为气态的溶剂粒子数目与气态粒子凝结成液态溶剂粒子的数目相等时，液面上方的蒸气所具有的压力称为溶剂在该温度下的饱和蒸气压，简称蒸气压(p^*)。任何纯溶剂在一定温度下都有一定的饱和蒸气压，并且随着温度的升高而增大。如果纯溶剂中溶解了一定量的难挥发的溶质，在同一温度下，溶液的蒸气压就会低于纯溶剂的饱和蒸气压，这种现象称为溶液的蒸气压下降。这是因为溶质溶解后，溶剂的部分表面被溶质粒子占据，造成单位面积上溶剂的分子数目减少，使单位时间逸出液面的溶剂分子数相应减少，因而平衡时溶液液面上单位体积内气态溶剂分子数目也相应减少，溶液的蒸气压必然比纯溶剂的饱和蒸气压低(图 6-1)。

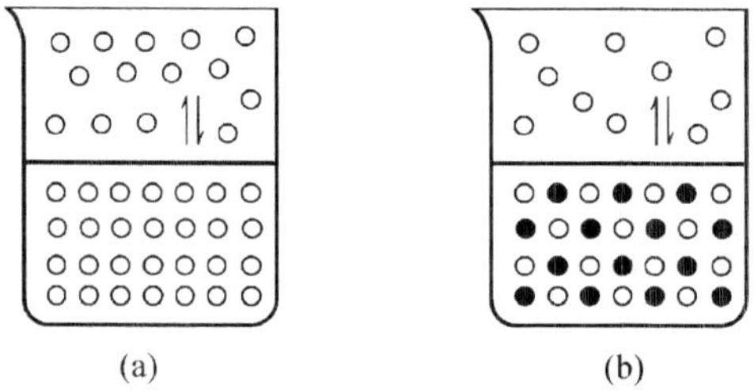

图 6-1 纯溶剂(a)和溶液(b)蒸发示意图

○ 代表溶剂分子 ● 代表溶质分子

法国物理学家拉乌尔(F. M. Raoult)在 1887 年总结出一条关于溶剂蒸气压的规律。他指出：在一定的温度下，难挥发非电解质稀溶液的蒸气压等于纯溶剂的饱和蒸气压与溶液中溶剂的摩尔分数的乘积，其数学表达式为

$$p=p^*\frac{n_A}{n_A+n_B}=p^*x_A \tag{6-6}$$

式中，p 为溶液中溶剂的蒸气压(因为溶质是难挥发的)，SI 单位为 Pa；p^* 为溶剂的饱和蒸气压，SI 单位为 Pa；n_A 为溶剂的物质的量；n_B 为溶质的物质的量。

对于二组分溶液，$x_A=1-x_B$，则

$$p=p^*(1-x_B)=p^*-p^*x_B$$

$$p-p^*=\Delta p=p^* x_B$$

式中，Δp 为溶液蒸气压的下降值，单位为 Pa；x_B 为溶质的摩尔分数。

在稀溶液条件下，$n_A \gg n_B$，$n_A+n_B \approx n_A$，则

$$x_B=\frac{n_B}{n_A+n_B}\approx\frac{n_B}{n_A}=\frac{n_B M_A}{n_A M_A}=\frac{n_B M_A}{m_A}=\frac{b_B M_A}{1000}$$

$$\Delta p=p^* \frac{b_B M_A}{1000}=p^* \frac{M_A}{1000} b_B=K b_B \qquad (6-7)$$

式中，$K=p^* \dfrac{M_A}{1000}$，为一常数；b_B 为溶质的质量摩尔浓度；m_A 为溶剂的量（以 g 为单位）。

因此，拉乌尔定律又可表述为：在一定温度下，难挥发非电解质稀溶液的蒸气压下降值近似地与溶液中溶质 B 的质量摩尔浓度 b_B 成正比。

6.2.2 溶液的沸点升高和凝固点下降

在一定压力下，当液体的蒸气压等于外界大气压时，液体的表面和内部同时进行气化，此过程称为沸腾，此时液体的温度称为沸点。显然，液体的沸点与外界气压有关。由于溶液的蒸气压比纯溶剂的蒸气压低，也就是说在一定温度下，纯溶剂已经开始沸腾，而溶液却未能沸腾。为了使溶液达到沸腾，就必须增大压力或升高温度。以水为溶剂来讨论，如图 6-2 所示，aa' 为纯溶剂水的蒸气压曲线，bb' 为稀溶液的蒸气压曲线，ac 为冰的蒸气压曲线。当纯水的蒸气压等于外界大气压 101.3 kPa 时，所对应的温度为 T_b^*（373.15 K），即水的沸点为 373.15 K。若在纯水中加入难挥发的非电解质，由于溶液的蒸气压下降，在 373.15 K 时，溶液的蒸气压低于 101.3 kPa，因而水溶液不能沸腾，必须升高温度至 T_b，溶液的蒸气压才达到 101.3 kPa，溶液才能沸腾。因此溶液的沸点比纯水的沸点上升了。例如，常压下，海水的沸点总是高于 373.15 K。溶液浓度越大，其蒸气压降低越多，则沸点升高也越多。

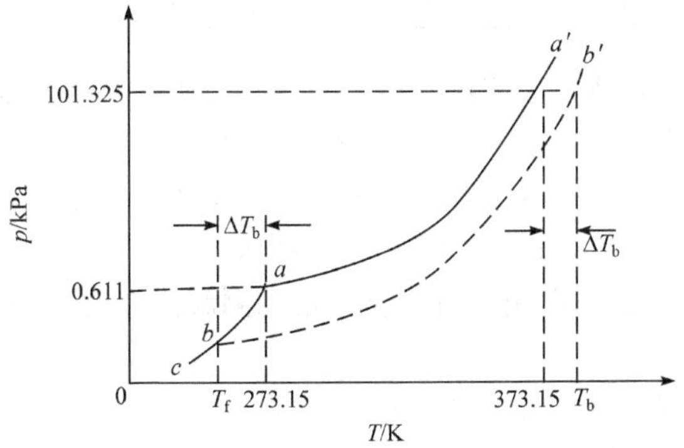

图 6-2　溶液的沸点升高和凝固点降低示意图

若 T_b^* 和 T_b 分别为纯溶剂和溶液的沸点，则沸点升高值 ΔT_b 为

$$\Delta T_b=T_b-T_b^*$$

物质的凝固点是指在一定的外界压力下该物质的液相和固相蒸气压相等，固、液两相能够平衡共存时的温度。水的正常凝固点是 T_f^*（273.15 K）。此时，液相水和固相冰的

蒸气压相等，冰和水能够平衡共存。如图6－2所示，当冰-水平衡系统中加入难挥发的非电解质后，液相水的蒸气压下降，而固态物质冰的蒸气压则不会改变。因此，两相不能平衡共存。由于溶液的蒸气压下降，冰的蒸气压高于水的蒸气压，冰融化成水。由图可见，冰的蒸气压和溶液的蒸气压虽然都随温度降低而减小，但冰的蒸气压降低程度更大。因此，当温度降到273.15 K以下的某一温度 T_f 时，冰的蒸气压与溶液的蒸气压相等。显然，溶液的凝固点总是比纯溶剂的凝固点低。

通过以上分析可以得出，溶液的沸点升高和凝固点下降的根本原因是溶液的蒸气压下降，而蒸气压下降只与溶液中溶质的独立质点数的多少(浓度)有关。因此，拉乌尔定律指出：沸点上升和凝固点下降的程度也只与溶液的浓度有关，与溶质本性无关，其数学表达式为

$$\Delta T_b = K_b b_B \tag{6-8}$$

$$\Delta T_f = K_f b_B \tag{6-9}$$

式中，ΔT_b 和 ΔT_f 分别为溶液沸点和凝固点的变化值，单位为K或℃；b_B 为溶质的质量摩尔浓度，单位为 $mol \cdot kg^{-1}$；K_b 和 K_f 分别为溶剂的沸点上升常数和凝固点下降常数，单位为 $K \cdot kg \cdot mol^{-1}$，其数值只与溶剂的性质有关，而与溶质的本性无关。它们一般是由稀溶液性质的一些实验结果推算出来的。表6－3列举了几种常见溶剂的 K_b 和 K_f 值。

表6－3　几种溶剂的 K_f 和 K_b 值

溶　剂	T_f/K	K_f/($K \cdot kg \cdot mol^{-1}$)	T_b/K	K_b/($K \cdot kg \cdot mol^{-1}$)
水	273.15	1.86	373.15	0.52
苯	278.66	5.12	353.35	2.53
乙酸	289.6	3.90	390.9	3.07
四氯化碳	250.2	29.8	351.65	4.88
环己烷	279.5	20.2	354	2.79
萘	353.0	6.9	491	5.80

溶液沸点的上升和凝固点下降都与加入的溶质的质量摩尔浓度成正比，而质量摩尔浓度又与溶质的相对分子质量有关。因此，可以通过对溶液沸点上升和凝固点下降的测定估算溶质的相对分子质量。由于溶液凝固点下降常数比沸点升高常数大，溶液凝固点测定的实验现象也比沸点测定的现象更容易观察，而且凝固点下降公式对挥发性和非挥发性非电解质稀溶液都适用，因此实际工作中常用测凝固点的方法估算溶质的相对分子质量。

例6－2　293.15 K时，15.0 g葡萄糖($C_6H_{12}O_6$)溶于200 g水中，试计算该溶液的蒸气压、沸点和凝固点(已知293.15 K时，水的 $p^* = 2333.14$ Pa)。

解　$p = p^* x_A = 2333.14 \times \dfrac{200/18.0}{(200/18.0)+(15.0/180.0)} = 2.32 \times 10^3 (Pa)$

$\Delta T_b = K_b b_B = 0.52 \times \dfrac{15.0/180}{200} \times 1000 = 0.22(K)$

$T_b = \Delta T_b + T_b^* = 373.15 + 0.22 = 373.37(K)$

同理

$$\Delta T_f = K_f b_B = 1.86 \times \frac{15.0/180}{200} \times 1000 = 0.78(\text{K})$$

$$T_f = T_f^* - \Delta T_f = 273.15 - 0.78 = 272.37(\text{K})$$

例 6-3 取 2.67 g 萘溶于 100 g 苯中，测得该溶液的凝固点下降了 1.07 K，求萘的摩尔质量。

解 苯的凝固点下降常数为 5.12 K·kg·mol^{-1}，设萘的摩尔质量为 M，则

$$\Delta T_f = K_f b_B = 5.12 \times \frac{2.67}{M \times 100 \times 10^{-3}}$$

$$M = \frac{5.12 \times 2.67}{1.07 \times 100 \times 10^{-3}} = 128(\text{g} \cdot \text{mol}^{-1})$$

现代科学研究表明，植物的抗旱性和抗寒性与溶液蒸气压下降和凝固点下降规律有关。当植物所处的环境温度发生较大改变时，植物细胞中的有机体就会产生大量可溶性的物质（如氨基酸、糖等），使细胞液浓度增大，蒸气压下降，凝固点降低，从而使细胞液能在较低的温度环境中不结冻，表现出一定的抗寒能力。同样，由于细胞液浓度增加，细胞液的蒸气压下降较大，细胞的水分蒸发减少，因此植物具有一定的抗旱能力。溶液的蒸气压下降和凝固点降低的原理在日常生活中也有广泛的应用。例如，可以将冰-盐混合物作为制冷剂使用。在冰的表面撒上盐，盐就溶解在冰表面的少量水中，形成盐溶液，从而造成溶液的蒸气压下降，当蒸气压低于冰的蒸气压时，冰就会融化，冰融化时要吸收大量的热，于是冰-盐混合物的温度就大大降低了。将 1 份食盐和 3 份碎冰混合，体系的温度可降至－20 ℃；将 10 份 $CaCl_2 \cdot 6H_2O$ 和 7 份碎冰均匀混合，体系温度可降至－40 ℃。因此，盐和冰混合而成的冷冻剂广泛应用于水产品和食品的保存和运输。此外，汽车水箱中加入甘油或乙二醇等物质以防止水箱在冬天结冰而胀裂，以及用 NaCl 或 $CaCl_2$ 清除公路上的积雪等都是应用溶液凝固点降低的原理。

6.2.3 溶液的渗透压

溶质的溶解是溶质粒子在溶剂中热扩散运动的结果，粒子的热扩散运动使得溶质粒子从高浓度处向低浓度处迁移，与此同时溶剂粒子也在发生类似的迁移。当双向迁移达到平衡时，溶质在溶剂中的溶解达到最大。这种物质自发地由高浓度处向低浓度处迁移的现象称为扩散。任何不同浓度的溶液混合时都存在扩散现象。但是，如果溶液之间粒子的自由迁移受到半透膜（有选择地通过或阻止某些粒子迁移的物质）限制，就会观察到单向扩散的现象。以蔗糖水溶液为例（图 6-3），在一连通器两边各装入等量蔗糖溶液与纯水，中间用半透膜隔开。扩散开始前，连通器两边的液面高度是相同的。经过一段时间以后，蔗糖溶液的液面比纯水的液面高。这是为什么呢？原来，半透膜能够阻止蔗糖分子的迁移，却不能阻止水分子的双向自由迁移。由于单位体积纯水中所包含的水分子数目比单位体积蔗糖水溶液中所包含的水分子多，因此单位时间内通过半透膜进入蔗糖溶液的水分子总数比离开蔗糖溶液的水分子总数多，因而导致了蔗糖溶液液面升高。这种物质粒子通过半透膜发生单向扩散的现象称为渗透现象。随着蔗糖溶液液面升高，液柱的静压力增大，使蔗糖溶液中水分子从左向右通过半透膜的速度加快。当糖溶液液面上升至某一高度 h 时，水分子向两个方向渗透的速率正好相等，此时渗透达到平衡，两侧液面高度不再发生变化。换句话说，高度为 h 的水柱所产生的静水压正好阻止了纯水向蔗糖溶液的渗透。这种为维持溶液与纯溶剂之间的渗透平衡而需外加的压力就称为该溶液的渗透

压。换句话说，渗透压就是为阻止渗透进行而施于溶液液面上的额外压力(等于平衡时玻璃管内液面高度所产生的静水压力)，用符号 Π 表示，单位为 Pa 或 kPa(图 6-4)。

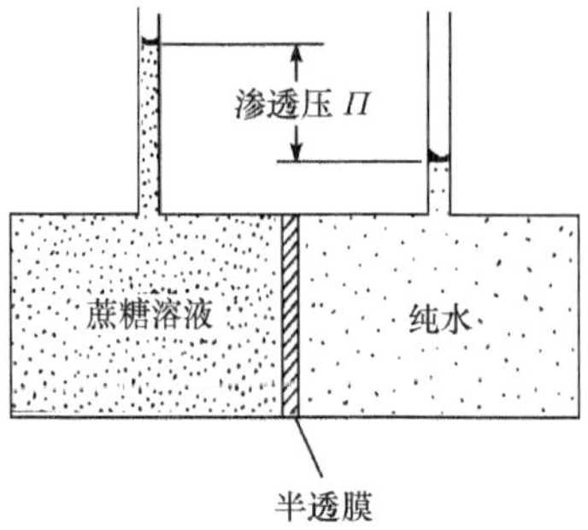

图 6-3　蔗糖水溶液渗透现象示意图

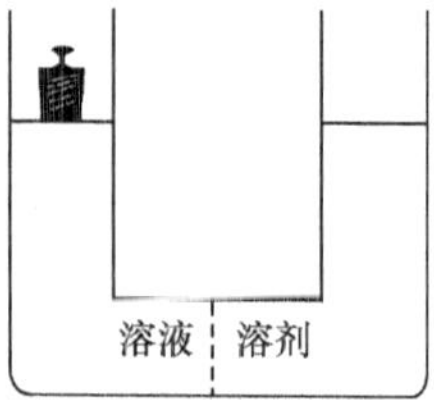

图 6-4　渗透压示意图

植物学家普费弗(W. Pfeffer)最先注意到溶液的渗透压现象，他在研究中发现：在一定温度下，溶液的渗透压与溶液的浓度成正比；浓度相同时，渗透压与温度成正比。荷兰物理学家范特霍夫注意到上述关系与气体定律完全符合，1886 年他总结了前人的大量实验结果指出：稀溶液的渗透压与浓度和热力学温度的关系同理想气体状态方程一致，表示为

$$\Pi V = n_B RT \qquad 或 \qquad \Pi = c_B RT \tag{6-10}$$

式中，Π 为渗透压，单位为 kPa；c 为溶液的物质的量浓度，单位为 $mol \cdot L^{-1}$；R 为摩尔气体常量，$8.314\ kPa \cdot L \cdot K^{-1} \cdot mol^{-1}$；$T$ 为热力学温度，单位为 K。

由式(6-10)可见，在一定温度下，稀溶液的渗透压与溶液的浓度成正比，而与溶质的本性无关。

总之，产生渗透现象必须具备两个条件：一是要有半透膜，如羊皮纸或动物的肠衣、膀胱膜等，半透膜的存在导致了单向扩散，才使渗透现象表现出来，因此渗透压只有当半透膜存在时才表现出来；二是半透膜两侧的溶液存在浓度差，浓度相差越大，渗透作用越强，渗透压就越大。当半透膜两侧溶液的浓度相等时，两侧的渗透压相等，渗透作用便不会发生。渗透压相同的溶液称为等渗溶液。渗透的自发方向是溶剂由稀溶液向浓溶液渗透，即从低渗溶液向高渗溶液扩散。

虽然稀溶液的渗透压与浓度、温度的关系和理想气体完全相符，但稀溶液的渗透压和气体的压力本质上并无相同之处。气体压力是由于气体分子撞击容器壁而产生的，而渗透压是与溶剂分子的移动趋势有关的性质，并不是溶质分子直接运动的结果。

通过测定溶液的渗透压，可计算物质的相对分子质量。例如，溶质的质量为 m_B，测得渗透压为 Π，溶质的摩尔质量为 M，则

$$M = \frac{m_B RT}{\Pi V}$$

对于蛋白质、血红素等生物大分子，渗透压法比凝固点下降法灵敏，所以可利用渗透压法测定其相对分子质量。

例 6-4　101 mg 胰岛素溶于 10.0 mL 水中，已知在 298.15 K 时，该溶液的渗透压为 4.34 kPa，求胰岛素的相对分子质量。

解　根据公式 $\Pi = c_B RT$，得

$$M=\frac{m_B RT}{\Pi V}=\frac{101\times10^{-3}\times8.314\times10^{3}\times298.15}{4.34\times10^{3}\times10.0\times10^{-3}}=5.77\times10^{3}(\mathrm{g\cdot mol^{-1}})$$

渗透现象与动植物的许多生理活动密切相关。水是生物体内的所占比例最大的组分,生物体中的细胞液和体液都是水溶液,它们具有一定的渗透压,而且生物体内的绝大部分膜都是半透膜。因此渗透压的大小与生物的生存与发展有密切的关系。例如,植物生长过程中就是通过渗透作用吸收和运输所需养料的。一般植物液泡的渗透压约为2000 kPa,因此水分和养料可以从植物的根部运送到数十米的顶端。庄稼施肥不当出现的"烧苗"现象就是根部施肥过多,根部土壤溶液渗透压过高,导致作物细胞内的水分子向根部土壤溶液渗透而脱水。在医学上,当需要给危重病人补充水分和营养时,可通过静脉注射与人体血红细胞等渗透压的0.9%生理盐水或5%的葡萄糖溶液,这两种浓度的灭菌液又称为"生理等渗溶液"。

渗透作用在工业上的应用也很广泛,如反渗透技术。反渗透就是在渗透压较大的溶液一边加上比其渗透压还要大的压力,迫使溶剂从高浓度溶液处向低浓度处扩散,从而达到浓缩溶液的目的。对某些不能或不适合在高温条件下浓缩的物质,可以利用常温反渗透技术进行浓缩,如速溶咖啡和浓缩果汁的制造。同时,反渗透技术还可以用于海水的淡化、工业废水处理等领域。

特别指出,浓溶液和电解质溶液同样具有蒸气压下降、沸点上升、凝固点下降和渗透压等现象。但拉乌尔定律的定量关系却只适合于难挥发的非电解质的稀溶液。因为在浓溶液中有更多的溶质粒子,溶质粒子之间、溶质粒子与溶剂之间的相互影响大大增加,造成依数性与浓度的定量关系发生偏离。若溶质为电解质,电解质可离解成离子,一方面使溶液中溶质粒子数增加,另一方面带电的离子之间、离子与溶剂分子间作用复杂。此时稀溶液的依数性取决于溶质分子、离子的总组成量度,稀溶液通性所指定的定量关系不再存在,必须加以校正。

对挥发性溶质的溶液来说,挥发性溶质对溶液依数性的影响更为复杂。例如,将少量乙醇加入水中,由于乙醇的挥发性大于水,在一定的温度下,乙醇水溶液的蒸气压等于水蒸气压与溶质蒸气压之和,即比纯溶剂水的蒸气压还高。易挥发溶质的加入使溶液的蒸气压升高,所以其沸点必然下降。而乙醇水溶液的凝固点是冰的蒸气压与溶液中水的蒸气压分压达到平衡时的温度,因此不管是难挥发还是易挥发的溶质,都会使溶液中水的蒸气分压降低,所以凝固点都是下降的。

因此,当溶质是电解质或非电解质溶液浓度较大时,只能用拉乌尔定律定性判断依数性的变化趋势,而不能做定量计算。

6.3 胶体溶液

胶体的概念最早是由英国化学家格雷厄姆(T. Graham)在1861年提出的。约40年以后,俄国科学家维伊曼通过大量实验证明,几乎所有典型晶体物质都可以用降低其溶解度或选用适当的分散介质的方法制成溶胶。从此人们才真正了解到胶体并不是一类特殊物质,而是物质以一定的分散程度存在的一种分散体系。

胶体分散系中分散质粒子的颗粒直径为$10^{-9}\sim10^{-7}$ m,它可分为两类:一类是胶体溶液，又称溶胶，其分散质是由小分子、原子或离子聚集而成的大颗粒，因此溶胶是多相体系，如 $Fe(OH)_3$ 胶体和 As_2S_3 胶体等；另一类是高分子溶液，其分散质是一些相对分子质量较大的高分子化合物，由于其分子直径大小正好落入1～100 nm，表现出许多与胶体相同的性质，因此也归属于胶体分散系，如淀粉溶液和蛋白质溶液等。事实上，高分子溶液是均相的真溶液。

6.3.1 分散度和表面吸附

由于溶胶体系是多相体系，因此相与相之间存在界面，也称为表面。分散系的分散度常用比表面积来衡量。比表面积就是单位体积分散质的总表面积，其数学表达式为

$$s=\frac{S}{V} \tag{6-11}$$

式中，s 为分散质的比表面积，单位为 m^{-1}；S 为分散质的总表面积，单位为 m^2；V 为分散质的体积，单位为 m^3。

从式(6-11)可以看出，单位体积的分散质表面积越大，则比表面积越大，即分散质的颗粒越小，因而体系的分散度就越高。胶体是高度分散的体系，它的一个重要特点就是具有很大的比表面，因而具有某些特殊的性质。

因表面上质点所处的环境与内部质点不同，其所受的作用力大小也不相同。对于处在同一相中的质点来说，其内部的质点受到相邻粒子的作用，处于力平衡状态，使来自不同方向的吸引力相互抵消，因此它所受到的总的作用力为零。而表面上的质点则处在一种力不稳定状态，它受到的来自各个方向的作用力的合力不等于零，因此它有减小自身所受作用力的趋势。换句话说，就是处在物质表面的质点比处在内部的粒子能量要高。表面质点进入物质内部就要释放出部分能量，使其变得相对稳定。而内部质点要迁移到物质表面则需要吸收能量，使得处在物质表面的粒子自身变得相对不稳定。这种表面质点比内部质点所多余的能量就称为表面能。系统的表面积越大，表面分子越多，其表面能越高，就越不稳定。因此，系统有自动减小表面能的趋势。凝聚和表面吸附是降低表面能的两种途径。

固体对气体分子的吸附是气体分子与固体表面分子或原子相互作用的结果。被吸附的气体分子只停留在界面上，它不同于固体对气体的吸收，也不同于固体与气体的化学反应。通常把固体物质称为吸附剂，被吸附的物质称为吸附质。按其作用力的性质可分为物理吸附和化学吸附两种类型。前者的作用力是范德华力，后者的是化学键力，因而两类吸附的性质和规律有很大的差异(表 6-4)，但并不是绝对分开的，有时相伴发生。另外，物理吸附是化学吸附的前奏，如果没有物理吸附，许多化学吸附将变得极慢，甚至不发生。

表 6-4　物理吸附和化学吸附的区别

性　质	物理吸附	化学吸附
吸附力	范德华力	化学键力
选择性	无	有
吸附速率	快，易平衡	较慢，难平衡
吸附层	单分子层或多分子层	单分子层
可逆性	可逆	不可逆

固体对溶液的吸附比较复杂。固体表面能同时吸附溶质和溶剂。根据固体对溶液中的溶质的吸附状况可以将吸附分成两类，一类是分子吸附，另一类是离子吸附。

(1) 分子吸附。固体对非电解质和弱电解质溶液的吸附可以看成分子吸附。吸附过程中比表面能降低，是放热过程。因此温度越高，吸附量越低。一般地，极性吸附剂易于吸附溶液中极性较大的组分，非极性吸附剂易于吸附非极性的组分。活性炭可以使水溶液脱色，就是因为有色物质大多是非极性分子。

(2) 离子吸附。固体对强电解质溶液的吸附是离子吸附。在强电解质溶液中，固体吸附剂对溶质离子的吸附称为离子吸附，它又分为离子选择吸附和离子交换吸附两种。

吸附剂从溶液中选择吸附某种离子，称为离子选择吸附。离子选择吸附规律为：固体吸附剂优先吸附与其结构相似、极性相近的离子。例如，AgI 溶胶形成以后，若 $AgNO_3$ 过量，则 Ag^+ 会被吸附在 AgI 胶粒的表面，结果固体表面带正电；若 KI 过量，则 AgI 优先吸附 I^- 而使固体带负电。通常把决定胶体粒子带电的离子(如 Ag^+、I^-)称为电势决定离子或电位离子。由于胶粒表面带有电荷，则溶液中必然有数量相等而带相反电荷的离子停留在胶粒的周围，以保持整个胶体溶液是电中性的。这些带相反电荷的离子称为反离子，如因选择吸附 I^- 而带上负电的 AgI 胶粒周围停留的 K^+。

由于反离子只是靠库仑引力维持在胶粒周围，因此它有一定的自由活动余地。它还可以被其他带有相同电荷的离子所代替。例如，带正电的 AgI 胶粒外面，反离子是 NO_3^-。如果溶液中还有 SO_4^{2-}，SO_4^{2-} 可以替代 NO_3^-，进入反离子层。当然 1 个 SO_4^{2-} 可以代替 2 个 NO_3^-。这个过程称为离子交换吸附或离子交换。离子交换吸附是一个可逆过程。一般地，若溶液中离子浓度大，则交换下来的离子也多；若溶液中离子浓度小，则交换下来的离子也少。

另外，不同离子的交换能力也不相同。离子电荷多时，交换能力大。电荷相同的离子，交换能力随着水化半径的增大而减弱。阳离子的交换能力大致有下列顺序：

$$Al^{3+} > Ca^{2+} > K^+ \qquad Cs^+ > Rb^+ > K^+ > Na^+ > H^+ > Li^+$$

阴离子的交换能力顺序为

$$PO_4^{3-} > C_2O_4^{2-} > F^- \qquad CNS^- > F^- > Br^- > Cl^- > NO_3^- > ClO_4^- > CH_3COO^-$$

离子交换吸附在土壤学中得到广泛的应用。土壤中黏土粒子上可交换的反离子是 Ca^{2+}、Mg^{2+}、K^+、Na^+ 等阳离子。当施用 $(NH_4)_2SO_4$ 等肥料时，NH_4^+ 可以同这些离子进行交换，而把肥料的重要成分储藏在土壤中。土壤中的这种交换是在植物的根不断地吸取养分，微生物不断地繁殖，矿物岩石不断地风化，土壤溶液也不断地被冲洗等情况下进行的，所以土壤溶液间的离子交换很难达到平衡，因而及时施肥对于作物的生长是十分必要的。

6.3.2 胶体溶液的性质

胶体的许多性质都与其分散质高度分散和多相共存的特点有关。溶胶的性质主要包括光学性质、动力学性质和电学性质。

1. 溶胶的光学性质

英国物理学家丁铎尔(J. Tyndall)发现，当一束光线照射到透明溶胶时，在光束的垂

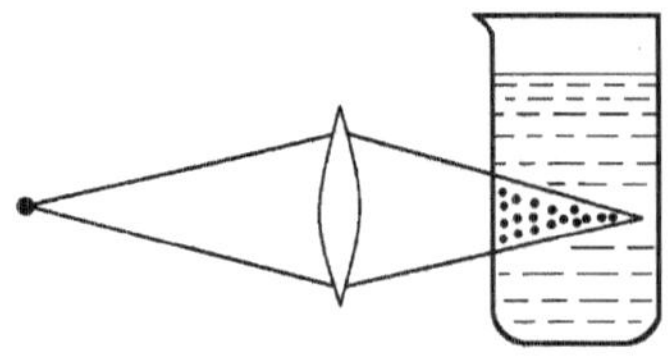

图 6-5　丁铎尔现象

直方向上可以看一个发光的圆锥体(图6-5)。这一现象称为丁铎尔效应。当光线照射分散系统时,如果分散质颗粒的直径大于入射光的波长,此时入射光被完全反射,不出现丁铎尔效应。粗分散系就属于这种情况。如果分散质颗粒直径比入射光的波长小,则主要发生光的散射作用,此时每个粒子变成一个新的小光源,向四面八方发射与入射光波长相同的光,这时就出现了丁铎尔效应。因为溶胶的粒子直径为 1～100 nm,而一般可见光的波长为 400～760 nm,所以可见光通过溶胶时便产生明显的散射作用。丁铎尔效应是由于胶体粒子对光的散射形成的,是胶体的一个重要特征。真溶液中的分子离子体积太小,光散射现象非常微弱,用肉眼难以观察。因此可以用丁铎尔效应区分胶体与真溶液。

2. 溶胶的动力学性质

在超显微镜下观察溶胶的散射现象时,还可以看到溶胶中的发光点并非是静止不动的,它们在作无休止、无规则的运动,这一现象称为溶胶的布朗(R. Brown)运动(图 6-6)。胶体的布朗运动是胶体粒子不断地受到分散剂粒子从各个方向碰撞的结果。由于溶胶粒子的质量与体积都较小,因此在单位时间内所受到的力也较少,容易在瞬间受到冲击后产生一合力并产生较大的位移。由于粒子热运动的方向和速率无法预测,因而溶胶粒子的运动是无规则的。

3. 溶胶的电学性质

在电场中,溶胶体系的溶胶粒子在分散剂中能发生定向迁移,这种现象称为溶胶的电泳,可以通过溶胶粒子在电场中的迁移方向判断溶胶粒子的带电性。图 6-7 为电泳的实验装置。在一个 U 形管下部装上新鲜的 $Fe(OH)_3$ 胶体溶液,上面小心地加入少量水,可以清楚地看到它们之间有一个分界面。然后通入直流电,经过一段时间的观察,发现胶体粒子向负极移动,水分子则向正极移动。说明 $Fe(OH)_3$ 胶粒带正电,在电场中往负极一

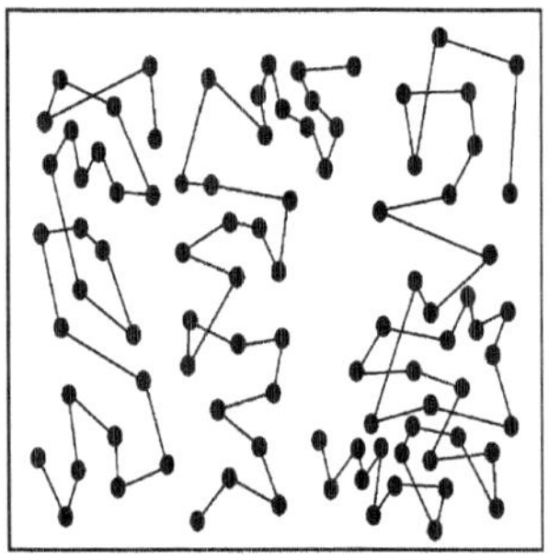

图 6-6　胶体的布朗运动

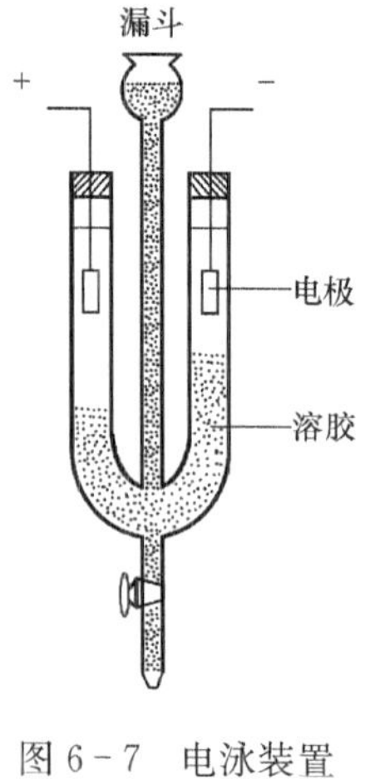

图 6-7　电泳装置

端迁移，这就是 $Fe(OH)_3$ 溶胶的电泳。如果用一种装置限制胶体粒子不得移动，使分散剂在电场作用下向一个电极方向移动，这种现象称为电渗（图 6－8）。电泳和电渗现象统称为电动现象。分散剂的电渗方向总是与胶体粒子电泳的方向相反。

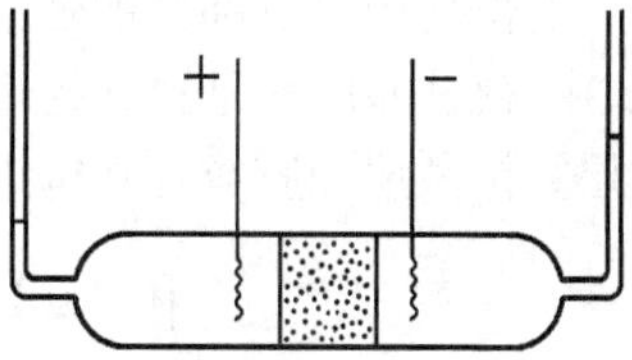

图 6－8　电渗装置

电动现象说明胶体粒子是带电的。使溶胶粒子带电的主要原因有：

（1）吸附作用。胶体粒子具有较高的表面能，因选择性吸附溶液中的带电离子而带电。以 $Fe(OH)_3$ 溶胶为例，该溶胶是用 $FeCl_3$ 溶液在沸水中水解制成的。在整个水解过程中，有大量的 FeO^+ 存在，$Fe(OH)_3$ 对 FeO^+ 优先吸附，因而使该溶胶粒子带正电。又如，将 H_2S 气体通入饱和 H_3AsO_4 溶液中，经过一段时间以后，可制得淡黄色的 As_2S_3 溶胶。由于 H_2S 在溶液中电离产生大量的 HS^-，因此 As_2S_3 选择吸附 HS^- 后带上负电。

（2）电离作用。部分溶胶粒子带电是自身表面电离造成的。例如，硅胶粒子带电就是 H_2SiO_3 电离形成 $HSiO_3^-$ 或 SiO_3^{2-}，并附着在溶胶表面的结果，其反应式为

$$H_2SiO_3 = HSiO_3^- + H^+ = SiO_3^{2-} + 2H^+$$

应该指出，溶胶粒子带电原因十分复杂，以上两种情况只能说明溶胶粒子带电的某些规律。至于溶胶粒子究竟怎样带电，或者带什么电荷都还需要通过实验证实。

电泳、电渗在实际工作中应用广泛。生命科学中用电泳分离蛋白质及核酸。例如，正常血红蛋白中两处能离解的氨基酸被不能离解的氨基酸取代，成为不正常的血红蛋白，它比正常血红蛋白少两个电荷，是导致镰刀形细胞贫血这种遗传病的原因。用电泳法可将这两种血红蛋白分离。医疗上还用电泳检验病毒，陶瓷工业上用电泳制得高质量的黏土等。电渗法不仅可用于中草药有效成分提取，还是一种有效的水处理技术，广泛应用于污水处理等领域。

6.3.3　胶团的结构

胶体的性质与其结构有关。在此，以碘化银溶胶为例说明溶胶的双电层结构。将 $AgNO_3$ 溶液逐滴加入 KI 溶液中，首先 Ag^+ 与 I^- 反应生成 AgI 分子，大量的 AgI 分子聚集成大小为 1～100 nm 的颗粒，该颗粒称为胶核，以 $(AgI)_m$ 表示。由于胶核颗粒很小，分散度很高，具有较高的表面能，因此胶核会选择地吸附与其有共同组成的离子。由于此时体系中 KI 过量，溶液中有大量的 K^+、I^- 和 NO_3^- 等离子，根据“相似相吸”的原则，I^- 被胶核优先吸附，因此胶核表面带上负电。被胶核优先吸附的离子 I^- 称为电位离子。此时，胶核表面带有较为集中的负电荷，它会通过静电引力而吸引与其电性相反的 K^+（称为反离子）。反离子一方面受静电引力作用有向胶粒表面靠近的趋势，另一方面受热扩散作用趋向于在整个体系中均匀分布，越靠近胶核表面反离子的浓度越高，越远离则浓度越低。两种趋势使反离子在胶粒表面区域形成一种平衡分布，到某一距离时反离子与其他同号离子浓度相等。这样，胶粒表面的电荷与周围介质中的反离子电荷就构成双电层结构（图 6－9）。

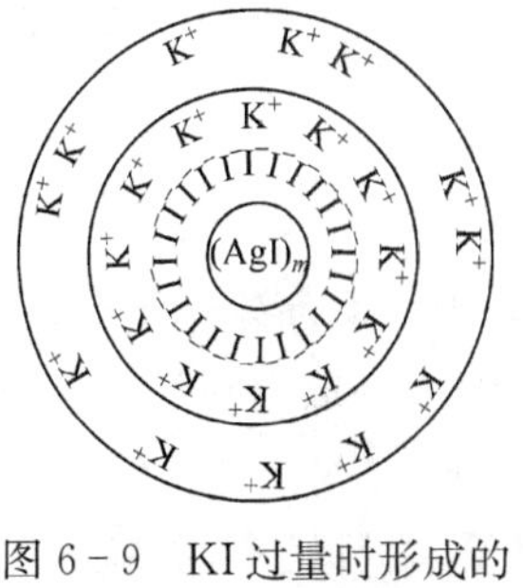

图 6－9　KI 过量时形成的 AgI 胶团结构示意图

电位离子以及部分被强烈吸附的反离子组成胶体的吸附层。胶核与吸附层构成胶粒，在溶胶中，胶粒是独立的运动单位。剩余的反离子松散地分布在胶粒外面，形成了扩散层。扩散层和胶粒合并构成不带电的胶团。AgI 的胶团结构可用如下简式表示：

$$[(AgI)_m \cdot nI^- \cdot (n-x)K^+]^{x-} \cdot xK^+$$

胶核　电位离子　反离子　反离子

吸附层　扩散层

胶粒

胶团

同理，$Fe(OH)_3$、As_2S_3 和 H_2SiO_3 的胶团结构式可分别表示如下：

$$\{[Fe(OH)_3]_m \cdot nFeO^+ \cdot (n-x)Cl^-\}^{x+} \cdot xCl^-$$

$$[(As_2S_3)_m \cdot nHS^- \cdot (n-x)H^+]^{x-} \cdot xH^+$$

$$[(H_2SiO_3)_m \cdot nHSiO_3^- \cdot (n-x)H^+]^{x-} \cdot xH^+$$

6.3.4　溶胶的稳定性和聚沉

1. 溶胶的稳定性

从理论上分析，溶胶粒子不仅会在重力作用下发生沉降，而且高度分散的溶胶体系具有很大的表面能，胶粒间会相互凝聚成大颗粒而聚沉，因而是溶胶不稳定性体系。但事实上，溶胶系统很稳定，其主要原因是溶胶具有动力学稳定性和聚结稳定性。

溶胶的动力学稳定性是指分散粒子不会在重力作用下从分散剂中分离出来。由于布朗运动，溶胶粒子在溶胶体系中不断地作无规则运动。因为溶胶粒子的质量较小，其受重力的作用也较小，溶胶粒子主要受布朗运动的控制。强烈的布朗运动能有效地阻止溶胶粒子在重力场中的沉降，因此溶胶具有动力学稳定性。

溶胶的聚结稳定性是指溶胶在放置过程中，不会发生分散质粒子的相互聚结而产生沉淀。由于溶胶粒中的双电层结构，当两个带同种电荷的胶粒相互靠近时，胶粒之间就会产生静电排斥作用，从而阻止胶粒的相互碰撞，使溶胶趋向稳定。尽管布朗运动会增加胶粒之间的碰撞机会，但胶粒要克服双电层结构也并非一件容易的事。另外，溶胶粒子中的带电离子和极性溶剂通过静电引力的相互作用，使得溶剂分子在胶粒表面形成一个溶剂化膜，该溶剂化膜也起到阻止胶粒相互碰撞的作用。因此，溶胶的聚结稳定性主要是胶粒的双电层结构和溶剂化膜共同作用的结果。

2. 溶胶的聚沉

如果溶胶的动力学稳定性与聚结稳定性遭到破坏，胶粒就会因碰撞而聚结沉淀，澄清透明的溶胶就会变得混浊。这种胶体分散系中的分散质从分散剂中分离出来的过程称为聚沉。造成溶胶聚沉的因素很多，主要有以下几个方面：

(1) 溶胶本身浓度过高。溶胶的浓度过高，单位体积中胶粒的数目较多，胶粒间的空间相对减小，因而胶粒的碰撞机会就会增加，溶胶容易发生聚沉。

(2) 溶胶被长时间加热。将溶胶长时间加热，溶胶粒子的热运动加剧使得胶粒表面的溶剂化膜被破坏，胶粒暴露在溶剂当中；同时胶粒的热运动加剧也使胶粒表面的电位离子和反离子数目减小，双电层变薄，胶粒间碰撞聚结的可能性就会大大增加。

(3) 加入强电解质。当溶胶内电解质浓度较低时，胶粒周围的反离子扩散层较厚，因而胶粒之间的间距较大。这时两个胶粒相互接近时，带有相同电荷的扩散层就会产生斥力，防止胶粒碰撞而聚结沉淀。因此，适当过量的电解质存在使得胶体具有一定的稳定性，这种电解质称为该溶胶的稳定剂。如果溶液中加入了大量的电解质，由于离子总浓度的增加，大量的离子进入扩散层内，迫使扩散层中的反离子向胶粒靠近，扩散层就会变薄，因而胶粒变小。同时由于离子浓度的增加，相对减小了胶粒所带电荷，使胶粒之间的静电斥力减弱，胶粒之间的碰撞变得更加容易，聚沉的机会增加。电解质中对溶胶的聚沉起主要作用的是与胶粒所带电荷相反的离子，而且离子所带的电荷越高，对溶胶的聚沉作用就越大。例如，对负性的 As_2S_3 溶胶来说，$AlCl_3$、$MgCl_2$、NaCl 三者中起凝结作用的是正离子，且正离子价数越高，对溶胶的聚沉作用就越大。所以三者对 As_2S_3 溶胶凝结能力的顺序为 $AlCl_3>MgCl_2>NaCl$。对同价离子来说，它们的凝结能力相近，但随着离子水化半径的增大(离子半径越小，电荷密度越大，其水化程度就越大，即水化半径就越大)，其聚沉能力也会相应有所减弱。例如，具有相同阴离子的碱金属离子和碱土金属离子，对带负电溶胶的凝结能力大小顺序为

$$Cs^+>Rb^+>K^+>Na^+>Li^+$$

$$Ba^{2+}>Sr^{2+}>Ca^{2+}>Mg^{2+}$$

以上顺序称为感胶离子序。这是因为正离子半径小，水合程度大，所以半径最小的 Li^+ 的水合半径反而比半径最大的 Cs^+ 的水合半径更大。而对正溶胶来说，聚沉能力的顺序却为 $F^->Cl^->Br^->I^-$。这是因为负离子半径较大，水合程度小，所以离子半径的大小次序基本上决定了其水合离子半径的次序。

电解质的聚沉能力通常用聚沉值表示。聚沉值是指一定时间内，使一定量的溶胶完全聚沉所需要的电解质的最低浓度。不难看出，电解质的聚沉值大，则其聚沉能力小；反之，电解质的聚沉值越小，其聚沉能力越大。

(4) 加入高分子化合物。在溶胶中加入少量可溶解的高分子化合物，可导致溶胶迅速形成疏松的絮状沉淀，这类沉淀称为絮凝物，这种现象称为絮凝作用，产生絮凝作用的高分子称为絮凝剂。高分子絮凝作用速度快，效率高，絮凝剂用量少，沉淀疏松。这种作用又称为高分子的敏化作用。产生敏化作用的原因是加入的高分子化合物量太少，不足以包住胶粒，反而使大量的胶粒同时吸附在高分子的表面，形成桥联结构，把多个胶粒拉在一起。此外，当絮凝剂带有与胶粒电荷相反的电荷时，电性中和作用也会对絮凝产生促进作用。

(5) 电性相反溶胶的相互混合。如果将两种带有相反电荷的溶胶按适当比例相互混合，溶胶同样会发生聚沉。这种现象称为溶胶的互聚。然而，溶胶的互聚必须按照等电量原则进行，即两种互聚的溶胶离子所带的总电荷数必须相等，否则其中一种溶胶的聚沉不完全。

实际生活中经常遇到胶体的保护和聚沉。有时需要对胶体进行保护。例如，墨水、颜料等需要加入适量的动物胶等高分子物质来保护，使其不聚沉。这是因为动物胶都是链

状且能卷曲的线形分子，很容易吸附在胶粒表面，包住胶粒而使其稳定。

有时溶胶的生成也会带来许多麻烦。例如，除尘和净水都需要破坏胶体的稳定性。一些工厂烟囱排放的气体中的碳粒和尘粒呈胶体状态，这些粒子都带有电荷。为了消除这些粒子对大气的污染，可使气体在排放前经过一个带电的平板，中和烟尘的电荷，使其聚沉。日常生活中，常用明矾[$KAl(SO_4)_2 \cdot 12H_2O$]净水。这是因为天然水中的悬浮粒子一般带负电荷，它们能与明矾溶于水后形成的带正电的 $Al(OH)_3$ 溶胶相互吸引而发生聚沉。

6.4 高分子溶液、表面活性物质和乳浊液

6.4.1 高分子溶液

1. 高分子溶液的特性

高分子化合物是指相对分子质量在 10 000 以上的有机大分子化合物。许多天然有机物，如蛋白质、纤维素、淀粉、橡胶以及人工合成的塑料、纤维、树脂等都是高分子化合物。大多数高分子化合物的分子结构呈线状或线状带支链。高分子化合物溶于适当的溶剂所形成的溶液就称为高分子化合物溶液，简称高分子溶液。高分子溶液由于其溶质的颗粒大小与溶胶粒子相近，因而表现出某些溶胶的性质，如不能透过半透膜、扩散速度慢等。另一方面，由于高分子溶液的分散质粒子为单个大分子，是分子分散的单相均匀体系，因此它又表现出真溶液的某些性质。高分子溶液具有真溶液和溶胶溶液的双重性，与溶胶的性质有许多不同之处。

高分子化合物与一般溶质一样，在适当溶剂中其分子能强烈自发溶剂化而逐步溶胀，形成很厚的溶剂化膜，因此它能稳定地分散于溶液中而不凝结，最后溶解成溶液，具有一定溶解度。例如，蛋白质和淀粉溶于水就形成高分子溶液。除去溶剂后，重新加入溶剂时仍可溶解，因此高分子化合物具有溶解的可逆性，高分子溶液是热力学稳定体系。这一点与溶胶不同，溶胶一旦聚沉，就很难用简单的方法使其再成为溶胶。高分子溶液溶质与溶剂之间没有明显的界面，因而对光的散射作用很弱，丁铎尔效应不像溶胶那样明显。另外，高分子化合物还具有很大的黏度，这与它的链状结构和高度溶剂化的性质有关。

2. 高分子溶液的盐析和保护作用

高分子溶液具有一定的抗电解质聚沉能力，加入少量的电解质，它的稳定性并不受影响。这是因为高分子化合物本身带有较多的可电离或已电离的亲水基团，如—OH、—COOH、—NH_2等。这些基团具有很强的水化能力，能在高分子化合物表面形成一层较厚的水化膜，从而使高分子化合物稳定地存在于溶液之中，不易聚沉。要使高分子化合物从溶液中析出，除了中和高分子化合物所带的电荷外，更重要的是要破坏其水化膜。因此，必须加入大量的电解质。电解质的离子要实现其自身的水化，就大量夺取高分子化合物水化膜上的溶剂化水，从而破坏了水化膜，使高分子溶液失去稳定性，发生聚沉。这种通过加入大量电解质使高分子化合物聚沉的作用称为盐析。加入乙醇、丙酮等溶剂，也能将高分子溶质沉淀出来。这是因为这些溶剂也像电解质离子一样有强的亲水性，会破坏高分子化合物的水化膜。在研究天然产物时，常用盐析和加入乙醇等溶剂的方法分离蛋

白质和其他物质。

在溶胶中加入适量的高分子化合物(如动物胶、蛋白质等),会提高溶胶对电解质的稳定性,这就是高分子化合物对溶胶的保护作用。在溶胶中加入高分子,高分子化合物附着在胶粒表面,一是可以使原先憎液的胶粒变成亲液溶胶,提高胶粒的溶解度;二是可以在胶粒表面形成一个高分子保护膜,以增强溶胶的抗电解质的能力。所以高分子化合物经常用作胶体的保护剂。保护作用在生理过程中具有重要的意义。例如,在健康人的血液中所含的碳酸镁、磷酸钙等难溶盐都是以溶胶状态存在,并被血清蛋白等保护。当生病时,保护物质在血液中的含量减少,这样就有可能使溶胶发生聚沉而堆积在身体的各个部位,使新陈代谢作用发生故障,形成肾脏、肝脏等结石。

如果溶胶中加入的高分子化合物较少,就会出现一个高分子化合物同时被几个胶粒附着的现象。此时非但不能保护胶粒,反而使得胶粒互相粘连形成大颗粒,从而失去动力学稳定性而聚沉。这种由于高分子溶液的加入使溶胶稳定性减弱的作用称为絮凝作用。生产中常利用高分子对溶胶的絮凝作用进行污水处理和净化、回收矿泥中的有效成分以及进行产品的沉淀分离等。

6.4.2 表面活性物质

表面活性物质是这样一类物质,在溶剂中加入很少量该物质即能显著降低该溶剂的表面张力,改变体系界面状态,从而使一些极性相差较大的物质也能相互均匀分散、稳定存在。例如,水和油这两种极性相差很大的物质很难通过机械分散方式形成均匀混合的稳定单相体系。即使通过机械方式混合后,很快又会自动分层。但是,当往水-油体系中加入适量的表面活性物质(如洗涤剂)后,混合均匀的水-油体系就不再分层,形成了相对稳定的混合体系。

表面活性物质的分子结构大致相同,它们的分子都包含极性基团(亲水)和非极性基团(疏水)两大部分,是双亲性分子。极性部分通常由—OH、—COOH、$—NH_2$、═NH、$—NH_3^+$等基团构成,而非极性部分主要由碳氢组成的长链烃或芳香基团构成。依据表面活性剂的结构特点,通常将其分成5大类,即阴离子型、阳离子型、两性型、非离子型和高分子表面活性物质。表面活性物质对于在界面上发生的所有过程都会有影响。它能使体系产生润湿或反润湿、乳化或破乳、分散或凝集、起泡或消泡、增溶等一系列作用,在工农业生产中使用表面活性剂可简化工艺、加速生产或降低成本,还可提高产品质量和使用价值。

表面活性物质用途广泛,在许多领域,如造纸、农业、食品、医药、环保、石油等都有重要应用,其特点是用量少,功效大,因而有工业"味精"的美称。此外,表面活性物质还广泛应用于科学研究中。

6.4.3 乳浊液

一般认为乳浊液是指一种或几种液体以液珠形式分散在另一不相混溶的液体中构成的分散体系。在乳浊液中,被分散的液滴的直径为 0.1～50 μm,因而乳浊液是分散质和分散剂均为液体的粗分散系。例如,牛奶、人造奶油、橡胶树的胶乳、动物机体中的血液等

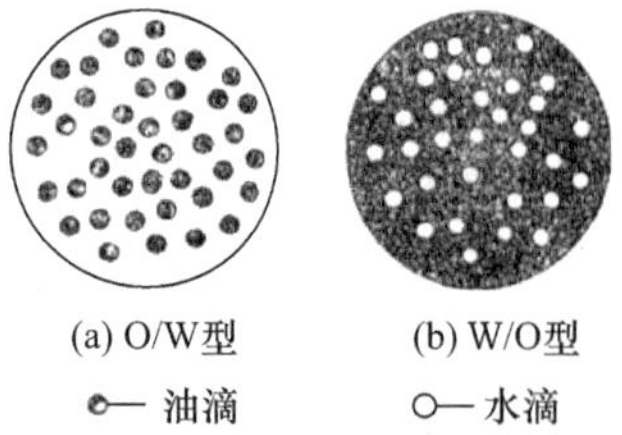

图 6－10　乳浊液的类型

都是乳浊液。根据分散质与分散剂的不同性质，乳浊液可分为两大类(图 6－10)：一类是“油”分散在水中所形成的体系，称为水包油型，以油/水(O/W)表示，如牛奶、豆浆、农药乳化剂等；另一类是水分散在“油”中形成的油包水型，以水/油(W/O)乳浊液表示，如石油。

由于两相间存在巨大的界面面积，因此乳浊液体系很不稳定。两个不相混溶的纯液体不能形成稳定的乳浊液，需要有第三种物质作为稳定剂，乳浊液才能稳定存在。乳浊液的稳定剂称为乳化剂，它可以吸附在油-水界面上，大幅度降低界面张力。同时，形成的吸附膜具有一定的强度，阻碍液滴的聚集。乳化剂的种类很多，一般可分为合成表面活性剂、天然产物和固体粉末三大类，其中表面活性剂的应用最多。乳化剂可根据其亲和能力的差别分为亲水性乳化剂和亲油性乳化剂。常用的亲水性乳化剂有二氧化硅、钾肥皂、钠肥皂、蛋白质、动物胶等。亲油性乳化剂有钙肥皂、高级醇类、高级酸类、石墨等。制备水包油型乳浊液时应采用亲水型乳化剂[图 6－11(a)]。反之，亲油型乳化剂只适合于制备油包水型乳浊液[图 6－11(b)]。

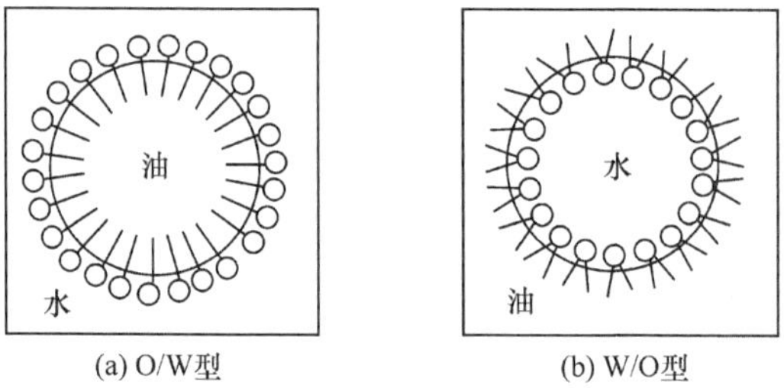

图 6－11　不同类型乳化剂对乳浊液类型的影响

乳浊液及乳化剂在生产中的应用非常广泛，绝大多数有机农药、植物生长调节剂的使用都离不开乳化剂。例如，有机农药水溶性较差，不能与水均匀混合。为了使农药与水较好地混合，可加入适量的乳化剂，以减小它们的表面张力，从而达到均匀喷洒、降低成本、提高杀虫治病的目的。在人体的生理活动中，乳浊液也有重要的作用。例如，食物中的脂肪在消化液(水溶液)中是不溶解的，但经过胆汁中胆酸的乳化作用和小肠的蠕动，使脂肪形成微小的液滴，其表面积大大增加，有利于肠壁的吸收。此外，乳浊液在日用化工、制药、食品、制革、涂料、石油钻探等工业生产中都有许多应用。但有时在工农业生产中又必须设法破坏天然形成的乳浊液。例如，刚开采出的原油是油/水型乳浊液，必须通过破乳技术才能使水、油两相分开。一些物质加入乳浊液时能破坏乳浊液的稳定性而使水、油分离的作用称为破乳作用，这些物质称为破乳剂。利用表面活性剂破乳是目前工业上最常用的破乳方法。选择能强烈吸附于油-水界面上的表面活性剂代替原来的乳化剂，在油-水界面上形成新的膜，但新膜的强度比原乳化剂形成的膜降低很多，因而容易失去稳定性而破乳。一般油/水型乳化剂就是水/油型乳状液的破乳剂，反之亦然。此外，添加无机盐、无机酸、升高温度等方法也能破坏乳浊液。实际生产中很少采用单一的破乳方法，通常都是多种方法并用进行破乳，以提高破乳效率。

阅读材料

胶体的应用

胶体科学是一门实用性很强的学科，人类对胶体体系和相关知识的应用起于何时已不可考，可以说自有人类起就逐渐有对此类知识的认识和应用。制陶、酿造、染色以及豆腐、面食等的制作无疑都与胶体化学有密切的关系。而今，随着科技的进步，胶体科学又与农业、医学、材料、能源和环境等科学相互渗透和交叉，从而焕发出新的生命力。

1. 胶体与农业科学

胶体科学已经渗入农业生产的各个方面。土壤中的许多黏土、腐殖质等常以带负电荷胶体形式存在，土壤胶体由于颗粒小，有巨大的比表面积，因此其表面可吸附大量的水分子、养分阳离子（如 NH_4^+、K^+）等物质，从而使水分和肥料保持在土壤中。被土壤胶体吸附的养分离子与土壤溶液间带相同电荷的离子能进行可逆性交换，植物可随时从土壤中得到养分。目前，世界各国都在提倡“生态农业”、“有机农业”，倡导重视使用有机肥料。这是因为施用有机肥料不仅增加许多有机胶体，同时借助微生物的作用把许多有机物也分解转化成有机胶体，因此可大大增加土壤吸附表面，并且产生许多胶黏物质，使土壤颗粒胶结起来变成稳定的团粒结构，提高了土壤保水、保肥和透气的性能以及调节土壤温度的能力，起到改良土壤的作用。另外，农业中经常使用的农药、除草剂等也是以胶体形式生产和使用的。

2. 胶体与医学

在历史上，胶体化学方法曾广泛地为生命科学所采用。从胶体化学的观点来说，人体就是典型的胶体体系。细胞、血液、淋巴液、肌肉、脏器、软骨、皮肤、毛发等都属胶体体系。因此，生物体内发生的许多生理变化和病理变化都与胶体的性质有联系。在医学上，越来越多地利用高度分散的胶体检验或治疗疾病。例如，胶态磁流体治癌术是将磁性物质制成 10～20 nm 的胶体粒子，作为药物的载体，在磁场作用下将药物送到病灶，从而提高疗效。许多无机离子（如钙、碘等）具有生理作用，缺少它们会引起疾病；另一些离子有治疗作用，如对一些肿瘤有抑制作用。但是如果浓度很大，就会使人的机体中毒、受害。因此要使离子在溶液中的浓度极小而又能不断地得到补充。胶体颗粒正是由一种溶解度极小的颗粒所形成，符合上述要求。因此一些无机物胶体颗粒成为新型的缓慢释放型药物。另外，血液本身就是由血球在血浆中形成的胶体分散系，与血液有关的疾病的一些治疗、诊断方法就利用了胶体的性质，如血液透析、血清纸上电泳等。

3. 胶体与材料

现代材料科学领域中，很多都要用到胶体化学的知识，如冶金工业中利用电泳原理选矿。在金属、陶瓷、聚合物等材料中加入固态胶体粒子，不仅可以改进材料的耐冲击强度、耐断裂强度、抗拉强度等机械性能，还可以改进材料的光学性质。有色玻璃就是由某些胶态金属氧化物分散于玻璃中制成的。国防工业中有些火药、炸药须制成胶体。胶体科学在信息材料的制备领域也有广泛的应用前景。例如，可用分子或纳米尺寸单元组装的方法取代传统的光刻工艺，以生产高信息容量的芯片，而这些用于组装的纳米颗粒可以通过胶体科学中的LB膜技术制备。

4. 胶体与能源

我国油少煤多，因而提高油的利用率，发展以煤代油，意义十分重大。例如，利用微乳状液技术，向柴油和汽油中加水至9%以上，仍可形成透明的稳定体系，燃烧性能良好，可以为国家节约大量的汽油和柴油。又如，代油煤浆（油煤浆和水煤浆）是一种高度分散在水中的煤粉，流动性能很好，可以经喷嘴射入炉内燃烧，并能用管道运输，是一种极有前途的新型代用能源，在国内外都已进入工业试用阶段。再如，三次采油，直接采油和注水采油（二次采油）只能采收30%～40%的石油储量，也就是说近2/3的石油埋在地下拿不出来，原因是岩石裂缝中的油不易被水驱出。三次采油是进行化学驱油，利用聚合物、表面活性剂和碱水使石油乳化，这项工艺已经在我国大庆油田的开采中使用。

5. 胶体与环境

人类现在所面临的一个重要挑战就是要设法解决一系列以胶体形式存在的污染。用胶体科学的语言来说，治理的实质是使胶体体系失去稳定性，如去泡、破乳和凝聚等。废水中的某些污染物常以负电胶体颗粒形式存在，不易沉降。如果向废水中投加带正电荷的混凝剂（如铝盐、铁盐等物质），就可以消除或降低水中胶体颗粒间的相互排斥力，使水中胶体颗粒易于相互碰撞而凝聚成为较大颗粒或絮体，进而可将其从水中分离出来，达到净水的目的。冶金、水泥等工厂中产生的大量烟尘，以气溶胶的形式存在，利用胶体的电泳性质，往空气中通高压电，可以除去大量的烟尘，以减少空气污染，净化环境。

从以上的一些例子可以看出，胶体科学已经对人类的文明和进步产生了重要的推动作用，今后也必将陪伴人类应对更多、更复杂的挑战。

习　题

6-1　回答下列问题：

(1) 为什么在冰冻的路面上撒盐可以除冰？

(2) 为什么海水比河水难结冰？

(3) 为什么在海水中生活的鱼类不能在淡水中生存?

(4) 江河入海处为什么易形成三角洲?

6-2 分别计算下列两种商品溶液的质量摩尔浓度、物质的量浓度和摩尔分数。

(1) 浓硝酸:含 HNO_3 70%,密度为 1.42 $g \cdot mL^{-1}$。

(2) 浓氨水:含 NH_3 28%,密度为 0.90 $g \cdot mL^{-1}$。

6-3 比较下列各水溶液的沸点、凝固点和渗透压的大小:0.1 $mol \cdot L^{-1}$ CH_3COOH 溶液、0.1 $mol \cdot L^{-1}$ NaCl 溶液、0.1 $mol \cdot L^{-1}$ K_2SO_4 溶液和 0.1 $mol \cdot L^{-1}$ $C_6H_{12}O_6$ 溶液。

6-4 医学临床上用的葡萄糖($C_6H_{12}O_6$)等渗液的凝固点是 −0.543 ℃,试计算此葡萄糖溶液的质量分数、沸点和血浆的渗透压(血液的温度为 37 ℃)。

6-5 在 300 K 时,100 mL 水中含 0.40 g 多肽溶液的渗透压为 0.499 kPa,试计算该多肽的相对分子质量。

6-6 为防止汽车水箱在寒冬季节冻裂,需使水的冰点下降到 253.15 K,即 $\Delta T_f = 20.0$ K,则在 1000 g 水中应加入甘油($C_3H_8O_3$)多少克?

6-7 孕甾酮是一种雌性激素,含有 9.5%H、10.2%O、80.3%C。将 1.50 g 孕甾酮溶于 10.0 g 苯中,所得溶液在 3.08 ℃凝固。计算孕甾酮的摩尔质量,确定其分子式。

6-8 将 12 mL 0.02 $mol \cdot L^{-1}$ KCl 溶液和 100 mL 0.005 $mol \cdot L^{-1}$ $AgNO_3$ 溶液混合制得 AgCl 溶胶:

(1) 写出溶胶的胶团结构。

(2) $MgSO_4$、$K_3[Fe(CN)_6]$和 $AlCl_3$ 三种电解质对该胶体聚沉值的大小顺序如何?

6-9 有两种溶液,一种为 1.50 g 尿素 $CO(NH_2)_2$ 溶于 200 g 水中;另一种为 42.8 g 未知物溶于 1000 g 水中。这两种溶液在同一温度开始结冰,计算这个未知物的摩尔质量。

6-10 苯和甲苯混合而成的溶液可看作理想溶液,溶液中苯和甲苯均遵守拉乌尔定律,即

$$\begin{aligned} p &= p(C_6H_5CH_3) + p(C_6H_6) \\ &= p^*(C_6H_5CH_3)x(C_6H_5CH_3) + p^*(C_6H_6)x(C_6H_6) \end{aligned}$$

已知苯和甲苯在 298.15 K 时蒸气压分别为 9.958 kPa 和 2.973 kPa,今以等质量的苯和甲苯在 298.15 K 时混合,试求:

(1) 溶液的蒸气压。

(2) 气相中甲苯的分压。

(3) 气相中甲苯的摩尔分数。

6-11 半透膜把容器分为形状相同的两室,右室盛 100 mL 0.1 $mol \cdot L^{-1}$蔗糖水溶液,左室盛 100 mL 0.2 $mol \cdot L^{-1}$ 甘油水溶液,则温度为 298 K 时,需在哪一室的液面上加多大的压力,才能使两室液面相平(达到渗透平衡)?

6-12 将 15.6 g 苯溶于 400 g 环己烷(C_6H_{12})中,该溶液的凝固点比纯溶剂低 10.1 ℃。计算环己烷的凝固点降低常数。

6-13 摩尔质量为 120 $g \cdot mol^{-1}$的弱酸 HA 3.00 g 溶于 100 g 水中,在 $p = 101.3$ kPa 压力下测得溶液的沸点为 100.180 ℃。求此弱酸的解离度。

6-14 胶体为什么具有稳定性? 使胶体聚沉的措施有哪些? 举例说明。

6-15 苯和水混合后加入钾肥皂,得到哪种类型的乳浊液? 若加入镁肥皂,又能得到哪种类型的乳浊液?

第7章 酸碱反应

物质在水溶液中的化学反应可分为酸碱反应、沉淀反应、氧化还原反应和配位反应四大类，与之相对应的四大平衡分别为酸碱平衡、沉淀-溶解平衡、氧化还原平衡和配位平衡。其中酸碱反应和酸碱平衡是最基础的，也是最重要的。本章以酸碱质子理论为基础，讨论水溶液中的酸碱平衡及其影响因素。

7.1 电解质溶液

7.1.1 电解质溶液

酸、碱和盐都是电解质。电解质按其电离程度的大小可分为强电解质和弱电解质。弱电解质在水溶液中部分电离，电离程度记为 α，一般用百分数表示。例如，25℃时 0.1 mol · L^{-1} HAc 水溶液的电离度 $\alpha=1.32\%$。一般来说，强电解质或是典型的离子型化合物(如 KCl、NaCl)，或是具有强极性的共价化合物(如 HCl、H_2SO_4)。它们在水溶液中因受具有较高介电常数的极性水分子的作用而100%完全解离。但是根据溶液导电性实验测得的强电解质在水溶液中的电离度都小于100%。

为什么会出现这种现象呢？离子是带有电荷的粒子，它们之间存在静电作用。在弱电解质溶液中，离子浓度较小，离子间的相互作用可以忽略。但在强电解质溶液中，离子浓度较大，离子间的静电作用显著，所以其相互作用不可忽略。离子的分布有一定规律，如在 KCl 溶液中，K^+ 的周围总是 Cl^- 多些，而 Cl^- 周围总是 K^+ 多些。总之，由于正、负离子间的静电作用，在每个离子的周围吸引着较多的带有相反电荷的离子。这种情形可以形象地描述为：正离子周围形成了负离子组成的"离子氛"，负离子周围也有由正离子组成的"离子氛"。由于离子不断运动，"离子氛"时而拆散，时而形成。同一个离子既是某一"离子氛"的中心离子，同时又是另一中心离子的"离子氛"中的一份子。离子之间的这种相互牵制作用使得离子不能完全自由运动。因此，根据溶液导电性实验所测得的离子浓度比按照电解质完全电离所应得的结果减小了，即由实验测得的强电解质的电离度小于100%。由实验测得的电离度称为表观电离度，它并不代表强电解质在溶液中实际的电离百分数。

7.1.2 离子浓度与活度

一般来说，离子浓度越大，离子所带的电荷越高，离子间的相互牵制作用就越强，溶液中"自由运动"离子的浓度就越小。这些"自由运动"离子的浓度称为活度或有效浓度。活度与浓度的关系为

$$a=\gamma \cdot b/b^{\ominus}$$

式中，a 为有效浓度(活度)；γ 为活度系数；b 为质量摩尔浓度。a 与 γ 的 SI 单位均为 1。若浓度用物质的量浓度表示，可得

$$a=\gamma \cdot c/c^{\ominus}$$

用活度代替浓度计算强电解质溶液的有关问题时，计算的结果与实验的结果比较吻合。活度系数 γ 可直接反映溶液中离子的自由程度。对于无限稀释的溶液来说，离子之间的相互作用极小，可以忽略，这时可近似认为 γ 等于 1，a 也就等于 $b/b^{\ominus}$。

7.1.3　离子强度

活度系数 γ 既与溶液中离子的浓度有关，又与离子的电荷数有关，但与离子的种类无关。为了统一定量地描述这两个物理量对活度系数的影响，引入了离子强度(I)的概念，其定义为

$$I=\frac{1}{2}\sum b_i z_i^2 \tag{7-1}$$

式中，I 为溶液的离子强度；b_i 为溶液中 i 离子的质量摩尔浓度；z_i 为溶液中 i 离子的电荷数。溶液浓度较稀时，也可用物质的量浓度 c 代替质量摩尔浓度 b。

例 7-1　计算 0.050 mol·L^{-1} $AlCl_3$ 溶液的离子强度。

解　$I=\frac{1}{2}\sum b_i z_i^2=\frac{1}{2}\times[(0.050\times3^2+3\times0.050\times1^2)]=0.30(\text{mol}\cdot\text{kg}^{-1})$

溶液的离子强度越大，离子之间的相互作用就越强，活度系数就越小，活度与浓度的差异也就越大。但是离子强度与活度系数之间至今尚未找到一个令人满意的关系式。

需要指出的是，本书为简化，总以浓度代替活度进行电解质溶液中的各种平衡的计算。严格地说，只有在很稀的溶液中才允许用浓度代替活度，否则误差较大。在化学实验中，更应注意浓度与活度的区别。

7.2　酸碱理论

人们对酸碱的认识经历了一个由浅入深、由感性到理性的过程。起初，对酸碱的认识是从纯粹的实际观察中得来的。有酸味，能使蓝色石蕊试纸变红的是酸；有涩味滑腻感，并能使红色石蕊试纸变蓝的是碱。直到 19 世纪后期才出现近代的酸碱理论。

7.2.1　酸碱电离理论

1884 年，瑞典化学家阿伦尼乌斯提出了酸碱电离理论。该理论认为：在水中电离，得到的阳离子均为 H^+ 的物质为酸；在水中电离，得到的阴离子均为 OH^- 的物质为碱。水溶液中的酸碱反应的实质就是，酸电离出的 H^+ 与碱电离出的 OH^- 结合生成 H_2O 的反应。酸碱电离理论首次赋予了酸碱科学的定义，对化学学科的发展有积极作用，直到现在仍普遍应用。然而，该理论的局限性也是明显的。它把酸和碱这两种密切相关的物质完全割裂开来，将碱局限为含有 OH^- 的物质，并把酸、碱以及酸碱反应局限在水溶液中。而对非水溶液和无溶剂体系中发生的酸碱反应以及对许多不含 H^+ 和 OH^- 的物质所表现出的酸碱性却无法解释。例如，NH_3、Na_2CO_3 为何在水溶液中呈碱性？NH_4Cl 为何呈现明显的酸性？针对这些问题，1923 年丹麦化学家布朗斯台德(J. N. Brönsted)和英国化学家劳里(M. Lowry)各自独立地提出了酸碱质子理论，也称为布朗斯台德-劳里质子理论。

7.2.2 酸碱质子理论

1. 酸碱的定义

酸碱质子理论认为：在一定条件下，凡能给出质子(H^+)的物质为酸，如 HAc、NH_4^+ 等；凡能接受质子的物质为碱，如 Ac^-、NH_3 等。可用简式表示如下：

酸	$\rightleftharpoons$	碱	+	质子
HCl	$\rightleftharpoons$	Cl^-	+	H^+
HAc	$\rightleftharpoons$	Ac^-	+	H^+
NH_4^+	$\rightleftharpoons$	NH_3	+	H^+
HCO_3^-	$\rightleftharpoons$	CO_3^{2-}	+	H^+
H_2CO_3	$\rightleftharpoons$	HCO_3^-	+	H^+
H_2O	$\rightleftharpoons$	OH^-	+	H^+
H_3O^+	$\rightleftharpoons$	H_2O	+	H^+
$[Fe(H_2O)_6]^{3+}$	$\rightleftharpoons$	$[Fe(H_2O)_5(OH)]^{2+}$	+	H^+

可见，在酸碱质子理论中，酸和碱可以是中性分子，也可以是阳离子或阴离子，分别称为分子酸碱和离子酸碱。在酸碱质子理论中，没有盐的概念，如 NH_4Ac 中 NH_4^+ 是酸，Ac^- 是碱。

在酸碱质子理论中，酸和碱是成对出现的。酸(HA)给出一个质子后变为碱(A^-)，碱(A^-)得到一个质子后变为酸(HA)，HA 与 A^- 之间的这种相互依存关系称为共轭关系。HA 是 A^- 的共轭酸，A^- 是 HA 的共轭碱，HA 与 A^- 这一对酸碱称为共轭酸碱对。上述例子中，等号左边的酸(HAc、NH_4^+、$[Fe(H_2O)_6]^{3+}$ 等)与等号右边的碱(Ac^-、NH_3、$[Fe(H_2O)_5(OH)]^{2+}$ 等)之间仅相差一个质子，互为共轭关系，等号左边的酸与等号右边的碱组成一对共轭酸碱对。在以上表示共轭关系的式子中，有些物质(如 HCO_3^-、H_2O 等)既能给出质子，又能接受质子，称为两性物质。显然，一定条件下，酸给出质子的能力越强(酸性越强)，其共轭碱接受质子的能力就越弱(碱性越弱)，反之亦然。

还需注意的是，以上表示共轭酸碱关系的反应式(也称为酸碱半反应式)是不会独立发生的，因为游离质子的半径非常小，且电荷密度很高，在水溶液中只能瞬间独立存在。它必须与能接受质子的物质相结合，才能稳定存在。因此，为了实现酸碱反应，一对共轭酸碱对给出质子，必须存在另一对共轭酸碱对接受质子。也就是说，一个酸碱反应必须由两个酸碱半反应组成。

$$\underset{\text{酸}_1}{HCl} \rightleftharpoons H^+ + \underset{\text{碱}_1}{Cl^-} \qquad (\text{半反应 } 1)$$

$$\underset{\text{碱}_2}{NH_3} + H^+ \rightleftharpoons \underset{\text{酸}_2}{NH_4^+} \qquad (\text{半反应 } 2)$$

以上二反应式相加，得

$$\underset{\text{酸}_1}{HCl} + \underset{\text{碱}_2}{NH_3} \rightleftharpoons \underset{\text{碱}_1}{Cl^-} + \underset{\text{酸}_2}{NH_4^+} \qquad (\text{总反应}) \qquad (1)$$

2. 酸碱反应的实质

酸碱质子理论认为，酸碱反应的实质就是两对共轭酸碱对之间质子的传递反应，如反应(1)，质子从酸 HCl 传递给碱 NH_3。又如，HAc、Ac^- 在水溶液中的解离反应如下：

$$HAc + H_2O \rightleftharpoons H_3O^+ + Ac^- \tag{2}$$

$$H_2O + Ac^- \rightleftharpoons HAc + OH^- \tag{3}$$

质子从酸 HAc、H_2O 分别传给了碱 H_2O、Ac^-。在酸碱反应(质子传递)过程中，越易给出质子的酸越强，越易得到质子的碱越强。因此反应的结果必然是强酸给出质子，强碱获得质子。酸碱反应的自发方向总是由较强的酸和较强的碱反应向着生成较弱的酸和较弱的碱的方向进行。从酸碱电离理论来看，反应(1)、(2)和(3)依次是中和反应、酸的解离反应和盐类的水解反应。但是从酸碱质子理论来看，中和反应、解离反应和水解反应都可统一为质子酸碱反应。

酸碱反应可以在水溶液中进行，也可以在非水溶剂或者气相中进行，如反应(1)无论在水溶液中，还是在气相或苯溶液中进行，其实质都是涉及 H^+ 转移的酸碱反应。因此，酸碱质子理论不仅扩大了酸碱概念的范围，还把水溶液体系和非水溶液体系统一起来，使酸碱反应的内涵和应用范围都大大扩展了。

3. 酸碱的强弱

根据酸碱质子理论，酸碱的强度不仅与酸碱的本性(得失质子的能力)有关，还与溶剂的性质(接受或给出质子的能力)有关。例如，HAc 在水中是弱酸，在液氨中却是强酸，因为液氨接受质子的能力强于水。

$$HAc + NH_3 \rightleftharpoons Ac^- + NH_4^+$$

因此酸碱强弱是一个相对的概念，酸碱强弱的比较必须以同一溶剂为基准才有意义。

水是最常见的溶剂。酸和碱在水溶液中的强弱可分别用其解离常数 $K_a^\ominus$ 和 $K_b^\ominus$ 来表征。例如，一元弱酸 HAc 在水溶液中的解离平衡式为

$$HAc + H_2O \rightleftharpoons H_3O^+ + Ac^-$$

通常可简写为

$$HAc \rightleftharpoons H^+ + Ac^-$$

其标准解离平衡常数表达式为

$$K_a^\ominus(HAc) = \frac{[c(H^+)/c^\ominus][c(Ac^-)/c^\ominus]}{c(HAc)/c^\ominus} \tag{7-2}$$

又如，一元弱碱 Ac^- 在水溶液中的解离平衡式为

$$Ac^- + H_2O \rightleftharpoons HAc + OH^-$$

其标准解离平衡常数表达式为

$$K_b^\ominus(Ac^-) = \frac{[c(HAc)/c^\ominus][c(OH^-)/c^\ominus]}{c(Ac^-)/c^\ominus} \tag{7-3}$$

水是两性物质，因此在水溶液中存在水分子之间的质子转移反应，也称质子自递反应。

$$H_2O + H_2O \rightleftharpoons H_3O^+ + OH^-$$

其标准解离平衡常数表达式为

$$K_w^\ominus=[c(H^+)/c^\ominus][c(OH^-)/c^\ominus] \tag{7-4}$$

式中，$K_w^\ominus$ 为水的质子自递常数，也称为水的离子积。水的质子自递反应是 $\Delta_r H_m^\ominus>0$ 的反应，而且 $\Delta_r H_m^\ominus$ 数值较大，因此 $K_w^\ominus$ 受温度的影响较明显（表 7－1）。在较严格的工作中，应使用实验温度条件下的 $K_w^\ominus$ 数值。若反应在室温进行，$K_w^\ominus$ 一般取 1.00×10^{-14}。

表 7－1　不同温度下水的质子自递常数

t/℃	0	10	20	24	25	50	100
$K_w^\ominus$	1.14×10^{-15}	2.92×10^{-15}	6.81×10^{-15}	1.00×10^{-14}	1.01×10^{-14}	5.47×10^{-14}	5.50×10^{-13}

酸碱解离常数具有一般平衡常数的特点，即只与温度有关，而与有关物质的浓度或压力无关。其数值大小表示一定温度下，酸(碱)在水中解离的程度。解离常数越大，酸(碱)的强度就越大。互为共轭关系的一对酸碱的 $K_a^\ominus$ 和 $K_b^\ominus$ 之间有确定的关系。例如，HAc 的 $K_a^\ominus$ 和 Ac^- 的 $K_b^\ominus$ 之间满足下列关系：

$$K_a^\ominus(HAc)\cdot K_b^\ominus(Ac^-)=K_w^\ominus(H_2O)$$

即水溶液中，互为共轭关系的酸与碱的解离常数的乘积等于水的质子自递常数。这种定量关系可依下法证得：

$$HB+H_2O = H_3O^+ + B^- \qquad K_1^\ominus=K_a^\ominus(HB)$$

$$B^- + H_2O = OH^- + HB \qquad K_2^\ominus=K_b^\ominus(B^-)$$

以上二反应式相加，得

$$H_2O+H_2O = H_3O^+ + OH^- \qquad K_3^\ominus=K_1^\ominus\cdot K_2^\ominus=K_w^\ominus(H_2O)$$

故

$$K_w^\ominus=K_1^\ominus\cdot K_2^\ominus=K_a^\ominus(HB)\cdot K_b^\ominus(B^-) \tag{7-5}$$

因此，只要知道了酸或碱的解离常数，其共轭碱或酸的解离常数就可以通过式(7－5)求得。一些常用的分子酸碱的解离常数列于附录Ⅳ。

例 7－2　已知弱酸 HCN 的 $K_a^\ominus=6.2\times10^{-10}$，弱碱 NH_3 的 $K_b^\ominus=1.8\times10^{-5}$，求它们的共轭碱或共轭酸的 $K_b^\ominus$ 或 $K_a^\ominus$。

解　由 $K_a^\ominus(HCN)\cdot K_b^\ominus(CN^-)=K_w^\ominus$，可得

$$K_b^\ominus(CN^-)=\frac{K_w^\ominus}{K_b^\ominus(HCN)}=\frac{1.0\times10^{-14}}{6.2\times10^{-10}}=1.6\times10^{-5}$$

同理可得

$$K_a^\ominus(NH_4^+)=\frac{K_w^\ominus}{K_b^\ominus(NH_3)}=\frac{1.0\times10^{-14}}{1.8\times10^{-5}}=5.6\times10^{-10}$$

由例 7－2 计算可知，在一定条件下，若酸给出质子能力较强，即 $K_a^\ominus$ 较大，则其共轭碱接受质子的能力必然较弱，即 $K_b^\ominus$ 就越小。例如，HCl 在水溶液中是强酸，$K_a^\ominus\approx10^8$，其共轭碱 Cl^- 在水溶液中碱性极弱，甚至可以认为它不具有碱性，$K_b^\ominus$ 小到难以测定。

7.2.3　酸碱电子理论

布朗斯台德-劳里质子理论发展了阿伦尼乌斯酸碱的概念，它包括了所有显示碱性的物质，但对于酸，仍限制在含氢的物质上，故酸碱反应也只能局限于包含质子转移的反应。1923 年，美国物理化学家路易斯提出另一种酸碱概念："凡能给出电子对的分子、离子或

基团都称为碱；凡能接受电子对的分子、离子或基团都称为酸”。这样定义的酸碱分别称为路易斯碱和路易斯酸。路易斯酸碱反应的实质不再是质子转移而是电子转移，是碱性物质提供电子对与酸性物质生成配位共价键的反应，故该理论称为酸碱电子理论。例如

路易斯酸	+	路易斯碱	═══	酸碱加和物	
H^+	+	$:OH^-$	═══	H_2O	(1)
Ni	+	$4:CO$	═══	$Ni(CO)_4$	(2)
Ag^+	+	$2:NH_3$	═══	$[Ag(NH_3)_2]^+$	(3)
BF_3	+	$:NH_3$	═══	F_3BNH_3	(4)
SiF_4	+	$2:F^-$	═══	$[SiF_6]^{2-}$	(5)

反应(1)是质子论的典型例子，因此可以认为质子论是电子论的特例(由 H^+ 接受外来电子对)。由反应(2)～(5)可见，能作为路易斯酸的物质不仅是含氢的物质，也可以是原子、金属离子或缺电子的分子等。电子论立足于物质的普遍成分，以电子的授受关系说明酸碱反应，扩大了酸碱概念的范围，故又称为“广义的酸碱理论”。

7.2.4 软硬酸碱规则

路易斯酸碱理论虽然包括的范围很广，但也有不足之处。最主要的是没有统一的标度来确定酸碱的强弱。例如，对路易斯酸 Fe^{3+} 来说，卤素离子碱性强弱的次序为 $F^- > Cl^- > Br^- > I^-$；但对 Hg^{2+} 来说，碱性强弱次序却为 $I^- > Br^- > Cl^- > F^-$。因此在酸碱电子论中，酸碱反应的方向难以判断，这种缺陷可由美国化学家皮尔逊(R. G. Pearson)提出的软硬酸碱规则(HSAB)来弥补。根据得失电子对的难易程度，皮尔逊把路易斯酸碱分为硬酸、软酸、交界酸和硬碱、软碱、交界碱各三类。硬酸的特征是正电荷较多，半径较小，外层电子被原子核束缚得较紧，因而不易变形，如 B^{3+}、Al^{3+} 和 Fe^{3+} 等。软酸的特征是正电荷较少，半径较大，外层电子被原子核束缚得较松，因而易变形，如 Cu^+、Ag^+、Cd^{2+} 和 Hg^{2+} 等。介于硬酸和软酸之间的酸(如 Fe^{2+}、Cu^{2+} 等)称为交界酸。硬碱的特征是负离子或分子，其配位原子的半径较小，电负性高，难失去电子，不易变形，如 F^-、OH^- 和 H_2O 等。作为软碱的负离子或分子，其配位原子则是一些吸引电子能力较弱(电负性较小)的元素，这些原子的半径较大，易失去电子，容易变形，如 I^-、SCN^-、CN^- 和 CO 等。介于硬碱和软碱之间的碱(如 Br^-、NO_2^- 等)称为交界碱。对同一元素来说，一般是氧化数高的离子比氧化数低的离子具有更硬的酸度。例如，Fe^{3+} 是硬酸，Fe^{2+} 是交界酸，Fe 则是软酸，其他 d 区元素也大致如此。

皮尔逊把路易斯酸碱分类以后，根据实验事实总结出一条规律：“硬亲硬，软亲软”，即硬酸更倾向于与硬碱结合，软酸更倾向于与软碱结合，如果酸碱是一硬一软，其结合力就不强，这就是软硬酸碱规则。例如，硬酸 Fe^{3+} 与硬碱 F^- 可形成稳定的配离子，软酸 Hg^{2+} 和软碱 I^- 也能形成稳定的配离子，而 Fe^{3+} 与 I^-、Hg^{2+} 与 F^- 由于是软硬搭配，无法形成稳定的配离子。显然，这种规则比较粗略，但在目前仍不失为一个有用的简单规则。它在判断自然界和人体内金属元素的存在状态、判断反应方向以及指导某些金属非常见氧化态化合物的合成等方面都有广泛的应用。

由于酸碱电子论只能定性说明问题，不能定量化，而且在水溶液中，酸碱反应的电子论也难以直接应用，因此，本章所讨论的水溶液的酸碱平衡都是以酸碱质子理论为基础的。

7.3 酸碱的解离平衡

7.3.1 酸碱水溶液 pH 的计算

1. 一元弱酸(碱)水溶液

弱一元酸 HB 水溶液的解离平衡式为

$$HB \rightleftharpoons H^+ + B^-$$

其标准解离平衡常数的表达式为

$$K_a^\ominus(HB)=\frac{[c(H^+)/c^\ominus][c(B^-)/c^\ominus]}{c(HB)/c^\ominus}$$

若弱酸的初始浓度为 c_0，达到平衡时有

$$c(H^+)=c(B^-) \qquad c(HB)=c_0-c(H^+)$$

代入上式可得

$$K_a^\ominus(HB)=\frac{[c(H^+)/c^\ominus]^2}{[c_0-c(H^+)]/c^\ominus} \tag{7-6}$$

求解此一元二次方程，可得

$$c(H^+)/c^\ominus=\frac{-K_a^\ominus+\sqrt{(K_a^\ominus)^2+4K_a^\ominus \cdot c_0/c^\ominus}}{2} \tag{7-7}$$

式(7－7)是计算一元弱酸水溶液的 $c(H^+)$ 的近似式(忽略水本身解离所产生的 H^+)。

如果 $c(H^+) \ll c_0$，则 $c_0-c(H^+)\approx c_0$，式(7－6)可简化为

$$K_a^\ominus(HB)=\frac{[c(H^+)/c^\ominus]^2}{c_0/c^\ominus}$$

$$c(H^+)/c^\ominus=\sqrt{K_a^\ominus(HB)\cdot c_0/c^\ominus} \tag{7-8}$$

式(7－8)是计算一元弱酸水溶液 $c(H^+)$ 的最简式。

一般认为，当 $\frac{c_0/c^\ominus}{K_a^\ominus}\geqslant 10^{2.81}$ 时，弱酸解离度很小，可忽略弱酸的解离，即 $c_0\approx c(HB)$，可采用式(7－8)计算 $c(H^+)$，此时计算结果的相对误差不超过 2%；若 $\frac{c_0/c^\ominus}{K_a^\ominus}<10^{2.81}$，则不能用 HB 的初始浓度近似代替 HB 的平衡浓度，即 $c(HB)\neq c_0$，$c(H^+)$ 应采用式(7－7)计算。

同理，弱一元碱(B^-)水溶液中 OH^- 浓度的计算式如下：

若 $\frac{c_0/c^\ominus}{K_b^\ominus}\geqslant 10^{2.81}$，则采用最简式近似计算：

$$c(OH^-)/c^\ominus=\sqrt{K_b^\ominus\cdot c_0/c^\ominus} \tag{7-9}$$

若 $\frac{c_0/c^\ominus}{K_b^\ominus}<10^{2.81}$，则采用近似式近似计算：

$$c(OH^-)/c^\ominus=\frac{-K_b^\ominus+\sqrt{(K_b^\ominus)^2+4K_b^\ominus\cdot c_0/c^\ominus}}{2} \qquad (7-10)$$

例 7-3 计算 0.10 mol·L^{-1} HF 水溶液的 $c(H^+)$、pH 及解离度 α。已知 $K_a^\ominus(HF)=6.3\times10^{-4}$。

解 因为$\frac{c_0/c^\ominus}{K_a^\ominus}=\frac{0.10}{6.3\times10^{-4}}\geqslant10^{2.81}$，故可用最简式计算。

$$c(H^+)/c^\ominus=\sqrt{K_a^\ominus\cdot c_0/c^\ominus}=\sqrt{6.3\times10^{-4}\times0.10}=7.9\times10^{-3}$$

$$c(H^+)=7.9\times10^{-3}(mol\cdot L^{-1}) \qquad pH=2.10$$

$$\alpha(HF)=\frac{c(H^+)}{c_0(HF)}\times100\%=\frac{7.9\times10^{-3}}{0.10}\times100\%=7.9\%$$

例 7-4 计算 0.10 mol·L^{-1}NaAc 水溶液的 pH。

解 Ac^-为一元弱碱，其 $K_b^\ominus(Ac^-)=K_w^\ominus/K_a^\ominus(HAc)=5.88\times10^{-10}$。因为$\frac{c_0/c^\ominus}{K_b^\ominus}\geqslant10^{2.81}$，可用最简式计算。

$$c(OH^-)/c^\ominus=\sqrt{K_b^\ominus\cdot c_0/c^\ominus}=\sqrt{5.88\times10^{-10}\times0.10}=7.7\times10^{-6}$$

$$c(OH^-)=7.7\times10^{-6}(mol\cdot L^{-1}) \qquad pH=8.89$$

2. 多元弱酸(碱)水溶液

多元弱酸(碱)在水溶液中的解离是分级进行的。例如

$$H_2CO_3+H_2O=\!=\!=H_3O^++HCO_3^-$$

$$K_{a_1}^\ominus=\frac{[c(H^+)/c^\ominus][c(HCO_3^-)/c^\ominus]}{c(H_2CO_3)/c^\ominus}=4.3\times10^{-7}$$

$$HCO_3^-+H_2O=\!=\!=H_3O^++CO_3^{2-}$$

$$K_{a_2}^\ominus=\frac{[c(H^+)/c^\ominus][c(CO_3^{2-})/c^\ominus]}{c(HCO_3^-)/c^\ominus}=5.6\times10^{-11}$$

又如

$$CO_3^{2-}+H_2O=\!=\!=HCO_3^-+OH^-$$

$$K_{b_1}^\ominus=\frac{[c(HCO_3^-)/c^\ominus][c(OH^-)/c^\ominus]}{c(CO_3^{2-})/c^\ominus}=1.8\times10^{-4}$$

$$HCO_3^-+H_2O=\!=\!=H_2CO_3+OH^-$$

$$K_{b_2}^\ominus=\frac{[c(H_2CO_3)/c^\ominus][c(OH^-)/c^\ominus]}{c(HCO_3^-)/c^\ominus}=2.3\times10^{-8}$$

式中，$K_{a_1}^\ominus$、$K_{a_2}^\ominus$($K_{b_1}^\ominus$、$K_{b_2}^\ominus$)分别称为该多元弱酸(碱)的第一、第二级解离常数。

根据水溶液中共轭酸碱解离常数的乘积等于水的质子自递常数这一规律，可知：

$$K_{a_1}^\ominus(H_2CO_3)\cdot K_{b_2}^\ominus(CO_3^{2-})=K_w^\ominus$$

$$K_{a_2}^\ominus(H_2CO_3)\cdot K_{b_1}^\ominus(CO_3^{2-})=K_w^\ominus$$

一般情况下，多元弱酸(碱)相邻的两级解离常数相差较大，弱无机多元酸(碱)相邻两级解离常数的比值(如 $K_{a_1}^\ominus/K_{a_2}^\ominus$ 或 $K_{b_1}^\ominus/K_{b_2}^\ominus$)一般约为 10^4；弱有机酸碱相邻两级解离常数

的比值一般也大于 $10^{1.6}$，即多元弱酸（碱）第一级解离的程度远大于其后各级，加之第一级解离产生的 H^+ 对其后各级解离的抑制作用，故在计算弱多元酸（碱）水溶液的酸度时，一般只需考虑其第一级解离，而忽略其第二、第三等各级解离。

例 7－5 常温、常压下，饱和 H_2S 水溶液的浓度约为 0.10 mol・L^{-1}。试计算此水溶液中的 $c(H^+)$、$c(HS^-)$和 $c(S^{2-})$。

解 计算 $c(H^+)$时，将氢硫酸作为一元弱酸处理。

因为$\dfrac{c_0/c^\ominus}{K_{a_1}^\ominus}>10^{2.81}$，故可应用最简式进行计算。

$$c(H^+)/c^\ominus=\sqrt{K_{a_1}^\ominus\cdot c_0/c^\ominus}=\sqrt{1.1\times10^{-7}\times0.10}=1.0\times10^{-4}$$

$$c(H^+)=1.0\times10^{-4}(mol\cdot L^{-1})$$

由于可忽略第二级解离，故 $c(HS^-)\approx c(H^+)=1.0\times10^{-4}$ mol・L^{-1}，S^{2-} 由第二级解离产生。

$$HS^-+H_2O=\!=\!=S^{2-}+H_3O^+$$

$$K_{a_2}^\ominus=\frac{[c(H^+)/c^\ominus][c(S^{2-}/c^\ominus)]}{c(HS^-)/c^\ominus}$$

因为 $c(H^+)\approx c(HS^-)=1.0\times10^{-4}$ mol・L^{-1}，所以

$$c(S^{2-})/c^\ominus=\frac{K_{a_2}^\ominus[c(HS^-)/c^\ominus]}{c(H^+)/c^\ominus}\approx K_{a_2}^\ominus=1.3\times10^{-13}$$

$$c(S^{2-})=1.3\times10^{-13}(mol\cdot L^{-1})$$

例 7－6 尼古丁（$C_{10}H_{14}N_2$）是二元弱碱（$K_{b_1}^\ominus=7.0\times10^{-7}$，$K_{b_2}^\ominus=1.4\times10^{-11}$）。计算 0.050 mol・L^{-1}尼古丁水溶液的 pH 及溶液中的 $c(C_{10}H_{14}N_2)$、$c(C_{10}H_{14}N_2H^+)$和$c(C_{10}H_{14}N_2H_2^{2+})$。

解 因为$\dfrac{c_0/c^\ominus}{K_{b_1}^\ominus}>10^{2.81}$，故可用最简式进行计算。

$$c(OH^-)/c^\ominus=\sqrt{K_{b_1}^\ominus\cdot c_0/c^\ominus}=\sqrt{7.0\times10^{-7}\times0.050}=1.9\times10^{-4}$$

$$c(OH^-)=1.9\times10^{-4}(mol\cdot L^{-1})\qquad pH=14-pOH=10.28$$

由于尼古丁是二元弱碱，可忽略第二级解离，故 $c(C_{10}H_{14}N_2H^+)\approx c(OH^-)=1.87\times10^{-4}$ mol・L^{-1}，$C_{10}H_{14}N_2H_2^{2+}$ 由第二级解离产生。

$$C_{10}H_{14}N_2H^++H_2O=\!=\!=C_{10}H_{14}N_2H_2^{2+}+OH^-$$

$$K_{b_2}^\ominus=\frac{[c(C_{10}H_{14}N_2H_2^{2+})/c^\ominus][c(OH^-)/c^\ominus]}{c(C_{10}H_{14}N_2H^+)/c^\ominus}$$

因为 $c(C_{10}H_{14}N_2H^+)=c(OH^-)=1.87\times10^{-4}$ mol・L^{-1}，故可得

$$c(C_{10}H_{14}N_2H_2^{2+})/c^\ominus=\frac{K_{b_2}^\ominus[c(C_{10}H_{14}N_2H^+)/c^\ominus]}{c(OH^-)/c^\ominus}\approx K_{b_2}^\ominus=1.4\times10^{-11}$$

$$c(C_{10}H_{14}N_2H_2^{2+})=1.4\times10^{-11}(mol\cdot L^{-1})$$

由以上两例计算可知，多元弱酸、弱碱水溶液的解离平衡比一元体系复杂。处理多元体系时应注意以下几点：

（1）多元弱酸 $K_{a_1}^\ominus\geqslant K_{a_2}^\ominus\geqslant K_{a_3}^\ominus$，计算溶液 $c(H^+)$时，可将其视为一元酸处理，酸的强度也由 $K_{a_1}^\ominus$ 衡量。

（2）多元弱酸碱水溶液中同时存在多级解离平衡，是多重平衡系统。平衡时溶液中各离子浓度同时满足多级解离平衡关系式。例如，在 H_2S 水溶液中，$c(H^+)$、$c(HS^-)$同

时满足 $K_{a_1}^{\ominus}$ 和 $K_{a_2}^{\ominus}$ 的表达式，它们的浓度是唯一的。H_2S 水溶液的 H^+ 来源于三方面：一是 H_2S 的第一级解离，二是 HS^- 的第二级解离，三是水的解离。由于前者比后两者贡献大得多，故 $K_{a_1}^{\ominus}$ 和 $K_{a_2}^{\ominus}$ 表达式中的 H^+ 可看作 H_2S 第一级解离产生的。

(3) 弱二元酸 H_2B 水溶液中，若不存在其他酸碱，则有如下一般规律：酸根离子的相对浓度约等于酸的 $K_{a_2}^{\ominus}$，即 $c(B^{2-})/c^{\ominus} \approx K_{a_2}^{\ominus}$，且 H^+ 的浓度远远大于酸根离子浓度的两倍。若体系中还含有其他酸碱，则以上关系式不成立。

(4) 离子酸碱的解离常数一般不能直接查到，但可通过式(7－5)求算。例如，H_3PO_4 作为酸时的解离常数为 $K_{a_1}^{\ominus}$，其共轭碱 $H_2PO_4^-$ 的碱常数则为 $K_{b_3}^{\ominus}$，所以 $K_{b_3}^{\ominus}=K_w^{\ominus}/K_{a_1}^{\ominus}$；$HCO_3^-$ 的酸常数为 $K_{a_2}^{\ominus}$，其共轭碱 CO_3^{2-} 的碱常数 $K_{b_1}^{\ominus}=K_w^{\ominus}/K_{a_2}^{\ominus}$。

3. 两性物质水溶液

多元弱酸含氢盐、弱酸弱碱盐和氨基酸都是两性物质。两性物质在水溶液中的解离平衡较复杂，故这里只介绍近似处理方法。以 $NaHCO_3$ 为例。

酸式解离：

$$HCO_3^- + H_2O \rightleftharpoons H_3O^+ + CO_3^{2-} \tag{1}$$

碱式解离：

$$HCO_3^- + H_2O \rightleftharpoons OH^- + H_2CO_3 \tag{2}$$

由于反应(1)生成的 H_3O^+ 与反应(2)生成的 OH^- 相互中和，促使两反应强烈向右移动，溶液中生成较多的 CO_3^{2-} 和 H_2CO_3，且浓度近似相等，依据

$$K_{a_1}^{\ominus}K_{a_2}^{\ominus}=\frac{[c(H^+)/c^{\ominus}]^2[c(CO_3^{2-})/c^{\ominus}]}{c(H_2CO_3)/c^{\ominus}}$$

可得

$$c(H^+)/c^{\ominus}=\sqrt{K_{a_1}^{\ominus}K_{a_2}^{\ominus}} \quad 或 \quad pH=\frac{1}{2}(pK_{a_1}^{\ominus}+pK_{a_2}^{\ominus}) \tag{7-11}$$

推广至一般：

$$c(H^+)/c^{\ominus}=\sqrt{K_a^{\ominus}K_a^{\ominus\prime}}$$

式中，$K_a^{\ominus}$ 为两性物质作为酸时的解离常数；$K_a^{\ominus\prime}$ 为两性物质作为碱时其共轭酸的解离常数。

例如，NH_4CN 水溶液的 pH 为

$$pH=\frac{1}{2}[pK_a^{\ominus}(NH_4^+)+pK_a^{\ominus}(HCN)]$$

NaH_2PO_4 水溶液的 pH 为

$$pH=\frac{1}{2}[pK_{a_1}^{\ominus}(H_3PO_4)+pK_{a_2}^{\ominus}(H_3PO_4)]$$

Na_2HPO_4 水溶液的 pH 为

$$pH=\frac{1}{2}[pK_{a_2}^{\ominus}(H_3PO_4)+pK_{a_3}^{\ominus}(H_3PO_4)]$$

例 7－7 计算 0.10 $mol \cdot L^{-1}$ 氨基乙酸(NH_2CH_2COOH)水溶液的 pH。

解 氨基乙酸在溶液中以双极离子形式($^+H_3NCH_2COO^-$)存在，双极离子既能起酸的作用，又能

起碱的作用，因此为两性物质。

$$^{+}H_3NCH_2COOH \xleftarrow{H^+} {}^{+}H_3NCH_2COO^- \xrightarrow{-H^+} H_2NCH_2COO^-$$

$$K_{a_1}^{\ominus}=4.5\times10^{-3} \qquad K_{a_2}^{\ominus}=2.5\times10^{-10}$$

$$c(H^+)/c^{\ominus}=\sqrt{K_{a_1}^{\ominus}K_{a_2}^{\ominus}}=\sqrt{4.5\times10^{-3}\times2.5\times10^{-10}}=1.1\times10^{-6}$$

$$c(H^+)=1.1\times10^{-6}(mol\cdot L^{-1}) \qquad pH=5.96$$

7.3.2 酸碱平衡的移动

酸碱解离平衡与其他任何化学平衡一样，都是暂时的、有条件的动态平衡，一旦外界条件改变，平衡就会发生移动，直至在新的条件下建立新的平衡。此时酸碱溶液的酸度、酸碱溶液中各存在型体的浓度等均会发生改变。

1. 稀释作用

浓度为 c_0 的一元弱酸 HB 在水溶液中达到解离平衡时，假设 HB 的解离度为 α，则各物种平衡浓度间的关系为

	HB $=\!=$	H^+	+ B^-
$c_0/(mol\cdot L^{-1})$	c_0	0	0
$c/(mol\cdot L^{-1})$	$c_0-c_0\alpha$	$c_0\alpha$	$c_0\alpha$

$$K_a^{\ominus}=\frac{[c(H^+)/c^{\ominus}][c(B^-)/c^{\ominus}]}{c(HB)/c^{\ominus}}=\frac{(c_0\alpha/c^{\ominus})\cdot(c_0\alpha/c^{\ominus})}{(c_0-c_0\alpha)/c^{\ominus}}=\frac{\alpha^2\cdot c_0/c^{\ominus}}{1-\alpha}$$

对于弱酸，一般 α 很小，$1-\alpha\approx1$，则有

$$K_a^{\ominus}=\alpha^2c_0/c^{\ominus} \quad 或 \quad \alpha=\sqrt{\frac{K_a^{\ominus}}{c_0/c^{\ominus}}} \tag{7-12}$$

对于弱碱，同理可得相似的近似公式：

$$K_b^{\ominus}=\alpha^2c_0/c^{\ominus} \quad 或 \quad \alpha=\sqrt{\frac{K_b^{\ominus}}{c_0/c^{\ominus}}} \tag{7-13}$$

式(7-12)和式(7-13)称为稀释定律。若向系统内加水稀释，溶液的浓度降低，则 α 增大。说明在一定的温度下，稀释溶液可使弱酸(碱)的解离度增大。但由于稀释后溶液体积增大的倍数比解离度增大的倍数大得多，因此稀释后弱酸(碱)水溶液的酸(碱)度反而降低。

2. 同离子效应和盐效应

若向 HAc 水溶液中加入其共轭碱 Ac^-，或向 NH_3 水溶液中加入其共轭酸 NH_4^+，HAc、NH_3 的解离平衡将逆向移动，使得 HAc、NH_3 的离解度降低。

$$HAc=\!=H^++Ac^-$$

$$NH_3+H_2O=\!=OH^-+NH_4^+$$

这种由于在弱电解质溶液中加入含有相同离子的强电解质而使弱电解质解离度降低的效应称为同离子效应。

例 7-8 计算下列溶液的 H^+ 浓度和 HAc 的解离度 α：(1)0.10 mol·L^{-1}的 HAc 溶液；(2) 1.0 L 0.10 mol·L^{-1}的 HAc 溶液中加入 0.10 mol 固体 NaAc。

解 (1) 因为$\frac{c_0/c^{\ominus}}{K_a^{\ominus}}=\frac{0.10}{1.7\times10^{-5}}\geqslant10^{2.81}$，故可用最简式计算。

$$c(H^+)/c^{\ominus}=\sqrt{K_a^{\ominus}\cdot c_0/c^{\ominus}}=\sqrt{1.7\times10^{-5}\times0.10}=1.3\times10^{-3}$$

$$c(H^+)=1.3\times10^{-3}(mol\cdot L^{-1})$$

$$\alpha(HAc)=\frac{c(H^+)}{c_0(HAc)}\times100\%=\frac{1.3\times10^{-3}}{0.10}\times100\%=1.3\%$$

(2) 设平衡时，已解离的 HAc 分子为 x mol·L^{-1}。

	HAc	══	H^+	+	Ac^-
$c_0/(mol\cdot L^{-1})$	0.10		0		0.10
$c/(mol\cdot L^{-1})$	$0.10-x$		x		$0.10+x$

$$K_a^{\ominus}=\frac{[c(H^+)/c^{\ominus}][c(Ac^-)/c^{\ominus}]}{c(HAc)/c^{\ominus}}=\frac{x(0.10+x)}{0.10-x}=1.7\times10^{-5}$$

由于同离子效应，HAc 的解离度大大降低，因此可近似认为 $0.10+x\approx0.10$，$0.10-x\approx0.10$，则上式可简化为

$$\frac{0.10x}{0.10}=1.7\times10^{-5}$$

$$x=c(H^+)=1.7\times10^{-5}(mol\cdot L^{-1})\qquad pH=4.76$$

$$\alpha(HAc)=\frac{c(H^+)}{c_0(HAc)}\times100\%=\frac{1.7\times10^{-5}}{0.10}\times100\%=0.017\%$$

以上计算说明，在 HAc 溶液中加入 NaAc 后，溶液的 H^+ 浓度和 HAc 的解离度 α 都降低了，表明同离子效应显著影响弱电解质的电离平衡。

如果加入的强电解质不具有相同离子，如在 HAc 中加入 NaCl 固体，同样会破坏原来的解离平衡。这是因为强电解质完全解离，使得溶液中离子总浓度增大，离子间相互作用增强，这时 Ac^- 和 H^+ 被众多异号离子(Na^+ 和 Cl^-)包围，则 H^+ 与 Ac^- 结合成 HAc 分子的机会减少，此时平衡将向解离的方向移动，使 HAc 的解离度增大，这种现象称为盐效应。当然，发生同离子效应的同时必然伴随着盐效应，但由于同离子效应比盐效应强得多，因此两效应共存时，一般只考虑同离子效应，忽略盐效应。

3. 介质酸度对酸碱平衡的影响

在酸碱平衡体系中，溶液中存在各种不同形式的酸碱型体。例如，乙酸水溶液中，由于解离作用，存在 HAc 和 Ac^- 两种型体；磷酸水溶液中存在 H_3PO_4、$H_2PO_4^-$、HPO_4^{2-} 和 PO_4^{3-} 四种不同的型体。根据化学平衡移动原理，改变溶液的酸度，酸碱解离平衡将发生移动，则各种存在型体的浓度将随之改变。各种存在型体的分布情况可用其平衡浓度占总浓度(也称分析浓度)的分数，即分布系数 δ 来表示。分布系数 δ 随溶液 pH 变化而变化的曲线称为分布曲线。

1) 一元弱酸(碱)溶液

以 HAc 为例，设其总浓度为 c_0，HAc 和 Ac^- 的平衡浓度分别为 $c(HAc)$和$c(Ac^-)$，其分布系数分别为 δ_{HAc}和 δ_{Ac^-}，则

$$c_0=c(HAc)+c(Ac^-)$$

$$\delta_{HAc}=\frac{c(HAc)}{c(HAc)+c(Ac^-)}=\frac{1}{1+\frac{c(Ac^-)}{c(HAc)}}=\frac{1}{1+\frac{K_a^\ominus}{c(H^+)}}=\frac{c(H^+)}{c(H^+)+K_a^\ominus} \quad (7-14)$$

同理

$$\delta_{Ac^-}=\frac{c(Ac^-)}{c(HAc)+c(Ac^-)}=\frac{1}{1+\frac{c(HAc)}{c(Ac^-)}}=\frac{1}{1+\frac{c(H^+)}{K_a^\ominus}}=\frac{K_a^\ominus}{c(H^+)+K_a^\ominus} \quad (7-15)$$

显然

$$\delta_{HAc}+\delta_{Ac^-}=1$$

依据上式可计算并作出 δ_{HAc} 和 δ_{Ac^-} 随介质 pH 变化的曲线(图 7－1)。

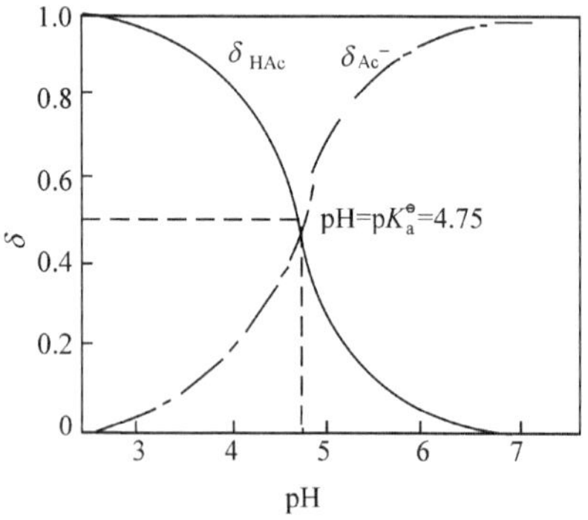

图 7－1 HAc 和 Ac^- 的分布系数与介质 pH 的关系曲线

由图 7－1 可知,当 $pH=pK_a^\ominus=4.75$ 时,$\delta_{HAc}=\delta_{Ac^-}=0.5$,此时 HAc 和 Ac^- 两种型体浓度相等,各占一半的比例;当 $pH<pK_a^\ominus$ 时,$\delta_{HAc}>\delta_{Ac^-}$,此时 HAc 为主要存在型体;当 $pH>pK_a^\ominus$ 时,$\delta_{HAc}<\delta_{Ac^-}$,此时 Ac^- 为主要存在型体。

2) 多元弱酸(碱)溶液

以 $H_2C_2O_4$ 为例,设其总浓度为 c_0,溶液中存在 $H_2C_2O_4$、$HC_2O_4^-$ 和 $C_2O_4^{2-}$ 三种型体,其分布系数分别为 $\delta_{H_2C_2O_4}$、$\delta_{HC_2O_4^-}$ 和 $\delta_{C_2O_4^{2-}}$,则

$$c_0=c(H_2C_2O_4)+c(HC_2O_4^-)+c(C_2O_4^{2-})$$

可推导出

$$\delta_{H_2C_2O_4}=\frac{c(H_2C_2O_4)}{c_0}=\frac{c^2(H^+)}{c^2(H^+)+K_{a_1}^\ominus c(H^+)+K_{a_1}^\ominus K_{a_2}^\ominus}$$

$$\delta_{HC_2O_4^-}=\frac{c(HC_2O_4^-)}{c_0}=\frac{c(H^+)K_{a_1}^\ominus}{c^2(H^+)+c(H^+)K_{a_1}^\ominus+K_{a_1}^\ominus K_{a_2}^\ominus}$$

$$\delta_{C_2O_4^{2-}}=\frac{c(C_2O_4^{2-})}{c_0}=\frac{K_{a_1}^\ominus K_{a_2}^\ominus}{c^2(H^+)+c(H^+)K_{a_1}^\ominus+K_{a_1}^\ominus K_{a_2}^\ominus}$$

显然

$$\delta_{H_2C_2O_4}+\delta_{HC_2O_4^-}+\delta_{C_2O_4^{2-}}=1$$

同理可得如图 7－2 所示的分布曲线。

由图 7－2 可知,$pH<pK_{a_1}^\ominus$ 时,$H_2C_2O_4$ 型体浓度最大;$pK_{a_1}^\ominus<pH<pK_{a_2}^\ominus$ 时,$HC_2O_4^-$ 为主要存在型体;$pH>pK_{a_2}^\ominus$ 时,则主要是 $C_2O_4^{2-}$ 型体。

类似地,可对三元弱酸(碱)、四元弱酸(碱)等各种存在型体与介质酸度的关系进行分析,并作出弱多元酸(碱)型体分布曲线图,如图 7－3 为三元酸磷酸的分布曲线图。依图可清晰判断一定介质酸度下弱酸(碱)各种型体的存在情况。

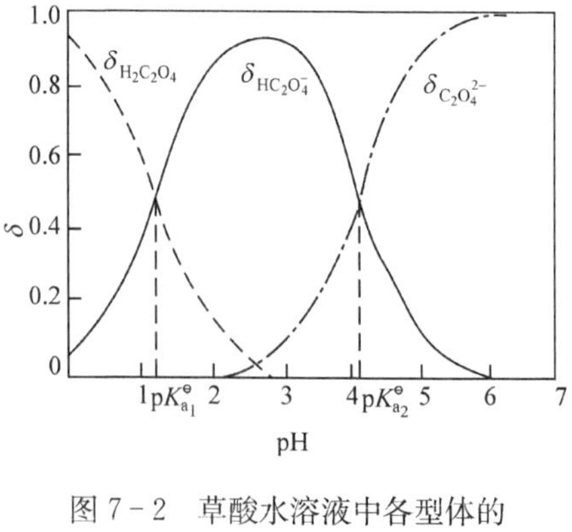

图 7－2 草酸水溶液中各型体的分布系数与介质 pH 的关系曲线

由以上讨论可知,分布系数 δ 只与酸碱的强

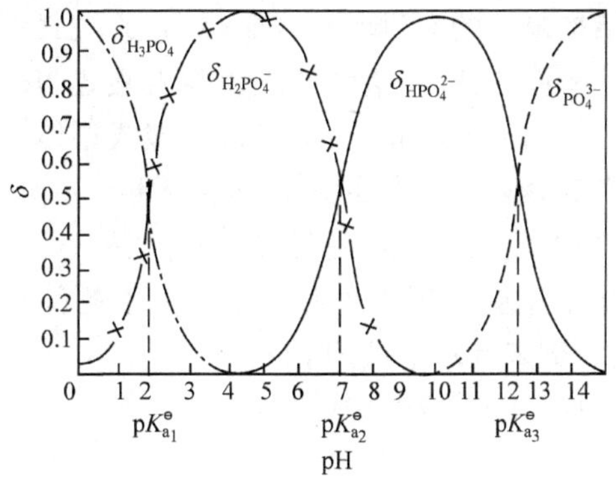

图 7－3　磷酸水溶液中各型体的分布系数与介质 pH 的关系曲线

度及溶液的 pH 有关，而与该溶液的初始浓度(分析浓度)无关。

例 7－9　计算 pH＝5.0 时，0.10 $mol \cdot L^{-1}$ HAc 水溶液中 HAc 和 Ac^- 的浓度。

解

$$\delta_{HAc}=\frac{c(H^+)}{c(H^+)+K_a^{\ominus}}=\frac{1.0\times10^{-5}}{1.0\times10^{-5}+1.7\times10^{-5}}=0.36$$

$$\delta_{Ac^-}=\frac{K_a^{\ominus}}{c(H^+)+K_a^{\ominus}}=\frac{1.7\times10^{-5}}{1.0\times10^{-5}+1.7\times10^{-5}}=0.64$$

$$c(HAc)=\delta_{HAc}\cdot c_0=0.36\times0.10=0.036\ (mol\cdot L^{-1})$$

$$c(Ac^-)=\delta_{Ac^-}\cdot c_0=0.64\times0.10=0.064\ (mol\cdot L^{-1})$$

例 7－10　正常人的尿液 pH＝6.30，其中所含 H_3PO_4 的各种型体的总浓度为 0.020 $mol\cdot L^{-1}$。判断在尿液中 H_3PO_4 主要以哪两种型体存在，并计算 $c(H_2PO_4^-)$、$c(HPO_4^{2-})$和$c(PO_4^{3-})$。

解　由 H_3PO_4 的型体分布图可判断，pH＝6.30 时，尿液中的磷酸主要以 $H_2PO_4^-$ 和 HPO_4^{2-} 这两种型体存在。因而，可近似认为此二者浓度之和等于磷酸的总浓度，即

$$c(H_2PO_4^-)+c(HPO_4^{2-})=0.020\ mol\cdot L^{-1}$$

所以，在近似计算此二者浓度时，可只考虑下列化学平衡：

$$H_2PO_4^- \rightleftharpoons H^+ + HPO_4^{2-}$$

$$K_{a_2}^{\ominus}(H_3PO_4)=\frac{[c(H^+)/c^{\ominus}][c(HPO_4^{2-})/c^{\ominus}]}{c(H_2PO_4^-)/c^{\ominus}}$$

故

$$\frac{c(H_2PO_4^-)}{c(HPO_4^{2-})}=\frac{c(H^+)/c^{\ominus}}{K_{a_2}^{\ominus}(H_3PO_4)}=8.13$$

又

$$c(H_2PO_4^-)+c(HPO_4^{2-})=0.020\ mol\cdot L^{-1}$$

得

$$c(H_2PO_4^-)=0.018(mol\cdot L^{-1})\qquad c(HPO_4^{2-})=0.0020(mol\cdot L^{-1})$$

可根据磷酸的第三步解离平衡计算 $c(PO_4^{3-})$。

$$HPO_4^{2-} \rightleftharpoons H^+ + PO_4^{3-}$$

$$K_{a_3}^{\ominus}(H_3PO_4)=\frac{[c(H^+)/c^{\ominus}][c(PO_4^{3-})/c^{\ominus}]}{c(HPO_4^{2-})/c^{\ominus}}$$

得

$$\frac{c(HPO_4^{2-})}{c(PO_4^{3-})}=\frac{c(H^+)/c^{\ominus}}{K_{a_3}^{\ominus}(H_3PO_4)}=2.3\times10^{6}$$

$$c(PO_4^{3-})=8.7\times10^{-10}(mol\cdot L^{-1})$$

酸碱指示剂是一类结构复杂的有机弱酸或弱碱，它的酸式型体与其共轭碱式型体具有不同的颜色。当溶液的酸度改变时，溶液的颜色随着酸式与碱式型体相对含量的不同而发生变化。例如，酚酞是一种弱碱($pK_a^\ominus=9.1$)，其酸式型体无色，碱式型体呈粉红色，当 pH<9.1 时，酸式型体是溶液中的主要型体，溶液无色；当 pH>9.1 时，碱式型体是溶液中的主要型体，溶液显粉红色。又如，甲基红是一种弱酸($pK_a^\ominus=5.0$)，在 pH 小于 5.0 和大于 5.0 的水溶液中分别主要显现红色和黄色。由于各种酸碱指示剂的解离常数不同，因此可选用不同的指示剂来指示溶液的 pH。

例 7-11 向 0.10 $mol \cdot L^{-1}$ HCl 溶液中通入 H_2S 至饱和[$c(H_2S)\approx 0.10\ mol \cdot L^{-1}$]，计算溶液的 pH 及 $c(S^{2-})$。

解 由于 H_2S 是二元弱酸，故溶液酸度取决于 HCl 的浓度。所以

$$c(H^+)\approx c_0(HCl)=0.10\ mol \cdot L^{-1} \qquad pH=1.00$$

氢硫酸在水溶液中的解离分两步进行，将两步解离平衡式相加可得

$$H_2S+2H_2O \longrightarrow 2H_3O^+ + S^{2-}$$

$$K_a^\ominus=\frac{[c(H^+)/c^\ominus]^2[c(S^{2-})/c^\ominus]}{c(H_2S)/c^\ominus}=K_{a_1}^\ominus K_{a_2}^\ominus$$

$$c(S^{2-})/c^\ominus=\frac{K_{a_1}^\ominus K_{a_2}^\ominus \cdot c(H_2S)/c^\ominus}{[c(H^+)/c^\ominus]^2}=\frac{1.0\times 10^{-7}\times 1.3\times 10^{-13}\times 0.10}{0.10^2}=1.43\times 10^{-19}$$

$$c(S^{2-})=1.43\times 10^{-19}(mol \cdot L^{-1})$$

对照例 7-5 可知，0.10 $mol \cdot L^{-1}$ HCl 溶液中 S^{2-} 的浓度比单纯 H_2S 饱和水溶液中的 S^{2-} 浓度低了 9.1×10^5 倍，即靠调节溶液的酸度，可以较精确地控制 H_2S 饱和溶液中的 S^{2-} 浓度在很大的范围内变化。

7.4 缓冲溶液

先看下面的实验：

(1) 在 50 mL pH 为 7.00 的纯水中加入 0.05 mL 1.0 $mol \cdot L^{-1}$ HCl 溶液或 0.05 mL 1.0 $mol \cdot L^{-1}$ NaOH 溶液，溶液的 pH 分别由 7.00 降低至 3.00 或增加至 11.00，即 pH 改变了±4 个单位。可见纯水不具有保持 pH 相对稳定的性能。

(2) 在 50 mL 含有 0.10 $mol \cdot L^{-1}$ HAc 和 0.10 $mol \cdot L^{-1}$ Ac^- 的溶液中加入 0.05 mL 1.0 $mol \cdot L^{-1}$ HCl 溶液或 0.05 mL 1.0 $mol \cdot L^{-1}$ NaOH 溶液，溶液的 pH 分别从 4.76 降低至 4.75 或从 4.76 增加至 4.77，pH 仅改变了±0.01 个单位。若加入纯水 50 mL，溶液的 pH 保持不变，仍为 4.76。

上述实验中，含有共轭酸碱对(如 HAc-Ac^-)的溶液具有抵抗外加少量强酸或强碱和适当的稀释和浓缩，而保持自身 pH 基本不变的作用称为缓冲作用。很多化学反应都必须在一定的 pH 范围内才能顺利进行。因此酸碱缓冲溶液具有十分重要的应用价值。

7.4.1 酸碱缓冲作用原理

缓冲溶液为什么能维持溶液的 pH 基本不变呢？现以 HAc-NaAc 缓冲溶液为例，分析缓冲作用的基本原理。在 HAc-NaAc 缓冲溶液中，存在下列解离平衡：

$$HAc \rightleftharpoons H^+ + Ac^- \tag{1}$$

$$NaAc \rightleftharpoons Na^+ + Ac^- \tag{2}$$

$$K_a^\ominus = \frac{[c(H^+)/c^\ominus][c(Ac^-)/c^\ominus]}{c(HAc)/c^\ominus}$$

$$c(H^+)/c^\ominus = K_a^\ominus \frac{c(HAc)/c^\ominus}{c(Ac^-)/c^\ominus} = K_a^\ominus \frac{c(HAc)}{c(Ac^-)}$$

由上式可知，溶液的 pH 由$\frac{c(HAc)}{c(Ac^-)}$值决定。由于 NaAc 完全电离，溶液中存在大量的 Ac^-，抑制了 HAc 的电离，使 HAc 浓度接近初始浓度，因此溶液中也存在大量的 HAc 分子，而 H^+ 浓度则相对较低。当加入少量强酸（如 HCl）时，H^+ 浓度增加，平衡（1）向左移动，使得 Ac^- 浓度略有减少，HAc 的浓度略有增加，但这种改变相对溶液中存在的大量 HAc 和 Ac^- 来说是很小的，因此$\frac{c(HAc)}{c(Ac^-)}$值变化不大，溶液 pH 基本保持不变，在这里共轭碱 Ac^- 起抗酸的作用；当加入少量强碱时，OH^- 浓度增加，平衡（1）向右移动，以补充 H^+ 的消耗，尽管平衡移动使得 Ac^- 浓度略有增加，HAc 的浓度略有减少，但这种改变相对溶液中大量存在的 HAc 和 Ac^- 来说是很微小的，所以溶液的组成基本不变，pH 也基本不变，显然此时 HAc 起抗碱的作用；当加入少量水时，溶液中 HAc 和 Ac^- 的浓度基本按同样倍数降低，$\frac{c(HAc)}{c(Ac^-)}$值显然不变，所以溶液的 pH 也几乎保持不变。由此可见，缓冲溶液之所以具有缓冲作用是因为溶液中存在大量互为共轭关系的抗酸成分和抗碱成分，外加少量酸或碱时，质子在共轭酸碱之间发生转移，以维持溶液的质子浓度基本不变。单一的弱酸或弱碱因不同时具备大量的抗酸或抗碱成分，所以不具有缓冲作用。

缓冲溶液有两类：一类是用于控制溶液酸度的，通常由一对或多对共轭酸碱组成，它们一般是弱酸及其盐（弱碱及其盐），如 $HAc\text{-}Ac^-$、$NH_3\text{-}NH_4^+$ 等，多元弱酸的酸式盐及其对应的次级盐，如 $H_2CO_3\text{-}HCO_3^-$、$HCO_3^-\text{-}CO_3^{2-}$ 等，在 pH 3～12 使用；另一类是作为标准缓冲溶液，用于校准酸度计。标准缓冲溶液是用相应的化学试剂和纯水严格按规定的方法配制而成的，因而具有相对稳定的 pH。它一般由一种或两种两性物质（通常称酸式盐）组成，如 HCO_3^-、HSO_3^-、邻苯二甲酸氢钾和酒石酸氢钾等。标准缓冲溶液的配制方法和 pH 可从化学手册查出，在此不赘述。

此外，较浓的强酸、强碱也具有缓冲能力，一般应用于 pH 小于 3 或 pH 大于 12 的范围。

7.4.2 缓冲溶液的 pH

以弱酸 HB 及其共轭碱 B^- 组成的缓冲溶液为例，设其初始浓度分别为 c_a 和 c_b。

$$HB \rightleftharpoons H^+ + B^- \qquad K_a^\ominus = \frac{[c(H^+)/c^\ominus][c(B^-)/c^\ominus]}{c(HB)/c^\ominus}$$

由于弱酸 HB 本身的解离度较小，加上大量 B^- 所产生的同离子效应，使得 HB 的解离度更小，故溶液中 H^+ 浓度极小，因此

$$c(HB) = c_a - c(H^+) \approx c_a \qquad c(B^-) = c_b + c(H^+) \approx c_b$$

代入上式可得

$$K_a^\ominus=\frac{[c(H^+)/c^\ominus](c_b/c^\ominus)}{c_a/c^\ominus}$$

$$c(H^+)/c^\ominus=K_a^\ominus\frac{c_a/c^\ominus}{c_b/c^\ominus} \tag{7-16}$$

两边取负对数得

$$pH=pK_a^\ominus-\lg\frac{c_a/c^\ominus}{c_b/c^\ominus} \tag{7-17}$$

对于弱碱及其共轭酸组成的缓冲溶液，同理可推导出 $c(OH^-)$和 pOH 的计算公式。

$$c(OH^-)/c^\ominus=K_b^\ominus\frac{c_b/c^\ominus}{c_a/c^\ominus} \tag{7-18}$$

$$pOH=pK_b^\ominus-\lg\frac{c_b/c^\ominus}{c_a/c^\ominus} \tag{7-19}$$

例 7-12 计算 0.10 $mol\cdot L^{-1}$氨水溶液的 pH。若向 100 mL 0.10 $mol\cdot L^{-1}$氨水溶液中加入 100 mL 0.050 $mol\cdot L^{-1}$盐酸，则溶液的 pH 改变了多少？

解 (1) $\frac{c_0/c^\ominus}{K_b^\ominus}\geqslant 10^{2.81}$，可用最简式计算。

$$c(OH^-)/c^\ominus=\sqrt{K_b^\ominus\cdot c_0/c^\ominus}=\sqrt{1.8\times10^{-5}\times0.10}=1.3\times10^{-3}$$

$$c(OH^-)=1.3\times10^{-3}(mol\cdot L^{-1}) \qquad pH=11.11$$

(2) 加入盐酸水溶液后

$$c(NH_3)=\frac{0.10\times100-0.050\times100}{200}=0.025\ (mol\cdot L^{-1})$$

$$c(NH_4^+)=\frac{0.050\times100}{200}=0.025\ (mol\cdot L^{-1})$$

得

$$pOH=pK_b^\ominus(NH_3)-\lg\frac{c(NH_3)/c^\ominus}{c(NH_4^+)/c^\ominus}=4.75-\lg\frac{0.025}{0.025}=4.75$$

$$pH=9.25 \qquad \Delta pH=11.11-9.25=1.86$$

例 7-13 已知 0.10 $mol\cdot L^{-1}$ HAc 水溶液的 pH=2.89。向 100 mL 该溶液中加入1.0 mL 1.0 $mol\cdot L^{-1}$ NaOH 溶液后，溶液的 pH 改变多少？

解 加入 NaOH 后

$$OH^-+HAc=\!=\!=Ac^-+H_2O$$

$$c(HAc^-)=\frac{0.10\times100-1.0\times1.0}{101}=0.089\ (mol\cdot L^{-1})$$

$$c(Ac^-)=\frac{1.0\times1.0}{101}=0.010\ (mol\cdot L^{-1})$$

$$pH=pK_a^\ominus(HAc)-\lg\frac{c(HAc)}{c(Ac^-)}=4.76-\lg\frac{0.089}{0.010}=3.81$$

$$\Delta pH=3.81-2.89=0.92$$

例 7-14 一缓冲溶液由 0.10 $mol\cdot L^{-1}$ $NaHCO_3$ 水溶液和 0.10 $mol\cdot L^{-1}$ Na_2CO_3 水溶液组成。试计算：(1)该缓冲溶液的 pH；(2)在 1.0 L 该缓冲溶液中加入 10 mL 1.0 $mol\cdot L^{-1}$ HCl 后溶液的 pH；(3)在 1.0 L 该缓冲溶液中加入 10 mL 1.0 $mol\cdot L^{-1}$ NaOH 后溶液的 pH；(4)在 1.0 L 该缓冲溶液中加入 10 mL 纯水后溶液的 pH。试比较加入前后溶液 pH 的变化。

解 (1) $$pH = pK^{\ominus}_{a_2}(H_2CO_3) - \lg\frac{c(HCO_3^-)/c^{\ominus}}{c(CO_3^{2-})/c^{\ominus}} = 10.33 - \lg\frac{0.10}{0.10} = 10.33$$

(2) 加入 HCl 后

$$H^+ + CO_3^{2-} = HCO_3^-$$

$$c(HCO_3^-) = \frac{0.10\times1000 + 1.0\times10}{1010} = 0.11\ (mol\cdot L^{-1})$$

$$c(CO_3^{2-}) = \frac{0.10\times1000 - 1.0\times10}{1010} = 0.089\ (mol\cdot L^{-1})$$

$$pH = pK^{\ominus}_{a_2}(H_2CO_3) - \lg\frac{c(HCO_3^-)}{c(CO_3^{2-})} = 10.33 - \lg\frac{0.11}{0.089} = 10.33 - \lg1.2 = 10.25$$

$$\Delta pH = 10.33 - 10.25 = 0.08$$

(3) 加入 NaOH 后

$$OH^- + HCO_3^- = CO_3^{2-} + H_2O$$

$$c(HCO_3^-) = \frac{0.10\times1000 - 1.0\times10}{1010} = 0.089\ (mol\cdot L^{-1})$$

$$c(CO_3^{2-}) = \frac{0.10\times1000 + 1.0\times10}{1010} = 0.11\ (mol\cdot L^{-1})$$

$$pH = pK^{\ominus}_{a_2}(H_2CO_3) - \lg\frac{c(HCO_3^-)}{c(CO_3^{2-})} = 10.33 - \lg\frac{0.089}{0.11} = 10.33 - \lg0.81 = 10.42$$

$$\Delta pH = 10.42 - 10.33 = 0.09$$

(4) 加入水后

$$c(HCO_3^-) = c(CO_3^{2-}) = \frac{0.10\times1000}{1010} = 0.099\ (mol\cdot L^{-1})$$

$$pH = pK^{\ominus}_{a_2}(H_2CO_3) - \lg\frac{c(HCO_3^-)}{c(CO_3^{2-})} = 10.33 - \lg\frac{0.099}{0.099} = 10.33$$

$$\Delta pH = 10.33 - 10.33 = 0.00$$

以上三例计算结果说明,共轭酸碱对组成的水溶液具有缓冲作用,而单一的弱酸或弱碱溶液不具备缓冲能力。

7.4.3 缓冲容量与缓冲范围

缓冲溶液的缓冲能力是有限的。只有在加入的酸或碱的量不大,或将溶液适当稀释和浓缩时,溶液的 pH 才能保持基本不变。若加入的酸或碱的量过大,使其抗酸、抗碱成分用尽,就会失去缓冲能力。缓冲溶液缓冲能力的大小常用缓冲容量来衡量。缓冲容量是使单位体积缓冲溶液的 pH 改变一个单位($\Delta pH = \pm1$)所需加入的强酸或强碱的物质的量。缓冲容量越大,说明缓冲溶液的缓冲能力越强。实验证明,缓冲容量的大小与缓冲溶液的总浓度以及缓冲对的浓度比值有关。缓冲溶液的总浓度越大,加酸(碱)后 pH 的变化越小,即缓冲容量越大。但浓度过高可能对化学反应造成不利的影响,且浪费试剂,故实际工作中,总浓度一般控制在 0.1～1.0 $mol\cdot L^{-1}$。当缓冲对的总浓度一定时,依据式(7-17)和式(7-19)可知,缓冲对浓度的比值越接近 1,pH 或 pOH 的变化越小,缓冲容量也越大。当缓冲对浓度相等,即二者比值为 1 时,缓冲容量达到最大。缓冲溶液中共轭酸碱对浓度的比值应控制在 0.1～10,若超出此范围就失去缓冲能力。也就是说,缓冲溶液的有效缓冲范围为

$$pH = pK^{\ominus}_a \pm 1 \qquad 或 \qquad pOH = pK^{\ominus}_b \pm 1$$

不同的缓冲对，由于其 $pK_a^\ominus$ 或 $pK_b^\ominus$ 不同，它们的缓冲范围也各不相同。例如，HAc-Ac^-缓冲溶液[$pK_a^\ominus(HAc)=4.75$]可用于配制 pH 为 3.75～5.75 的缓冲溶液；含有 NH_4^+-NH_3 缓冲对的缓冲溶液[$pK_b^\ominus(NH_3)=4.75$]可用于配制 pH 为 8.25～10.25 的缓冲溶液。

7.4.4 缓冲溶液的配制

在实际工作中，常需要配制一定 pH 的缓冲溶液。配制缓冲溶液可按下列步骤进行：

(1) 根据所需配制缓冲溶液的 pH 或 pOH，正确选择缓冲对。缓冲对中，酸的 $pK_a^\ominus$ 或碱的 $pK_b^\ominus$ 应为 $pK_a^\ominus=pH\pm1$ 或 $pK_b^\ominus=pOH\pm1$。为使缓冲溶液有较大的缓冲能力，所选缓冲对的酸的 $pK_a^\ominus$ 或碱的 $pK_b^\ominus$ 应尽可能接近缓冲溶液的 pH 或 pOH。

例 7－15 现有 HCOOH-HCOONa、HAc-NaAc、NaH_2PO_4-Na_2HPO_4 和 NH_3-NH_4Cl 四个缓冲体系，若需配制 pH＝3.50 的缓冲溶液，应选择其中哪一个缓冲体系？已知 $pK_a^\ominus(HCOOH)=3.75$，$pK_a^\ominus(HAc)=4.77$，$pK_{a_2}^\ominus(H_3PO_4)=7.21$，$pK_b^\ominus(NH_3)=4.75$。

解 为使所配制的缓冲溶液的缓冲能力最大，应选择 $pK_a^\ominus$ 等于或接近 3.50 的缓冲对，因此选择 HCOOH-HCOONa 缓冲对最佳。

(2) 依据式(7－17)和式(7－19)，计算缓冲对的浓度比，以保证配得的缓冲溶液的酸度恰为所需。

(3) 根据计算结果配制缓冲溶液，并保证缓冲溶液的总浓度控制在 0.1～1.0 mol·L^{-1}。

(4) 用酸度计测定所配制缓冲溶液的 pH，若与指定配制的 pH 有差异，可再加入少量步骤(1)中选定的酸或碱进行调节。

例 7－16 如何配制 pH＝7.51 的缓冲溶液？

解 (1) 根据缓冲溶液的 pH 应落在所选缓冲对的缓冲范围之内这一原则，应选择 NaH_2PO_4-Na_2HPO_4 缓冲体系。

(2) 计算缓冲对的浓度比。由式(7－17)，有

$$7.51=7.21-\lg\frac{c_a/c^\ominus}{c_b/c^\ominus}$$

$$\lg\frac{c_a/c^\ominus}{c_b/c^\ominus}=0.30 \qquad \frac{c_a}{c_b}=2.0$$

即 NaH_2PO_4 与 Na_2HPO_4 的浓度比值应为 2.0，如果 NaH_2PO_4 的浓度为 0.20 mol·L^{-1}，则 Na_2HPO_4 的浓度就为 0.10 mol·L^{-1}。

(3) 根据所需配制缓冲溶液的总体积和缓冲对的浓度比，计算出 NaH_2PO_4 与 Na_2HPO_4 的需要量，然后按适当的比例混合即可。

例 7－17 欲配制 pH＝5.00 的缓冲溶液 500 mL，现要求其中 $c(HAc)=0.20$ mol·L^{-1}，则应取 $c(HAc)=1.0$ mol·L^{-1}的 HAc 溶液和固体 NaAc·$3H_2O$ 各多少？

解
$$pH=pK_a^\ominus(HAc)-\lg\frac{c(HAc)/c^\ominus}{c(Ac^-)/c^\ominus}$$

故

$$\lg\frac{c(HAc)}{c(Ac^-)}=pK_a^\ominus(HAc)-pH=4.76-5.00=-0.24$$

$$\frac{c(HAc)}{c(Ac^-)}=0.58$$

$$c(Ac^-)=\frac{c(HAc)}{0.58}=\frac{0.20}{0.58}=0.34(mol\cdot L^{-1})$$

因此，需取 1.0 mol · L^{-1} HAc 溶液的体积为

$$V(HAc)=\frac{0.20\times500}{1.0}=100(mL)$$

固体 NaAc · $3H_2O$ 的质量为

$$m(NaAc\cdot3H_2O)=0.34\times0.500\times136=23(g)$$

7.4.5 缓冲溶液的应用

缓冲溶液能维持体系的 pH 稳定，常用于控制溶液的酸度，在工农业生产、科学研究和化学分析等方面都有重要的应用。例如，土壤溶液是一个非常复杂的缓冲体系，它含有 H_2CO_3-HCO_3^-、$H_2PO_4^-$-HPO_4^{2-} 以及腐殖酸及其盐等多种缓冲对，能为植物的正常生长提供最佳的 pH 范围。动植物体内也有复杂的缓冲体系，维持体液的 pH 基本不变，以保证生命活动的正常进行。细胞和各种生物组织都具有能稳定 pH 的能力，其重要原因之一就是生命活动所需的各种生物酶均需在一定的 pH 条件下才具有催化生物化学反应的活性。酶是蛋白质大分子，其中常含有可给出质子的酸性基团和可接受质子的碱性基团，因此介质酸度会影响酶的存在形式，对酶的活性影响极大，直接影响生化反应的进行。例如，人体细胞质和细胞液中含有磷酸缓冲对 $H_2PO_4^-$-HPO_4^{2-}，可控制 pH 保持在 6.8 左右；尿液因磷酸缓冲对的作用而保持 pH 在 6.3 左右；血浆的酸度主要由碳酸缓冲对控制，该缓冲对能中和代谢过程中产生的酸或碱，维持血浆的 pH 在 7.4 左右（若 $pH<6.9$ 或 $pH>7.6$，会发生酸中毒或碱中毒而危害生命）；血红细胞内溶液的酸度由血红蛋白缓冲对 Hb · H-Hb^- 控制等。缓冲溶液在化学上也有广泛的应用。例如，在配位滴定中，常需加入缓冲溶液来控制 pH。其他的一些应用在后续课程中还将陆续介绍。

阅读材料

酸中之王——超强酸

在化工生产和化学研究中，常用的强酸有盐酸、氢溴酸、硝酸、高氯酸和硫酸等。这些酸能溶解多种金属，却不能溶解金。如果把浓硝酸和浓盐酸按体积比 1∶3 混合，所得的混合酸具有超过上述六种强酸的能力，能够溶解金属之王——金，所以被称为王水。在很长的一段时间内，人们认为王水就是酸中之王，是最强的酸了。因为即使是黄金，遇到王水也会像"泥牛入海"一样，很快变得无影无踪。

然而随着科学技术的进步，王水的"王位"已经保不住了。最近发现的"超强酸"(superacid)，其酸性比王水强几百倍，甚至上亿倍，也称"魔酸"。超强酸这一术语由科南特(Conant J B)于 1927 年提出，用于表示比通常的无机酸更强的酸。

说起超强酸的发现，还有一段故事。一个圣诞节的前夕，在美国加利福尼亚大学的实验室里，奥莱教授和他的学生正在紧张地做着实验。一个学生好奇地把一段

蜡烛伸进一种无机溶液中。奇迹发生了，性质稳定的蜡烛竟然被溶解了。蜡烛的主要成分是饱和烃，通常不会与强酸、强碱甚至氧化物作用。但这个学生却在无意中用这种1∶1的$SbF_3 \cdot HSO_3F$的无机溶液溶解了它。奥莱教授对此非常惊讶，连连称奇。这种溶液就是后来所说的超强酸。

超强酸不但能溶解蜡烛，而且能使烷烃、烯烃等发生一系列化学变化，这是普通酸难以做到的。例如，正丁烷在超强酸的作用下，可以发生C—H键的断裂，生成氢气；发生C—C键的断裂，生成甲烷；还可以发生异构化反应，生成异丁烷。

在奥莱教授和他的学生这一发现的启示下，迄今为止，科学家已经找到多种液态和固态的超强酸。也就是说，超强酸不是一种，而是一类物质。例如，液态的有$HF \cdot SbF_5$、$TaF_5 \cdot HSO_3F$等，固态的有$SbF_6 \cdot SO_2ZrO$、$SbF_5 \cdot SiO_2 \cdot Al_2O_3$等，它们都有类似于$SbF_5 \cdot HSO_3F$的性质。

从成分上看，超强酸都是由两种或两种以上的化合物组成的，且都含有氟元素。它们的"酸性"极强。例如，超强酸$HF \cdot SbF_5$，当$HF : SbF_5$（物质的量之比）为1∶0.3时，其"酸性"强度比浓硫酸的强度约大1×10^8倍；当物质的量之比为1∶1时，其"酸性"强度估计可达浓硫酸的1×10^{17}倍，真不愧是强酸世界的"超级明星"，名副其实的"酸中之王"。由于超强酸的"酸性"和腐蚀性强得出奇，因此过去一些极难实现或根本无法实现的化学反应，在超强酸的环境中也能异常顺利地完成。由于超强酸可以使碳正离子活性降低，使其反应受人工控制，因此对工业生产有重要作用。目前，超强酸已广泛地应用于化学工业，它既可作无机化合物和有机化合物的质子化试剂，又可作活性极高的酸性催化剂，还可作烷烃的异构化催化剂等。

欧拉因其在碳正离子和超强酸方面的研究获得1994年诺贝尔化学奖。

当然，现在人们对超强酸的认识还很肤浅，对它的构成、性质以及用途还有待进一步研究。随着研究的深入，还将有众多具有十分新颖特性的超强酸问世，许多新的化学流程也将伴随诞生。

超强酸举例如下：

魔酸（magic acid）：是最早发现的超强酸，称它有魔法是因为它能够分解蜡烛。魔酸是路易斯酸五氟化锑（SbF_5）和质子酸氟磺酸（FSO_3H）的混合物。

氟锑酸（fluoroantimonic acid）：是氟化氢（HF）与五氟化锑（SbF_5）的混合物，现在已知最强的超强酸。其中，氟化氢提供质子（H^+）和共轭碱氟离子（F^-），氟离子通过强配位键与亲氟的五氟化锑生成具有八面体稳定结构的六氟化锑阴离子$[SbF_6]^-$，该离子是一种非常弱的亲核试剂和非常弱的碱。于是质子就成为"自由质子"，从而导致整个体系具有极强的酸性。氟锑酸的酸性通常是纯硫酸的2×10^{19}倍。

碳硼烷酸（carborane superacid）：2004年，河滨加州大学的Christopher Reed研究小组合成出了这种最强的纯酸——碳硼烷酸（化学式$CHB_{11}Cl_{11}$）。碳硼烷的结构十分稳定且体积较大，一价负电荷被分散在碳硼烷阴离子的表面，因而与氢阳离子的作用很弱，从而具有令人吃惊的释放氢离子的能力，酸性是氟硫酸的 1×10^3 倍，纯硫酸的 1×10^6 倍。但由于碳硼烷的结构稳定，在释出氢离子后难以再发生变化，因此腐蚀性极低，又被称为最温和的强酸。

习 题

7-1 根据酸碱质子理论，判断在水溶液中下列物质哪些仅是酸，哪些仅是碱，哪些是两性物质。分别写出它们的共轭酸或共轭碱。

CN^-、CO_3^{2-}、HCO_3^-、H_2CO_3、PO_4^{3-}、$H_2PO_4^-$、H_3PO_4、NH_3、H_2O、$[Al(H_2O)_5(OH)]^{2+}$、$[Al(H_2O)_6]^{3+}$

7-2 水溶液中，强酸与强碱反应的离子反应式为__________，反应的标准平衡常数 $K^\ominus$=__________；强酸与弱一元碱反应的离子反应式为__________，$K^\ominus$=__________；强碱与弱一元酸反应的离子反应式为__________，$K^\ominus$=__________；弱一元酸与弱一元碱反应的离子反应式为__________，$K^\ominus$=__________。

7-3 0.01 mol·L^{-1} HAc 溶液的解离度为 4.2%，求同一温度下 HAc 的解离常数和溶液的 pH。

7-4 求下列弱酸(或弱碱)的共轭碱(或共轭酸)的 $pK_b^\ominus$ 或($pK_a^\ominus$)。

(1) 柠檬酸 $C_6H_8O_7$($pK_{a_1}^\ominus=3.13$，$pK_{a_2}^\ominus=4.76$，$pK_{a_3}^\ominus=6.40$)

(2) HCOOH($pK_a^\ominus=3.75$)

(3) $HC_2O_4^-$($H_2C_2O_4$ 的 $pK_{a_1}^\ominus=1.25$，$pK_{a_2}^\ominus=4.27$)

(4) PO_4^{3-}(H_3PO_4 的 $pK_{a_1}^\ominus=2.16$，$pK_{a_2}^\ominus=7.21$，$pK_{a_3}^\ominus=12.32$)

(5) 苯胺($pK_b^\ominus=9.34$)

7-5 计算下列水溶液的 pH。

(1) 0.010 mol·L^{-1}NaOH　　(2) 0.050 mol·L^{-1}HAc

(3) 0.10 mol·L^{-1}KCN　　(4) 0.10 mol·L^{-1}NH_4Ac

(5) 饱和 H_2CO_3 溶液(0.04 mol·L^{-1})　　(6) 0.10 mol·L^{-1}NaHS

7-6 已知 298.15 K 时，0.010 mol·L^{-1}某一元弱酸水溶液的 pH 为 4.0，求该酸的 $K_a^\ominus$ 和解离度 α。

7-7 分别计算下列混合溶液的 pH。

(1) 300 mL 0.50 mol·L^{-1} HCl 与 200 mL 0.50 mol·L^{-1} NaOH

(2) 50 mL 0.20 mol·L^{-1} NH_4Cl 与 50 mL 0.20 mol·L^{-1} NaOH

(3) 50 mL 0.20 mol·L^{-1} NH_4Cl 与 25 mL 0.20 mol·L^{-1} NaOH

(4) 25 mL 0.20 mol·L^{-1} NH_4Cl 与 50 mL 0.20 mol·L^{-1} NaOH

7-8 将等体积的 0.040 mol·L^{-1}苯胺($C_6H_5NH_2$)水溶液与 0.040 mol·L^{-1}HNO_3 水溶液混合，计算所得混合溶液的 pH。已知 $K_b^\ominus(C_6H_5NH_2)=4.6\times10^{-10}$。

7-9 计算 0.10 mol·L^{-1}Na_2S 水溶液的 pH、$c(S^{2-})$、$c(HS^-)$和 $c(H_2S)$。

7-10 将 2.0 mL 14 mol·L^{-1}HNO_3 稀释至 400 mL：

(1) 试计算稀释后溶液的 $c(H^+)$和 pH。

(2) 使 400 mL HNO_3 溶液的 pH 增加到 7，需加入固体 KOH 多少克?

7-11 健康人血液的 pH 为 7.35～7.45，患某种疾病的人的血液 pH 可暂降到 5.90，则此时血液中 $c(H^+)$为健康人的多少倍?

7-12 将 10 mL 0.30 mol·L^{-1}HCOONa 与 20 mL 0.15 mol·L^{-1}HF 混合，计算：

(1) 反应的平衡常数。

(2) 溶液中的 $c(F^-)$、$c(HCOO^-)$和 $c(H^+)$。

7-13 0.20 L NaOH 溶液(2.50mol·L^{-1})、0.20 L H_3PO_4 溶液(0.50 mol·L^{-1})和 0.20 L Na_2HPO_4 溶液(2.00 mol·L^{-1})混合，达平衡后溶液的 pH 为多少? 此溶液能否作缓冲溶液?

7-14 柠檬汁是酸性最强的果汁，pH＝1.92。计算柠檬汁中柠檬酸各种型体的浓度 $c(H_3Cit)$、$c(H_2Cit^-)$、

$c(HCit^{2-})$与柠檬酸根浓度$c(Cit^{3-})$的比值。

7-15 欲配制pH=9.20的NH_4^+-NH_3缓冲溶液500 mL，若使缓冲溶液中$c(NH_3)=1.0\ mol \cdot L^{-1}$，则需加入多少克固体$(NH_4)_2SO_4$和多少毫升15 $mol \cdot L^{-1}$浓氨水？

7-16 近似计算酒石酸氢钾(KHA)水溶液的pH，并计算该水溶液中$c(H_2A)/c(HA^-)$及$c(A^{2-})/c(HA^-)$，判断此溶液有无缓冲能力。为什么？若其两级$pK_a^\ominus$相差较大，情况又将如何？(已知酒石酸的$pK_{a_1}^\ominus=3.0$，$pK_{a_2}^\ominus=4.4$)

第 8 章　沉 淀 反 应

电解质按溶解度大小可分为易溶电解质和难溶电解质。严格地说，绝对不溶的“不溶物”是不存在的，习惯上把溶解度小于 0.01 g·(100 g 水)$^{-1}$的物质称为难溶电解质。

第 7 章讨论了弱酸(碱)水溶液的解离平衡，酸碱平衡是处于同一溶液中的分子和离子或离子之间的动态平衡，属于单相平衡。本章要讨论的沉淀-溶解平衡是在一定温度下，难溶电解质的饱和溶液中，未溶解的固体与已进入溶液中的离子之间所建立的动态平衡，属于多相平衡。研究沉淀-溶解平衡，能够使我们了解和掌握沉淀溶解、生成、转化和分步沉淀等的变化规律。在实际工作中，常利用沉淀的生成和溶解反应对物质进行分离、提纯、鉴定和定量测定等。

8.1　难溶电解质的溶度积

8.1.1　沉淀-溶解平衡和溶度积常数

将 AgCl 固体放入水中，在极性水分子的作用下，固体表面微量的 AgCl 溶于水而离解，Ag^+ 和 Cl^- 成为水合离子进入溶液，这就是 AgCl 的溶解过程。同时，在水溶液中作无规则运动的部分水合 Ag^+ 和 Cl^- 相互碰撞结合成 AgCl 分子重新回到固体表面，这个过程称为 AgCl 的沉淀。当溶解的速率和沉淀的速率相等时，就建立了固相 AgCl 与液相中的水合 Ag^+ 和 Cl^- 之间的动态平衡，即沉淀-溶解平衡。这是一种存在于难溶电解质饱和溶液中的多相平衡，可表示为

$$AgCl(s) \underset{沉淀}{\overset{溶解}{\rightleftharpoons}} Ag^+(aq) + Cl^-(aq)$$

其标准平衡常数为

$$K_{sp}^{\ominus} = [c(Ag^+)/c^{\ominus}] \cdot [c(Cl^-)/c^{\ominus}]$$

式中，标准平衡常数 $K_{sp}^{\ominus}$ 也称为 AgCl 的溶度积常数，简称溶度积。

类似地，任一难溶电解质 A_mB_n 在水溶液中的沉淀-溶解平衡可表示为

$$A_mB_n(s) \rightleftharpoons mA^{n+}(aq) + nB^{m-}(aq)$$

其溶度积为

$$K_{sp}^{\ominus} = [c(A^{n+})/c^{\ominus}]^m \cdot [c(B^{m-})/c^{\ominus}]^n \qquad (8-1)$$

它表示一定温度下，难溶电解质的饱和溶液中各离子浓度以其计量系数为幂的乘积是一常数。溶度积 $K_{sp}^{\ominus}$ 具有一般平衡常数的物理意义，即其大小只与物质的本性和温度有关，而与离子的浓度无关。一些常见的难溶电解质的 $K_{sp}^{\ominus}$(298.15 K)列于附录Ⅴ。$K_{sp}^{\ominus}$ 值可由实验测定，也可由热力学数据计算得到。

例 8-1　由热力学数据计算 298.15 K 时 AgCl 的 $K_{sp}^{\ominus}$。

解　查附录Ⅲ得

$$\mathrm{AgCl(s) \rightleftharpoons Ag^+(aq) + Cl^-(aq)}$$

$$\Delta_f G_m^\ominus/(\mathrm{kJ \cdot mol^{-1}}) \quad -109.8 \quad 77.1 \quad -131.2$$

$$\Delta_r G_m^\ominus = \Delta_f G_m^\ominus(\mathrm{Ag^+}) + \Delta_f G_m^\ominus(\mathrm{Cl^-}) - \Delta_f G_m^\ominus(\mathrm{AgCl})$$

$$= 77.1 - 131.2 - (-109.8) = 55.7(\mathrm{kJ \cdot mol^{-1}})$$

$$\Delta_r G_m^\ominus = -RT\ln K_{sp}^\ominus$$

$$\ln K_{sp}^\ominus = \frac{-55.7 \times 10^3}{8.314 \times 298.15} = -22.47$$

$$K_{sp}^\ominus = 1.7 \times 10^{-10}$$

8.1.2 溶度积和溶解度的换算

溶度积 $K_{sp}^\ominus$ 和溶解度 S 都可以用来表示难溶电解质的溶解状况。在一定温度下，溶度积是常数，而溶解度则会因离子浓度、介质酸度等条件的变化而变化，所以溶度积是比溶解度重要得多的化学基本数据。从理论上讲，二者可以互相换算。

例 8-2 已知 298.15 K 时 AgBr 的 $K_{sp}^\ominus = 5.35 \times 10^{-13}$，计算其在水中的溶解度 S。

解 平衡时

$$\mathrm{AgBr(s) \rightleftharpoons Ag^+(aq) + Br^-(aq)}$$

$$c/(\mathrm{mol \cdot L^{-1}}) \qquad S/c^\ominus \qquad S/c^\ominus$$

$$K_{sp}^\ominus = [c(\mathrm{Ag^+})/c^\ominus] \cdot [c(\mathrm{Br^-})/c^\ominus] = (S/c^\ominus)^2$$

$$S/c^\ominus = \sqrt{5.35 \times 10^{-13}} = 7.31 \times 10^{-7}$$

$$S = 7.31 \times 10^{-7}(\mathrm{mol \cdot L^{-1}})$$

例 8-3 已知 $Ni(OH)_2$ 在 25 ℃时溶解度为 $1.03 \times 10^{-3}\ \mathrm{g \cdot L^{-1}}$，试计算其 $K_{sp}^\ominus$(25 ℃)。

解 因为 $M[Ni(OH)_2] = 92.72\ \mathrm{g \cdot mol^{-1}}$，所以 $Ni(OH)_2$ 的摩尔溶解度为

$$S[\mathrm{Ni(OH)_2}] = \frac{1.03 \times 10^{-3}}{92.72} = 1.11 \times 10^{-5}(\mathrm{mol \cdot L^{-1}})$$

平衡时

$$\mathrm{Ni(OH)_2(s) \rightleftharpoons Ni^{2+}(aq) + 2OH^-(aq)}$$

$$c/(\mathrm{mol \cdot L^{-1}}) \qquad S/c^\ominus \qquad 2S/c^\ominus$$

$$K_{sp}^\ominus = [c(\mathrm{Ni^{2+}})/c^\ominus] \cdot [c(\mathrm{OH^-})/c^\ominus]^2$$

$$= (S/c^\ominus)(2S/c^\ominus)^2 = 4(S/c^\ominus)^3$$

$$= 4 \times (1.11 \times 10^{-5})^3 = 5.47 \times 10^{-15}$$

由以上两例的计算结果可知，虽然 $K_{sp}^\ominus(\mathrm{AgBr}) > K_{sp}^\ominus[\mathrm{Ni(OH)_2}]$，但 $S(\mathrm{AgBr}) < S[\mathrm{Ni(OH)_2}]$。因此，比较不同类型难溶电解质的溶解能力时，不能依据溶度积的大小直接判断。但对同一类型的难溶电解质，则可根据溶度积的大小直接比较其溶解度的大小，即溶度积较大者，其溶解度也较大。例如，$K_{sp}^\ominus(\mathrm{AgCl})(1.77 \times 10^{-10})$ 大于 $K_{sp}^\ominus(\mathrm{AgBr})(5.35 \times 10^{-13})$，则 AgCl 的溶解度（$1.34 \times 10^{-5}\ \mathrm{mol \cdot L^{-1}}$）也大于 AgBr 的溶解度（$7.31 \times 10^{-7}\ \mathrm{mol \cdot L^{-1}}$）。

应该指出，溶解度与溶度积的相互换算规律只适用于溶解度小的难溶电解质，并假定难溶电解质溶解的部分完全电离且不发生副反应，否则溶解度与溶度积的关系会因离子浓度较大、离子间的作用复杂而较难处理。

8.1.3 溶度积原理

将平衡移动原理应用于难溶电解质的多相平衡体系，可以得出判断沉淀生成、溶解和

沉淀-溶解平衡移动方向的普遍规律。

对任一难溶电解质的多相平衡

$$A_mB_n(s) \rightleftharpoons mA^{n+}(aq) + nB^{m-}(aq)$$

依据化学反应等温式 $\Delta_r G_m = RT\ln\dfrac{Q}{K^\ominus}$，可通过比较反应商 Q 与 $K^\ominus$ 判断反应进行的方向。对难溶电解质来说，反应商 Q 即为任意状态下，体系中相关离子浓度以其计量系数为幂的乘积（又称离子积），可表示为

$$Q = [c(A^{n+})/c^\ominus]^m \cdot [c(B^{m-})/c^\ominus]^n \quad (8-2)$$

(1) 若 $Q > K_{sp}^\ominus$，溶液处于过饱和状态。沉淀可从溶液中析出，直到达成新的平衡，即 $Q = K_{sp}^\ominus$。所以 $Q > K_{sp}^\ominus$ 是沉淀生成的条件。

(2) 若 $Q = K_{sp}^\ominus$，溶液为饱和溶液，处于沉淀-溶解平衡状态。

(3) 若 $Q < K_{sp}^\ominus$，溶液为不饱和溶液，无沉淀生成。若溶液中已有沉淀存在，则沉淀会溶解，直至达到饱和，即 $Q = K_{sp}^\ominus$。所以 $Q < K_{sp}^\ominus$ 是沉淀溶解的条件。

以上关系称为溶度积原理，在实践中常用来判断化学反应是否有沉淀产生或溶解。

8.2 溶度积原理的应用

8.2.1 沉淀的生成

根据溶度积原理，要从溶液中沉淀出某一离子，必须使溶液中难溶电解质的离子积大于该物质在此温度下的溶度积常数，即 $Q > K_{sp}^\ominus$。

例 8-4 将 20 mL 0.025 mol·L^{-1} $Pb(NO_3)_2$ 溶液与 20 mL 0.50 mol·L^{-1} HCl 溶液混合，是否有 $PbCl_2$ 沉淀产生？反应平衡后溶液中 Pb^{2+} 的浓度为多少？已知 $K_{sp}^\ominus(PbCl_2) = 1.70\times10^{-5}$。

解 二溶液等体积混合后：$c(Pb^{2+}) = 1.25\times10^{-2}$ mol·L^{-1}，$c(Cl^-) = 0.25$ mol·L^{-1}，则

$$Q = [c(Pb^{2+})/c^\ominus]\cdot[c(Cl^-)/c^\ominus]^2 = (1.25\times10^{-2})\times0.25^2$$
$$= 7.8\times10^{-4} > K_{sp}^\ominus(PbCl_2)$$

所以有 $PbCl_2$ 沉淀析出。

设平衡时溶液中 Pb^{2+} 的浓度为 x mol·L^{-1}。

$$PbCl_2(s) \rightleftharpoons Pb^{2+}(aq) + 2Cl^-(aq)$$

$c_0/(\text{mol}\cdot\text{L}^{-1})$	0.0125	0.25
$c/(\text{mol}\cdot\text{L}^{-1})$	x	$(0.25-2\times0.0125)+2x$

$$K_{sp}^\ominus = [c(Pb^{2+})/c^\ominus]\cdot[c(Cl^-)/c^\ominus]^2 = (x/c^\ominus)\times[(0.225+2x)/c^\ominus]^2 = 1.70\times10^{-5}$$

由于 $K_{sp}^\ominus$ 很小，$0.225+2x \approx 0.225$，因此

$$x/c^\ominus = \frac{1.70\times10^{-5}}{0.225^2} = 3.36\times10^{-4} \qquad c(Pb^{2+}) = 3.36\times10^{-4}(\text{mol}\cdot\text{L}^{-1})$$

由于难溶电解质在水溶液中总是或多或少地有所溶解，因此任何一种离子都不可能被 100%沉淀析出，即总会有极少量的离子残留，溶液中的沉淀-溶解平衡是始终存在的。一般认为，当溶液中残留离子浓度低于 1.0×10^{-5} mol·L^{-1}时，用一般化学方法已无法定性检出，就可以认为该离子已被定性沉淀完全。当溶液中残留离子浓度低于 1.0×10^{-6} mol·L^{-1}时，所造成定量分析结果的误差在允许的范围内，则可认为该离子已被定量沉淀完全。例 8-4 计算结果表明，此时 Pb^{2+} 未被定性或定量沉淀完全。

当应用沉淀反应分离或除去溶液中的某种离子时，应采取什么措施才能使其沉淀完全呢？

(1) 选择适当的沉淀剂，使沉淀物的溶解度尽可能小，从而使沉淀更加完全。例如，Ag^+ 可以以 AgCl、AgBr、AgI 三种形式沉淀析出，其中 AgI 的溶解度最小，故选择 KI 作为沉淀剂可使 Ag^+ 沉淀最完全。

(2) 加入适当过量沉淀剂，可以使离子沉淀更加完全。

例 8-5 比较 25 ℃时 AgCl 在纯水和 0.10 mol·L^{-1} NaCl 水溶液中的溶解度。已知 $K_{sp}^{\ominus}(AgCl)=1.77\times10^{-10}$。

解 设 AgCl 在纯水中的溶解度为 x mol·L^{-1}。

$$x/c^{\ominus}=c(Cl^-)/c^{\ominus}=c(Ag^+)/c^{\ominus}=\sqrt{K_{sp}^{\ominus}(AgCl)}=1.33\times10^{-5}$$

$$x=1.33\times10^{-5}(mol\cdot L^{-1})$$

设 AgCl 在 0.10 mol·L^{-1} NaCl 水溶液中的溶解度为 y mol·L^{-1}。

$$AgCl(s) \rightleftharpoons Ag^+(aq)+Cl^-(aq)$$

$$c/(mol\cdot L^{-1}) \qquad\qquad y \qquad 0.10+y$$

$$K_{sp}^{\ominus}(AgCl)=[c(Ag^+)/c^{\ominus}]\cdot[c(Cl^-)/c^{\ominus}]=(y/c^{\ominus})[(0.10+y)/c^{\ominus}]=1.77\times10^{-10}$$

因为 y 的数值很小，可以认为 $0.10+y\approx0.10$，所以

$$y/c^{\ominus}=\frac{1.77\times10^{-10}}{0.10}=1.8\times10^{-9}$$

$$y=1.8\times10^{-9}(mol\cdot L^{-1})$$

由以上计算结果可知，AgCl 在 0.10 mol·L^{-1} NaCl 水溶液中的溶解度比在纯水中的溶解度降低了近一万倍，此时的 Ag^+ 已定量沉淀完全。因此，若在难溶电解质的溶液中加入含有与难溶电解质解离产物相同离子的易溶强电解质，将会使沉淀-溶解平衡向沉淀生成的方向移动，从而降低难溶电解质的溶解度，此效应称为同离子效应。若在难溶电解质饱和溶液中加入不含相同离子的强电解质，则会使难溶电解质的溶解度略有增大，这种作用称为盐效应。产生盐效应的原因在于加入强电解质后，溶液中的离子浓度增大，离子强度增加，阴、阳离子的相互牵制作用增强，在一定程度上阻碍了离子间相互结合而生成沉淀，使得难溶电解质溶液中离子的活度（有效浓度）降低，所以 $Q<K_{sp}^{\ominus}$，平衡向沉淀溶解的方向移动，达到新的平衡时溶解度略有增大。例如，$BaSO_4$ 在纯水中的溶解度为 1.03×10^{-5} mol·L^{-1}，但在 0.10 mol·L^{-1} KNO_3 溶液中的溶解度为 1.33×10^{-5} mol·L^{-1}。当然，在难溶电解质的饱和溶液中加入含有相同离子的强电解质，产生同离子效应的同时也产生盐效应，但后者的影响较不显著，一般可不考虑。

从以上实例可以看出，利用同离子效应，加入适当过量沉淀剂，可以使离子沉淀更加完全。在洗涤沉淀时，为减少沉淀损失也常利用同离子效应，即使用含有与难溶物共同离子的强电解质溶液洗涤，而不直接用水洗涤。例如，洗涤 $BaSO_4$ 沉淀时，用稀 H_2SO_4 或稀 $(NH_4)_2SO_4$ 洗涤比用水洗涤沉淀损失要少得多。但沉淀剂的量并非越多越好，一般以过量 20%～50%为宜，否则会因盐效应及可能发生的副反应（如酸效应、配位效应等）使沉淀溶解度反而增大。例如，AgCl 能与溶液中过量的 Cl^- 发生配位反应，生成 $[AgCl_2]^-$、$[AgCl_3]^{2-}$ 和 $[AgCl_4]^{3-}$ 等配离子，因此过量的 Cl^- 反而会使 AgCl 溶解度增大。

必须强调的是，难溶电解质沉淀完全与否主要取决于沉淀的本质，即溶度积的大小。因此沉淀剂的选择是最本质、也是最重要的。如沉淀剂选择不当，即使加入过量也不能使

离子沉淀完全。

(3) 对于生成难溶氢氧化物、难溶弱酸盐的沉淀反应，还必须注意控制溶液的 pH，才能确保沉淀完全。

例 8-6 一溶液中 $c(Fe^{3+})=c(Fe^{2+})=5.0\times10^{-2}\ mol\cdot L^{-1}$，若要求 Fe^{3+} 定性沉淀完全而 Fe^{2+} 不沉淀，溶液的 pH 应控制在什么范围？已知 $K_{sp}^{\ominus}[Fe(OH)_3]=2.79\times10^{-39}$，$K_{sp}^{\ominus}[Fe(OH)_2]=4.87\times10^{-17}$。

解 (1) Fe^{3+} 定性沉淀完全，即 $c(Fe^{3+})\leqslant1.0\times10^{-5}\ mol\cdot L^{-1}$ 所需溶液的最低 pH。

$$Fe(OH)_3(s) = Fe^{3+}(aq)+3OH^-(aq)$$

$$K_{sp}^{\ominus}[Fe(OH)_3]=[c(Fe^{3+})/c^{\ominus}]\cdot[c(OH^-)/c^{\ominus}]^3$$

$$c(OH^-)/c^{\ominus}=\sqrt[3]{K_{sp}^{\ominus}[Fe(OH)_3]/[c(Fe^{3+})/c^{\ominus}]}=\sqrt[3]{2.79\times10^{-39}/(1.0\times10^{-5})}=6.5\times10^{-12}$$

$$c(OH^-)=6.5\times10^{-12}(mol\cdot L^{-1})\qquad pH=14.00-pOH=2.81$$

(2) Fe^{2+} 不沉淀，即 $c(Fe^{2+})=0.05\ mol\cdot L^{-1}$ 溶液的最高 pH。

$$c(OH^-)/c^{\ominus}=\sqrt{K_{sp}^{\ominus}[Fe(OH)_2]/[c(Fe^{2+})/c^{\ominus}]}=\sqrt{4.87\times10^{-17}/(5.0\times10^{-2})}=3.1\times10^{-8}$$

$$c(OH^-)=3.1\times10^{-8}(mol\cdot L^{-1})\qquad pH=14.00-pOH=6.49$$

因此溶液 pH 控制在 2.81～6.49，可使 Fe^{3+} 定性沉淀完全而 Fe^{2+} 不沉淀。实际工作中，通过调节溶液中 OH^- 的浓度控制金属离子生成难溶氢氧化物沉淀是一种重要的离子分离方法。

思考：在 $c(Co^{2+})=1.0\ mol\cdot L^{-1}$ 的溶液中含有少量 Fe^{3+} 杂质。应如何控制溶液 pH，才能达到去除杂质的目的？

很多金属硫化物都属难溶电解质，因此常利用硫化物沉淀的生成分离和鉴定金属离子。在 H_2S 的饱和溶液中，S^{2-} 的浓度可以通过控制溶液的 pH 调节。

例 8-7 $0.10\ mol\cdot L^{-1}$ $MnCl_2$ 溶液中通入 H_2S 至饱和，控制酸度在什么范围能使 MnS($K_{sp}^{\ominus}=2.5\times10^{-13}$)沉淀？

解 要使 MnS 开始沉淀，所需 S^{2-} 的最低浓度为

$$c(S^{2-})/c^{\ominus}\geqslant K_{sp}^{\ominus}(MnS)/[c(Mn^{2+})/c^{\ominus}]=2.5\times10^{-13}/0.10=2.5\times10^{-12}$$

在 H_2S 饱和水溶液中，$c(H_2S)\approx0.10\ mol\cdot L^{-1}$，则由 $H_2S = 2H^+ + S^{2-}$ 可得

$$K^{\ominus}=[c(H^+)/c^{\ominus}]^2[c(S^{2-})/c^{\ominus}]/[c(H_2S)/c^{\ominus}]=K_{a_1}^{\ominus}\cdot K_{a_2}^{\ominus}$$
$$=1.3\times10^{-7}\times7.1\times10^{-13}=9.3\times10^{-20}$$

$$c(H^+)/c^{\ominus}\leqslant\sqrt{\frac{9.3\times10^{-20}\times0.10}{2.5\times10^{-12}}}=6.1\times10^{-5}$$

可见，要使 MnS 沉淀，溶液的 $c(H^+)$ 不能高于 $6.1\times10^{-5}\ mol\cdot L^{-1}$。

思考：在浓度均为 $0.1\ mol\cdot L^{-1}$ 的 Zn^{2+}、Mn^{2+} 混合溶液中通入 H_2S 气体。溶液的 pH 应控制在什么范围，可使这两种离子完全分离？

8.2.2 分步沉淀

如果溶液中同时含有几种离子，则应如何控制条件，使这几种离子分别沉淀，从而达到分离的目的呢？由溶度积原理可知，生成沉淀所需沉淀剂离子浓度较小的先沉淀，所需沉淀剂离子浓度较大的后沉淀。这种在一定条件下，通过逐步加入沉淀剂使混合离子按顺序先后沉淀下来的现象称为分步沉淀。如果生成各沉淀所需试剂离子的浓度相差足够大，就能通过分步沉淀反应将混合的离子逐一分离。

离子沉淀的先后顺序取决于沉淀物的 $K_{sp}^{\ominus}$ 和被沉淀离子的浓度。对于同类型的难溶电解质，当被沉淀离子浓度相同或相近时，沉淀物 $K_{sp}^{\ominus}$ 小的先沉淀，$K_{sp}^{\ominus}$ 大的后沉淀，$K_{sp}^{\ominus}$ 相

差越大，离子分离的效果越好。例如，在含有相同浓度的 Cl^-、Br^-、I^- 溶液中，逐滴加入 $AgNO_3$ 溶液，因为 $K_{sp}^{\ominus}(AgI)<K_{sp}^{\ominus}(AgBr)<K_{sp}^{\ominus}(AgCl)$，所以生成 AgI 所需的 Ag^+ 浓度最小，故 AgI 最先析出，然后依次为 AgBr 和 AgCl。

若生成的难溶电解质的类型不同（如 AgCl 与 Ag_2CrO_4、Pb_2S 与 $PbCl_2$），或者被沉淀离子的初始浓度不同，则不能简单地通过比较 $K_{sp}^{\ominus}$ 的大小判断沉淀出现的先后顺序，必须先计算出生成不同难溶电解质所需的沉淀剂的浓度，然后根据浓度的大小确定。

例 8-8 在浓度均为 0.010 $mol \cdot L^{-1}$ 的 Cl^- 与 CrO_4^{2-} 溶液中逐滴加入 0.010 $mol \cdot L^{-1}$ $AgNO_3$ 溶液，假定不考虑加入试剂后体积的变化。(1) Cl^- 与 CrO_4^{2-} 哪个先沉淀？(2) Ag_2CrO_4 开始生成沉淀时，溶液中 Cl^- 的浓度是多少？

解 (1) AgCl 开始沉淀时所需的 Ag^+ 浓度为

$$c(Ag^+)/c^{\ominus}=\frac{K_{sp}^{\ominus}(AgCl)}{c(Cl^-)/c^{\ominus}}=\frac{1.77\times10^{-10}}{0.010}=1.77\times10^{-8}$$

$$c(Ag^+)=1.77\times10^{-8}(mol \cdot L^{-1})$$

Ag_2CrO_4 开始沉淀时所需的 Ag^+ 浓度为

$$c(Ag^+)/c^{\ominus}=\sqrt{\frac{K_{sp}^{\ominus}(Ag_2CrO_4)}{c(CrO_4^{2-})/c^{\ominus}}}=\sqrt{\frac{1.12\times10^{-12}}{0.010}}=1.06\times10^{-5}$$

$$c(Ag^+)=1.06\times10^{-5}(mol \cdot L^{-1})$$

由计算结果可知，沉淀 Cl^- 所需的 Ag^+ 浓度比沉淀 CrO_4^{2-} 所需的 Ag^+ 浓度小得多，因此 $K_{sp}^{\ominus}$ 较大的 AgCl 沉淀反而先于 $K_{sp}^{\ominus}$ 较小的 Ag_2CrO_4 沉淀生成。

(2) 当第二种沉淀 Ag_2CrO_4 开始生成时，溶液中同时存在两个沉淀-溶解平衡，是多重平衡系统：

$$AgCl(s) \rightleftharpoons Ag^+(aq)+Cl^-(aq)$$

$$Ag_2CrO_4(s) \rightleftharpoons 2Ag^+(aq)+CrO_4^{2-}(aq)$$

故以下关系式成立：

$$c(Ag^+)/c^{\ominus}=\frac{K_{sp}^{\ominus}(AgCl)}{c(Cl^-)/c^{\ominus}}=\sqrt{\frac{K_{sp}^{\ominus}(Ag_2CrO_4)}{c(CrO_4^{2-})/c^{\ominus}}}$$

根据多重平衡原理，将 $c(CrO_4^{2-})=0.010$ $mol \cdot L^{-1}$（忽略溶液体积变化）代入上式，可计算得到 Ag_2CrO_4 开始沉淀时溶液中剩余的未被沉淀的 Cl^- 浓度为 1.67×10^{-5} $mol \cdot L^{-1}$（$>10^{-5}$ $mol \cdot L^{-1}$，说明 Cl^- 未被沉淀完全），此时继续加入 $AgNO_3$ 溶液，两种沉淀将同时析出。故分步沉淀作用的发生是由于离子积达到溶度积的先后不同而引起的，离子积先达到溶度积的必先被沉淀，这是分步沉淀的基本原则。

8.2.3 沉淀的转化

在红色 Ag_2CrO_4 沉淀中加入 NaCl，搅拌后就观察到沉淀由红色转化为白色。沉淀的转化过程可表示为

$$Ag_2CrO_4(s,\text{砖红色})+2Cl^-(aq) \rightleftharpoons 2AgCl(s,\text{白色})+CrO_4^{2-}(aq)$$

这种由一种难溶电解质转化为另一种难溶电解质的过程称为沉淀的转化。该反应的标准平衡常数为

$$K^{\ominus}=\frac{c(CrO_4^{2-})}{[c(Cl^-)]^2}=\frac{K_{sp}^{\ominus}(Ag_2CrO_4)}{[K_{sp}^{\ominus}(AgCl)]^2}=\frac{1.12\times10^{-12}}{(1.77\times10^{-10})^2}=3.57\times10^{7}$$

标准平衡常数很大，可见这个转化反应进行得很完全。

由上式可见，沉淀转化反应的完全程度主要由沉淀物的溶度积及类型所决定。若沉

淀物类型相同，则溶度积较大的沉淀易转化为溶度积较小的沉淀。当然，反应的完全程度还与试剂浓度有关。

有些沉淀(如 $BaSO_4$、$CaSO_4$ 等)既不溶于水也不溶于酸，也不能用配位和氧化还原的方法将它溶解，这时可以先将此类难溶强酸盐转化为难溶弱酸盐，然后用酸溶解。例如，锅炉中的锅垢含有大量的 $CaSO_4$ ($K_{sp}^{\ominus}=4.93\times10^{-5}$)，要除掉它，一般先用热的 Na_2CO_3 溶液处理，使之转化为疏松的、且能溶于酸的 $CaCO_3$ ($K_{sp}^{\ominus}=3.36\times10^{-9}$)，这样就可以用酸把锅垢清除。如果要将 $BaSO_4$ 转化为 $BaCO_3$，即

$$BaSO_4(s)+CO_3^{2-}(aq)=\!=\!=BaCO_3(s)+SO_4^{2-}(aq)$$

反应的标准平衡常数为

$$K^{\ominus}=\frac{K_{sp}^{\ominus}(BaSO_4)}{K_{sp}^{\ominus}(BaCO_3)}=\frac{1.08\times10^{-10}}{3.36\times10^{-9}}=3.21\times10^{-2}$$

标准平衡常数较小，说明需用饱和 Na_2CO_3 溶液多次处理，方可使反应彻底完成。

8.2.4 沉淀的溶解

根据溶度积规则，要使沉淀溶解，必须使难溶电解质的离子积 $Q<K_{sp}^{\ominus}$。因此，对于任一难溶电解质的沉淀-溶解平衡

$$A_mB_n(s)=\!=\!=mA^{n+}(aq)+nB^{m-}(aq)$$

只要采用一定方法降低多相平衡体系中阴离子和阳离子的浓度，就可促使沉淀溶解。常用的方法有以下 3 种：

1. 用酸溶解

常见的弱酸盐、氢氧化物沉淀及硫化物等难溶电解质在酸中的溶解度比在纯水中大，这是由于弱酸根和 OH^- 可与 H^+ 结合为难电离的弱酸和 H_2O，从而降低了溶液中弱酸根和 OH^- 的浓度，使得 $Q<K_{sp}^{\ominus}$，沉淀溶解。例如，CaC_2O_4 溶于 HCl 的反应

$$CaC_2O_4(s)+H^+=\!=\!=Ca^{2+}+HC_2O_4^-$$

溶液中同时存在两个相互竞争的平衡：

$$CaC_2O_4(s)=\!=\!=Ca^{2+}+C_2O_4^{2-}$$

$$H^++C_2O_4^{2-}=\!=\!=HC_2O_4^-$$

反应的平衡常数为

$$K^{\ominus}=\frac{[c(Ca^{2+})/c^{\ominus}]\cdot[c(HC_2O_4^-)/c^{\ominus}]}{c(H^+)/c^{\ominus}}=\frac{K_{sp}^{\ominus}(CaC_2O_4)}{K_{a_2}^{\ominus}(H_2C_2O_4)}$$

反应的实质就是 Ca^{2+} 和 H^+ 争夺 $C_2O_4^{2-}$，分别生成 CaC_2O_4 和 $HC_2O_4^-$。反应的 $K^{\ominus}$ 越大，溶解反应进行的程度越大，沉淀物溶解得越完全。由上式可知，沉淀物的 $K_{sp}^{\ominus}$ 越大，生成的弱酸的 $K_{a_2}^{\ominus}$ 越小，反应进行得越完全。

难溶弱酸盐(如碳酸盐、乙酸盐、草酸盐等)都能溶于 HCl 等强酸。由于 OH^- 在水中是最强的碱，因此难溶氢氧化物[如 $Fe(OH)_3$、$Mg(OH)_2$、$Ca(OH)_2$ 和 $Mn(OH)_2$ 等]均易溶于强酸，一些溶度积较大的难溶盐甚至可溶于弱酸性的铵盐。

例 8-9 欲将 0.10 mol $Mg(OH)_2$ 完全溶解于 1 L NH_4Cl 水溶液中，则 $c(NH_4Cl)$ 最低应为多少？

解 方法一：由反应式

$$Mg(OH)_2(s)+2NH_4^+(aq) \rightleftharpoons Mg^{2+}(aq)+2NH_3+2H_2O$$

故完全溶解后

$$c(Mg^{2+})=0.10\ mol\cdot L^{-1} \qquad c(NH_3)=0.20\ mol\cdot L^{-1}$$

此时溶液中 OH^- 的浓度为

$$c(OH^-)/c^{\ominus}=\sqrt{\frac{K_{sp}^{\ominus}[Mg(OH)_2]}{c(Mg^{2+})/c^{\ominus}}}=\sqrt{\frac{5.61\times10^{-12}}{0.10}}=7.5\times10^{-6}$$

$$pOH=5.13$$

由

$$pOH=pK_b^{\ominus}-\lg\frac{c(NH_3)/c^{\ominus}}{c(NH_4^+)/c^{\ominus}}$$

可得平衡时

$$c(NH_4^+)=0.48(mol\cdot L^{-1})$$

所以，反应前 $c(NH_4Cl)$ 最低应为 $0.48+0.20=0.68(mol\cdot L^{-1})$。

方法二：设 $Mg(OH)_2$ 完全溶解需 NH_4Cl 水溶液的最低浓度为 $x\ mol\cdot L^{-1}$。

	$Mg(OH)_2$	+	$2NH_4^+$	$\rightleftharpoons$	Mg^{2+}	+	$2NH_3$	+	$2H_2O$
$c/(mol\cdot L^{-1})$			$x/c^{\ominus}-0.20$		0.10		0.20		

由综合平衡常数

$$K^{\ominus}=\frac{[c(Mg^{2+})/c^{\ominus}]\cdot[c(NH_3)/c^{\ominus}]^2}{[c(NH_4^+)/c^{\ominus}]^2}=\frac{K_{sp}^{\ominus}[Mg(OH)_2]}{[K_b^{\ominus}(NH_3)]^2}=\frac{5.61\times10^{-12}}{(1.8\times10^{-5})^2}$$

$$=1.73\times10^{-2}=\frac{0.10\times0.20^2}{(x/c^{\ominus}-0.20)^2}$$

$$x=c(NH_4^+)=0.48+0.20=0.68(mol\cdot L^{-1})$$

因此所需 NH_4Cl 溶液最低浓度为 $0.68\ mol\cdot L^{-1}$。

必须指出的是，虽然大部分难溶弱酸盐易溶于酸，但也有例外。例如，$K_{sp}^{\ominus}$ 较大的 MnS、FeS、ZnS 等可溶于强酸，但 $K_{sp}^{\ominus}$ 较小的 Ag_2S、CuS、HgS 等，即使在最浓的盐酸中也不溶解。

2. 通过氧化还原反应使沉淀溶解

CuS 不溶于强酸，但加入具有氧化性的 HNO_3 后，由于发生了氧化还原反应，CuS 在 HNO_3 中溶解。

$$CuS(s) \rightleftharpoons S^{2-}(aq)+Cu^{2+}(aq)$$

$$+$$

$$NO_3^- + H^+$$

$$\downarrow$$

$$S$$

总反应为

$$3CuS(s)+2NO_3^-+8H^+ \rightleftharpoons 3Cu^{2+}+3S+2NO+4H_2O$$

利用 HNO_3 对 S^{2-} 的氧化作用，有效地降低溶液中 S^{2-} 的浓度，使 CuS、Ag_2S 等溶度积很小、不能利用酸碱反应溶解的沉淀顺利溶解。

3. 通过生成配合物使沉淀溶解

例如，可利用配离子$[Ag(NH_3)_2]^+$的生成使 AgCl 溶解。

$$
\begin{array}{c}
AgCl(s) \rightleftharpoons Ag^+(aq) + Cl^-(aq) \\
+ \\
NH_3 \\
\downarrow \\
[Ag(NH_3)_2]^+
\end{array}
$$

总反应为

$$AgCl(s) + 2NH_3 \rightleftharpoons [Ag(NH_3)_2]^+ + Cl^-$$

Ag^+与 NH_3 结合生成稳定的配离子$[Ag(NH_3)_2]^+$，从而降低了溶液中 Ag^+ 的浓度，促使平衡向右移动，沉淀溶解。又如，很多难溶卤化物离解所得的金属离子可与过量的沉淀剂卤离子生成稳定的配合物，故这些卤化物可溶于过量的沉淀剂中。

$$HgI_2 + 2I^- \rightleftharpoons [HgI_4]^{2-}$$

对于 HgS 等溶度积极小的沉淀，通常单纯的酸溶、配位溶解或氧化还原溶解方法均不能使之有效溶解。此时可集合使用多种反应，同时降低其离解所得的阴、阳离子的浓度，从而达到使其完全溶解的目的。例如，由于 Hg^{2+} 可与 Cl^- 等配位剂反应生成稳定的配离子$[HgCl_4]^{2-}$，同时 S^{2-} 可被 NO_3^-、Fe^{3+} 等氧化剂氧化，故 HgS 可溶于王水或 $FeCl_3$ 的盐酸溶液等配位剂与氧化剂的混合溶液中。

$$
\begin{array}{ccccc}
HgS(s) & \rightleftharpoons & S^{2-}(aq) & + & Hg^{2+}(aq) \\
 & & + & & + \\
 & & NO_3^- + H^+(\text{或 } Fe^{3+}) & & Cl^- \\
 & & \downarrow & & \downarrow \\
 & & S & & [HgCl_4]^{2-}
\end{array}
$$

总反应为

$$3HgS + 12Cl^- + 2NO_3^- + 8H^+ \rightleftharpoons 3[HgCl_4]^{2-} + 3S + 2NO + 4H_2O$$

$$HgS + 4Cl^- + 2Fe^{3+} \rightleftharpoons [HgCl_4]^{2-} + S + 2Fe^{2+}$$

又如，CdS、SnS 和 Sb_2S_3 等易溶于盐酸，而在其他强酸中较难溶解，是因为溶于盐酸的同时有配位反应发生。这种利用多种反应达到溶解难溶物目的的方法称为“综合法”。

习　题

8-1　下列说法是否正确？为什么？

(1) 两难溶电解质相比较，溶度积小的难溶电解质其溶解度一定也小。

(2) 欲使溶液中某离子沉淀完全，加入的沉淀剂应该是越多越好。

(3) 所谓沉淀完全，就是用沉淀剂将溶液中某一离子除尽。

8-2　不考虑 Fe^{3+} 副反应的发生，根据 $K_{sp}^{\ominus}[Fe(OH)_3]$近似计算 $Fe(OH)_3$ 在水中的溶解度 $S(mol \cdot L^{-1})$。

8-3　试比较 AgCl 在纯水、0.01 $mol \cdot L^{-1}$ NaCl、0.01 $mol \cdot L^{-1}$ $CaCl_2$、0.01 $mol \cdot L^{-1}$ $NaNO_3$ 和 0.01 $mol \cdot L^{-1}$ $Mg(NO_3)_2$ 溶液中的溶解度大小。

8-4　假定 $Mg(OH)_2$ 溶于水后完全离解，且忽略副反应，试计算 $Mg(OH)_2$ 在下列情况下的溶解度($mol \cdot L^{-1}$)。

(1) 在纯水中。

(2) 在 0.010 mol・L^{-1}NaOH 水溶液中。

(3) 在 0.010 mol・$L^{-1}$$MgCl_2$ 水溶液中。

8-5 计算 CaF_2 在 pH=5.00 的盐酸中的溶解度。

8-6 在 0.30 mol・L^{-1} HCl 溶液中含有 0.1 mol・L^{-1} Cd^{2+}，室温下不断通入 H_2S(g)达到饱和[$c(H_2S)$≈0.10 mol・L^{-1}]，此时是否有 CdS 沉淀析出?

8-7 将 20 mL 0.50 mol・L^{-1}氯化镁溶液与 20 mL 0.10 mol・L^{-1}氨水混合，是否有 $Mg(OH)_2$ 沉淀生成? 为防止沉淀生成，应加入多少克 NH_4Cl(s)?（忽略体积变化）

8-8 将 75 mL 0.20 mol・L^{-1}NaOH 溶液与 25 mL 0.40 mol・L^{-1} $H_2C_2O_4$ 溶液混合。

(1) 该溶液的 pH 是多少?

(2) 在上述混合液中加入 1.0 mL 2.0 mol・L^{-1}氯化镁溶液，是否会产生 MgC_2O_4 沉淀或 $Mg(OH)_2$ 沉淀?

8-9 欲将 0.10 mol ZnS 完全溶解于 1.0 L 盐酸中，所需盐酸的浓度最低为多少?

8-10 在浓度均为 0.10 mol・L^{-1}的 Fe^{3+} 和 Mn^{2+} 混合溶液中，欲用控制酸度的办法使二者分离，则应控制溶液的 pH 在什么范围可使这两种离子完全分离?

8-11 $CaCO_3$ 能溶于 HAc 中，设达沉淀-溶解平衡时，c(HAc)≈1.0 mol・L^{-1}，已知室温下，反应产物 H_2CO_3 的饱和浓度为 0.04 mol・L^{-1}，则 1 L 溶液中能溶解多少摩 $CaCO_3$? 所需 HAc 的浓度为多少?

8-12 30 mL 0.2 mol・L^{-1} $AgNO_3$ 溶液与 50 mL 0.2 mol・L^{-1} NaAc 溶液混合，产生 AgAc 沉淀，平衡后，测得溶液中 Ag^+ 浓度为 0.05 mol・L^{-1}，求 AgAc 的溶度积。

8-13 计算下列酸溶反应的标准平衡常数，并用计算结果说明溶解的可能性。

(1) $Fe(OH)_3$ 在 HAc 中溶解。

(2) MnS 在 H_2S 中溶解。

8-14 AgI 分别用 Na_2CO_3 和 $(NH_4)_2S$ 溶液处理，沉淀能否转化? 为什么?

第 9 章　配位化合物

配位化合物(简称配合物)是一类组成复杂、性能独特、用途极为广泛的化合物。最早发现的配合物是亚铁氰化铁 $Fe_4[Fe(CN)_6]_3$(普鲁士蓝),它是 18 世纪初德国人狄斯巴赫在染料作坊中将草木灰和牛血混在一起焙烧制成亚铁氰化钾后,再将其放入三氯化铁溶液中意外得到的。目前配位化合物已成为现代无机化学研究的热点,由此而发展起来的新兴分支学科——配位化学也正沿着广度、深度和应用三个方向发展。近年来,配位化学在研究对象上日益重视与材料科学和生命科学相结合的功能配合物的研究。

由于配位化合物的形成及其结构有其自身的规律性,不能简单地用经典的价键理论加以解释,因此本章专门对配位化合物、配位平衡以及配合物的应用加以讨论。

9.1　配位化合物的基本概念

9.1.1　配位化合物的组成

在无机化合物中,除了常见的一些简单化合物(如 HCl、$CuSO_4$ 等)外,还存在许多由简单化合物相互作用而形成的复杂的分子间化合物。例如

$$CuSO_4 + 4NH_3 \xlongequal{} [Cu(NH_3)_4]SO_4$$

$$K_2SO_4 + Al_2(SO_4)_3 + 24H_2O \xlongequal{} K_2SO_4 \cdot Al_2(SO_4)_3 \cdot 24H_2O$$

如果将它们溶于水,$K_2SO_4 \cdot Al_2(SO_4)_3 \cdot 24H_2O$ 完全解离成 $K^+(aq)$、$Al^{3+}(aq)$和 $SO_4^{2-}(aq)$,其性质如同简单化合物 K_2SO_4 和 $Al_2(SO_4)_3$ 的混合水溶液,这类分子间化合物称为复盐;而$[Cu(NH_3)_4]SO_4$ 在水溶液中则解离为 $SO_4^{2-}(aq)$、$Cu^{2+}(aq)$、NH_3 和 $[Cu(NH_3)_4]^{2+}(aq)$,其中,Cu^{2+} 和 NH_3 在溶液中的浓度极低,几乎检测不到。这个现象说明复杂离子$[Cu(NH_3)_4]^{2+}$几乎不解离,在水溶液能够稳定存在。这种具有稳定结构的复杂离子称为配离子,含有配离子的化合物称为配合物。

绝大多数配合物含有内界和外界两部分。内界用方括号括起来,称为配位单元。它包括中心离子(原子)和一定数目的配位体,是配合物的主要特征部分。配位单元可以是离子(称为配离子),如$[Cu(NH_3)_4]^{2+}$、$[Fe(CN)_6]^{4-}$等;也可以是分子,如$[Fe(CO)_5]$、$[PtCl_2(NH_3)_2]$等。配合物的内界部分很稳定,在水溶液中几乎不解离。方括号以外是配合物的外界,内、外界之间以离子键结合,所以在水中外界组分可以完全解离。不带电荷的内界就是中性配合物,或称配位分子,如$[Ni(CO)_4]$、$[Co(NH_3)_3Cl_3]$等。配合物的组成如图 9-1 所示。

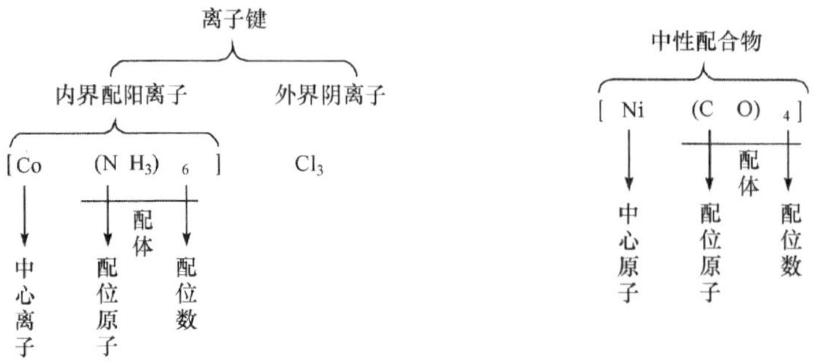

图 9-1 配合物的组成

1. 中心离子(原子)

中心离子(原子)是配合物的核心部分,也称为配合物的形成体。中心离子(原子)必须具有空轨道,可以接受孤对电子。绝大多数的配合物形成体为过渡金属离子或原子,如 $[Cu(NH_3)_4]^{2+}$ 中的 Cu^{2+}、$[Fe(CO)_5]$ 中的 Fe 等。此外,某些高氧化态非金属元素和一些半径较小、电荷较高的主族元素也是常见的形成体,如 $[SiF_6]^{2-}$ 中的 Si(Ⅳ)、$[PF_6]^-$ 中的 P(Ⅴ)以及 $[AlF_6]^{3-}$ 中的 Al(Ⅲ)等。

2. 配位体

在内界中,与中心离子(原子)以配位键结合的阴离子或中性分子称为配位体,简称配体,用 L 表示,如 $[Cu(NH_3)_4]^{2+}$ 中的 NH_3、$[SiF_6]^{2-}$ 中的 F^- 等。在配体中,能提供孤对电子,并直接与中心离子(原子)相连的原子称为配位原子,如 :NH_3 中的 N、:CN^- 中的 C 等。常见的配位原子一般是半径较小、电负性较大的 p 区元素原子,如 C、N、O、F、P、S、Cl、Br、I 等。

根据配体所含配位原子的多少,可将配体分为以下两类:

(1) 单基(齿)配体:只含有一个配位原子的配体,如 NH_3、OH^-、X^-、CN^-、SCN^- 等。

(2) 多基(齿)配体:含有两个或多个配位原子的配体。多基配体大多为有机分子,如乙二胺($NH_2C_2H_4NH_2$,简写为 en)、NH_2CH_2COOH、乙二胺四乙酸等。

一些常见的配体列于表 9-1。

表 9-1 常见的配体

类 型	配位原子	实 例
单基配体	C	CO(羰基),CN^-(氰根)
	N	NH_3(氨),NO(亚硝酰基),CH_3NH_2(甲胺),C_5H_5N(吡啶,简写为 Py),NCS^-(异硫氰酸根),NH_2^-(氨基),NO_2^-(硝基)
	O	OH^-(羟基),H_2O(水),CH_3COO^-(乙酸根),ONO^-(亚硝酸根),O^{2-}(氧),O_2^{2-}(过氧)
	S	$S_2O_3^{2-}$(硫代硫酸根),SCN^-(硫氰酸根)
	X	F^-(氟),Cl^-(氯),Br^-(溴),I^-(碘)

类型	配位原子	实例
多基配体	N	乙二胺(简写为 en) $NH_2—CH_2—CH_2—NH_2$
		二乙基三胺(简写为 dien) $NH_2—CH_2—CH_2—NH—CH_2—CH_2—NH_2$
		联吡啶(简写为 bipy) 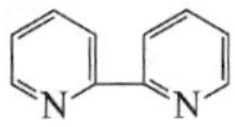
	O	草酸根 $C_2O_4^{2-}$,乙酰丙酮离子(简写为 $acac^-$) 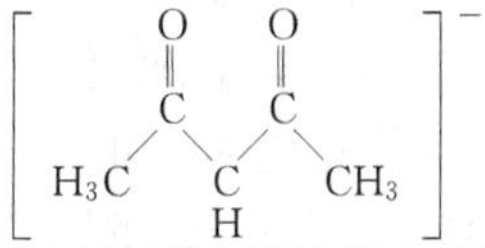
	N、O	乙二胺四乙酸根离子 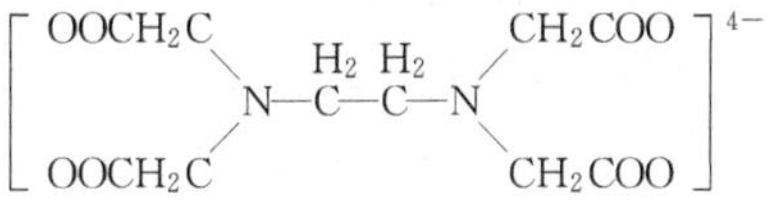

3. 配位数

配位原子的数目称为中心离子(原子)的配位数。如果配体是单齿的,配位数就等于配体的数目,如$[Ag(NH_3)_2]^+$、$[Cu(NH_3)_4]^{2+}$、$[Fe(CN)_6]^{4-}$中,中心离子的配位数分别是2、4、6;如果配体是多齿的,配位数就等于配体数目与单个配体所提供的配位原子数目的乘积,如$[Cu(en)_2]^{2+}$中Cu^{2+}的配位数是2×2=4,$[Ca(EDTA)]^{2-}$中Ca^{2+}的配位数是1×6=6;若配体有两种或两种以上,则配位数是各个配体所提供的配位原子数之和,如$[Pt(NO_2)_2(NH_3)_4]^{2+}$中$Pt^{4+}$的配位数是2+4=6。中心原子的配位数一般为2、4、6、8等偶数,以4和6最为常见。

配位数的多少与中心离子和配体的电荷、体积、电子层构型等因素有关。一般情况下,电荷数相同的中心离子,半径越大,其配位数就越大。例如,Al^{3+}和F^-可以形成配位数为6的$[AlF_6]^{3-}$,而半径小的B^{3+}只能形成配位数为4的$[BF_4]^-$。对同一种中心离子(原子)来说,配位数随着配体半径的增加而减少,如半径较大的Cl^-与Al^{3+}配合时只能形成配位数为4的$[AlCl_4]^-$。此外,中心离子电荷数的增加和配体电荷数的减小都有利于形成配位数较大的配合物。例如,Ag^+的电荷数小于Ag^{2+}的电荷数,它们与I^-分别形成$[AgI_2]^-$和$[AgI_4]^{2-}$。又如,NH_3与Zn^{2+}形成配位数为6的$[Zn(NH_3)_6]^{2+}$,CN^-只能与Zn^{2+}形成配位数为4的$[Zn(CN)_4]^{2-}$。

此外,配合物形成时的温度、配体的浓度等因素也是影响配位数大小的关键因素。配体浓度较大时,有利于形成高配位的离子;升高温度,热运动加剧,则会使配位数下降。

4. 配离子的电荷数

配离子的电荷数等于中心离子的电荷与配体总电荷的代数和。例如,在$[Cu(NH_3)_4]SO_4$中,配离子的电荷数为+2,写作$[Cu(NH_3)_4]^{2+}$。在$K_4[Fe(CN)_6]$中,配离子的电荷数为－4，写作$[Fe(CN)_6]^{4-}$。

由于配合物是电中性的，外界离子的电荷总数与配离子的电荷总数相等、符号相反，因此配离子的电荷数也可以根据外界离子的电荷数确定。

9.1.2 配位化合物的命名

配合物的命名与一般无机化合物的命名原则相似。

(1) 配合物的命名顺序：命名含配离子的化合物时，阴离子名称在前，阳离子名称在后，称为“某化某”、“某酸”、“氢氧化某”和“某酸某”。

(2) 配离子的命名顺序：配位体数目（中文数字表示）-配位体名称-合-中心离子（原子）及其氧化数（罗马数字表示）。有的配离子可用简称。

(3) 配位体的命名顺序：若配位体不止一种，则先无机配位体，后有机配位体；先阴离子，后中性分子。若均为中性分子或均为阴离子，可按配位原子元素符号英文字母顺序排列，如 NH_3 在前、H_2O 在后；若配位原子也相同，则含原子数目较少的配体列在前面。若配位原子相同，配体中含原子的数目也相同，则按在结构式中与配位原子相连的原子的元素符号的字母顺序排列。不同配体间以点“·”隔开。

以下是一些配合物命名的实例。

含配阳离子的配合物：

$[Cu(NH_3)_4]SO_4$	硫酸四氨合铜(Ⅱ)
$[Co(NH_3)_6]Cl_3$	三氯化六氨合钴(Ⅲ)
$[Ag(NH_3)_2]OH$	氢氧化二氨合银(Ⅰ)
$[Co(NH_3)_2(en)_2](NO_3)_3$	硝酸二氨·二(乙二胺)合钴(Ⅲ)
$[CoCl_2(NH_3)_3(H_2O)]Cl$	氯化二氯·三氨·一水合钴(Ⅲ)

含配阴离子的配合物：

$H_2[PtCl_6]$	六氯合铂(Ⅳ)酸
$Na_2[SiF_6]$	六氟合硅(Ⅳ)酸钠
$(NH_4)_4[Fe(CN)_6]$	六氰合铁(Ⅱ)酸铵
$K[PtCl_5(NH_3)]$	五氯·一氨合铂(Ⅳ)酸钾

中性配合物：

$[Fe(CO)_5]$	五羰基合铁
$[Co(NO_2)_3(NH_3)_3]$	三硝基·三氨合钴(Ⅲ)
$[PtCl_4(NH_3)_2]$	四氯·二氨合铂(Ⅳ)

较复杂的配合物：

$[Pt(NH_3)_6][PtCl_4]$	四氯合铂(Ⅱ)酸六氨合铂(Ⅱ)
$[Cr(NH_3)_6][Co(CN)_6]$	六氰合钴(Ⅲ)酸六氨合铬(Ⅲ)

有些配体化学式相同，但配位原子不同，命名时须注意区别，如硝基—NO_2（N 为配位原子）和亚硝酸根—ONO（O 为配位原子）、硫氰酸根—SCN（S 为配位原子）和异硫氰酸根—NCS（N 为配位原子）。

此外，一些常见的配合物常用习惯命名法，如$[Cu(NH_3)_4]^{2+}$和$[Ag(NH_3)_2]^{+}$分别称为铜氨配离子和银氨配离子。有些配合物有俗名，如 $K_3[Fe(CN)_6]$俗称铁氰化钾或赤血盐，$K_4[Fe(CN)_6]$俗称亚铁氰化钾或黄血盐。

9.1.3 配位化合物的分类

配合物有多种分类法。按中心离子(原子)的数目，可分为单核配合物和双核配合物；按配体的种类，可分为水合配合物、卤合配合物、氨合配合物和羰基配合物等。本书从配合物的整体考虑，依据配合物的结构特征，将其分为以下几种类型：

1. 简单配合物

由单齿配体与中心离子(原子)直接配位形成的配合物称为简单配合物。在简单配合物中只有一个中心离子(原子)，且每个配体只有一个配位原子，如 $[Pt(NH_3)_4]^{2+}$、$[Cr(NH_3)_6]^{3+}$等(图 9－2)。

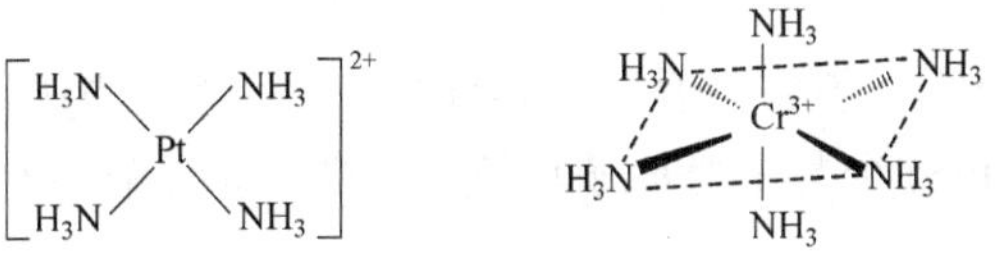

图 9－2 $[Pt(NH_3)_4]^{2+}$和$[Cr(NH_3)_6]^{3+}$的结构示意图

2. 螯合物

螯合物是由中心离子(原子)和多齿配体结合而成的具有环状结构的配合物。例如，Cu^{2+}与两个乙二胺(en)结合形成具有两个五元环的螯合离子$[Cu(en)_2]^{2+}$。

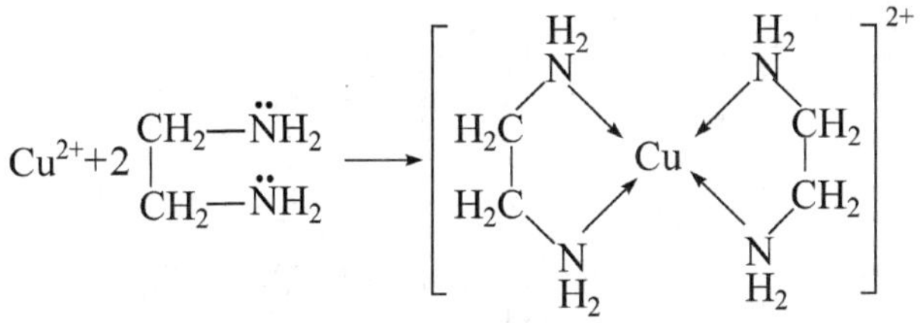

在$[Cu(en)_2]^{2+}$中，每个乙二胺分子提供两个配位氮原子与中心离子结合，就好像螃蟹的双螯钳住中心离子，所以环状结构是螯合物的特点。又如，邻菲咯啉(*o*-phen)与 Fe^{2+} 形成含有 3 个五元环的螯合物[图 9－3(a)]。

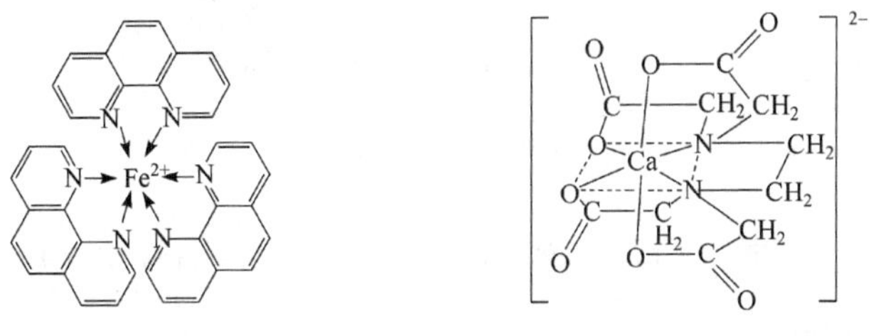

(a) (b)

图 9－3 $[Fe(phen)_3]^{2+}$与$[CaY]^{2-}$的环状结构示意图

通常把形成螯合物的配位剂称为螯合剂。螯合剂中必须含有两个或两个以上能给出孤对电子的配位原子，这些原子必须同时与同一中心离子配位，而且这些配位原子的位置必须适当，相互之间一般间隔两个或三个其他原子，以便形成稳定的五元环或六元环。螯合剂多是含 N、O、S 等配位原子的有机化合物，如氨基乙酸(NH_2CH_2COOH)、氨基三乙酸[$N(CH_2COOH)_3$]、乙二胺四乙酸[$(HOOCCH_2)_2NCH_2CH_2N(CH_2COOH)_2$]等。

螯合物的稳定性与螯合环的大小和多少有关。一般五元环或六元环的螯合物最稳定。一个多齿配体与中心离子形成的螯合环数越多，螯合物就越稳定。例如，螯合离子$[CaY]^{2-}$[图 9-3(b)]含有 5 个五原子环，因此很稳定，利用这种性质可以测定硬水中Ca^{2+}、Mg^{2+}的含量。另外，很多螯合物具有特征的颜色，难溶于水，易溶于有机溶剂，利用这些特点可以进行沉淀分离、溶剂萃取、比色定量等方面的工作。

3. 特殊配合物

1) 多核配合物

如果双齿配体的配位原子相邻近，就不可能与同一个中心离子(原子)配位形成环状物，这时它的配位原子可逐个与中心原子成键，形成含有两个中心原子的双核配合物，如配体联氨形成的配合物：

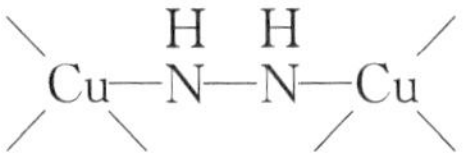

还有些配体虽只有一个配位原子，但它却具有不止一对的孤对电子，因而能与两个或者两个以上的中心离子(原子)键合，这种配体称为桥联配体或桥联基团，简称桥基。例如，Fe^{3+}在水溶液中，于适当 pH 下，可形成以—OH 为桥基的多核配离子。

$3[Fe(H_2O)_6]^{3+} \rightleftharpoons$ 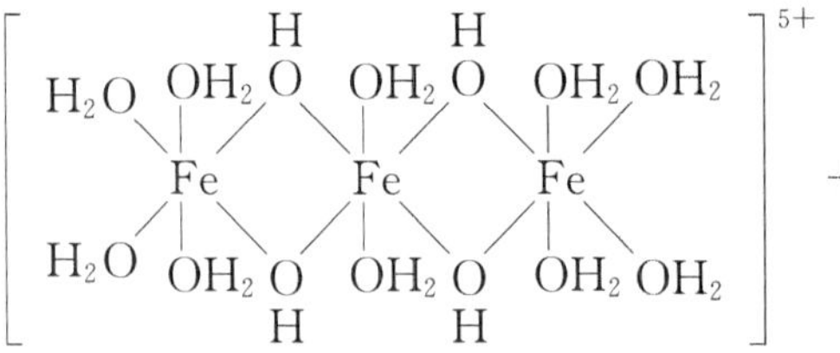 $+4H_2O+4H^+$

含有两个或两个以上中心离子(原子)的配合物称为多核配合物。例如，含酰肼类配体的双核镍配合物和三核铜配合物都是多核配合物(图 9-4)。

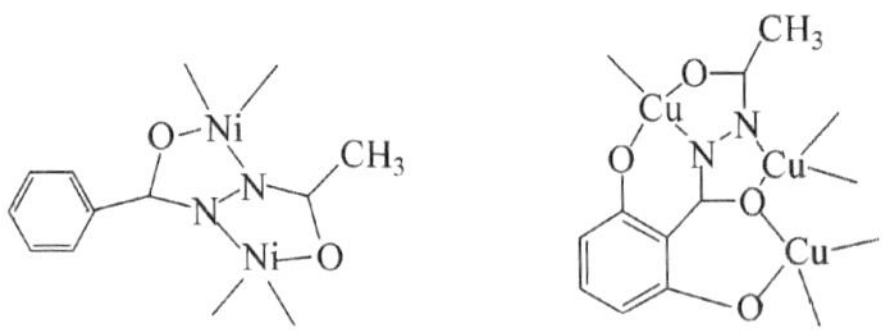

图 9-4 含酰肼类配体的双核镍配合物和三核铜配合物的结构示意图

2) 金属簇配合物

在多核配合物中，中心离子(原子)除与配体结合外，彼此之间还可相互结合，含有金属-金属键(M—M)的配合物称为金属簇配合物，如 $Fe_3(CO)_{12}$、$Co_4(CO)_{12}$等(图 9-5)。能生成簇状化合物的金属主要是过渡金属，它们的生成趋势与该金属在周期表中的位置、氧化态以及配体性质等因素有关。一般地，第一过渡系的元素形成簇状配合物的能力比相应的第二、第三过渡系元素差。同种金属元素中，低氧化态元素的原子形成簇状配合物更容易。

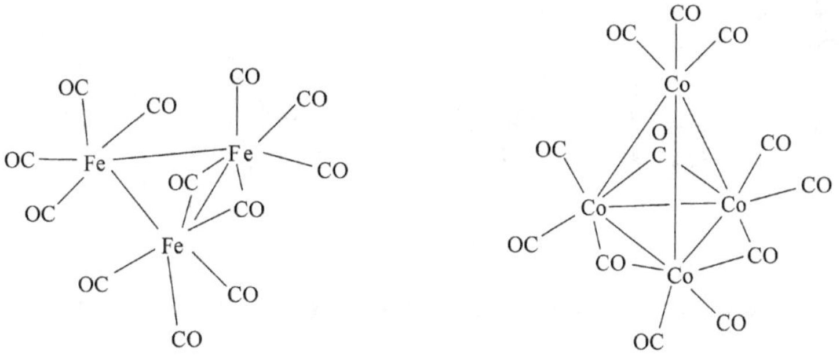

图 9-5 $Fe_3(CO)_{12}$ 和 $Co_4(CO)_{12}$ 的结构示意图

3）有机金属配合物

这是一类由有机基团与金属之间生成碳-金属键（C—M）的配合物，可分为以下两种类型：

(1) 金属与碳直接键合的 σ 键有机金属化合物。包括烷基金属，如 $(CH_3)_6Al_2$；芳基金属，如 C_6H_5HgCl；乙炔基金属，如 HC≡C—Ag 等。大多数这类配合物中，除有机配体外还可含有其他配体，如 CO、CN^-、PR_3（R 为烷基）等。

(2) 金属与碳形成不定域配键的 π 键有机金属化合物。常见的配体有烯烃、炔烃、芳烃、环戊二烯基等。例如，蔡斯盐 $K[PtCl_3(C_2H_4)]$，其结构如图 9-6(a)所示，在 Pt 和 $CH_2{=}CH_2$ 之间是 π-σ 及 π-π* 键合。具有类似结构的还有银、铜、钯、钌等其他金属离子的烯烃配合物。又如，二茂铁 $(C_5H_5)_2Fe$[图 9-6(b)]，金属原子被夹在两个平行的碳环体系之间，称为夹心配合物。除了环戊二烯基外，还有其他不饱和环状配体的夹心化合物，如二苯铬 $(C_6H_6)_2Cr$[图 9-6(c)]、双层夹心的三茂镍 $(C_5H_5)_3Ni_2$[图 9-6(d)]等。生成夹心配合物的元素主要为ⅣB～ⅦB 族过渡元素、除铂以外的Ⅷ族元素以及镧系元素和锕系元素。

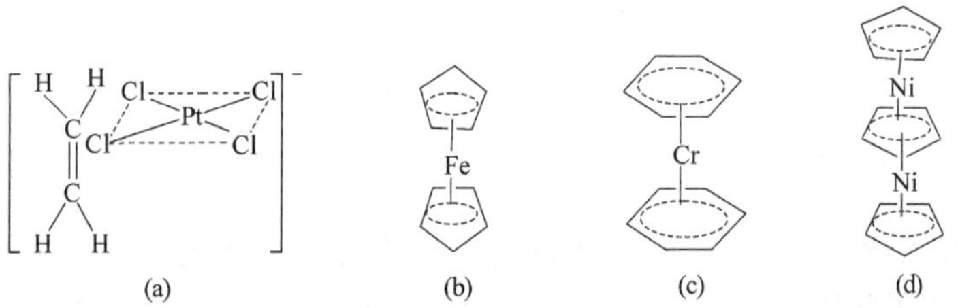

图 9-6 蔡斯盐(a)、二茂铁(b)、二苯铬(c)和三茂镍(d)的结构示意图

4）大环配合物

大环配合物是指其环的骨架上含有 O、N、P、As、S 和 Se 等多个配位原子的多齿配体所形成的环状配合物。

(1) 冠醚。冠醚是含有多个氧原子的大环醚，因其结构形似皇冠而得名，如二苯并

18-C-6[图 9－7(a)]和苯并-15-C-5[图 9－7(b)]。为改善普通冠醚环上给予原子的性能，科学家合成了大量大环多胺和氮杂、硫杂、碲杂冠醚及其金属配合物和一维聚合物。若对环上非给予原子进一步取代，又可衍生出一大类新型的大环配体——金属杂冠醚。

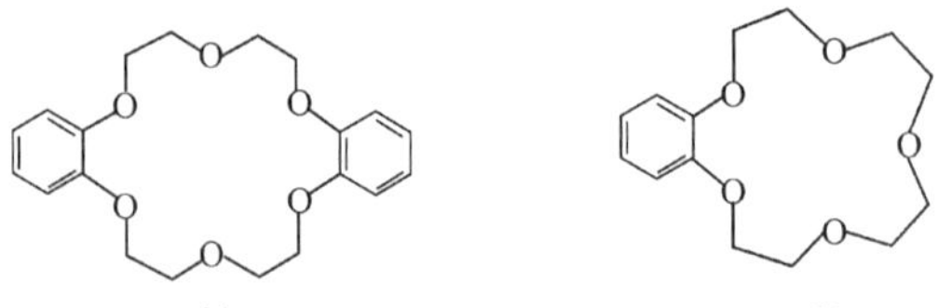

(a) (b)

图 9－7　二苯并 18-C-6(a)和苯并-15-C-5(b)的结构示意图

金属杂冠醚配合物可视为标准冠醚环上的烷碳被 d 区过渡金属离子和 N 原子取代的一类衍生物，如[9-$MC_{[V^{V}O]N(shi)}$-3][图 9－8(a)]和 $Mn^{II}(OAc)_2$[15-$MC_{Mn^{III}N(shi)}$-5][图 9－8(b)]。

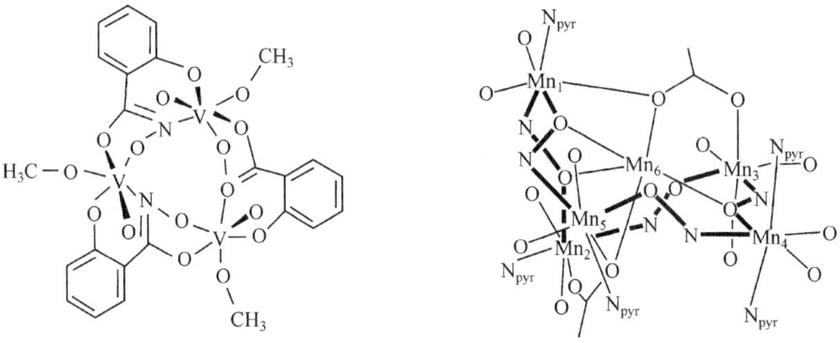

(a) (b)

图 9－8　金属杂冠醚配合物[9-$MC_{[V^{V}O]N(shi)}$-3](a)和

$Mn^{II}(OAc)_2$[15-$MC_{Mn^{III}N(shi)}$-5](b)的结构示意图

金属杂冠醚是一种具有重要潜在应用价值的新型簇合物，在新型液晶材料、电解电极或离子选择性电极、磁共振造影剂等方面极具魅力，是大环配位化学的一个新兴领域。

(2) 杂原子大环配合物。与冠醚一样，杂原子大环配体是一种环状多齿配体，其中配位原子既可以结合又可以附着在环的骨架上。配体至少含有 3 个配位原子，除 O 外可以是 N、S、P 和 As 等杂原子，环内原子数不少于 9 个。它与金属离子生成的配合物称为杂原子大环配合物。

人类早就认识到一些基本的生物体系中含有杂原子大环配合物，这类配体有卟啉、咕啉和天然环状离子载体，如缬氨霉素、大四内酯等，相应的生物配合物有血红素、叶吩环、叶绿素等金属卟啉(图 9－9)以及含钴的维生素 B_{12} 等。

以卟啉配合物为基础的生物模拟研究工作自 20 世纪 60 年代中期开始，并获得了飞速的发展。对卟啉和类卟啉等天然杂原子大环的模型化合物研究虽然还没有取得巨大的成功，但它为天然体系的研究提供了许多重要信息。迄今为止，大环配体已与许多其他领域密切相关。有关大环配合物的研究成果已应用于金属离子催化、有机合成、金属离子和分子的识别、工业电化学和医药等各个领域。

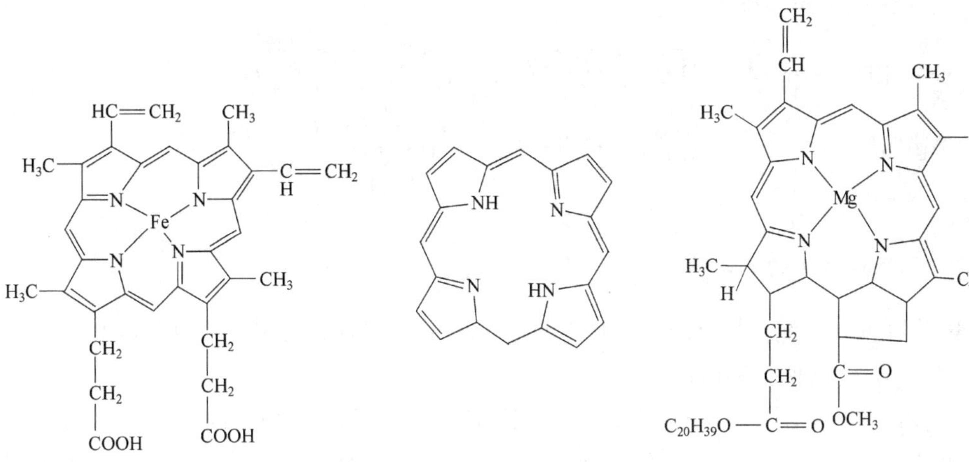

(a) (b) (c)

图 9-9　血红素(a)、卟吩环(b)和叶绿素(c)的结构式

9.2　配位化合物的价键理论

配位化合物中的化学键是指配位化合物内中心离子(原子)与配位原子之间的化学键。

1931 年,鲍林首先将分子结构的杂化轨道理论应用于配位化合物中,用以说明配合物的结构及化学键本质,后经他人修正补充,逐步完善形成了近代配位化合物的价键理论。

9.2.1　价键理论的要点

价键理论认为:中心原子 M 与配体 L 形成配合物时,中心原子以适当空的杂化轨道接受配体提供的孤对电子,形成 σ 配位键(一般用 M ← ∶L 表示),即由中心原子空的杂化轨道与配位原子含有孤对电子的原子轨道相互重叠形成配位键。形成体杂化轨道类型决定了配合物的几何构型和配位键键型。配位键属于极性共价键,因此具有饱和性和方向性。

9.2.2　配位化合物的空间构型

由于中心离子(原子)杂化轨道的取向具有一定的方向性,因此配合物具有一定的几何构型,现分别举例说明。

1. 配位数为 2 的配合物

例如,$[Ag(NH_3)_2]^+$ 中 Ag^+ 的价层电子构型为 $4d^{10}5s^05p^0$,成键时,Ag^+ 中 1 个空的 5s 轨道和 1 个空的 5p 轨道发生 sp 杂化,形成 2 个 sp 杂化轨道,分别接受 2 个 NH_3 分子中的 N 原子提供的孤对电子,生成 2 个配位键。由于 sp 杂化轨道是直线形取向的,因此

$[Ag(NH_3)_2]^+$的空间构型为直线形。

$Ag^+(4d^{10}5s^05p^0)$：

$[Ag(NH_3)_2]^+$：

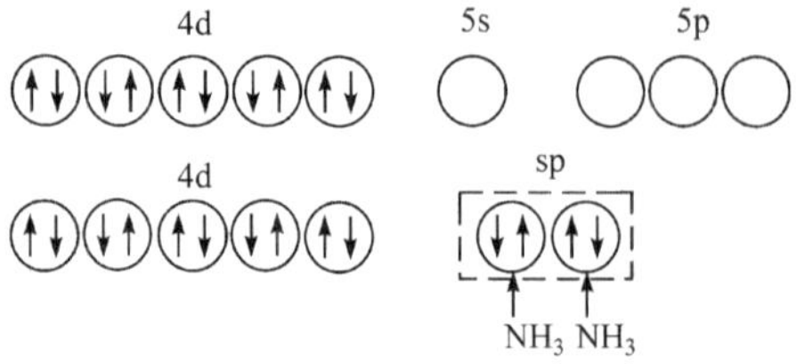

2. 配位数为 4 的配合物

配位数为 4 的配合物有两种空间构型：正四面体和平面正方形。现以$[Zn(NH_3)_4]^{2+}$和$[Ni(CN)_4]^{2-}$为例分别讨论。

在$[Zn(NH_3)_4]^{2+}$中，Zn^{2+}的价层电子构型为 $3d^{10}4s^04p^0$。成键时，Zn^{2+}中 1 个空的 4s 轨道和 3 个全空的 4p 轨道发生 sp^3 等性杂化，得到 4 个等性的 sp^3 杂化轨道，分别接受 4 个 NH_3 分子中的 N 原子提供的孤对电子，生成 4 个配位共价键，空间构型为正四面体。

$Zn^{2+}(3d^{10}4s^04p^0)$：

$[Zn(NH_3)_4]^{2+}$：

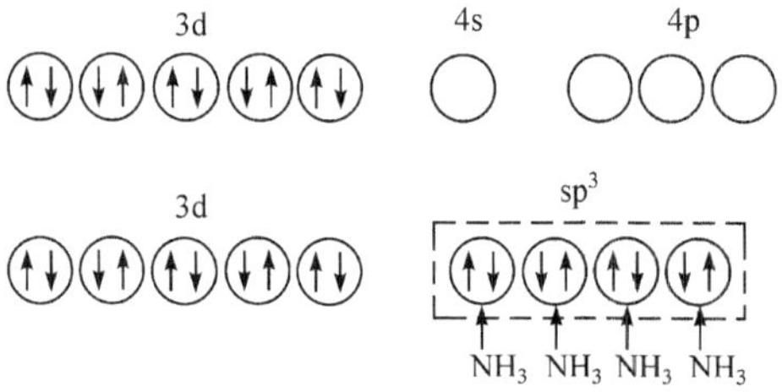

而在$[Ni(CN)_4]^{2-}$中，Ni^{2+}的价层电子构型为 $3d^84s^04p^0$。配位时，受配体 CN^- 的影响，Ni^{2+}的 3d 电子发生重排，被"挤成"只占 4 个 d 轨道并自旋配对，原有自旋平行的电子数减少，空出 1 个 3d 轨道与 1 个 4s、2 个 4p 空轨道进行杂化，组成 4 个 dsp^2 杂化轨道，分别接受 4 个 CN^- 中 C 原子提供的 4 对孤对电子而形成 4 个配位键。其中每个 dsp^2 杂化轨道间夹角为 90°，且在一个平面上，各杂化轨道的方向是从平面正方形中心指向 4 个顶角，所以$[Ni(CN)_4]^{2-}$的空间构型为平面正方形。

$Ni^{2+}(3d^84s^04p^0)$：

$[Ni(CN)_4]^{2-}$：

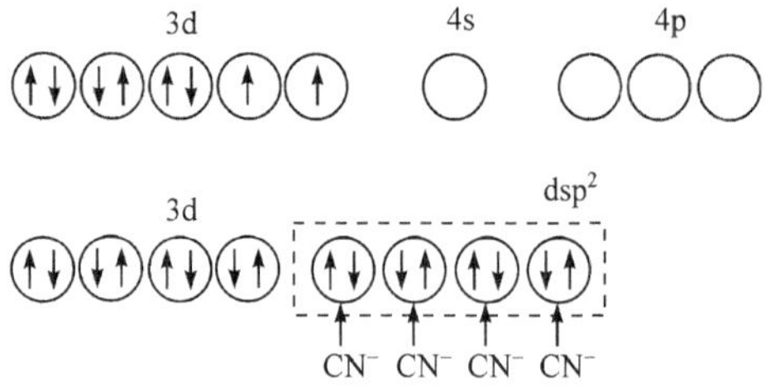

由以上讨论可知，配离子$[Zn(NH_3)_4]^{2+}$和$[Ni(CN)_4]^{2-}$虽然配位数相同，但由于中心离子的杂化类型不同，因此形成的配离子的空间构型也不同。

3. 配位数为 6 的配合物

配位数为 6 的配合物根据实验测定为正八面体构型，现以$[FeF_6]^{3-}$和$[Fe(CN)_6]^{3-}$为例加以说明。

在$[FeF_6]^{3-}$中，Fe^{3+}的价层电子构型是 $3d^54s^04p^04d^0$，含有 5 个未成对电子，与 F^- 配

位时，Fe^{3+}的 3d 电子没有变化，直接以 1 个 4s、3 个 4p 和 2 个 4d 轨道发生 sp^3d^2 等性杂化，再分别与 6 个 F^- 配位成键。6 个 sp^3d^2 杂化轨道取最大夹角，指向正八面体的 6 个顶点，因此形成的 $[FeF_6]^{3-}$ 空间构型为正八面体。

$Fe^{3+}(3d^5 4s^0 4p^0 4d^0)$：

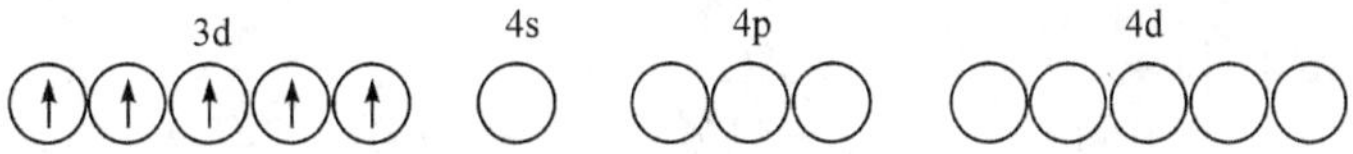

$[FeF_6]^{3-}$：

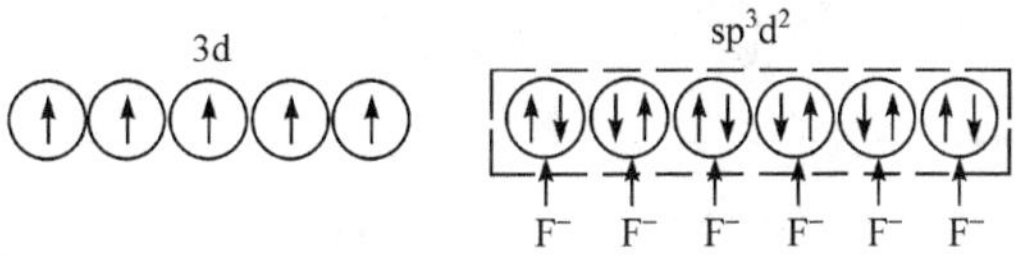

而在 $[Fe(CN)_6]^{3-}$ 中，受配体 CN^- 的影响，Fe^{3+} 的 3d 电子发生重排，4 个分占不同 d 轨道的单电子两两配对，空出 2 个 3d 轨道，这 2 个 3d 轨道与 1 个 4s 和 3 个 4p 轨道发生 d^2sp^3 杂化，再分别与 6 个 CN^- 中 C 原子的孤对电子配位成键，形成正八面体构型的 $[Fe(CN)_6]^{3-}$。

$Fe^{3+}(3d^5 4s^0 4p^0 4d^0)$：

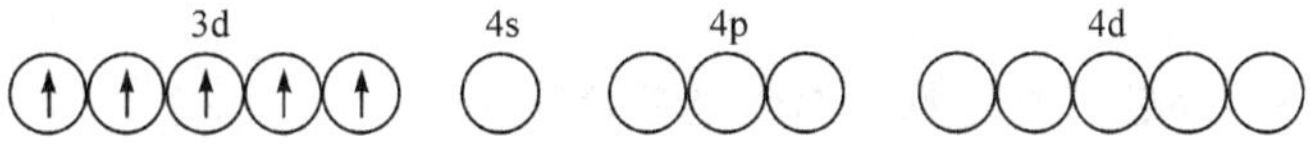

$[Fe(CN)_6]^{3-}$：

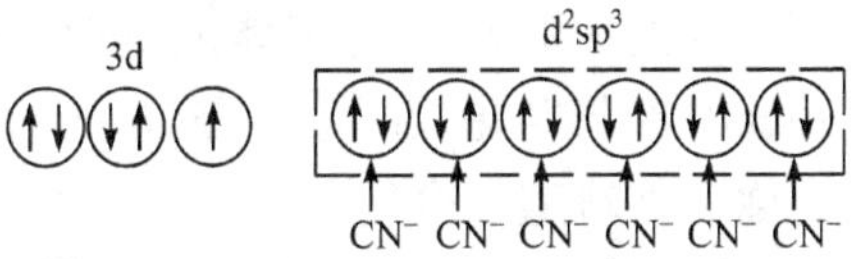

以上两种配合物的配位数相同，尽管中心离子所采取的杂化方式不同，但配离子的空间构型却是相同的。

表 9－2 列出了常见配离子的杂化轨道类型与配离子空间构型的关系。

表 9－2　轨道杂化类型与配合物的几何构型的关系

配位数	杂化类型	几何构型	实　例
2	sp	直线形 	$[Ag(CN)_2]^-$、$[Ag(NH_3)_2]^+$、$[CuCl_2]^-$、$[Cu(NH_3)_2]^+$
3	sp^2	平面三角形 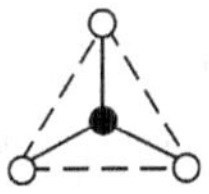	$[CuCl_3]^{2-}$、$[HgI_3]^-$、$[Cu(CN)_3]^{2-}$
4	sp^3	正四面体 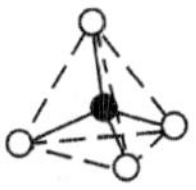	$[Ni(NH_3)_4]^{2+}$、$[Zn(NH_3)_4]^{2+}$、$[Ni(CO)_4]^{2+}$、$[HgI_4]^{2-}$、$[CoCl_4]^{2-}$、$[BF_4]^-$
	dsp^2	平面正方形 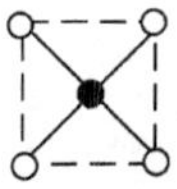	$[Cu(NH_3)_4]^{2+}$、$[Ni(CN)_4]^{2-}$、$[Cu(CN)_4]^{2-}$、$[PtCl_4]^{2-}$、$[Cu(H_2O)_4]^{2+}$

续表

配位数	杂化类型	几何构型	实 例
5	dsp^3	三角双锥形 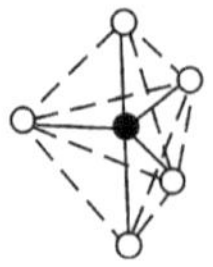	$[Fe(CO)_5]$、$[Ni(CN)_5]^{3-}$、$[Co(CN)_5]^{3-}$
6	sp^3d^2	正八面体 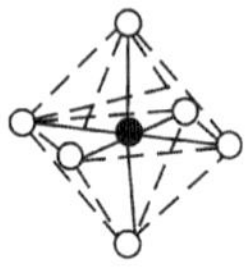	$[Co(NH_3)_6]^{2+}$、$[FeF_6]^{3-}$、$[CoF_6]^{3-}$、$[Fe(H_2O)_6]^{3+}$
	d^2sp^3		$[Fe(CN)_6]^{4-}$、$[Fe(CN)_6]^{3-}$、$[Co(NH_3)_6]^{3+}$、$[PtCl_6]^{2-}$

9.2.3 外轨型配合物和内轨型配合物

$[Ni(NH_3)_4]^{2+}$和$[FeF_6]^{3-}$的中心离子与配体成键时，中心离子的电子构型并未改变，而是以外层轨道（ns、np、nd）参与杂化，配体的孤对电子仅进入中心离子（原子）的外层空轨道，这样形成的配合物称为外轨型配合物。

而$[Ni(CN)_4]^{2-}$和$[Fe(CN)_6]^{3-}$不同，它们的中心离子与配体成键时，中心离子的电子构型发生了改变（电子重排），以$(n-1)$d、ns、np 轨道组成杂化轨道，配体的孤对电子“深入”中心离子（原子）的内层轨道上，这样形成的配合物称为内轨型配合物。

影响内轨型配合物和外轨型配合物形成的主要因素有中心离子（原子）的价层电子构型、离子所带的电荷数和配位原子的电负性。

1. 中心离子的价层电子构型

通常，内层没有 d 电子或价层电子构型为$(n-1)d^{10}$的中心体只能形成外轨型配合物，如以 Al^{3+}、Zn^{2+}、Cd^{2+}、Hg^{2+}、Cu^+、Ag^+、Au^+ 为中心离子的配合物（如$[HgI_4]^{2-}$、$[CdI_4]^{2-}$）；价层电子构型为$(n-1)d^{1\sim3}$的配离子，因次外层 d 电子数少于轨道数，所以通常形成内轨型配合物，如$[Cr(H_2O)_6]^{3+}$、$[CrF_6]^{3-}$、$[CrCl_6]^{3-}$均为内轨型配离子；价层电子构型为$(n-1)d^{4\sim7}$的形成体，既可形成内轨型配离子也可形成外轨型配离子，取决于配体的电负性大小和中心离子（原子）的电荷数。

2. 中心离子所带的电荷数

中心离子的正电荷数越多，对配位原子孤对电子的引力越强，越易形成内轨型配合物，如 NH_3 配体与 Co^{3+}形成内轨型配离子$[Co(NH_3)_6]^{3+}$，与 Co^{2+}则形成外轨型配离子$[Co(NH_3)_6]^{2+}$。

3. 配位原子的电负性

电负性较大的配位原子，如 F、O（存在于 F^-、OH^-、H_2O 等配体中）与形成体成键时，其电子云密集处靠近配位原子方向，形成外轨型配合物有利于减少电子云之间的斥力，因此易形成外轨型配合物，如$[Fe(H_2O)_6]^{2+}$、$[Fe(H_2O)_6]^{3+}$、$[Co(H_2O)_6]^{2+}$、$[CoF_6]^{4-}$等属于外轨型配合物；电负性较小的配位原子，如C(存在于CN^-、CO等配体中)、P等易给出孤对电子，对中心离子(原子)的电子结构影响较大，故易形成内轨型配合物，如$[Cu(CN)_4]^{2-}$、$[Fe(CN)_6]^{4-}$、$[Co(CN)_6]^{4-}$等属于内轨型配合物；而NH_3、Cl^-等配体既可形成外轨型配合物，也可形成内轨型配合物。

由于$(n-1)$d轨道的能量比nd轨道能量低，因此内轨型配合物比外轨型配合物稳定，其在水溶液中的稳定常数也较大，较难离解成简单离子。

9.2.4 配合物的磁性

价键理论不仅成功地说明了配合物的几何构型和某些化学性质，而且也能根据配合物中未成对电子数的多少较好地解释配合物的磁性。

物质的磁性与组成物质的原子、分子或离子中未成对的电子数有关。如果物质中电子均已成对，该物质不具有磁性，称为反(抗)磁性。而当物质中有成单电子时，原子或分子就具有磁性，称为顺磁性。物质的磁性强弱可用磁矩表示。物质的磁矩(μ)与物质的未成对电子数(n)的关系为

$$\mu=\sqrt{n(n+2)}$$ （磁矩的单位为玻尔磁子，符号为B. M.）

若$n=0$，则$\mu=0$，物质具有反磁性；若$n>0$，则$\mu>0$，物质具有顺磁性。

根据上式可估算出未成对电子数$n=1\sim5$的μ理论值，计算结果列于表9-3。反之，测定配合物的磁矩，也可以了解中心离子(原子)未成对电子数，从而确定该配合物类型。

表9-3 磁矩的理论值

未成对电子数	1	2	3	4	5
$\mu_{理}$(B. M.)	1.73	2.83	3.87	4.90	5.92

例如，实验测得$[FeF_6]^{3-}$的磁矩为5.90(B. M.)，与具有5个未成对电子的磁矩理论值5.92(B. M.)很接近，说明在$[FeF_6]^{3-}$中，Fe^{3+}仍保留有5个未成对电子，以sp^3d^2杂化轨道与配位原子(F^-)形成外轨配键，则$[FeF_6]^{3-}$属于外轨型配合物；而由实验测得$[Fe(CN)_6]^{3-}$的磁矩为2.0(B. M.)，与具有1个未成对电子的磁矩理论值1.73(B. M.)很接近，表明在成键过程中，中心离子的未成对d电子数减少，d电子重新分布，腾出两个空d轨道，而以d^2sp^3杂化轨道与配位原子(C)形成内轨配键，所以$[Fe(CN)_6]^{3-}$属于内轨型配合物。

外轨型配合物和内轨型配合物的磁性也不相同。形成外轨型配合物时，中心离子(原子)的电子排布不受配体的影响，仍保持自由离子的电子层构型，所以配合物中心离子(原子)的未成对电子数和自由离子的未成对电子数相同，保持不变。此时配离子具有较多的未成对电子数。因此，外轨型配合物多表现为顺磁性，磁矩较大。形成内轨型配合物时，中心离子(原子)的电子排布在配体的影响下发生了变化，即配合物中心离子(原子)的未成对电子数比自由离子的未成对电子数少。此时配离子具有较少的未成对电子数，甚至完全没有，因此，它们是很弱的顺磁性物质，磁矩很小，或为抗磁性物质。确定配合物是外

轨型还是内轨型，磁矩数据是重要的依据。

价键理论根据配离子形成时所采用的杂化轨道类型成功地说明了配离子的空间结构，解释了外轨型与内轨型配合物的稳定性和磁性差别，但是该理论还存在一定的局限性。例如，它不能解释配合物的可见和紫外吸收光谱，也不能解释过渡金属配合物普遍具有特征颜色的现象。因此从20世纪50年代后期以来，该理论逐渐被晶体场理论、配位场理论和分子轨道理论等取代。然而价键理论比较简单、通俗易懂，对初学者仍不失为一个重要的理论。

9.3 配位平衡

在水溶液中，含有配离子的可溶性配合物的解离有两种情况：一是发生在内界与外界之间的解离，为完全解离，如

$$[Cu(NH_3)_4]SO_4 = [Cu(NH_3)_4]^{2+} + SO_4^{2-}$$

另一种是配离子的解离，即中心离子与配体之间的解离，为部分解离(类似弱电解质)，如

$$[Cu(NH_3)_4]^{2+} \underset{\text{配位}}{\overset{\text{解离}}{\rightleftharpoons}} Cu^{2+} + 4NH_3$$

9.3.1 配离子的稳定常数

配离子的形成一般是分步进行的。例如，向含 Cu^{2+} 的水溶液中逐渐加入 NH_3，首先生成$[Cu(NH_3)]^{2+}$，随着 NH_3 量的增加，才依次形成$[Cu(NH_3)_2]^{2+}$、$[Cu(NH_3)_3]^{2+}$和$[Cu(NH_3)_4]^{2+}$，因此溶液中存在一系列的配位平衡，可表示为

$$Cu^{2+}(aq) + NH_3(aq) = [Cu(NH_3)]^{2+}(aq)$$

$$K_1^\ominus = \frac{c([Cu(NH_3)]^{2+})/c^\ominus}{[c(Cu^{2+})/c^\ominus] \cdot [c(NH_3)/c^\ominus]} = 2.04 \times 10^4$$

$$[Cu(NH_3)]^{2+}(aq) + NH_3(aq) = [Cu(NH_3)_2]^{2+}(aq)$$

$$K_2^\ominus = \frac{c([Cu(NH_3)_2]^{2+})/c^\ominus}{c([Cu(NH_3)]^{2+})/c^\ominus \cdot [c(NH_3)/c^\ominus]} = 4.68 \times 10^3$$

$$[Cu(NH_3)_2]^{2+}(aq) + NH_3(aq) = [Cu(NH_3)_3]^{2+}(aq)$$

$$K_3^\ominus = \frac{c([Cu(NH_3)_3]^{2+})/c^\ominus}{c([Cu(NH_3)_2]^{2+})/c^\ominus \cdot [c(NH_3)/c^\ominus]} = 1.10 \times 10^3$$

$$[Cu(NH_3)_3]^{2+}(aq) + NH_3(aq) = [Cu(NH_3)_4]^{2+}(aq)$$

$$K_4^\ominus = \frac{c([Cu(NH_3)_4]^{2+})/c^\ominus}{c([Cu(NH_3)_3]^{2+})/c^\ominus \cdot [c(NH_3)/c^\ominus]} = 2.00 \times 10^2$$

式中，$K_1^\ominus$、$K_2^\ominus$、$K_3^\ominus$、$K_4^\ominus$分别为第一、二、三、四级配离子的形成常数，通常称为逐级稳定常数。将以上四式相加就得到了 Cu^{2+} 与 NH_3 反应生成$[Cu(NH_3)_4]^{2+}$的总反应。

$$Cu^{2+}(aq) + 4NH_3(aq) = [Cu(NH_3)_4]^{2+}(aq)$$

此反应的标准平衡常数为

$$K_f^\ominus = \frac{c([Cu(NH_3)_4]^{2+})/c^\ominus}{[c(Cu^{2+})/c^\ominus]\cdot[c(NH_3)/c^\ominus]^4}$$

式中，$K_f^\ominus$ 为生成$[Cu(NH_3)_4]^{2+}$总反应的稳定常数，在数值上等于各逐级稳定常数的乘积，即 $K_f^\ominus = K_1^\ominus \cdot K_2^\ominus \cdot K_3^\ominus \cdot K_4^\ominus = 2.10\times10^{13}$。$K_f^\ominus$ 越大，说明配位反应进行得越完全，配离子在水溶液中越稳定。对于同类型的配离子，可以直接用 $K_f^\ominus$ 值的大小比较其稳定性；对于不同类型的配离子，只有通过计算才能比较。一些常见配离子的稳定常数列于附录Ⅷ中。

9.3.2 配位平衡的计算

与其他化学平衡一样，配位平衡系统中金属离子或配体的浓度一旦发生变化，平衡都会发生移动。在配位平衡系统中，配体的浓度越大，配位反应越完全，残留的金属离子浓度越小。通常，配离子的逐级稳定常数彼此相差不太大，因此在计算配离子浓度时应注意考虑各级配离子的存在。但在实际工作中，一般都是加入过量的配位剂促使配位反应完全，此时中心离子基本上处于最高配位状态，则低级配离子可以忽略不计，这样就只需根据总的稳定常数 $K_f^\ominus$ 进行计算，计算过程大大简化。

例 9-1 计算在 0.1 $mol\cdot L^{-1}$ $[Cu(NH_3)_4]SO_4$ 溶液中，Cu^{2+} 和 NH_3 分子的浓度。

解 设达到平衡时，解离出的 $c(Cu^{2+}) = x$ $mol\cdot L^{-1}$，$c(NH_3) = 4x$ $mol\cdot L^{-1}$。

由于 $K_f^\ominus([Cu(NH_3)_4]^{2+})$很大，即$[Cu(NH_3)_4]^{2+}$很稳定，配合物解离出的 Cu^{2+} 浓度很小，因此有

$$\begin{array}{lccc} & Cu^{2+} \quad + & 4NH_3 \quad \rightleftharpoons & [Cu(NH_3)_4]^{2+} \\ c/(mol\cdot L^{-1}) & x & 4x & 0.10-x\approx0.10 \end{array}$$

$$K_f^\ominus([Cu(NH_3)_4]^{2+}) = \frac{c([Cu(NH_3)_4]^{2+})/c^\ominus}{[c(Cu^{2+})/c^\ominus]\cdot[c(NH_3)/c^\ominus]^4} = \frac{0.10}{x\cdot(4x)^4} = 2.1\times10^{13}$$

解得

$$x = 4.51\times10^{-4}(mol\cdot L^{-1})$$

所以

$$c(Cu^{2+}) = 4.51\times10^{-4}(mol\cdot L^{-1}) \qquad c(NH_3) = 4x = 1.80\times10^{-3}(mol\cdot L^{-1})$$

例 9-2 计算下列溶液中的 $c(Ag^+)$：

(1) $c([Ag(NH_3)_2]^+) = c(NH_3) = 0.10$ $mol\cdot L^{-1}$的混合溶液。

(2) 20 mL $c(AgNO_3) = 0.30$ $mol\cdot L^{-1}$的硝酸银溶液与 40 mL $c(NH_3) = 1.2$ $mol\cdot L^{-1}$的氨水溶液的混合溶液。

解 (1) 设 $c(Ag^+) = x$ $mol\cdot L^{-1}$，由于反应的标准平衡常数较大，达到平衡时，解离出的 Ag^+ 浓度很小，则达平衡时

$$\begin{array}{lccc} & Ag^{+} \quad + & 2NH_3 \quad \rightleftharpoons & [Ag(NH_3)_2]^{+} \\ c/(mol\cdot L^{-1}) & x & 0.10+2x\approx0.10 & 0.10-x\approx0.10 \end{array}$$

$$K_f^\ominus([Ag(NH_3)_2]^{+}) = \frac{c([Ag(NH_3)_2]^{+})/c^\ominus}{[c(Ag^{+})/c^\ominus]\cdot[c(NH_3)/c^\ominus]^2} = \frac{0.10}{0.10^2x} = 1.1\times10^{7}$$

解得

$$x = c(Ag^+) = 9.1\times10^{-7}(mol\cdot L^{-1})$$

(2) 设平衡时 $c(Ag^+) = y$ $mol\cdot L^{-1}$，由于反应的标准平衡常数较大，且 NH_3 大大过量，故达平衡时

$$Ag^+ \quad + \quad 2NH_3 \quad \rightleftharpoons \quad [Ag(NH_3)_2]^+$$

$c_0/(mol \cdot L^{-1})$ $(0.30\times20)/60=0.10$ $(1.2\times40)/60=0.80$

$c/(mol \cdot L^{-1})$ y $0.80-0.20+2y\approx0.60$ $0.10-y\approx0.10$

$$K_f^\ominus([Ag(NH_3)_2]^+)=\frac{c([Ag(NH_3)_2]^+)/c^\ominus}{[c(Ag^+)/c^\ominus]\cdot[c(NH_3)/c^\ominus]^2}=\frac{0.10}{0.60^2y}=1.1\times10^7$$

解得

$$y=c(Ag^+)=2.5\times10^{-8}(mol \cdot L^{-1})$$

9.3.3 配位平衡的移动

1. 配位平衡与酸碱平衡

根据酸碱质子理论，所有的配位体都可以看作一种碱，如 F^-、NH_3、CN^-、$C_2O_4^{2-}$、SCN^-等。若增大溶液中 H^+ 的浓度，这些作为碱的配体便会与 H^+ 结合形成酸，使系统中配体的浓度降低，从而降低配合物的稳定性。这种由于酸度升高使配合物稳定性降低的作用称为配体酸效应。例如

$$[Ag(NH_3)_2]^+ \rightleftharpoons Ag^+ + 2NH_3$$

$$+$$

$$2H^+$$

$$\downarrow$$

$$2NH_4^+$$

配体的碱性越强，溶液的 pH 越小，配离子越易被破坏。

例 9-3 分别向$[Cu(NH_3)_2]^+$和$[Cu(CN)_2]^-$中加入 HNO_3 溶液，试判断会发生什么变化。分别计算两反应的标准平衡常数，并说明配体酸效应与配离子稳定常数以及配体的 $K_b^\ominus$ 是否有关。

解 (1)

$$[Cu(NH_3)_2]^+ + 2H^+ \rightleftharpoons Cu^+ + 2NH_4^+$$

$$K_1^\ominus=\frac{[c(Cu^+)/c^\ominus]\cdot[c(NH_4^+)/c^\ominus]^2}{c([Cu(NH_3)_2]^+)/c^\ominus\cdot[c(H^+)/c^\ominus]^2}$$

$$=\frac{[c(Cu^+)/c^\ominus]\cdot[c(NH_4^+)/c^\ominus]^2}{c([Cu(NH_3)_2]^+)/c^\ominus\cdot[c(H^+)/c^\ominus]^2}\cdot\frac{[c(OH^-)/c^\ominus]^2\cdot[c(NH_3)/c^\ominus]^2}{[c(OH^-)/c^\ominus]^2\cdot[c(NH_3)/c^\ominus]^2}$$

$$=\frac{[K_b^\ominus(NH_3)]^2}{K_f^\ominus([Cu(NH_3)_2]^+)\cdot(K_w^\ominus)^2}=\frac{(1.8\times10^{-5})^2}{7.2\times10^{10}\times(1.0\times10^{-14})^2}=4.3\times10^7$$

(2)

$$[Cu(CN)_2]^- + 2H^+ \rightleftharpoons Cu^+ + 2HCN$$

同理可得

$$K_2^\ominus=\frac{1}{K_f^\ominus([Cu(CN)_2]^-)\cdot[K_a^\ominus(HCN)]^2}=\frac{1}{1.0\times10^{24}\times(6.2\times10^{-10})^2}=2.6\times10^{-6}$$

$K_1^\ominus$ 很大，说明由于 H^+ 与配体 NH_3 分子结合成 NH_4^+，$[Cu(NH_3)_2]^+$ 基本解离；$K_2^\ominus$ 较小，说明酸效应对$[Cu(CN)_2]^-$的稳定性影响较小。

由例 9-3 可见，酸效应对配合物稳定性是否有影响与配合物本身的稳定性($K_f^\ominus$)、配体的碱性($K_b^\ominus$)及介质酸度有关。通常，配合物的 $K_f^\ominus$ 越小、配体与 H^+ 结合形成的酸越弱，配离子就越容易解离。

此外，配合物的中心离子大多数是过渡金属离子，它们在水中都会有不同程度的水解作用。溶液的 pH 越大，越有利于水解的进行，也越不利于配离子的稳定存在。例如，

Fe^{3+}在碱性介质中容易发生水解反应，溶液的碱性越强，水解越彻底[生成 $Fe(OH)_3$ 沉淀]，$[FeF_6]^{3-}$就越不稳定。

$$
\begin{array}{ccc}
[FeF_6]^{3-} \rightleftharpoons & Fe^{3+} & +6F^- \\
& + & \\
& 3OH^- & \\
& \downarrow & \\
& Fe(OH)_3 &
\end{array}
$$

2. 配位平衡与沉淀-溶解平衡

在 AgCl 沉淀中加入大量氨水，可使白色 AgCl 沉淀溶解生成无色透明的配离子 $[Ag(NH_3)_2]^+$；再往其中加入 NaBr 溶液，立即出现淡黄色 AgBr 沉淀，反应式如下：

$$
\begin{array}{cccccc}
AgCl \rightleftharpoons & Ag^+ & + Cl^- & \qquad [Ag(NH_3)_2]^+ \rightleftharpoons & Ag^+ & + 2NH_3 \\
& + & & & + & \\
& 2NH_3 & & & Br^- & \\
& \downarrow & & & \downarrow & \\
& [Ag(NH_3)_2]^+ & & & AgBr &
\end{array}
$$

前者因加入配位剂 NH_3 而使沉淀平衡转化为配位平衡，后者因加入沉淀剂而使配位平衡转化为沉淀-溶解平衡。可见，配位反应与沉淀反应相互影响，既可以利用沉淀反应使配合物解离，也可以利用配位反应使沉淀溶解。

例 9-4 0.10 g AgBr 固体能否完全溶解于 100 mL $c(NH_3)=1.00\ mol\cdot L^{-1}$的氨水中？

解 方法一：假设 AgBr 完全溶解，$n(AgBr)=\dfrac{0.10}{187.8}=5.32\times10^{-4}(mol)$，则达平衡时有

$$c(NH_3)=1.0-2\times5.32\times10^{-3}\approx1.0(mol\cdot L^{-1})$$

$$c([Ag(NH_3)_2]^+)=c(Br^-)=5.32\times10^{-3}(mol\cdot L^{-1})$$

$$
\begin{array}{lcccc}
 & AgBr\ + & 2NH_3 \rightleftharpoons & [Ag(NH_3)_2]^+ & +\ Br^- \\
c/(mol\cdot L^{-1}) & & 1.0 & 5.32\times10^{-3} & 5.32\times10^{-3}
\end{array}
$$

$$K^\ominus=K_f^\ominus([Ag(NH_3)_2]^+)\cdot K_{sp}^\ominus(AgBr)=1.1\times10^7\times5.35\times10^{-13}=5.88\times10^{-6}$$

$$Q=\frac{[c(Br^-)/c^\ominus]\cdot[c([Ag(NH_3)_2]^+)/c^\ominus]}{[c(NH_3)/c^\ominus]^2}=\frac{(5.32\times10^{-3})^2}{(1.0)^2}=2.83\times10^{-5}$$

因为 $Q>K^\ominus$，上述反应不能正向自发，说明 0.1 g AgBr 不能完全溶解于 100 mL 的氨水中。

方法二：计算 0.10 g AgBr 固体完全溶解于 100 mL NH_3 中所需氨水的最低浓度，然后与 $1.00\ mol\cdot L^{-1}$比较。

0.10 g 固体 AgBr 的物质的量为

$$n(AgBr)=\frac{0.10}{187.8}=5.32\times10^{-4}(mol)$$

设 5.32×10^{-4} mol AgBr 完全溶解于 100 mL x $mol\cdot L^{-1}$氨水中并达平衡时，有

$$c([Ag(NH_3)_2]^+)=c(Br^-)=\frac{5.32\times10^{-4}}{0.1}=5.32\times10^{-3}(mol\cdot L^{-1})$$

$$
\begin{array}{lcccc}
 & AgBr\ + & 2NH_3 \rightleftharpoons & [Ag(NH_3)_2]^+ & +\ Br^- \\
c/(mol\cdot L^{-1}) & & x-2\times5.32\times10^{-3} & 5.32\times10^{-3} & 5.32\times10^{-3}
\end{array}
$$

$$K^{\ominus}=\frac{[c([Ag(NH_3)_2]^+)/c^{\ominus}]\cdot[c(Br^-)/c^{\ominus}]}{[c(NH_3)/c^{\ominus}]^2}=K_{sp}^{\ominus}(AgBr)\cdot K_f^{\ominus}([Ag(NH_3)_2]^+)$$

即

$$\frac{(5.32\times10^{-3})^2}{(x-2\times5.32\times10^{-3})^2}=5.35\times10^{-13}\times1.1\times10^7=5.88\times10^{-6}$$

解得

$$x=2.17(\text{mol}\cdot\text{L}^{-1})$$

即完全溶解 0.10 g 固体 AgBr 所需氨水的最低浓度为 2.17 $\text{mol}\cdot\text{L}^{-1}>1.00\ \text{mol}\cdot\text{L}^{-1}$，则 0.10 g 固体 AgBr 不能完全溶解于 100 mL 1 $\text{mol}\cdot\text{L}^{-1}$ 的氨水中。

例 9-5 计算 AgBr 在 500 mL 1.0 $\text{mol}\cdot\text{L}^{-1}$ $Na_2S_2O_3$ 溶液中的溶解度($\text{mol}\cdot\text{L}^{-1}$)。

解 假设饱和时，AgBr 溶解了 x $\text{mol}\cdot\text{L}^{-1}$。

$$\begin{array}{lccccccc} & AgBr & + & 2S_2O_3^{2-} & \rightleftharpoons & [Ag(S_2O_3)_2]^{3-} & + & Br^- \\ c/(\text{mol}\cdot\text{L}^{-1}) & & & 1.0-2x & & x & & x \end{array}$$

$$K^{\ominus}=\frac{c([Ag(S_2O_3)_2]^{3-})/c^{\ominus}\cdot[c(Br^-)/c^{\ominus}]}{[c(S_2O_3^{2-})/c^{\ominus}]^2}$$

$$=\frac{c([Ag(S_2O_3)_2]^{3-})/c^{\ominus}\cdot[c(Br^-)/c^{\ominus}]}{[c(S_2O_3^{2-})/c^{\ominus}]^2}\cdot\frac{[c(Ag^+)/c^{\ominus}]}{[c(Ag^+)/c^{\ominus}]}$$

$$=K_{sp}^{\ominus}(AgBr)\cdot K_f^{\ominus}([Ag(S_2O_3)_2]^{3-})=5.35\times10^{-13}\times2.9\times10^{13}=15.52$$

所以

$$\frac{x^2}{(1.0-2x)^2}=15.52\qquad x=0.44(\text{mol}\cdot\text{L}^{-1})$$

则溶解的 AgBr 为 $0.44\times0.5\times188=41.36$(g)。

例 9-6 向 100 mL 含 $c([Ag(S_2O_3)_2]^{3-})=0.10\ \text{mol}\cdot\text{L}^{-1}$、$c(S_2O_3^{2-})=0.20\ \text{mol}\cdot\text{L}^{-1}$ 的二(硫代硫酸根)合银配离子溶液中加入等体积的 KCl 或 KI 溶液。要使 AgCl 或 AgI 沉淀生成，KCl 或 KI 溶液的浓度 c(KCl)或 c(KI)最低各为多少?

解 设平衡时溶液中 $c(Ag^+)=x$ $\text{mol}\cdot\text{L}^{-1}$。

$$\begin{array}{lccccc} & Ag^+ & + & 2S_2O_3^{2-} & \rightleftharpoons & [Ag(S_2O_3)_2]^{3-} \\ c/(\text{mol}\cdot\text{L}^{-1}) & x & & 0.2+2x\approx0.2 & & 0.1-x\approx0.1 \end{array}$$

$$K_f^{\ominus}=\frac{c([Ag(S_2O_3)_2]^{3-})/c^{\ominus}}{[c(S_2O_3^{2-})/c^{\ominus}]^2\cdot[c(Ag^+)/c^{\ominus}]}=\frac{0.10}{(0.2)^2\cdot x}=2.9\times10^{13}$$

$$x=8.62\times10^{-14}(\text{mol}\cdot\text{L}^{-1})$$

生成 AgCl 沉淀，所需 KCl 的浓度最低为

$$c(Cl^-)\geqslant\frac{K_{sp}^{\ominus}(AgCl)}{c(Ag^+)}=\frac{1.77\times10^{-10}}{8.62\times10^{-14}}=2.05\times10^3(\text{mol}\cdot\text{L}^{-1})$$

生成 AgI 沉淀，所需 KI 的浓度最低为

$$c(I^-)\geqslant\frac{K_{sp}^{\ominus}(AgI)}{c(Ag^+)}=\frac{8.51\times10^{-17}}{8.62\times10^{-14}}=9.87\times10^{-4}(\text{mol}\cdot\text{L}^{-1})$$

由以上三例计算结果可见，配位平衡与沉淀-溶解平衡的关系可以看作沉淀剂与配体共同争夺金属离子的过程。对于配合物与难溶电解质间相互转化的反应，其自发方向及反应的完成程度取决于配合物稳定常数 $K_f^{\ominus}$、沉淀溶度积常数 $K_{sp}^{\ominus}$ 和配位剂、沉淀剂的浓度。通常，反应总是向着生成较稳定物质的方向自发进行。例如，由 AgCl 至 Ag_2S 的一系列反应可简单表示如下：

$$Ag^+(aq)\xrightarrow{Cl^-}\underset{K_{sp}^{\ominus}=1.77\times10^{-10}}{AgCl(白色)}\xrightarrow{NH_3}\underset{K_f^{\ominus}=1.1\times10^{7}}{[Ag(NH_3)_2]^+(aq)}\xrightarrow{Br^-}\underset{K_{sp}^{\ominus}=5.35\times10^{-13}}{AgBr(浅黄色)}\xrightarrow{S_2O_3^{2-}}$$

$$\underset{K_f^{\ominus}=2.9\times10^{13}}{[Ag(S_2O_3)_2]^{3-}(aq)}\xrightarrow{I^-}\underset{K_{sp}^{\ominus}=8.52\times10^{-17}}{AgI(黄色)}\xrightarrow{CN^-}\underset{K_f^{\ominus}=1.3\times10^{21}}{[Ag(CN)_2]^-(aq)}\xrightarrow{S^{2-}}\underset{K_{sp}^{\ominus}=6.3\times10^{-50}}{Ag_2S(黑色)}$$

3. 配位平衡与氧化还原平衡

配位反应可影响氧化还原反应的完成程度，甚至可影响氧化还原反应的方向。例如，Fe^{3+}可以将I^-氧化成I_2，但在加入F^-后，由于生成$[FeF_6]^{3-}$，Fe^{3+}的浓度减少，平衡向左移动。

$$2Fe^{3+}+2I^-=\!=\!=2Fe^{2+}+I_2$$
$$+$$
$$12F^-$$
$$\downarrow$$
$$2[FeF_6]^{3-}$$

当然，氧化还原反应也可以影响配位反应的进行。例如，利用生成$[Co(NCS)_4]^{2-}$蓝色配合物定性鉴定Co^{2+}时，为防止Fe^{3+}与试剂KNCS反应生成深红色的$[Fe(NCS)_6]^{3-}$对鉴定反应的干扰，可先加入$SnCl_2$溶液将Fe^{3+}还原为Fe^{2+}。

4. 配合物之间的转化和平衡

在一种配离子溶液中加入能与中心离子(原子)形成更稳定配离子的配位剂，则发生配离子之间的转化。配离子之间的转化与沉淀之间的转化类似，反应向着生成更稳定的配离子的方向进行。两种配离子的稳定常数相差越大，转化越完全。

例9-7 已知$K_f^{\ominus}([HgCl_4]^{2-})=1.2\times10^{15}$，$K_f^{\ominus}([HgI_4]^{2-})=6.8\times10^{29}$，若往$[HgCl_4]^{2-}$溶液中加入足量固体KI，会发生什么变化？

解

$$[HgCl_4]^{2-}+4I^-=\!=\!=[HgI_4]^{2-}+4Cl^-$$

$$K^{\ominus}=\frac{K_f^{\ominus}([HgI_4]^{2-})}{K_f^{\ominus}([HgCl_4]^{2-})}=\frac{6.8\times10^{29}}{1.2\times10^{15}}=5.7\times10^{14}$$

平衡常数$K^{\ominus}$很大，说明反应进行得很完全，$[HgCl_4]^{2-}$几乎可以完全转化为$[HgI_4]^{2-}$。当系统中有两种或多种配体同时存在时，总是倾向于生成稳定常数最大的配离子。

9.4 配位化合物的应用简介

自沃纳(A. Werner)创立配位化学以来，配位化学处于无机化学研究的主流。配合物以其花样繁多的价键形式和空间结构，在化学键理论发展中，以及与物理化学、有机化学、生物化学、固体化学、材料化学和环境科学的相互渗透中，成为众多学科的交叉点。特别是莱恩等在超分子化学领域中杰出的表现，使得配位化学的研究范围大为扩展，为配位化学的发展开拓了一个富有活力的领域。

在应用方面，结合生产实践，配合物的传统应用继续得到发展。例如，配合物应用于高分子材料、分析技术、金属的分离和提取、化工合成上的配位催化、电镀、鞣革、染料、医药等领域。随着高新技术的日益发展,具有特殊物理、化学和生物功能的配合物受到广泛重视。

9.4.1 配位化合物在生物化学中的应用

生命金属元素在生物体内的含量不足2%,但对生物功能的影响极大。例如,生物体内的酶有很多是复杂的金属离子的配合物,称为金属酶。动、植物体内的各种微量元素,特别是金属元素,如 Cu、Zn、Mn、Mo、Ni 等,主要功能是生成金属酶。目前已知的金属酶有几百种。又如,动物体内的血红蛋白和肌红蛋白都含有血红素,这是一种 Fe^{2+} 的卟啉配合物[(图 9-9(a)],人类就是靠此配合物传递 O_2 进行呼吸;植物体内起光合作用的叶绿素是 Mg^{2+} 的配合物[图 9-9(c)],这是植物进行光合作用的关键物质;固氮菌利用固氮酶将空气中的 N_2 固定为氨态氮,固氮酶就是一种含铁、钼的蛋白;还有自然界存在的某些抗生素,如缬氨霉素与某些碱金属离子形成配合物后,能选择性地输送 K^+ 透过生物膜。20 世纪 70 年代起,为研究生物体内金属酶、金属辅酶和其他各种活性物质的组成、结构、性能及其与催化、呼吸、光合、固氮等各种生物变化有关的反应的机理,配位化学逐渐向生物科学渗透,形成一门边缘学科——生命配位化学,成为化学科学与生命科学交叉的一个活跃领域。

研究微量元素在人体生命活动中的作用和体内金属离子之间的平衡是生物配位化学的另一主要任务。例如,甲状腺中的 I、红细胞中的 Fe、造血器官中的 Co、脂肪组织中的 V、肌肉组织中的 Zn 等都具有重要的特殊生理功能。现已证明,微量元素的失调将引起慢性病,如高血压与体内 Cd 过量有关,精神病与 Li 的缺少有一定联系等。利用配位反应还可带入体内所需要的元素和帮助排除有害的元素,如 EDTA 的钙盐是排除体内铀、钍、钌等放射性元素的高效解毒剂。某些金属配合物,特别是铂族配合物具有抗癌、抗病毒的活性,如顺式二氯·二氨合铂(Ⅱ)、碳铂(图 9-10)、二氯茂铁是发展中的第一至第三代的抗癌药物。

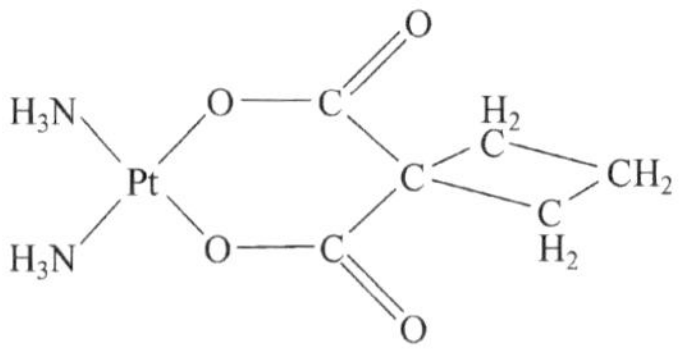

图 9-10 碳铂的结构

9.4.2 配位化合物在分析化学中的应用

1. 掩蔽剂

多种金属离子共同存在时,要测定其中某一金属离子,其他金属离子通常会与试剂发生同类反应而干扰测定。例如,Cu^{2+} 和 Fe^{3+} 都可将 I^- 氧化为 I_2,因此采用碘量法测定 Cu^{2+} 时,共同存在的 Fe^{3+} 会干扰测定,如果在滴定开始之前加入 F^- 或 $H_2PO_4^-$,使之与 Fe^{3+} 配位生成稳定的 $[FeF_6]^{3-}$ 或 $[Fe(H_2PO_4)_4]^-$,就可以防止 Fe^{3+} 的干扰。这种防止干扰的作用称为掩蔽作用。

2. 检验某些离子的特效试剂

在分析化学中，利用螯合物稳定性高、很少有逐级解离现象，且一般有特征颜色的特点，可以对离子进行快速而灵敏的鉴定。例如，铜试剂(二乙氨基二硫代甲酸钠)可在氨性溶液中与 Cu^{2+} 生成棕色螯合物沉淀；邻菲咯啉可与 Fe^{2+} 生成橙红色螯合物，故又称其为亚铁试剂；NH_4SCN 与 Fe^{3+} 反应生成血红色配合物，据此可以鉴定 Fe^{3+} 的存在；丁二酮肟与 Ni^{2+} 生成难溶的鲜红色螯合物，可鉴定 Ni^{2+} 等。利用 EDTA 等螯合剂进行配位滴定是一种重要的滴定分析方法。

3. 有机沉淀剂

有些有机螯合剂能与金属离子在水中形成溶解度极小的难溶电解质，它具有相对分子质量大、组成固定，且易于过滤和洗涤的特点，因此重量分析中常利用某些有机沉淀剂来分离特定的金属离子。例如，8-羟基喹啉能从热 HAc-Ac^- 缓冲溶液中定量沉淀 Cd^{2+}、Co^{2+}、Cu^{2+}、Al^{3+}、Fe^{3+}、Ni^{2+}、Zn^{2+} 和 Mn^{2+} 等离子，这样就可以使其与 Ca^{2+} 或 Sr^{2+} 等离子分离开来。

4. 萃取分离

金属离子与有机螯合剂形成的螯合物既不带电又具有疏水性，因而难溶于水，易溶于有机溶剂(如 $CHCl_3$、汽油等)。利用这一性质可以将某些金属离子从水相萃取到有机相中，从而达到分离或浓缩金属离子的目的。例如，在含有 Fe^{3+}、La^{3+} 和 Ca^{2+} 的水溶液中加入 0.1 $mol \cdot L^{-1}$ 乙酰丙酮-苯萃取时，由于 Fe^{3+} 形成的螯合物最稳定，因此 Fe^{3+} 优先进入有机相中，经几次操作，即可将其与 La^{3+} 和 Ca^{2+} 完全分离。

9.4.3 配位化合物在其他领域中的应用

配合物在工业生产中也有极为重要的作用。例如，配合物用于冶金，使传统的冶金工艺发生根本性改变，诞生了湿法冶金。将含 Au 的矿砂用 KCN 溶液处理，使 Au 生成配合物进入液相，再用金属 Zn 即可将 Au 还原出来。这种工艺也被土法淘金的人利用，结果是含氰的废水到处排放，造成严重的环境污染。目前，已有将细菌用于金矿处理的新工艺。在多相催化、均相催化和金属酶模拟催化等领域中，都用过渡金属的配合物作催化剂。电镀工业中也用到很多配合物。例如，镀 Zn、Cd 或 Cr 时，多采用 KCN 控制金属离子的浓度，使镀层光亮、致密。随着环境保护意识的增强，更多更好的配体已取代了 KCN，现在的电镀工业几乎都是“无氰电镀”。

近年来，配合物在农业和医药方面的应用也越来越多。例如，在混合氨基酸的锌、铜配合物中加入适量增效剂制成农用多效素，它既能杀菌，又能促进农作物的生长；在预混合饲料中添加微量元素氨基酸配合物，对维生素的破坏比无机矿物盐小得多；Fe^{3+}-草酸盐配合物与氧化剂 H_2O_2 结合形成的光催化复合体系可以处理废水；含有双吲哚生物碱的锌配合物可用于癌的化学治疗等。

除上述几个方面的应用外，配合物在合成材料中的作用也越来越引人注目。某些配位聚合物具有异常的热稳定性，有可能作为高温材料；在晶体结构中具有金属链的配合物有单向导电的性质，可能有常温超导现象；二茂铁衍生物具有吸收辐射及控制燃烧过程的功能。配合物在激光半导体中也有应用。这些研究将为合成新材料开辟有益的途径。

阅读材料

铂配合物的医学意义

铂金属在自然界中含量甚微[元素丰度为 5×10^{-6}(质量分数)]，故价格昂贵，和金、银一起被称为贵金属。铂是热和电的良好导体，熔、沸点都较高，具有良好的延展性，对光的反射率高，金属表面具有吸附氢气的特殊性能，还具有较好的抗腐蚀性和抗氧化性。铂金属的电子层结构中 5d 电子未充满，易与一些电子给予体形成分子杂化轨道，进而形成稳定的配合物。这是该金属的特性，也是铂抗癌活性的结构基础。1735 年，西班牙人 Antoni de Ulloa 在平挽河金矿中首次发现了铂，但在当时并没有得到应用。19 世纪 20 年代后，俄国将铂应用于铸造钱币。自 20 世纪 30 年代起，对含铂配合物的研究进入了一个重要的发展阶段。随着研究的不断深入，铂金属化合物在化学、化工、医学等众多方面得到了广泛的应用。尤其是铂金属化合物在医学上的价值备受关注。

铂金属药物中，最具医学意义的首推“抗癌明星”——顺铂，即顺式二氯·二氨合铂(Ⅱ) *cis*-$[Pt(NH_3)_2Cl_2]$，为橙黄色结晶性粉末，无味，微溶于水，不溶于二甲基甲酰胺，在水溶液中可逐渐转化为反式异构体并水解，熔点 268～272℃。顺铂的抗癌作用是美国芝加哥大学 Rosenberg 领导的课题组于 1965 年研究电场对大肠杆菌细胞生长的影响实验中意外发现的，他们还进一步试验了许多铂配合物的抗癌性，如$(NH_4)_2BrCl_6$、$(NH_4)_2PtCl_6$、$[Pt(H_2NCH_2CH_2NH_2)]Cl_4$ 等。1969 年，Rosenberg 的研究小组首次报道了顺铂及乙二胺类似物具有强烈抑制 S-180 肉瘤和白血病的能力。如今顺铂已经成为国内外首选的抗癌药物，对睾丸癌、肺癌、子宫癌有较好的疗效。顺铂以其简单的结构和特异的功效，开创了以无机铂化合物作为抗癌药物研究的先河，为在分子水平上研究抗癌药物的作用机制提供了一个绝好的样板。

顺铂作为一种有效的抗癌药物，其作用机制是与癌细胞 DNA 中的嘌呤、嘧啶的环状氮原子结合，在 DNA 中形成交联，使 DNA 不能进行正常复制，从而阻止了癌细胞的增殖。但其副作用较大，主要表现为肾功能紊乱、造血功能损害、骨髓抑制、严重的胃肠道反应、神经毒性、耳鸣及高频范围听力丧失等。并且顺铂水溶性低，水溶液不够稳定，缓解期短。为此，人们通过研究顺铂的构效关系，寻找毒性反应和抗癌活性与结构的关系，并根据构效关系努力合成和筛选第二代和第三代铂配合物抗癌药，以期获得毒性低、副作用小、抗癌作用更强的新型铂类配合物抗癌药。经过 20 多年的不断研究，相继合成了 3000 多个铂配合物，其中的 28 个进入临床研究阶段，至今被正式批准上市的除顺铂外还有卡铂(carboplatin，1978 年，1985 年后在多个国家上市)、奈达铂(nedaplatin，1995年在日本上市)、草酸铂(oxaliplatin，1996年在法国上市)、丙二酸铂(sunpla,1999 年在韩国上市)。目前处于不同临床研究阶段的还有 5 个新铂配合物抗癌药,其中乙酸铂是第一个进入临床研究阶段的铂(Ⅳ)配合物抗癌药,也是第一个口服制剂铂配合物抗癌药。

目前,以二茂钛为代表的二卤茂金属配合物抗癌药物研究、铂系元素配合物抗癌药物研究以及磷化金抗癌活性研究,都标志着金属化合物的药理作用将成为 21 世纪最活跃和最有希望的研究领域。有机铂配合物作为抗癌药物的研究正逐步深入,新的低毒高效的第三代抗肿瘤铂配合物正在研究中。

习　题

9-1 解释下列概念:配合物内界、外界、中心离子(原子)、配位体、配位原子、配位数、多齿配体、单齿配体、螯合物。

9-2 下列说法是否正确?说明理由。

(1) 配合物由内界和外界两部分组成。

(2) 只有金属离子才能作为配合物的形成体。

(3) 配位体的数目就是形成体的配位数。

(4) 配离子的电荷数等于中心离子的电荷数。

(5) 配离子的几何构型取决于中心离子所采取的杂化轨道类型。

9-3 命名下列配合物:

(1) $[Ni(NH_3)_4]Cl_2$　(2) $H_2[PtCl_6]$　(3) $Na_2[SiF_6]$

(4) $[PtCl_4(NH_3)_2]$　(5) $[PtCl(NH_3)_5]Cl_3$　(6) $[Co(en)_3]Cl_3$

(7) $[CoCl(NO_2)(NH_3)_4]Cl$　(8) $K_2[HgI_4]$　(9) $Na_3[Co(ONO)_6]$

(10) $[Co(NH_3)_3(H_2O)_3]SO_4$

9-4 写出下列配合物的化学式:

(1) 二苯合铬(0)　(2) 四羟基・二氨合铬(Ⅲ)酸铵

(3) 四羰基合镍(0)　(4) 氯铂(Ⅳ)酸钾

9-5 下列物质中,哪些能作为螯合剂?

(1) H_2O　(2) HO—OH　(3) $H_2N—NH_2$

(4) $(CH_3)_2N—NH_2$　(5) $H_2N—CH_2—CH_2—CH_2—NH_2$

9-6 根据价键理论,写出中心原子的外层电子结构,并估计配离子的空间构型。

(1) $[Ni(CN)_4]^{2-}$　(2) $[HgI_4]^{2-}$

(3) $[MnF_6]^{4-}$　(4) $[Co(NH_3)_6]^{3+}$(反磁性)

9-7 下列配合物具有平面四方形或正八面体构型,哪个配合物中的 CO_3^{2-} 是螯合剂?

(1) $[Co(CO_3)(NH_3)_5]^+$　(2) $[Co(CO_3)(NH_3)_4]^+$

(3) $[Pt(CO_3)(en)]$　(4) $[Pt(CO_3)(NH_3)(en)]$

9-8 将 40 mL 0.10 mol・L^{-1} $AgNO_3$ 溶液和 20 mL 6.0 mol・L^{-1}氨水混合并稀释至 100 mL。

(1) 计算平衡时溶液中 Ag^+、$[Ag(NH_3)_2]^+$ 和 NH_3 的浓度。

(2) 在混合稀释后的溶液中加入 0.010 mol KCl 固体,是否有 AgCl 沉淀产生?

(3) 若要阻止 AgCl 沉淀生成,则应改取 12.0 mol・L^{-1}氨水多少毫升?

9-9 加酸于 $c([Ag(NH_3)_2]^+)=c(NH_3)=0.10$ mol・L^{-1}的银氨配离子溶液中,为保证配离子能稳定存在(解离度≤1.0%),溶液 pH 应不低于多少?

9-10 50 mL 0.10 mol・L^{-1} $AgNO_3$ 溶液加入 30 mL 相对密度为 0.932、含 NH_3 18.24%(质量分数)的氨水后,加水稀释至 100 mL,求此溶液中的 $c(Ag^+)$、$c([Ag(NH_3)_2]^+)$和 $c(NH_3)$。

9-11 分别计算 $Zn(OH)_2$ 溶于氨水生成$[Zn(NH_3)_4]^{2+}$和 $Zn[(OH)_4]^{2-}$ 的平衡常数。若溶液中 NH_3 和 NH_4^+ 的

浓度均为 0.10 mol·L^{-1},则 $Zn(OH)_2$ 溶于该溶液中主要生成哪一种配离子?

9-12 将含有 0.2 mol·L^{-1} NH_3 和 1.0 mol·L^{-1} NH_4^+ 的缓冲溶液与 0.02 mol·L^{-1} $[Cu(NH_3)_4]^{2+}$ 溶液等体积混合,是否有 $Cu(OH)_2$ 沉淀生成?

9-13 欲使 0.10 mol AgCl(s)完全溶解,至少需要 1.0 L 多大浓度的氨水?

9-14 在 0.06 mol·L^{-1} $AgNO_3$ 溶液中加入 NH_3 至生成$[Ag(NH_3)_2]^+$ 达到平衡,在此溶液中加入 NaCl(忽略体积变化)使 Cl^- 浓度为 0.01 mol·L^{-1}。欲阻止 AgCl 沉淀生成,NH_3 的最初浓度至少为多少?

9-15 向含有 0.10 mol·L^{-1} $AgNO_3$ 和 0.50 mol·L^{-1} KCN 的溶液中加入 NaI 固体,并使 I^- 浓度达到 0.10 mol·L^{-1},通过计算说明是否有 AgI 沉淀生成。

9-16 1.0 L 1.0 mol·L^{-1}的氨水最多可溶解多少摩 AgCl、AgBr 和 AgI?

第 10 章　氧化还原反应

化学反应可以分为两大类：一类是在反应过程中，反应物之间没有电子转移的反应，如酸碱中和反应、复分解反应和配位反应等；另一类是在反应过程中，反应物之间有电子转移的氧化还原反应。氧化还原反应在自然界中普遍存在，与人们实际生活、生物的生命过程和科学研究密切相关，有着极其广泛的应用。例如，金属的冶炼、精密仪器的电铸和电解加工、航天器中高能化学电源的制造和使用等，均是以氧化还原反应为基础的。

10.1　氧化还原反应的基本概念

10.1.1　氧化数

元素原子的氧化数是假设把化合物中成键的电子都归电负性更大的原子，从而求得的各成键原子在化合状态时的“形式电荷数”。例如，在 NaCl 中 Cl 元素的电负性比 Na 元素大，因而假定这两元素原子之间的 1 对成键电子归 Cl 原子所有，故 Na 带 1 个单位正电荷，而 Cl 带 1 个单位负电荷，根据以上定义，Na 和 Cl 的氧化数分别为 +1 和 −1。又如，在 NH_3 分子中，3 对成键电子都归电负性大的氮原子所有，故 N 的氧化数为 −3，H 的氧化数为 +1。

确定元素原子氧化数的规则如下：

(1) 单质中元素原子的氧化数为零。

(2) 所有元素原子的氧化数代数和在中性分子中等于零，在离子中等于离子所带的电荷数。

(3) 氢在化合物中的氧化数一般为 +1。但在活泼金属的氢化物（如 NaH、CaH_2 等）中，其氧化数为 −1。

(4) 氧在化合物中的氧化数一般为 −2。但在过氧化物（如 H_2O_2、BaO_2 等）中，氧的氧化数为 −1；在超氧化物（如 KO_2）中，氧的氧化数为 $-\frac{1}{2}$；在 OF_2 中，氧的氧化数为 +2。

氧化数和化合价是两种不同的概念：

(1) 氧化数是元素原子在化合状态时的形式电荷，它不仅可以有正、负值，而且还可以是分数。而化合价是元素在化合时的原子个数比，它只能是正整数。例如，连四硫酸钠 $Na_2S_4O_6$ 中 S 的氧化数为 $+\frac{5}{2}$，Fe_3O_4 中 Fe 的氧化数为 $+\frac{8}{3}$。

(2) 在离子化合物中元素原子的氧化数与化合价往往相同，但在共价化合物中，两者并不一致。例如，在 CH_4、CH_3Cl、CH_2Cl_2、$CHCl_3$ 和 CCl_4 中，C 的化合价均为 +4，但其氧化数分别为 −4、−2、0、+2 和 +4。又如，CO 分子中，C 的化合价为 +3，而 C 的氧化数为 +2，O 的氧化数为 −2。

10.1.2 氧化还原反应

人们对氧化还原反应概念的认识经历了一个过程，最初把物质与氧结合的过程称为氧化，把含氧物质失去氧的反应称为还原。随着研究的深入，人们认识到在许多与氧无关的反应中，原子之间也发生了较强烈的电子偏移，从而引起元素氧化数的变化。物质中元素氧化数发生变化的反应称为氧化还原反应。例如

$$Zn(s)+Cu^{2+}(aq)=\!=\!=Zn^{2+}(aq)+Cu(s)$$

在上述反应式中，Cu 的氧化数从＋2 降低到 0，是 Cu^{2+} 得到电子的过程，氧化数降低的过程称为还原；而 Zn 的氧化数从 0 升高到＋2，是 Zn 失去电子的过程，氧化数升高的过程称为氧化；反应中，氧化和还原过程是同时发生的，且氧化数的升高值与降低值相等。氧化数降低的物质为氧化剂，氧化数升高的物质为还原剂。在反应过程中，氧化剂被还原生成弱还原剂，还原剂被氧化生成弱氧化剂。因此，氧化还原反应可写为

$$\text{强氧化剂}+\text{强还原剂}=\!=\!=\text{弱还原剂}+\text{弱氧化剂}$$

根据氧化数的变化情况，将氧化还原反应细分为三类：一般氧化还原反应、自身氧化还原反应和歧化反应。

氧化数的升高和降低分别发生在两种或两种以上的物质之间的反应称为一般氧化还原反应。例如

$$2Mg(s)+O_2(g)=\!=\!=2MgO(s)$$

Mg 的氧化数升高，为还原剂；O_2 中 O 原子的氧化数降低，O_2 为氧化剂。

氧化数的升高和降低发生在同一物质中的不同元素之间的反应称为自身氧化还原反应。例如

$$2KClO_3(s)=\!=\!=2KCl(s)+3O_2(g)$$

氧化数的升高和降低发生在同一物质 $KClO_3$ 中的不同元素 Cl 和 O 之间，所以 $KClO_3$ 既是氧化剂又是还原剂。如果氧化数的升高和降低发生在同一物质中的同一元素之间，则该反应称为歧化反应。例如，以下反应中，氧化数的升高和降低均发生在 Cl_2 中的同一元素 Cl 与 Cl 之间。

$$Cl_2+2OH^-=\!=\!=Cl^-+ClO^-+H_2O$$

10.1.3 氧化还原反应方程式的配平

在中学化学里，我们学习了用电子转移数法(化合价升降法)配平氧化还原反应方程式。根据上述氧化数的概念，确切地说，以前学习的电子转移数配平法应称为氧化数法。这里要学习一种新的配平方法，称为离子-电子法。这种方法的优点是更适用于：①氧化数不明确的方程式；②只给出了主要的反应物和生成物的不完整的方程式；③某些离子方程式。熟练掌握这一方法，便于学习氧化还原半反应的配平和有关电极电势、电动势的理论计算。

离子-电子法又称半反应配平法。现以稀 H_2SO_4 溶液中 $Cr_2O_7^{2-}$ 氧化 Fe^{2+} 为例，说明配平的详细步骤。

(1) 用离子方程式写出反应的主要物质。

$$Cr_2O_7^{2-}+Fe^{2+}\longrightarrow Cr^{3+}+Fe^{3+}$$

(2) 将反应分为两个半反应，一个是氧化反应，一个是还原反应。

还原反应 $Cr_2O_7^{2-} \longrightarrow Cr^{3+}$

氧化反应 $Fe^{2+} \longrightarrow Fe^{3+}$

(3) 配平半反应的原子数。

$$Cr_2O_7^{2-} + 14H^+ \longrightarrow 2Cr^{3+} + 7H_2O$$

$$Fe^{2+} \longrightarrow Fe^{3+}$$

配平原子数时，首先根据电对的存在形式判断出介质条件(酸碱性)，然后根据反应的介质条件，用 H_2O、H^+ 和 OH^- 进行调节。若是酸性介质，可在多氧的一边加 H^+，加 H^+ 的数目应为多余氧原子数目的两倍，然后于另一边补上相应数目的 H_2O；若是碱性介质，则在少氧的一边加上 2 倍数量所缺氧原子数目的 OH^-，而后在另一边补上相应数目的 H_2O；在中性介质中，反应物一侧用 H_2O，生成物一侧可以是 H^+ 和 OH^-；但在任何条件下，同一反应中不能同时出现 H^+ 和 OH^-。

(4) 用电子配平电荷数。

$$Cr_2O_7^{2-} + 14H^+ + 6e^- = 2Cr^{3+} + 7H_2O$$

$$Fe^{2+} = Fe^{3+} + e^-$$

(5) 根据得失电子数相等的原则，合并两个半反应，消去式中的电子。

$$Cr_2O_7^{2-} + 14H^+ + 6Fe^{2+} = 2Cr^{3+} + 7H_2O + 6Fe^{3+}$$

例 10-1 配平下列半反应。

(1) $ClO^- \longrightarrow Cl^-$(酸性介质)。

(2) $SO_3^{2-} \longrightarrow SO_4^{2-}$(碱性介质)。

解 (1) 先配平氧化数有变化的 Cl 原子；然后配平 O 原子，由于半反应左边多一个 O 原子，在酸性条件下，需要在反应式左边加 2 个 H^+ 与之反应，生成 1 个 H_2O，如此配平 O；再配平 H^+，得

$$ClO^- + 2H^+ \longrightarrow Cl^- + H_2O$$

最后配平电荷数，得

$$ClO^- + 2H^+ + 2e^- = Cl^- + H_2O$$

(2) 先配平氧化数有变化的 S 原子；然后配平 O 原子，由于半反应右边多一个 O 原子，故需要在反应式右边加一个 H_2O，并在左边生成 2 个 OH^-，以配平 O 原子；再配平 H^+，得

$$SO_3^{2-} + 2OH^- \longrightarrow SO_4^{2-} + H_2O$$

最后配平电荷数，得

$$SO_3^{2-} + 2OH^- = SO_4^{2-} + H_2O + 2e^-$$

例 10-2 配平下列反应式。

(1) $MnO_4^- + H_2SO_3 \longrightarrow Mn^{2+} + SO_4^{2-}$

(2) $MnO_4^- + SO_3^{2-} \longrightarrow MnO_4^{2-} + SO_4^{2-}$

解 (1) 从 H_2SO_3 的存在形式可以判断该反应在酸性介质中进行。

(i) 把反应式拆分成以下两个半反应式：

$$MnO_4^- \longrightarrow Mn^{2+}$$

$$H_2SO_3 \longrightarrow SO_4^{2-}$$

(ii) 配平以上两个半反应式的原子数和电荷数：

$$MnO_4^- + 8H^+ + 5e^- = Mn^{2+} + 4H_2O \quad (1)$$

$$H_2SO_3 + H_2O = SO_4^{2-} + 4H^+ + 2e^- \quad (2)$$

(iii) 根据得失电子数目相等的原则，(1)×2+(2)×5 并整理得

$$2MnO_4^- + 5H_2SO_3 = 2Mn^{2+} + 5SO_4^{2-} + 3H_2O + 4H^+$$

(2) 从 SO_3^{2-} 的存在形式可以判断该反应在碱性介质中进行。

(i) 把反应式拆分成以下两个电极反应式：

$$MnO_4^- \longrightarrow MnO_4^{2-}$$

$$SO_3^{2-} \longrightarrow SO_4^{2-}$$

(ii) 配平以上两个半反应式的原子数和电荷数：

$$MnO_4^- + e^- = MnO_4^{2-} \quad (3)$$

$$SO_3^{2-} + 2OH^- = SO_4^{2-} + H_2O + 2e^- \quad (4)$$

(iii) 根据得失电子数目相等的原则，(3)×2+(4)并整理得

$$2MnO_4^- + SO_3^{2-} + 2OH^- = 2MnO_4^{2-} + SO_4^{2-} + H_2O$$

10.2 原电池和电极电势

10.2.1 原电池

将金属锌置于硫酸铜水溶液中，可观察到随着反应的进行，锌逐渐溶解，而金属铜不断沉积出来，并导致硫酸铜水溶液的蓝色逐渐变浅。相关的离子反应方程式为

$$Zn(s) + Cu^{2+}(aq) = Zn^{2+}(aq) + Cu(s)$$

$$\Delta_r H_m^\ominus(298.15\ K) = -218.66\ kJ \cdot mol^{-1}$$

$$\Delta_r G_m^\ominus(298.15\ K) = -212.55\ kJ \cdot mol^{-1}$$

显然，这是一个自发的氧化还原反应，系统没有对环境做功，但有热放出，表明化学能转变为热能。

1863 年，英国化学家丹尼尔(J. F. Daniel)根据上述反应构造了一个原电池，如图 10-1 所示。

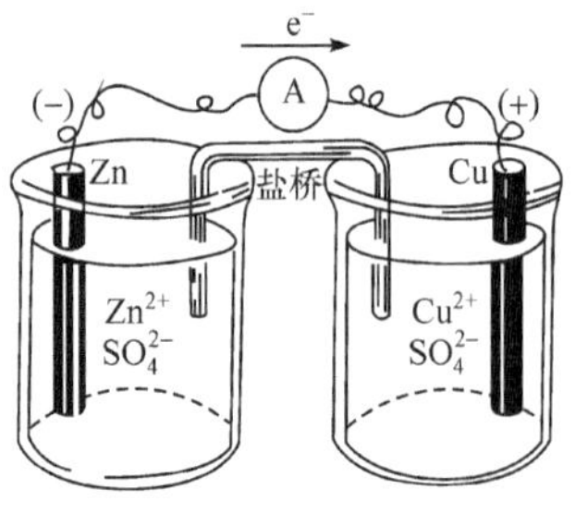

图 10-1　铜-锌原电池

在盛有 1 mol·L^{-1} $ZnSO_4$溶液的左池中放入锌极，在盛有 1 mol·L^{-1} $CuSO_4$溶液的右池中放入铜极，两池之间用一个倒置的 U 形管连接，管中装满用饱和 KCl 溶液和琼脂做成的冻胶，这种装满冻胶的 U 形管称为盐桥，盐桥中 Cl^- 和 K^+ 以相似的速度分别向锌盐溶液和铜盐溶液移动，起沟通电路和保持锌盐溶液和铜盐溶液电中性的作用，并使锌的溶解和铜的析出持续进行，电流持续流通。两金属片用导线连接，并串联一检流计。从检流计的指针偏转方向可以判断，电流从 Cu 电极流向 Zn 电极(电子从锌片流向铜片)，说明 Zn 为负极，Zn 失去电子，发生氧化反应：

$$Zn(s) = Zn^{2+}(aq) + 2e^-$$

铜极为正极，Cu^{2+} 得到电子，发生还原反应：

$$Cu^{2+}(aq) + 2e^- = Cu(s)$$

系统内发生的总反应为

$$Zn(s) + Cu^{2+}(aq) = Zn^{2+}(aq) + Cu(s)$$

这种能使化学能直接转变为电能的装置称为原电池。

如上所述，原电池是由两个“半电池”组成。在铜-锌原电池中，锌和锌盐溶液组成一

个半电池，铜和铜盐溶液组成另一个半电池。每个半电池称为一个电极。每个电极中均含有同一元素的具有不同氧化数的一对物质，称为一个氧化还原电对，或简称电对，如铜电极由 Cu^{2+} 和 Cu 组成，锌电极由 Zn^{2+} 和 Zn 组成。电对中具有较高氧化数的物质称为氧化态物质(Ox)，具有较低氧化数的物质称为还原态物质(Red)。电极符号为“氧化型/还原型”，左侧价态高，称为氧化型；右侧价态低，称为还原型。例如，铜电极可表示为 Cu^{2+}/Cu，锌电极可表示为 Zn^{2+}/Zn。每个电对都对应一个电极反应，电极反应通常书写为还原过程：

$$\text{氧化态} + ne^- \longrightarrow \text{还原态}$$

例如，电对 MnO_4^-/Mn^{2+} 的电极反应为

$$MnO_4^- + 8H^+ + 5e^- \longrightarrow Mn^{2+} + 4H_2O$$

又如，电对 $Cu^{2+}/CuCl$ 的电极反应式为

$$Cu^{2+} + Cl^- + e^- \longrightarrow CuCl$$

将两个电极反应合并即可得到总的电池反应。

为应用方便，常用电池符号表示一个原电池的组成。例如，铜-锌原电池的组成可表示为

$$(-)Zn|Zn^{2+}(1.0\ mol \cdot L^{-1}) \| Cu^{2+}(1.0\ mol \cdot L^{-1})|Cu(+)$$

电池符号书写应注意以下几点：

(1) 习惯上把负极写在左边，正极写在右边。

(2) 用“|”代表两相的界面，“‖”代表盐桥。

(3) 用化学式表示电池的物质组成，同时应标明溶液的浓度、气体的分压、纯液体或纯固体的相态等。

(4) 对于 Fe^{3+}/Fe^{2+}、MnO_4^-/Mn^{2+} 等电对组成的电极反应，需使用惰性电极(如碳棒、金属 Pt 等)辅助导电，所以惰性电极一般也应在电池符号中表示出来。

例 10-3 下列电池反应均在标准状态下进行，分别写出组成每个电池反应的电对、电极反应和电池符号。

(1) $Cr_2O_7^{2-} + 6Cl^- + 14H^+ \longrightarrow 2Cr^{3+} + Cl_2 + 7H_2O$

(2) $Hg_2Cl_2 + Sn^{2+} \longrightarrow Sn^{4+} + 2Hg + 2Cl^-$

解 (1) 正极电对 $Cr_2O_7^{2-}/Cr^{3+}$ 的电极反应为

$$Cr_2O_7^{2-} + 14H^+ + 6e^- \longrightarrow 2Cr^{3+} + 7H_2O$$

负极电对 Cl_2/Cl^- 的电极反应为

$$Cl_2 + 2e^- \longrightarrow 2Cl^-$$

原电池符号为

$(-)Pt|Cl_2(100\ kPa)|Cl^-(1.0\ mol \cdot L^{-1}) \| Cr_2O_7^{2-}(1.0\ mol \cdot L^{-1}), Cr^{3+}(1.0\ mol \cdot L^{-1}), H^+(1.0\ mol \cdot L^{-1})|Pt(+)$

(2) 正极电对 Hg_2Cl_2/Hg 的电极反应为

$$Hg_2Cl_2 + 2e^- \longrightarrow 2Hg + 2Cl^-$$

负极电对 Sn^{4+}/Sn^{2+} 的电极反应为

$$Sn^{4+} + 2e^- \longrightarrow Sn^{2+}$$

原电池符号为

$(-)Pt|Sn^{4+}(1.0\ mol \cdot L^{-1}), Sn^{2+}(1.0\ mol \cdot L^{-1}) \| Cl^-(1.0\ mol \cdot L^{-1})|Hg_2Cl_2(s)|Hg(+)$

从理论上说，任何一个氧化还原反应都可以设计成原电池，但实际并非如此，若遇到一些较复杂的氧化还原反应，操作起来会有很大困难。

10.2.2 电极电势

1. 电极电势的产生

连接原电池的导线有电流通过，说明两电极之间有电势差存在，那么电势差产生的原因是什么呢?

当把金属电极放入它的盐溶液中时，一方面金属电极表面的金属离子 M^{n+} 受极性大的水分子的吸引，有溶解到水中形成水合离子的趋势，显然，金属越活泼，溶液浓度越低，这种倾向就越大；另一方面，溶液中的水合金属离子有从金属电极表面获得电子而沉积到金属表面的倾向，金属越不活泼，溶液越浓，这种倾向越大。在一定条件下，这两种对立的趋势达到暂时平衡：

$$M \underset{\text{沉积}}{\overset{\text{溶解}}{\rightleftharpoons}} M^{n+} + ne^-$$

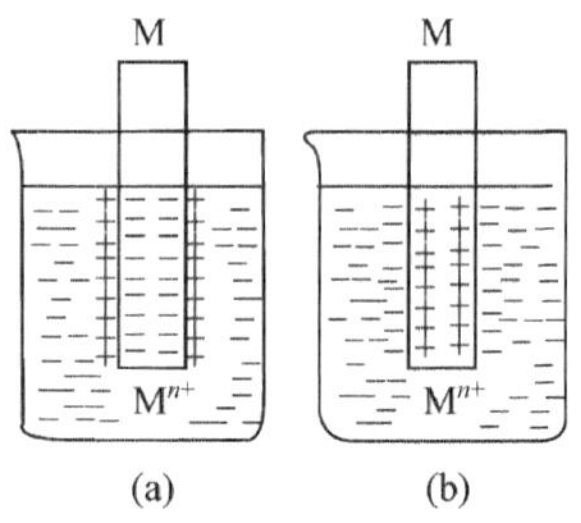

图 10-2 双电层示意图

如果金属溶解的趋势大于金属离子沉积的趋势，则达到平衡时，就形成了金属棒表面带负电、靠近金属棒附近的溶液带正电的双电层结构，如图 10-2(a)所示；相反，如果金属溶解的趋势小于金属离子沉积的趋势，则达到平衡时，将形成金属棒表面带正电、靠近金属棒附近的溶液带负电的双电层结构，如图 10-2(b)所示。由于双电层的存在，金属与其盐溶液界面之间产生了电位差，这种电势差就称为该金属电极的绝对电极电势，用符号 φ 表示，单位为 V(伏特)。金属电极的电极电势主要取决于金属本身的活泼性、金属离子的浓度和溶液的温度等因素。

以上介绍了金属电极的电极电势产生的微观机理，对任一不同的电极来说，其电极电势产生的机理是相似的。将两个具有不同电极电势的电极组成原电池，就会产生电动势。原电池的电动势 ε 等于电流强度为 0 时，原电池正、负两极之间的电势差，是构成原电池的正、负两极之间的最大电势差：

$$\varepsilon = \varphi_+ - \varphi_- \tag{10-1}$$

如果参加电极反应的物质均处于标准状态，则该电极称为标准电极，对应的电极电势称为标准电极电势，用 $\varphi^\ominus$ 表示。由标准电极组成的电池称为标准电池，其电动势为标准电动势，可表示为

$$\varepsilon^\ominus = \varphi_+^\ominus - \varphi_-^\ominus \tag{10-2}$$

原电池的电动势可用电位差计测得。例如，在 298.15 K 时，测得 Cu-Zn 标准电池的电动势为 1.10 V。

2. 标准氢电极和标准电极电势

1) 标准氢电极

在正向自发的原电池中，电势较高的电极作正极，其电对中的氧化态易得电子被还原，是强的氧化剂；电势较低的电极作负极，其电对中的还原态易失电子被氧化，是强的还

原剂。为了定量描述物质在水溶液中的氧化还原能力，判断氧化剂和还原剂的相对强弱，必须测得各个电极的电极电势。然而目前单个电极的电极电势绝对值还无法测定。从实际应用的角度讲，有电极电势的相对值就可以了。如何获得电极电势的相对值呢？参考热力学函数焓、熵、自由能等相对值的求法，人为地选定一个电极作为比较的基准，并规定它的电极电势为零。然后将待测电极与此参比电极组成原电池，通过测定该电池的电动势即可求得该待测电极的电极电势相对值。

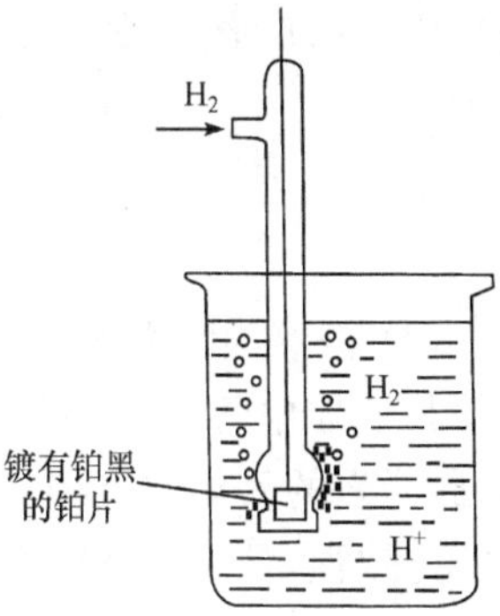

图 10－3　标准氢电极

通常选“标准氢电极”作为参比电极。如图 10－3 所示，标准氢电极是将镀有铂黑的铂片浸入 H^+ 浓度为 1.0 mol·L^{-1} 的硫酸溶液中，在指定温度下，从玻璃管上部的支管中不断通入标准压力（100 kPa）的氢气流，使铂黑吸附氢气达到饱和，这时 H_2 与 H^+ 之间达到如下平衡：

$$2H^+(aq)+2e^- \longrightarrow H_2(g)$$

规定任意温度下，标准氢电极的电极电势等于 0 V，即 $\varphi^\ominus_{H^+/H_2}=0.0000$ V。

2）标准电极电势

例如，测定 $\varphi^\ominus_{Zn^{2+}/Zn}$ 可将标准锌电极作正极，标准氢电极作负极组成原电池，该原电池可表示为

$$(-)Pt|H_2(100\ kPa)|H^+(1.0\ mol\cdot L^{-1})\|Zn^{2+}(1.0\ mol\cdot L^{-1})|Zn(+)$$

在 298.15 K 时，用电位计测得该原电池的电动势为－0.7618 V，即

$$\varepsilon^\ominus=\varphi^\ominus_{Zn^{2+}/Zn}-\varphi^\ominus_{H^+/H_2}=-0.7618\ V$$

$$\varphi^\ominus_{Zn^{2+}/Zn}=-0.7618\ V$$

又如，在 298.15 K 时，有下列原电池：

$$(-)Pt|H_2(100\ kPa)|H^+(1.0\ mol\cdot L^{-1})\|Cu^{2+}(1.0\ mol\cdot L^{-1})|Cu(+)$$

测得其电动势为＋0.3419 V，则

$$\varepsilon^\ominus=\varphi^\ominus_{Cu^{2+}/Cu}-\varphi^\ominus_{H^+/H_2}=+0.3419\ V$$

$$\varphi^\ominus_{Cu^{2+}/Cu}=+0.3419\ V$$

采用上述同样的方法可以测出大多数电对的标准电极电势。某些与水剧烈反应的电极，如 Na^+/Na、F_2/F^- 等，其电极电势不能直接测定，但可通过热力学数据用间接的方法计算。附录Ⅵ和附录Ⅶ列出了常用的各种电极的标准电极电势（298.15 K）。在使用标准电极电势表时应注意以下几点：

（1）由于很多物质的氧化还原能力与介质酸度有关，故标准电极电势表分为酸表和碱表，应用时应根据实际反应情况查阅。若电极反应中出现 H^+，如 $NO_3^-+4H^++3e^- \longrightarrow NO+2H_2O$，则应从酸表查找（$\varphi^\ominus_A$）；若电极反应中出现 OH^-，则应从碱表查找（$\varphi^\ominus_B$）；若电极反应中没有出现 H^+ 或 OH^-，则应根据物质是否能在酸性或者碱性溶液中存在，分别查阅酸表或碱表。例如，电极反应 $Sn^{4+}+2e^- \longrightarrow Sn^{2+}$，由于 Sn^{4+} 和 Sn^{2+} 只能存在于酸性溶液中，因此该电极的标准电极电势应在酸表（$\varphi^\ominus_A$）中查找，而电极 $Ag_2S+2e^- \longrightarrow 2Ag+S^{2-}$ 的标准电极电势应在碱表（$\varphi^\ominus_B$）中查找。

（2）$\varphi^\ominus$ 值的大小代表物质得失电子的能力，是反映体系强度性质的物理量，因此与电

极反应的书写形式(如反应系数、反应方向)无关。例如

$$Al^{3+}+3e^- = Al \qquad \varphi^{\ominus}_{Al^{3+}/Al}=-1.662\ V$$
$$Al = Al^{3+}+3e^- \qquad \varphi^{\ominus}_{Al^{3+}/Al}=-1.662\ V$$
$$3Al = 3Al^{3+}+9e^- \qquad \varphi^{\ominus}_{Al^{3+}/Al}=-1.662\ V$$

(3) 按照国际惯例,电极反应统一写成还原过程:氧化型$+ne^-$══还原型,因此电极电势是还原电势。$\varphi^{\ominus}$值越正,说明该电对的氧化型物质越易获得电子被还原,氧化能力越强,是强的氧化剂;反之,$\varphi^{\ominus}$值越负,说明该电对的还原型物质越易失去电子被氧化,还原能力越强,是强的还原剂。标准电极电势表中,各电极反应是按照其$\varphi^{\ominus}$值从上到下增大的顺序排列。因此从上到下,电对中氧化型物质的氧化性依次增强,还原型物质的还原性依次减弱。

3) 电极电势的应用

电极电势的应用很广,主要有以下几个方面:

(1) 比较物质氧化还原能力的相对强弱。例如,比较下列电对物质在标准状态下的氧化还原能力:

$$\varphi^{\ominus}_{Cl_2/Cl^-}=1.36\ V \qquad \varphi^{\ominus}_{Br_2/Br^-}=1.07\ V \qquad \varphi^{\ominus}_{I_2/I^-}=0.53\ V$$

由$\varphi^{\ominus}$值的大小可知,氧化型物质的氧化能力由大到小为$Cl_2>Br_2>I_2$;还原型物质还原能力由大到小为$I^->Br^->Cl^-$。6种物质中最强的氧化剂是Cl_2,最强的还原剂是I^-。

(2) 判断氧化还原反应的自发方向。氧化还原反应的自发方向总是

强氧化剂+强还原剂══弱还原剂+弱氧化剂

因此任意两个电对$\varphi^{\ominus}_{A/B}$与$\varphi^{\ominus}_{C/D}$组成的原电池反应,若$\varphi^{\ominus}_{A/B}>\varphi^{\ominus}_{C/D}$,则其自发进行的方向为

$$A+D = B+C$$

例如,$\varphi^{\ominus}_{Fe^{3+}/Fe^{2+}}=0.77\ V>\varphi^{\ominus}_{Cu^{2+}/Cu}=0.34\ V$,组成的电池反应的自发方向为

$$2Fe^{3+}+Cu = 2Fe^{2+}+Cu^{2+}$$

(3) 判断氧化还原反应进行的顺序。例如,由$\varphi^{\ominus}_{Cr_2O_7^{2-}/Cr^{3+}}=1.33\ V$,$\varphi^{\ominus}_{Br_2/Br^-}=1.07\ V$,$\varphi^{\ominus}_{I_2/I^-}=0.53\ V$,$\varphi^{\ominus}_{Fe^{3+}/Fe^{2+}}=0.77\ V$,可以说明$I^-$、$Br^-$和$Fe^{2+}$在标准状态下均能被$Cr_2O_7^{2-}$氧化。若在$I^-$、$Br^-$和$Fe^{2+}$的混合溶液中逐滴加入$K_2Cr_2O_7$水溶液,实验事实告诉我们,各离子被氧化的先后顺序为I^-、Fe^{2+}和Br^-。对照它们的电极电势之差可知,差值越大,越先被氧化,也就是说先氧化最强的还原剂。同理,若加入的是还原剂,必先还原最强的氧化剂。必须指出的是,上述判断只有在有关氧化还原反应的速率足够快的情况下才正确。

10.3 氧化还原反应的摩尔吉布斯自由能变与电池电动势的关系

由热力学原理可知,自发进行的反应是吉布斯自由能降低的过程,而体系吉布斯自由能的减少在数值上等于体系在等温、等压条件下对外所能做的最大有用功(非体积功),即

$$\Delta G=-W'_{max}$$

在原电池中,放电所做非体积功为电功,则自由能和电池电动势之间有下列关系:

$$\Delta_r G=-W'_{max}=-Q\varepsilon=-nF\varepsilon \qquad (10-3)$$

式中，n 为电池反应转移的电子的物质的量；F 为 1 mol 电子所带的电量，即法拉第(Faraday)常量，其数值为 96 500 $C \cdot mol^{-1}$。

如果反应是在标准状态下进行，且反应进度为 1 mol，则式(10-3)可写为

$$\Delta_r G_m^\ominus = -W'_{max} = -Q\varepsilon^\ominus = -nF\varepsilon^\ominus \tag{10-4}$$

式(10-4)是十分重要的关系式，也称为电化学方程式。它将热化学和电化学通过一个等式联系起来，利用它可以进行吉布斯自由能变和原电池电动势之间的换算。

例 10-4 已知 298.15 K 时，反应 $H_2 + 2AgCl \longrightarrow 2H^+ + 2Cl^- + 2Ag$ 的 $\Delta_r H_m^\ominus = -80.80\ kJ \cdot mol^{-1}$，$\Delta_r S_m^\ominus = -127.20\ J \cdot K^{-1} \cdot mol^{-1}$，求该反应对应电池的 $\varepsilon^\ominus$ 和 $\varphi^\ominus_{AgCl/Ag}$。

解 $\Delta_r G_m^\ominus = \Delta_r H_m^\ominus - T\Delta_r S_m^\ominus = -80.80 - 298.15 \times (-127.20)/1000 = -42.87(kJ \cdot mol^{-1})$

根据公式 $\Delta_r G_m^\ominus = -nF\varepsilon^\ominus$，得

$$\varepsilon^\ominus = -\frac{\Delta_r G_m^\ominus}{nF} = -\frac{-42.87 \times 1000}{2 \times 96\ 500} = 0.2221(V)$$

$$\varepsilon^\ominus = \varphi^\ominus_{AgCl/Ag} - \varphi^\ominus_{H^+/H_2} = \varphi^\ominus_{AgCl/Ag} - 0.0000 = 0.2221\ V$$

$$\varphi^\ominus_{AgCl/Ag} = 0.2221\ V$$

可见电极电势也可利用热力学函数求得。

依据电化学方程式，可利用 $\Delta_r G_m$(或 ε)判断氧化还原反应进行的自发方向。

若 $\varepsilon > 0$，则 $\Delta_r G_m < 0$，反应可正向自发进行；

若 $\varepsilon < 0$，则 $\Delta_r G_m > 0$，反应不能正向自发进行；

若 $\varepsilon = 0$，则 $\Delta_r G_m = 0$，反应处于平衡状态。

若反应在标准状态下进行，则用 $\Delta_r G_m^\ominus$(或 $\varepsilon^\ominus$)进行判断。

例 10-5 计算 298.15 K 时，反应 $Sn^{2+}(aq) + Pb(s) \longrightarrow Sn(s) + Pb^{2+}(aq)$ 的 $\Delta_r G_m^\ominus$，并判断标准状态下该反应的自发方向。

解 将该反应设计成原电池，则正极为 Sn^{2+}/Sn，负极为 Pb^{2+}/Pb。

$$\begin{aligned}\Delta_r G_m^\ominus &= -nF\varepsilon^\ominus = -nF(\varphi^\ominus_{Sn^{2+}/Sn} - \varphi^\ominus_{Pb^{2+}/Pb}) \\ &= -2 \times 9.65 \times 10^4 \times [(-0.136) - (-0.126)] \\ &= 1.93 \times 10^3 (J \cdot mol^{-1})\end{aligned}$$

因为 $\Delta_r G_m^\ominus > 0$，所以反应在标准状态下逆向自发。

或依据 $\varepsilon^\ominus = \varphi^\ominus_{Sn^{2+}/Sn} - \varphi^\ominus_{Pb^{2+}/Pb} = (-0.136) - (-0.126) < 0$，得出反应逆向自发进行的结论。

10.4 影响电极电势的因素

10.4.1 能斯特公式

标准电极电势是在标准状态以及 298.15 K(通常情况下)时测得的。如果与电极有关的离子的浓度、气体的压力或温度改变，电极电势也就随之改变。电极电势与浓度(压力)、温度间的关系可由能斯特(Nernst)公式给出。对任一电极反应

$$a\mathrm{Ox} + ne^- \longrightarrow b\mathrm{Red}$$

其能斯特公式为

$$\varphi = \varphi^\ominus + \frac{RT}{nF}\ln\frac{[c(\mathrm{Ox})/c^\ominus]^a}{[c(\mathrm{Red})/c^\ominus]^b} \tag{10-5}$$

或用常用对数表示为

$$\varphi=\varphi^{\ominus}+\frac{2.303RT}{nF}\lg\frac{[c(\mathrm{Ox})/c^{\ominus}]^{a}}{[c(\mathrm{Red})/c^{\ominus}]^{b}} \tag{10-6}$$

式中，R 为摩尔气体常量，8.314 J·mol^{-1}·K^{-1}；T 为热力学温度；F 为法拉第常量；n 为电极反应得失电子数。若反应温度为 298.15 K，将各常量代入式中，可得

$$\varphi=\varphi^{\ominus}+\frac{0.0592}{n}\lg\frac{[c(\mathrm{Ox})/c^{\ominus}]^{a}}{[c(\mathrm{Red})/c^{\ominus}]^{b}} \tag{10-7}$$

使用能斯特公式时，需注意以下几点：

(1) 若有固体(如 I_2、Cu、AgCl)、纯液体(如液溴、液态 Hg、水)参加电极反应，它们的相对浓度视为 1。例如，电极反应 $Zn^{2+}(aq)+2e^{-}=Zn(s)$ 的能斯特公式为

$$\varphi_{Zn^{2+}/Zn}=\varphi^{\ominus}_{Zn^{2+}/Zn}+\frac{2.303RT}{2F}\lg[c(Zn^{2+})/c^{\ominus}]$$

又如，$O_2(g)+4H^{+}(aq)+4e^{-}=2H_2O(l)$ 的能斯特公式为

$$\varphi_{O_2/H_2O}=\varphi^{\ominus}_{O_2/H_2O}+\frac{2.303RT}{4F}\lg[p(O_2)/p^{\ominus}][c(H^{+})/c^{\ominus}]^{4}$$

(2) 若有气体参加电极反应，则应将其相对分压代入公式。例如，氢电极

$$2H^{+}(aq)+2e^{-}=H_2(g)$$

$$\varphi_{H^{+}/H_2}=\varphi^{\ominus}_{H^{+}/H_2}+\frac{2.303RT}{2F}\lg\frac{[c(H^{+})/c^{\ominus}]^{2}}{p(H_2)/p^{\ominus}}$$

(3) 式(10－5)中 Ox 和 Red 是广义的氧化态物质和还原态物质，包括参加电极反应的所有物质(如 H^{+}、OH^{-} 等)，代入时应将这些物质的相对浓度代入相应的位置。例如，电极反应

$$Cr_2O_7^{2-}+14H^{+}+6e^{-}=2Cr^{3+}+7H_2O$$

$$\varphi_{Cr_2O_7^{2-}/Cr^{3+}}=\varphi^{\ominus}_{Cr_2O_7^{2-}/Cr^{3+}}+\frac{2.303RT}{6F}\lg\frac{[c(Cr_2O_7^{2-})/c^{\ominus}][c(H^{+})/c^{\ominus}]^{14}}{[c(Cr^{3+})/c^{\ominus}]^{2}}$$

例 10－6 原电池的组成如下，计算 298.15 K 时该原电池的电动势。

(－)Pt|Fe^{2+}(1.0 mol·L^{-1})，Fe^{3+}(0.10 mol·L^{-1}) ‖ NO_3^{-}(1.0 mol·L－1)，HNO_2(0.010 mol·L^{-1})，H^{+}(1.0 mol·L^{-1})|Pt(＋)

解 正极反应 $NO_3^{-}+3H^{+}+2e^{-}=HNO_2+H_2O$

负极反应 $Fe^{3+}+e^{-}=Fe^{2+}$

$$\varphi_{NO_3^{-}/HNO_2}=\varphi^{\ominus}_{NO_3^{-}/HNO_2}+\frac{0.0592}{2}\lg\frac{[c(NO_3^{-})/c^{\ominus}]\cdot[c(H^{+})/c^{\ominus}]^{3}}{c(HNO_2)/c^{\ominus}}$$

$$=0.934+\frac{0.0592}{2}\lg\frac{1}{0.010}=0.993(\mathrm{V})$$

$$\varphi_{Fe^{3+}/Fe^{2+}}=\varphi^{\ominus}_{Fe^{3+}/Fe^{2+}}+\frac{0.0592}{1}\lg\frac{c(Fe^{3+})/c^{\ominus}}{c(Fe^{2+})/c^{\ominus}}=0.771+0.0592\lg\frac{0.10}{1.00}=0.712(\mathrm{V})$$

$$\varepsilon=\varphi_{NO_3^{-}/HNO_2}-\varphi_{Fe^{3+}/Fe^{2+}}=0.993-0.712=0.281(\mathrm{V})$$

10.4.2 电极电势的影响因素

1. 电对的氧化型或还原型物质浓度的改变对电极电势的影响

例 10－7 计算 298.15 K 时，电对 Sn^{4+}/Sn^{2+} 在下列情况下的电极电势：

(1) $c(Sn^{4+})=0.010\ mol\cdot L^{-1}$，$c(Sn^{2+})=1.0\ mol\cdot L^{-1}$。

(2) $c(Sn^{4+})=1.0\ mol\cdot L^{-1}$，$c(Sn^{2+})=1.0\ mol\cdot L^{-1}$。

(3) $c(Sn^{4+})=1.0\ mol\cdot L^{-1}$，$c(Sn^{2+})=0.010\ mol\cdot L^{-1}$。

解 电极反应为

$$Sn^{4+}+2e^- \longrightarrow Sn^{2+}$$

(1) $\varphi_{Sn^{4+}/Sn^{2+}}=\varphi^{\ominus}_{Sn^{4+}/Sn^{2+}}+\frac{0.0592}{2}\lg\frac{c(Sn^{4+})/c^{\ominus}}{c(Sn^{2+})/c^{\ominus}}=0.151+\frac{0.0592}{2}\lg\frac{0.010}{1.0}=0.092(V)$

(2) $\varphi_{Sn^{4+}/Sn^{2+}}=\varphi^{\ominus}_{Sn^{4+}/Sn^{2+}}+\frac{0.0592}{2}\lg\frac{c(Sn^{4+})/c^{\ominus}}{c(Sn^{2+})/c^{\ominus}}=0.151+\frac{0.0592}{2}\lg\frac{1.0}{1.0}=0.151(V)$

(3) $\varphi_{Sn^{4+}/Sn^{2+}}=\varphi^{\ominus}_{Sn^{4+}/Sn^{2+}}+\frac{0.0592}{2}\lg\frac{c(Sn^{4+})/c^{\ominus}}{c(Sn^{2+})/c^{\ominus}}=0.151+\frac{0.0592}{2}\lg\frac{1.0}{0.010}=0.210(V)$

计算结果表明，在一定温度下，增大氧化型物质的浓度或减少还原型物质的浓度，均可使电极电势升高[$\varphi(3)>\varphi(2)>\varphi(1)$]。$\varphi$ 值增大，则氧化型物质的氧化能力增强，还原型物质的还原能力降低；反之，减少电对中氧化型物质的浓度或增大还原型物质的浓度，则使电对的电极电势降低[$\varphi(1)<\varphi(2)<\varphi(3)$]。$\varphi$ 值减小，说明氧化型物质的氧化能力减弱，还原型物质的还原能力增强。

例 10-8 判断反应 $Sn^{2+}(1.0\ mol\cdot L^{-1})+Pb(s) \longrightarrow Sn(s)+Pb^{2+}(0.10\ mol\cdot L^{-1})$在 298.15 K 时的自发方向。

解 正极反应 $Sn^{2+}+2e^- \longrightarrow Sn$

负极反应 $Pb \longrightarrow Pb^{2+}+2e^-$

$$\varphi_{Pb^{2+}/Pb}=\varphi^{\ominus}_{Pb^{2+}/Pb}+\frac{0.0592}{2}\lg[c(Pb^{2+})/c^{\ominus}]=-0.126+\frac{0.0592}{2}\lg 0.10=-0.156(V)$$

$$\varphi_{Sn^{2+}/Sn}=\varphi^{\ominus}_{Sn^{2+}/Sn}=-0.136(V)$$

因 $\varphi_{Sn^{2+}/Sn}>\varphi_{Pb^{2+}/Pb}$，所以反应正向自发进行。

与例 10-5 结果对比可看出，由于 Pb^{2+} 浓度降低，$\varphi_{Pb^{2+}/Pb}<\varphi^{\ominus}_{Pb^{2+}/Pb}$，金属铅还原性增强，反应正方向进行。由例 10-8 还可以看出，依靠改变物质的投放量而改变反应物、生成物浓度，对电极电势的影响并不明显(仅改变 0.03 V)。若两电对标准电极电势的差值大于 0.4 V，采用这种方法无法改变反应的自发方向。欲有效地控制此类氧化还原反应的方向，必须利用沉淀反应、配位反应以及调节介质酸度等方法，才能大幅度改变反应物、生成物的浓度，进而改变反应的自发方向。

2. 生成沉淀对电极电势的影响

例 10-9 向银电极 $Ag^+ + e^- \longrightarrow Ag$ 中加入 KI，将有 AgI 沉淀生成，反应达到平衡后，溶液中 $c(I^-)=1.00\ mol\cdot L^{-1}$，计算此时该电极的电极电势。已知 $K^{\ominus}_{sp}(AgI)=8.52\times10^{-17}$。

解 加入 I^- 后，根据溶度积原理，可得溶液中

$$c(Ag^+)/c^{\ominus}=\frac{K^{\ominus}_{sp}(AgI)}{c(I^-)/c^{\ominus}}=K^{\ominus}_{sp}(AgI)$$

根据能斯特方程，此时该电极的电极电势为

$$\begin{aligned}\varphi_{Ag^+/Ag}&=\varphi^{\ominus}_{Ag^+/Ag}+\frac{2.303RT}{F}\lg[c(Ag^+)/c^{\ominus}]\\&=0.7996+\frac{0.0592}{1}\lg K^{\ominus}_{sp}(AgI)\\&=0.7996+0.0592\lg(8.52\times10^{-17})=-0.152(V)\end{aligned}$$

从计算结果可以看出，加入 I^- 后，由于生成碘化银沉淀，氧化态物质（Ag^+）的浓度大大降低，因此电极电势由 0.7996 V 降低为－0.152 V，使得银的还原性大大增加。因此，银不能直接还原 H^+，却可以从 HI 中置换出氢气。又如，AgCl 沉淀的生成也会降低银电极的电极电势，所以在盐酸溶液中，银也具有较强的还原性，实验室称之为银还原器，能还原多种物质。

例 10－9 中电极反应实际分两步进行：

$$AgI \xlongequal{} Ag^+ + I^-$$

$$Ag^+ + e^- \xlongequal{} Ag$$

总电极反应式为

$$AgI + e^- \xlongequal{} Ag + I^-$$

该电极称为碘化银电极，电极符号为 AgI/Ag，当电极中 $c(I^-)=1.0\ mol \cdot L^{-1}$时，该电极为标准电极，其标准电极电势与银电极标准电极电势的关系由例 10－9 可知为

$$\varphi^{\ominus}_{AgI/Ag}=\varphi_{Ag^+/Ag}=\varphi^{\ominus}_{Ag^+/Ag}+\frac{2.303RT}{F}\lg K^{\ominus}_{sp}(AgI)$$

根据电极反应式：

$$AgI + e^- \xlongequal{} Ag + I^-$$

非标准状态下碘化银电极的能斯特公式可写为

$$\varphi_{AgI/Ag}=\varphi^{\ominus}_{AgI/Ag}+\frac{2.303RT}{F}\lg\frac{1}{c(I^-)/c^{\ominus}}$$

将 $\varphi^{\ominus}_{AgI/Ag}=\varphi^{\ominus}_{Ag^+/Ag}+\dfrac{2.303RT}{F}\lg K^{\ominus}_{sp}(AgI)$代入上式得

$$\begin{aligned}\varphi_{AgI/Ag}&=\varphi^{\ominus}_{Ag^+/Ag}+\frac{2.303RT}{F}\lg K^{\ominus}_{sp}(AgI)+\frac{2.303RT}{F}\lg\frac{1}{c(I^-)/c^{\ominus}}\\&=\varphi^{\ominus}_{Ag^+/Ag}+\frac{2.303RT}{F}\lg\frac{K^{\ominus}_{sp}(AgI)}{c(I^-)/c^{\ominus}}\end{aligned}$$

从碘化银电极的能斯特公式可以看出，该电极电势值仅受不参加电子转移的 I^- 浓度控制，这一类电极属于金属-难溶盐-离子电极，通常也称为“第二类电极”。重要的第二类电极还有银-氯化银电极（AgCl/Ag）、甘汞电极（Hg_2Cl_2/Hg）等，甘汞电极的电极反应式和能斯特公式分别为

$$Hg_2Cl_2 + 2e^- \xlongequal{} 2Hg + 2Cl^-$$

$$\varphi_{Hg_2Cl_2/Hg}=\varphi^{\ominus}_{Hg_2Cl_2/Hg}+\frac{2.303RT}{2F}\lg\frac{1}{[c(Cl^-)/c^{\ominus}]^2}$$

当温度一定时，甘汞电极的电极电势取决于溶液中 Cl^- 的浓度。若溶液中 Cl^- 浓度保持恒定，则其电极电势值也保持恒定，不会随电极反应的进行而变化。

例 10－10 计算 Cu^{2+}/CuI 电极的标准电极电势，并判断碘离子能否被铜离子氧化。已知 $\varphi^{\ominus}_{Cu^{2+}/Cu^+}=0.153\ V$，$\varphi^{\ominus}_{I_2/I^-}=0.536\ V$，$K^{\ominus}_{sp}(CuI)=1.27\times10^{-12}$。

解 电极 Cu^{2+}/CuI 的电极反应式为

$$Cu^{2+} + I^- + e^- \xlongequal{} CuI(s)$$

当 $c(Cu^{2+})=1.0\ mol \cdot L^{-1}$、$c(I^-)=1.0\ mol \cdot L^{-1}$时，该电极为标准电极，其标准电极电势值可由

相关的 $\varphi^{\ominus}_{Cu^{2+}/Cu^{+}}$ 求得。

$$\varphi^{\ominus}_{Cu^{2+}/CuI}=\varphi_{Cu^{2+}/Cu^{+}}=\varphi^{\ominus}_{Cu^{2+}/Cu^{+}}+\frac{2.303RT}{F}\lg\frac{c(Cu^{2+})/c^{\ominus}}{c(Cu^{+})/c^{\ominus}}$$

$$=\varphi^{\ominus}_{Cu^{2+}/Cu^{+}}+\frac{2.303RT}{F}\lg\frac{c(Cu^{2+})/c^{\ominus}}{K^{\ominus}_{sp}(CuI)/[c(I^{-})/c^{\ominus}]}$$

$$=\varphi^{\ominus}_{Cu^{2+}/Cu^{+}}+\frac{0.0592}{1}\lg\frac{1}{1.27\times10^{-12}}=0.153+0.0592\lg(7.87\times10^{11})$$

$$=0.736(V)$$

由计算结果可以看出，由于 CuI 沉淀的产生，大大降低了还原态物质 Cu^{+} 的浓度，使得 $\varphi^{\ominus}_{Cu^{2+}/CuI}>\varphi^{\ominus}_{Cu^{2+}/Cu^{+}}$，因此在含 I^{-} 的溶液中，Cu^{2+} 的氧化能力明显升高，$\varphi^{\ominus}_{Cu^{2+}/CuI}>\varphi^{\ominus}_{I_2/I^{-}}$，所以反应

$$2Cu^{2+}+4I^{-}=\!=\!=2CuI+I_2$$

能自发正向进行，I^{-} 能被 Cu^{2+} 氧化。此反应是分析化学中定量测定 Cu^{2+} 浓度的基本反应。

3. 生成配合物对电极电势的影响

若参加电极反应的氧化型或还原型物质与配位剂作用生成配合物，使其浓度发生变化，电极电势也随之改变。因此可根据电极电势的变化值比较生成的配合物的稳定性。

例 10-11 已知 $\varphi^{\ominus}_{Ag^{+}/Ag}=0.800$ V，在含该标准电对的溶液中分别加入 NH_3 及 CN^{-}，使得平衡后 $[Ag(NH_3)_2]^{+}$、NH_3、$[Ag(CN)_2]^{-}$、CN^{-} 的浓度均为 1.0 mol・L^{-1}，试计算平衡后两溶液的电极电势 $\varphi^{\ominus}_{[Ag(NH_3)_2]^{+}/Ag}$ 与 $\varphi^{\ominus}_{[Ag(CN)_2]^{-}/Ag}$，比较二者的大小并据此比较两种配离子的稳定性。

解 加入 NH_3 后，溶液中

$$c(Ag^{+})=\frac{c([Ag(NH_3)_2]^{+})/c^{\ominus}}{[c(NH_3)/c^{\ominus}]^2K^{\ominus}_f([Ag(NH_3)_2]^{+})}=\frac{1}{K^{\ominus}_f([Ag(NH_3)_2]^{+})}$$

依据能斯特方程

$$\varphi^{\ominus}_{[Ag(NH_3)_2]^{+}/Ag}=\varphi_{Ag^{+}/Ag}=\varphi^{\ominus}_{Ag^{+}/Ag}+\frac{0.0592}{1}\lg[c(Ag^{+})/c^{\ominus}]$$

$$=0.800+0.0592\lg\frac{1}{K^{\ominus}_f([Ag(NH_3)_2]^{+})}=0.383(V)$$

加入 CN^{-} 后，溶液中

$$c(Ag^{+})=\frac{c([Ag(CN)_2]^{-})/c^{\ominus}}{[c(CN^{-})/c^{\ominus}]^2K^{\ominus}_f([Ag(CN)_2]^{-})}=\frac{1}{K^{\ominus}_f([Ag(CN)_2]^{-})}$$

依据能斯特方程

$$\varphi^{\ominus}_{[Ag(CN)_2]^{-}/Ag}=\varphi_{Ag^{+}/Ag}=\varphi^{\ominus}_{Ag^{+}/Ag}+\frac{0.0592}{1}\lg[c(Ag^{+})/c^{\ominus}]$$

$$=0.800+0.0592\lg\frac{1}{K^{\ominus}_f([Ag(CN)_2]^{-})}=-0.450(V)$$

计算结果说明，由于配合物的生成，游离 Ag^{+} 的浓度大大下降，平衡后两溶液的 φ 值均下降。由于 $\varphi^{\ominus}_{[Ag(NH_3)_2]^{+}/Ag}>\varphi^{\ominus}_{[Ag(CN)_2]^{-}/Ag}$，依据

$$\varphi^{\ominus}_{[Ag(NH_3)_2]^{+}/Ag}=\varphi^{\ominus}_{Ag^{+}/Ag}+0.0592\lg\frac{1}{K^{\ominus}_f([Ag(NH_3)_2]^{+})}$$

$$\varphi^{\ominus}_{[Ag(CN)_2]^{-}/Ag}=\varphi^{\ominus}_{Ag^{+}/Ag}+0.0592\lg\frac{1}{K^{\ominus}_f([Ag(CN)_2]^{-})}$$

可得 $K_f^{\ominus}([Ag(NH_3)_2]^+) < K_f^{\ominus}([Ag(CN)_2]^-)$，即$[Ag(CN)_2]^-$比$[Ag(NH_3)_2]^+$更稳定。

又如，$\varphi^{\ominus}_{Co^{3+}/Co^{2+}}(1.84\ V) > \varphi^{\ominus}_{[Co(NH_3)_6]^{3+}/[Co(NH_3)_6]^{2+}}(0.10\ V)$，为什么加入 NH_3 后溶液的电极电势降低呢？与氨配位前，$c(Co^{3+}) = c(Co^{2+}) = 1\ mol \cdot L^{-1}$；与氨配位后，$Co^{3+}$ 与 Co^{2+} 的浓度均减少许多，但游离氧化态 Co^{3+} 的浓度比游离还原态 Co^{2+} 浓度下降得更多，使得$c(Co^{3+}) < c(Co^{2+})$，$\dfrac{c(Co^{3+})}{c(Co^{2+})} < 1$，所以电极电势下降，由此可以推知 $K_f^{\ominus}([Co(NH_3)_6]^{3+}) > K_f^{\ominus}([Co(NH_3)_6]^{2+})$。实验事实也证明，配合物$[Co(NH_3)_6]^{3+}$的稳定性大于$[Co(NH_3)_6]^{2+}$，$[Co(NH_3)_6]^{2+}$在空气中极易被氧化成$[Co(NH_3)_6]^{3+}$。

利用生成配位化合物的方法也可制得第二类电极，此类电极的 φ 值与配合物的稳定常数有关，依此可求算配合物的稳定常数。

例 10-12 已知 $\varphi^{\ominus}_{Cu^{2+}/Cu} = 0.342\ V$，$\varphi^{\ominus}_{[Cu(NH_3)_4]^{2+}/Cu} = -0.033\ V$，试计算 $K_f^{\ominus}([Cu(NH_3)_4]^{2+})$。

解 在反应式 $Cu^{2+} + 4NH_3 = [Cu(NH_3)_4]^{2+}$ 两边各加一个 Cu，得

$$Cu^{2+} + 4NH_3 + Cu = [Cu(NH_3)_4]^{2+} + Cu$$

该反应平衡常数即为 $K_f^{\ominus}([Cu(NH_3)_4]^{2+})$，将该反应设计为原电池。

正极反应 $Cu^{2+} + 2e^- = Cu$

负极反应 $Cu + 4NH_3 - 2e^- = [Cu(NH_3)_4]^{2+}$

电池的标准电动势为

$$\varepsilon^{\ominus} = \varphi^{\ominus}_{Cu^{2+}/Cu} - \varphi^{\ominus}_{[Cu(NH_3)_4]^{2+}/Cu} = 0.342 - (-0.033) = 0.375(V)$$

$$\lg K_f^{\ominus}([Cu(NH_3)_4]^{2+}) = \frac{n\varepsilon^{\ominus}}{0.0592} = \frac{0.375 \times 2}{0.0592} = 12.67$$

$$K_f^{\ominus}([Cu(NH_3)_4]^{2+}) = 4.7 \times 10^{12}$$

4. 溶液酸碱性的改变对电极电势的影响

许多物质的氧化还原性能与溶液的酸碱性有关。例如，NO_3^- 的氧化能力随酸度增大而增大，浓硝酸是极强的氧化剂，而中性 KNO_3 水溶液却没有明显的氧化性。又如，在酸性溶液中 Cr^{3+} 很稳定，而在碱性介质中 Cr(Ⅲ)却极易被氧化为Cr(Ⅵ)。

凡是有 H^+ 或 OH^- 参加的电极反应，改变介质酸度都将影响电极电势，进而影响电对物质的氧化还原能力。这一结论具有普遍性。例如，含氧酸及其盐（氧化物）（如 H_3AsO_4、MnO_4^-、$Cr_2O_7^{2-}$、MnO_2 等）在强酸性介质中的氧化能力明显增强。

例 10-13 判断 298.15 K、标准状态下，反应 $MnO_2 + 2Cl^- + 4H^+ = Mn^{2+} + Cl_2 + 2H_2O$ 能否正向自发进行。若采用 $c(HCl) = 12.0\ mol \cdot L^{-1}$ 的盐酸溶液与 MnO_2 作用，且$c(Mn^{2+}) = 1.0\ mol \cdot L^{-1}$，$p(Cl_2) = 100\ kPa$，反应能否正向自发进行？

解 将该反应设计成原电池。

正极反应 $MnO_2 + 4H^+ + 2e^- = Mn^{2+} + 2H_2O$

负极反应 $2Cl^- = Cl_2 + 2e^-$

查表得 $\varphi^{\ominus}_{MnO_2/Mn^{2+}} = 1.22\ V$，$\varphi^{\ominus}_{Cl_2/Cl^-} = 1.36\ V$，因为 $\varphi^{\ominus}_{MnO_2/Mn^{2+}} < \varphi^{\ominus}_{Cl_2/Cl^-}$，所以在标准状态下该反应不能正向自发。

在 $c(H^+) = 12.0\ mol \cdot L^{-1}$、$c(Cl^-) = 12.0\ mol \cdot L^{-1}$、$c(Mn^{2+}) = 1.0\ mol \cdot L^{-1}$、$p(Cl_2) = 100\ kPa$ 条件下，由能斯特公式，有

$$\varphi_{MnO_2/Mn^{2+}} = \varphi^{\ominus}_{MnO_2/Mn^{2+}} + \frac{2.303RT}{2F}\lg\frac{[c(H^+)/c^{\ominus}]^4}{c(Mn^{2+})/c^{\ominus}} = 1.22 + \frac{0.0592}{2}\lg\frac{12^4}{1} = 1.35(V)$$

$$\varphi_{Cl_2/Cl^-}=\varphi^{\ominus}_{Cl_2/Cl^-}+\frac{2.303RT}{2F}\lg\frac{p(Cl_2)/p^{\ominus}}{[c(Cl^-)/c^{\ominus}]^2}=1.36+\frac{0.0592}{2}\lg\frac{1}{12.0^2}=1.30(V)$$

因为 $\varphi_{MnO_2/Mn^{2+}}>\varphi_{Cl_2/Cl^-}$，$\varepsilon>0$，所以在此条件下，反应可以正向自发。实验室中常用二氧化锰与浓盐酸反应制取氯气。

由以上计算结果可以看出，MnO_2 的氧化能力随 H^+ 浓度增大而明显增大。

改变介质的酸度不但能影响物质的氧化还原能力、氧化还原反应的自发方向，还能影响氧化还原反应的产物和反应速率。例如，MnO_4^- 在酸性、中性、碱性介质中的还原产物分别为 Mn^{2+}、MnO_2、MnO_4^{2-}，$K_2Cr_2O_7$ 与 KBr 的反应速率随酸度增加而加快。除此之外，人们还利用酸度与电极电势的关系精确测定溶液的 pH（准确度可达 0.001 pH 单位），并可根据测得的数据计算弱酸（碱）的解离常数。由于氢电极操作复杂，且氢气不易纯化，压强不易控制，铂黑溶液中毒，因此在实际测量中标准氢电极使用不多，经常采用甘汞电极作为参比。

例 10-14 298.15 K 时，测得下列原电池的电动势 $\varepsilon=0.405$ V。

$$(-)\ Pt|H_2(g,100\ kPa)|HA(aq,1.0\ mol\cdot L^{-1})\|KCl(饱和)|Hg_2Cl_2(s)|Hg(+)$$

已知饱和甘汞电极的电极电势为 $\varphi_{Hg_2Cl_2/Hg}=0.240$ V，求：

(1) 弱酸溶液的 pH。

(2) 弱酸的解离常数 $K_a^{\ominus}$。

解 (1) 根据题意，正极为甘汞电极，负极为氢电极，设电极电势为 φ_{H^+/H_2}，故可得

$$\varepsilon=0.240-\varphi_{H^+/H_2}=0.405(V)\qquad \varphi_{H^+/H_2}=-0.165\ V$$

根据能斯特公式，有

$$\varphi_{H^+/H_2}=\varphi^{\ominus}_{H^+/H_2}+\frac{0.0592}{2}\lg\frac{[c(H^+)/c^{\ominus}]^2}{p(H_2)/p^{\ominus}}=0+0.0592\ \lg[c(H^+)/c^{\ominus}]$$

$$=-0.0592pH=-0.165$$

解得

$$pH=2.79$$

(2) 根据 $c(H^+)/c^{\ominus}=\sqrt{[c_0(HA)/c^{\ominus}]\cdot K_a^{\ominus}(HA)}$，得

$$pH=-\frac{1}{2}\lg[c_0(HA)/c^{\ominus}\cdot K_a^{\ominus}(HA)]=-\frac{1}{2}\lg K_a^{\ominus}(HA)=2.79$$

$$K_a^{\ominus}(HA)=2.6\times10^{-6}$$

由以上各例可以看出，电对的氧化型或还原型浓度的改变会影响电极电势，因此可以利用各种改变反应物、生成物浓度的方法和手段控制物质的氧化还原能力，使氧化还原反应朝着我们希望的方向自发进行。

10.5 氧化还原反应的标准平衡常数

氧化还原反应的完全程度可用其标准平衡常数来表示，对任一氧化还原反应

$$a\mathrm{Ox}_1+b\mathrm{Red}_2 = c\mathrm{Red}_1+d\mathrm{Ox}_2$$

其标准平衡常数可表示为

$$K^{\ominus}=\frac{[c(\mathrm{Red}_1)/c^{\ominus}]^c[c(\mathrm{Ox}_2)/c^{\ominus}]^d}{[c(\mathrm{Red}_2)/c^{\ominus}]^b[c(\mathrm{Ox}_1)/c^{\ominus}]^a}$$

其数值可由相应原电池的标准电动势求算，即

$$\Delta_r G_m^{\ominus} = -nF\varepsilon^{\ominus}$$

$$\Delta_r G_m^{\ominus} = -RT\ln K^{\ominus} = -2.303RT\lg K^{\ominus}$$

两式合并得

$$\lg K^{\ominus} = \frac{nF\varepsilon^{\ominus}}{2.303RT} \tag{10-8}$$

式中，R 为摩尔气体常量，8.314 $J \cdot mol^{-1} \cdot K^{-1}$；$n$ 为氧化还原反应中转移的电子数目；$\varepsilon^{\ominus}$ 为利用反应设计的原电池的标准电动势。

若反应在 298.15 K 下进行，则有

$$\lg K^{\ominus} = \frac{n\varepsilon^{\ominus}}{0.0592} \tag{10-9}$$

式(10-9)表明，一定温度下，氧化还原反应的完成程度主要由两电极的标准电极电势之差(标准电动势)决定。差值越大，反应的完成程度越高。一般认为 $K^{\ominus} > 10^6$ 的化学反应已经进行得很彻底了。用 $\varepsilon^{\ominus}$ 来衡量时，因为 $n=1$，$K^{\ominus} \geqslant 10^6$，$\varepsilon^{\ominus} \geqslant 0.36$ V；$n=2$，$K^{\ominus} \geqslant 10^6$，$\varepsilon^{\ominus} \geqslant 0.18$ V，所以对于大多数反应($n \geqslant 2$)，一般认为 $\varepsilon^{\ominus}$ 大于 0.2 V，反应就已经进行得很完全了。

例 10-15 计算 298.15 K 时，反应 $H_3AsO_4 + 2I^- + 2H^+ \longrightarrow HAsO_2 + I_2 + 2H_2O$ 的标准平衡常数。

解 将反应设计成原电池。

正极反应 $H_3AsO_4 + 2H^+ + 2e^- \longrightarrow HAsO_2 + 2H_2O$

负极反应 $2I^- \longrightarrow I_2 + 2e^-$

$$\varepsilon^{\ominus} = \varphi^{\ominus}_{H_3AsO_4/HAsO_2} - \varphi^{\ominus}_{I_2/I^-} = 0.560 - 0.5355 = 0.024(\text{V})$$

$$\lg K^{\ominus} = \frac{nF\varepsilon^{\ominus}}{2.303RT} = \frac{2 \times 0.024}{0.0592} = 0.68$$

$$K^{\ominus} = 4.8$$

此反应的 $K^{\ominus}$ 很小，只要改变反应条件，如加入 Na_2CO_3，降低溶液的酸度，反应就能逆向进行。

例 10-16 求反应 $AgCl \longrightarrow Ag^+ + Cl^-$ 在 298.15 K 时的 $K^{\ominus}$，即 $K^{\ominus}_{sp}(AgCl)$。

解 在反应式两侧各加一个 Ag，得 $AgCl + Ag \longrightarrow Ag^+ + Cl^- + Ag$，将该反应设计成原电池。

正极反应 $AgCl + e^- \longrightarrow Ag + Cl^-$

负极反应 $Ag \longrightarrow Ag^+ + e^-$

故该反应

$$\varepsilon^{\ominus} = \varphi^{\ominus}_{AgCl/Ag} - \varphi^{\ominus}_{Ag^+/Ag} = 0.2223 - 0.7996 = -0.5773(\text{V})$$

$$\lg K^{\ominus} = \frac{n\varepsilon^{\ominus}}{0.0592} = \frac{-0.5773}{0.0592} = -9.75$$

$$K^{\ominus} = 1.78 \times 10^{-10}$$

即 $K^{\ominus}_{sp}(AgCl) = 1.78 \times 10^{-10}$。

AgCl 在水中的溶解度很小，用一般的化学方法很难测得其 $K^{\ominus}_{sp}$。利用原电池测定是一种很有效的方法，许多氧化还原反应的平衡常数都是采用这种方法测定的。

例 10-17 在 298.15 K 下，将 0.10 $mol \cdot L^{-1}$ AgCl(s)置于 1.0 L 水中，并加入足量的锌粉。计算说明锌粉能否将 AgCl(s)完全转化为 Ag(s)和 Cl^-(aq)。已知 $\varphi^{\ominus}_{Ag^+/Ag} = 0.7996$ V，$\varphi^{\ominus}_{Zn^{2+}/Zn} = -0.7618$ V，$K^{\ominus}_{sp}(AgCl) = 1.77 \times 10^{-10}$。

解 转化反应为

$$2AgCl(s) + Zn(s) \longrightarrow 2Ag(s) + Zn^{2+}(aq) + 2Cl^-(aq)$$

方法一:求反应的 $K^\ominus$。把反应设计成原电池。

正极反应 $AgCl+e^- \rightleftharpoons Ag+Cl^-$

负极反应 $Zn \rightleftharpoons Zn^{2+}+2e^-$

$$\varphi^\ominus_{AgCl/Ag}=\varphi^\ominus_{Ag^+/Ag}+\frac{2.303RT}{F}\lg K^\ominus_{sp}(AgCl)=0.7996+0.0592\lg(1.77\times10^{-10})=0.222(V)$$

$$\varepsilon^\ominus=\varphi^\ominus_{AgCl/Ag}-\varphi^\ominus_{Zn^{2+}/Zn}=0.222-(-0.7618)=0.984(V)$$

$$\lg K^\ominus=\frac{n\varepsilon^\ominus}{0.0592}=\frac{2\times0.984}{0.0592}=33.2$$

$$K^\ominus=1.8\times10^{33}$$

反应的 $K^\ominus$ 很大($\geqslant10^6$),表明该反应已进行得很完全,即锌粉能将 AgCl(s)完全转化为Ag(s)和 Cl^-(aq)。

方法二:设 AgCl 已完全转化,则平衡时,依据反应方程式有

$$c(Zn^{2+})=0.050\ mol\cdot L^{-1}\qquad c(Cl^-)=0.10\ mol\cdot L^{-1}$$

此时,离子积

$$Q=[c(Zn^{2+})/c^\ominus]\cdot[c(Cl^-)/c^\ominus]^2=0.050\times(0.10)^2=5.0\times10^{-4}<K^\ominus$$

说明 AgCl 完全转化后,溶液的 Q 仍然小于 $K^\ominus$,此时系统中即使再加入 AgCl(s),反应仍能正向自发进行,因此可以推断 AgCl 已经转化完全。实际工作中,可利用此反应回收废定影液中的银。

氧化还原反应机理复杂,很多氧化还原反应速率较慢或很慢,故即使有的反应标准平衡常数很大,实际也不一定能进行。例如,$S_2O_8^{2-}$ 具有很强的氧化能力,但一般均需要加入催化剂 Ag^+、Cu^{2+} 等离子才能使反应进行。

10.6 元素的标准电极电势图及应用

如果一种元素有多种氧化数,则含有这些元素的物质彼此之间可以形成多种不同的氧化还原电对。例如,在 ClO_4^-、ClO_3^-、ClO_2^-、ClO^-、Cl_2、Cl^- 中,氯元素的氧化数各不相同,可形成 ClO_4^-/ClO_3^-、ClO_4^-/ClO_2^-、ClO^-/Cl_2、ClO_2^-/Cl^- 等电对。为了便于比较不同氧化态物质的氧化还原能力以及它们在水溶液中的稳定性,把该元素的各存在形式按氧化数从高到低的顺序排列,并将其对应的标准电极电势标在连接两种存在形式的线段上,这种表明某一元素各种不同氧化态之间标准电极电势关系的图解就称为元素的标准电极电势图。根据介质酸碱性的不同,元素的标准电极电势图可分为酸性介质 $\varphi^\ominus_A$ 图 [$c(H^+)=1\ mol\cdot L^{-1}$]和碱性介质$\varphi^\ominus_B$[$c(OH^-)=1\ mol\cdot L^{-1}$]两类。例如

酸性介质 $\varphi^\ominus_A$/V

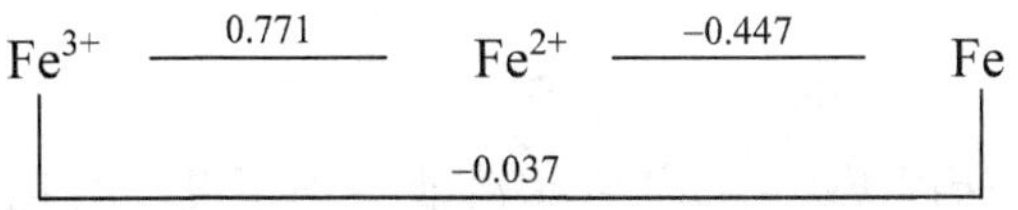

碱性介质 $\varphi^\ominus_B$/V

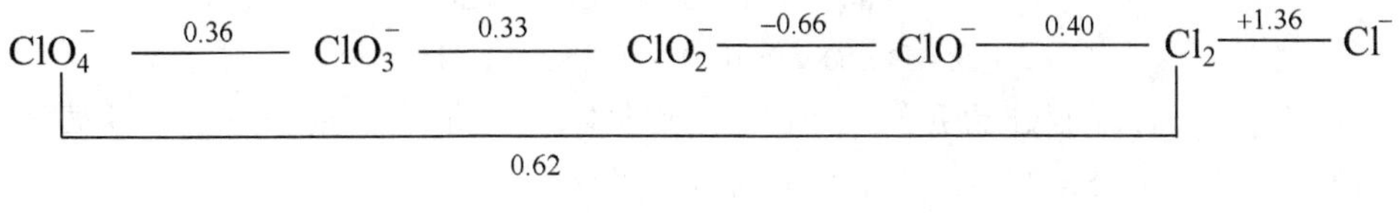

元素电势图可根据需要列出全部或者部分含不同氧化数的物质。由于电势图给出了元素在水溶液中氧化还原性质的丰富信息，因此应用广泛，主要应用如下：

(1) 判断元素的各存在形式中，哪种存在形式的氧化能力最强，哪种存在形式的还原能力最强。

例如，锰元素在酸性和碱性介质中的电势图如下：

酸性介质 $\varphi_A^\ominus/V$

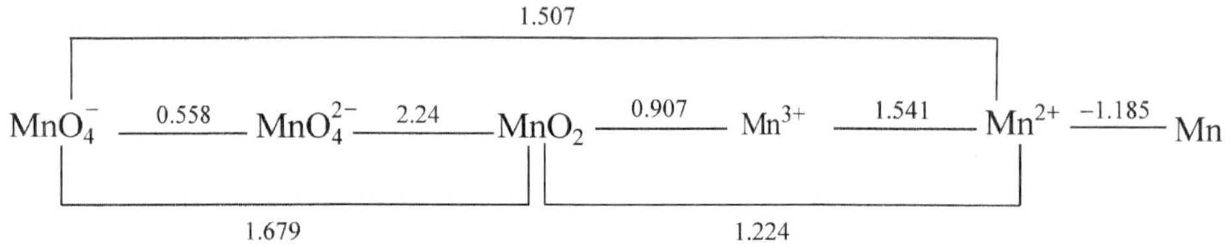

碱性介质 $\varphi_B^\ominus/V$

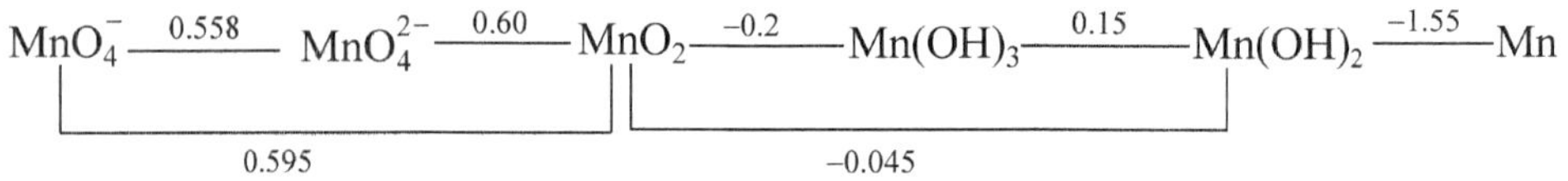

从电势图可以看出，在酸性介质中 MnO_4^-、MnO_4^{2-}、MnO_2、Mn^{3+} 作为电对的氧化态时，其 $\varphi_A^\ominus$ 值都较大，说明它们都是较强的氧化剂；而在碱性介质中，它们的 $\varphi_B^\ominus$ 值都较小，说明它们在碱性溶液中的氧化能力较弱。酸性介质条件下，在所有组成的电对中，氧化态物质以 MnO_4^{2-} 的 $\varphi_A^\ominus$ 值(2.24 V)最大，因此 MnO_4^{2-} 是最强的氧化剂，还原态物质以 Mn 的 $\varphi_A^\ominus$ 值(−1.185 V)最小，所以 Mn 是最强的还原剂。

(2) 判断元素的中间价态物质在水溶液中是否发生歧化反应。

元素电势图可帮助分析物质在水溶液中是否能发生歧化或反歧化反应。例如

$$A \xrightarrow[\text{左}]{\varphi_{A/B}^\ominus} B \xrightarrow[\text{右}]{\varphi_{B/C}^\ominus} C$$

如果 $\varphi_{B/C}^\ominus > \varphi_{A/B}^\ominus$，说明物质 B 既是较强的氧化剂，又是较强的还原剂，所以 B 在水溶液中不稳定，易发生歧化反应 $B \longrightarrow A + C$；如果 $\varphi_{A/B}^\ominus > \varphi_{B/C}^\ominus$，说明物质 A 是较强的氧化剂，物质 C 是较强的还原剂，所以发生反歧化反应 $A + C \longrightarrow B$，物质 B 在水溶液可以稳定存在。

已知酸性溶液中铁元素和锡元素的标准电极电势图如下：

$$Fe^{3+} \xrightarrow[\text{左}]{0.771\ V} Fe^{2+} \xrightarrow[\text{右}]{-0.447\ V} Fe$$

$$Sn^{4+} \xrightarrow[\text{左}]{0.151\ V} Sn^{2+} \xrightarrow[\text{右}]{-0.136\ V} Sn$$

因为 $\varphi^\ominus$(右)<$\varphi^\ominus$(左)，所以 Fe^{2+}、Sn^{2+} 在水溶液中均不发生歧化反应，而反歧化作用却可自发进行。

$$Fe^{3+}(aq) + Fe(s) = 2Fe^{2+}(aq)$$

$$Sn^{4+}(aq) + Sn(s) = 2Sn^{2+}(aq)$$

所以实际工作中，在配制好的 Fe^{2+} 或 Sn^{2+} 水溶液中，经常加入少量金属单质铁屑或金属锡粒，以防止 Fe^{2+} 或 Sn^{2+} 被空气氧化，而使试剂失效。

(3) 利用元素电势图可以求算某电对未知的标准电极电势。

许多电极的电极电势难以通过实验测得，对于这类电极可通过计算方法获得其标准电极电势。若已知两个或两个以上的相关电对的标准电极电势，即可求算出另一电对的标准电极电势。例如，已知 $\varphi^{\ominus}_{A/B}$和 $\varphi^{\ominus}_{B/C}$的值，求 $\varphi^{\ominus}_{A/C}$的值。

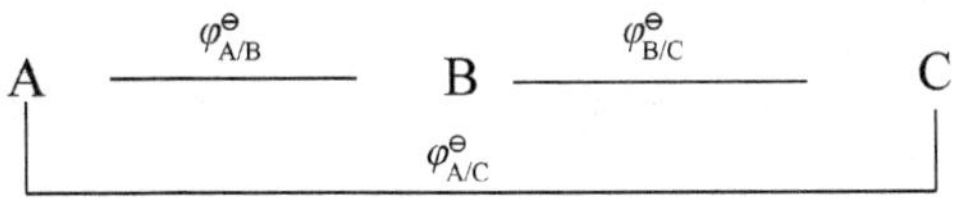

方法如下：设三个电对的电极反应式为

$$A+n_1e^- \!=\!=\!= B \quad (1)$$

$$B+n_2e^- \!=\!=\!= C \quad (2)$$

$$A+(n_1+n_2)e^- \!=\!=\!= C \quad (3)$$

式中，n_1、n_2、n_3 分别为相应电对的电子转移的物质的量。在标准状态下，这三个电极分别与标准氢电极组成原电池，则各电池反应的标准摩尔吉布斯自由能变分别为

$$\Delta_r G^{\ominus}_m(1)=-n_1F(\varphi^{\ominus}_{A/B}-\varphi^{\ominus}_{H^+/H_2})=-n_1F\varphi^{\ominus}_{A/B}$$

$$\Delta_r G^{\ominus}_m(2)=-n_2F(\varphi^{\ominus}_{B/C}-\varphi^{\ominus}_{H^+/H_2})=-n_2F\varphi^{\ominus}_{B/C}$$

$$\Delta_r G^{\ominus}_m(3)=-(n_1+n_2)F(\varphi^{\ominus}_{A/C}-\varphi^{\ominus}_{H^+/H_2})=-(n_1+n_2)F\varphi^{\ominus}_{A/C}$$

由于(3)=(2)+(1)，根据赫斯定律得

$$\Delta_r G^{\ominus}_m(3)=\Delta_r G^{\ominus}_m(1)+\Delta_r G^{\ominus}_m(2)$$

因此

$$\varphi^{\ominus}_{A/C}=\frac{n_1\varphi^{\ominus}_{A/B}+n_2\varphi^{\ominus}_{B/C}}{n_1+n_2} \quad (10-10)$$

如果相关电对不止两个，则有

$$\varphi^{\ominus}=\frac{n_1\varphi^{\ominus}_1+n_2\varphi^{\ominus}_2+n_3\varphi^{\ominus}_3+\cdots}{n_1+n_2+n_3+\cdots} \quad (10-11)$$

例 10-18 根据碱性介质中溴元素标准电极电势图：

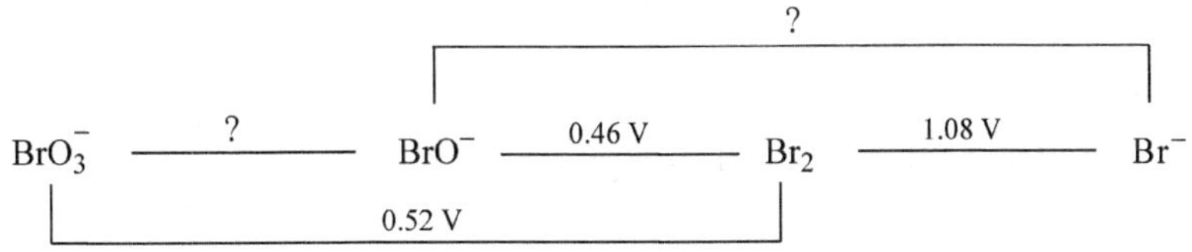

(1) 计算 $\varphi^{\ominus}_{BrO_3^-/BrO^-}$ 和 $\varphi^{\ominus}_{BrO^-/Br^-}$。

(2) 哪些物质能发生歧化反应？

解 (1) $BrO_3^-+2H_2O+4e^- \!=\!=\!= BrO^-+4OH^-$ $\qquad \varphi^{\ominus}_{BrO_3^-/BrO^-}=?$

$$BrO^-+H_2O+e^- \!=\!=\!= \frac{1}{2}Br_2+2OH^- \qquad \varphi^{\ominus}_{BrO^-/Br_2}=0.46\ V$$

$$BrO_3^-+3H_2O+5e^- \!=\!=\!= \frac{1}{2}Br_2+6OH^- \qquad \varphi^{\ominus}_{BrO_3^-/Br_2}=0.52\ V$$

根据上述三个方程式，得

$$\varphi^{\ominus}_{BrO_3^-/Br_2}=\frac{4\varphi^{\ominus}_{BrO_3^-/BrO^-}+\varphi^{\ominus}_{BrO^-/Br_2}}{1+4}$$

故

$$\varphi^{\ominus}_{BrO_3^-/BrO^-}=\frac{5\varphi^{\ominus}_{BrO_3^-/Br_2}-\varphi^{\ominus}_{BrO^-/Br_2}}{4}=\frac{5\times0.52-0.46}{4}=0.54(V)$$

同理,根据

$$BrO^- + H_2O + e^- = \frac{1}{2}Br_2 + 2OH^- \qquad \varphi^{\ominus}_{BrO^-/Br_2}=0.46\ V$$

$$\frac{1}{2}Br_2 + e^- = Br^- \qquad \varphi^{\ominus}_{Br_2/Br^-}=1.08\ V$$

$$BrO^- + H_2O + 2e^- = Br^- + 2OH^- \qquad \varphi^{\ominus}_{BrO^-/Br^-}=?$$

得

$$\varphi^{\ominus}_{BrO^-/Br^-}=\frac{\varphi^{\ominus}_{BrO^-/Br_2}+\varphi^{\ominus}_{Br_2/Br^-}}{1+1}=\frac{0.46+1.08}{2}=0.77(V)$$

(2) 根据上述电极电势图,可以判断 Br_2 及 BrO^- 在碱性介质中都可歧化。

(4) 判断氧化还原反应的产物。

例 10-19 依据例 10-18 电势图,回答:

(1) 将 Br_2(l)和 NaOH(aq)混合,最稳定的产物是什么?

(2) 写出反应方程式并求其 $K^{\ominus}$。

解 (1) 由电势图可知,因为 BrO^- 能歧化,不稳定,所以 Br_2(l)和 NaOH(aq)混合最稳定的产物是 Br^- 和 BrO_3^-。

(2) 反应方程式如下:

$$3Br_2 + 6OH^- = BrO_3^- + 5Br^- + 3H_2O$$

$$\varepsilon^{\ominus}=\varphi^{\ominus}_{Br_2/Br^-}-\varphi^{\ominus}_{BrO_3^-/Br_2}=1.08-0.52=0.56\ (V)$$

$$\lg K^{\ominus}=\frac{nF\varepsilon^{\ominus}}{2.303RT}=\frac{5\times0.56}{0.0592}=47.30$$

$$K^{\ominus}=1.9\times10^{47}$$

总的说来,采用图解的方式将同一元素的各氧化数物质及相关的标准电极电势汇集在一起,为人们研究物质在水溶液中的稳定性及氧化还原能力提供了很大的方便。

习　题

10-1 标出下列化合物中带有 * 元素的氧化数。

$H\overset{*}{Cl}O_4$, $Na_2\overset{*}{S}_4O_6$, $\overset{*}{Pb}_3O_4$, $Ca\overset{*}{H}_2$, $K\overset{*}{O}_3$, $\overset{*}{N}H_4^+$, $\overset{*}{Cr}O_4^{2-}$

10-2 用离子-电子法配平下列反应方程式。

(1) $As_2O_3 + NO_3^- \longrightarrow H_3AsO_4 + NO$

(2) $Cr_2O_7^{2-} + H_2S \longrightarrow Cr^{3+} + S$

(3) $MnO_4^- + H_2C_2O_4 \longrightarrow Mn^{2+} + CO_2$

(4) $Cr^{3+} + S_2O_8^{2-} \longrightarrow Cr_2O_7^{2-} + SO_4^{2-}$

(5) $Mn^{2+} + BiO_3^- \longrightarrow MnO_4^- + Bi^{3+}$

(6) $[Co(NH_3)_6]^{2+} + O_2 \longrightarrow [Co(NH_3)_6]^{3+} + OH^-$

(7) $[Cr(OH)_4]^- + HO_2^- \longrightarrow CrO_4^{2-} + OH^-$

(8) $H_3AsO_4 + I^- \longrightarrow HAsO_2 + I_2$

(9) $Mn^{2+} + H^+ + PbO_2 \longrightarrow Pb^{2+} + MnO_4^-$

(10) $Hg_2Cl_2 + NH_3 \longrightarrow HgNH_2Cl + Hg$

10-3 写出下列各电对对应的电极反应并配平。

(1) $MnO_2/Mn(OH)_2$　　(2) O_2/H_2O　　(3) $Fe(OH)_3/Fe(OH)_2$

(4) IO_3^-/I_2　　(5) $Cr_2O_7^{2-}/Cr^{3+}$　　(6) $[Ag(NH_3)_2]^+/Ag$

10-4　将某一电极反应式各物质化学计量数均乘以 $n(n\neq0)$，电极电势__________，将某一原电池反应方程式中各物质化学计量数均乘以 $n(n>0)$，原电池电动势__________，反应标准平衡常数__________。

10-5　下列电极中，$\varphi^\ominus$最高的为

(1) Ag^+/Ag　(2) $[Ag(NH_3)_2]^+/Ag$　(3) $[Ag(CN)_2]^-/Ag$　(4) $AgCl/Ag$

10-6　下列电极中，电极电势与介质酸度无关的为

(1) O_2/H_2O　(2) MnO_4^-/MnO_4^{2-}　(3) H^+/H_2　(4) MnO_4^-/MnO_2

10-7　已知 $\varphi^\ominus_{Co^{3+}/Co^{2+}}=1.84$ V，$\varphi^\ominus_{O_2/H_2O}=1.23$ V。在酸性水溶液中，稳定存在的钴离子是__________。在碱性水溶液中，$Co(OH)_2$ 沉淀易被氧化，因此稳定存在的形式为 $Co(OH)_3$，这说明 $Co(OH)_3$ 的溶度积比 $Co(OH)_2$的溶度积__________。

10-8　将下列反应设计成原电池。

(i) $Sn^{2+}(0.050\ mol\cdot L^{-1})+Pb = Pb^{2+}(0.50\ mol\cdot L^{-1})+Sn$

(ii) $Fe^{2+}(1.0\ mol\cdot L^{-1})+HNO_2(1.0\ mol\cdot L^{-1})+H^+(1.0\times10^{-2}\ mol\cdot L^{-1})$
$= Fe^{3+}(1.0\ mol\cdot L^{-1})+NO(100\ kPa)+H_2O$

(1) 写出标准状态下自发进行时，该电池反应的电池符号。

(2) 计算 298.15 K 时，反应的标准摩尔吉布斯自由能、摩尔吉布斯自由能和标准平衡常数。

(3) 试用三种方法判断反应自发方向。

10-9　已知在碱性水溶液中 $\varphi^\ominus_{IO_3^-/IO^-}=0.14$ V，$\varphi^\ominus_{IO_3^-/I_2}=0.20$ V，计算 $\varphi^\ominus_{IO^-/I_2}$。

10-10　已知 $\varphi^\ominus_{Fe^{3+}/Fe^{2+}}=0.771$ V，计算：

(1) $\varphi^\ominus_{Fe(OH)_3/Fe(OH)_2}$。

(2) $\varphi^\ominus_{[Fe(CN)_6]^{3-}/[Fe(CN)_6]^{4-}}$。

10-11　已知 $\varphi^\ominus_{Hg_2^{2+}/Hg}=0.80$ V，$\varphi^\ominus_{Hg_2Cl_2/Hg}=0.28$ V，计算 $K^\ominus_{sp}(Hg_2Cl_2)$。

10-12　卤化亚铜 CuX 均为白色沉淀，CuI 可按下法制得：

$$2Cu^{2+}(aq)+4I^-(aq) = 2CuI(s)+I_2$$

试计算说明能否用类似方法制备 CuBr 和 CuCl。估计用下法能否得到 CuCl：

$$CuCl_2+Cu = 2CuCl\downarrow$$

已知 $K^\ominus_{sp}(CuBr)=2.0\times10^{-9}$，$K^\ominus_{sp}(CuCl)=2.0\times10^{-6}$。

10-13　由电极(1)$H^+(0.10\ mol\cdot L^{-1})/H_2(100\ kPa)$和电极(2)$H^+(x\ mol\cdot L^{-1})/H_2(100\ kPa)$组成原电池（浓差电池），测得电动势 $\varepsilon=0.016$ V。若(1)为正极或(2)为正极，x 各应为多少？

10-14　根据下列数据计算$[Al(OH)_4]^-$的 $K^\ominus_f$。

$$[Al(OH)_4]^-+3e^- = Al+4OH^-\qquad \varphi^\ominus=-2.330\ V$$
$$Al^{3+}+3e^- = Al\qquad \varphi^\ominus=1.42\ V$$

10-15　计算 10^5 Pa H_2 分别在 0.1 $mol\cdot L^{-1}$ HAc 和 NaOH 溶液中的电极电势。

10-16　已知 $\varphi^\ominus_{MnO_2/Mn^{2+}}=1.224$ V，$\varphi^\ominus_{Cl_2/Cl^-}=1.358$ V。

(1) 计算反应

$$MnO_2(s)+2Cl^-+4H^+ = Mn^{2+}+Cl_2+2H_2O$$

在 298.15K 时的标准平衡常数。

(2) 判断 298.15 K、$c(H^+)=c(Cl^-)=10\ mol\cdot L^{-1}$，且其他物质均处于标准状态时该反应自发进行的方向。

10-17　计算 298.15 K 时下列原电池的电动势。

$Cu|[Cu(NH_3)_4]^{2+}(0.10\ mol\cdot L^{-1}),NH_3(0.10\ mol\cdot L^{-1})\|$
$[Ag(NH_3)_2]^+(0.10\ mol\cdot L^{-1}),NH_3(0.10\ mol\cdot L^{-1})|Ag$

10-18　已知 $\varphi^\ominus_{Cu^{2+}/Cu}=0.3419$ V，$[Cu(NH_3)_4]^{2+}$的 $K^\ominus_f=2.1\times10^{13}$，$c(NH_3)=1\ mol\cdot L^{-1}$。计算说明能否用铜器储存氨水。已知 pH=7.0 时，$\varphi^\ominus_{O_2/H_2O}=0.815$ V。

10-19　已知 $\varphi^\ominus_{S/HgS}=1.04$ V，$\varphi^\ominus_{NO_3^-/NO}=0.96$ V。标准状态下，HgS 能否被硝酸氧化为 S 而溶解？试定性解释为什么 HgS 可溶于王水，且溶解时有 S 生成。

普通化学学习指导

第1章　原子结构与元素周期律

本章提要

本章主要介绍核外电子的运动特性，波函数的物理意义和量子数的取值规则；通过求解薛定谔方程，使人们认识到核外电子的运动状态；通过对核外电子排布规律的了解，从本质上认识元素性质变化的周期性。

教学大纲基本要求

(1) 了解电子的运动特性、测不准原理的意义和电子波粒二象性的统计解释，粗知波函数、量子数的物理意义，掌握量子数的取值规则。

(2) 粗知电子云图，了解径向分布图的意义。

(3) 了解有效核电荷的概念，粗知屏蔽作用、钻穿效应对轨道能级的影响。了解原子核外电子排布的三个原则和能级组等概念，掌握原子核外电子排布规律。

(4) 了解元素原子核外电子层结构周期性变化规律与周期表结构的关系，掌握周期表中各区元素原子的结构特点，主、副族元素原子结构的差异及主要性质的差异。

(5) 了解电子层结构、原子半径、有效核电荷与元素性质(电离能、电子亲和能、原子的电负性等)变化基本规律的关系。

重点难点

(1) 了解微观粒子的运动特征，理解原子轨道、电子云、能级、概率密度分布、概率分布等概念。

(2) 掌握描述核外电子运动状态的四个量子数的取值规则，掌握原子核外电子填充原则及常见元素基态原子核外电子的排布。

(3) 理解和掌握原子核外电子层结构与元素性质变化规律的关系。

检测题

1. 下列各组量子数中，描述 $3d^1$ 电子运动状态的是(　　)。

　A. $\left(3,1,0,+\frac{1}{2}\right)$　　　B. $\left(3,1,-1,-\frac{1}{2}\right)$

　C. $\left(3,2,1,+\frac{1}{2}\right)$　　　D. $\left(3,0,0,+\frac{1}{2}\right)$

2. 波函数 ψ(原子轨道)是(　　)。

　A. 描述电子在核外空间各处概率分布的数学表达式

　B. 描述电子在核外空间各处概率密度分布的表达式

　C. 描述电子在核外运动状态的数学表达式

D. 描述电子云分布的数学表达式

3. 电子云是用小黑点疏密表示电子在核外空间(　　)分布的图像。

A. 概率　B. 概率密度　C. 角度分布　D. 径向分布

4. 多电子原子的轨道能量由量子数(　　)决定。

A. n　B. n 和 l　C. l 和 m　D. n、l 和 m

5. 多电子原子中,在主量子数为 n、角量子数为 l 的亚层的简并轨道数为(　　)。

A. $2l+1$　B. $2l-1$　C. $n-l$　D. $n+l$

6. 决定原子轨道的量子数为(　　)。

A. n、l　B. n、l、m　C. n、l、m_s　D. m、m_s

7. 在某原子中,各原子轨道有下列四组量子数,其中能量最高的是(　　)。

A. 3、1、1　B. 2、1、0　C. 3、1、−1　D. 3、2、−1

8. 如果一个原子的主量子数是 3,则它(　　)。

A. 只有 s 电子　B. 只有 s 电子和 p 电子

C. 只有 s、p 和 d 电子　D. 有 s、p、d 和 f 电子

9. 在 $n=5$ 的电子层中,最多能容纳的电子数是(　　)。

A. 25　B. 50　C. 21　D. 32

10. 已知最外电子层构型为 $3d^5 4s^2$ 的元素是(　　)。

A. Cr　B. Mn　C. Fe　D. Co

11. 下列各组量子数合理的是(　　)。

A. $\left(3,3,0,+\frac{1}{2}\right)$　B. $\left(2,3,1,+\frac{1}{2}\right)$

C. $\left(3,1,1,-\frac{1}{2}\right)$　D. $\left(2,0,1,-\frac{1}{2}\right)$

12. 已知某元素+2 价离子的电子分布式为 $1s^2 2s^2 2p^6 3s^2 3p^6 3d^{10}$,该元素位于周期表中(　　)。

A. s 区　B. d 区　C. ds 区　D. p 区

13. 第一电子亲和能最大的元素、最活泼的非金属单质分别是(　　)。

A. F、F_2　B. Cl、Cl_2　C. Cl、F_2　D. F、Cl_2

14. 具有下列价电子构型的元素中,第一电离能最大的是(　　)。

A. $2s^2$　B. $2s^2 2p^1$　C. $2s^2 2p^4$　D. $2s^2 2p^3$

15. 下列元素中,电负性最大的是(　　)。

A. Na　B. Ca　C. S　D. Cl

16. 在第一个电子进入 $n=4$ 以前,在 $n=3$ 的能级层内可容纳的电子数为(　　)。

A. 8　B. 18　C. 32　D. 2

17. 下列说法正确的是(　　)。

A. 价层电子排布为 ns^1 的元素是碱金属元素

B. 第ⅧB 元素的电子排布为 $(n-1)d^6 ns^2$

C. 氟是最活泼的非金属元素,故其电子亲和能最大

D. K 的 $E(3d)>E(4s)$

18. 原子轨道是指(　　)。

A. 一定的电子云　　B. 核外电子的概率

C. 一定的波函数　　D. 某个径向的分布

19. 下列元素中,原子半径大小顺序正确的是(　　)。

A. Si<N<P　　B. N<P<Si　　C. N<Si<P　　D. P<Si<N

20. 下列电子构型中,属于基态的是(　　)。

A. $1s^2 2s^1 2p^1$　　B. $1s^2 2s^2 2p^6 3s^1 3p^1$

C. $1s^2 2s^2 2p^6 3s^2 3p^5 4s^1$　　D. $1s^2 2s^2$

21. 下列各亚层不可能存在的是(　　)。

A. 2s　　B. 3f　　C. 4p　　D. 5d

22. 电子衍射实验证明(　　)。

A. 电子能量是量子化的　　B. 电子是带负电荷的粒子

C. 电子具有波动性　　D. 电子具有一定质量

23. He^+中轨道能量排列顺序正确的是(　　)。

A. 1s=2s=2p　　B. 1s<2s=2p<3s=3p

C. 1s<2s<2p<3s<3p<4s<3d　　D. 1s<2s<2p<3s<3p<3d<4s

24. 某金属离子X^{2+}的第三电子层中有18个电子,则该金属在周期中的位置为(　　)。

A. d区、ⅡB　　B. d区、ⅦB

C. ds区、ⅡB　　D. ds区、ⅠB

25. 电子能级量子化的一个实验根据是(　　)。

A. 阴极射线　　B. 连续的分子吸收光谱

C. 线状的原子发射光谱　　D. 光电效应

26. 已知某元素基态原子的4f轨道上有11个电子,则该元素的原子序数为________,其基态原子电子排布式为________________。

27. 氢原子中,4s态电子的能量________(高于或低于)3d态电子的能量,钙原子中,4s态电子的能量________(高于或低于)3d态电子的能量。

28. 硒是生物体必需的营养元素,基态硒原子核外电子排布为________________,价电子层结构为________,它位于________区,第________周期________族。

29. 周期表中,某一周期中最多所容纳元素的数目等于________________,故可预测第七周期(不完全周期)最多含________个元素。

30. 据元素原子的价电子构型可将元素周期表划分为________、________、________、________、________五个区,各区的价电子构型通式分别为________、________、________、________、________。

31. 元素X在$n=5$,$l=0$的轨道上有一个电子,次外层$l=2$的轨道上电子处于全充满状态,则X元素的名称为________,它位于周期表第________周期________族。

32. 由于微观粒子具有________性和________性,因此对微观粒子的________状态只能用统计的规律来说明。波函数就是描述________________。

33. 第31号元素镓(Ga)是当年门捷列夫预言过的类铝,现在是重要的半导体材料之一。Ga的核外电子构型为________,外层电子构型为________,它属于周期表中的

________区。

34. 某元素原子最外电子层上有一个电子，其最高化合价为+6 价，其原子半径是同族元素中最小的，此元素是________，其电子排布式为________，位于周期表中________族，其+3 价离子外层电子属于________电子构型。

检测题参考答案

1. C　2. C　3. B　4. B　5. A　6. B　7. D　8. C　9. B　10. B
11. C　12. C　13. C　14. D　15. D　16. A　17. D　18. C　19. B　20. D
21. B　22. C　23. B　24. C　25. C

26. 67，$[Xe]4f^{11}6s^2$。
27. 高于，低于。
28. $[Ar]3d^{10}4s^24p^4$，$4s^24p^4$，p，四，ⅥA。
29. 相应能级组中轨道能容纳电子的最大值，32。
30. s 区、p 区、d 区、ds 区、f 区，$ns^{1\sim2}$、$ns^2np^{1\sim6}$、$(n-1)d^{1\sim9}ns^{1\sim2}$、$(n-1)d^{10}ns^{1\sim2}$、$(n-2)f^{1\sim14}(n-1)d^{0\sim1}ns^2$。
31. 银，五，ⅠB。
32. 波动，粒子，运动，原子核外电子的一种可能的运动状态。
33. $1s^22s^22p^63s^23p^63d^{10}4s^24p^1$，$4s^24p^1$，p。
34. 铬(Cr)，$[Ar]3d^54s^1$，ⅥB，9～17。

配套教材习题解答

1-1　解　物理量变化的量子化和波粒二象性；原子发射光谱和电子衍射实验。

1-2　解　波函数 ψ；电子的概率密度。

1-3　解　(1)正确；(2)错误，l 应小于 n；(3)正确；(4)正确；(5)错误，$|m|$应小于 l；(6)错误，l 应小于 n。

1-4　解　2s 的 2 个电子：$\left(2,0,0,+\frac{1}{2}\right)$，$\left(2,0,0,-\frac{1}{2}\right)$；

2p 的 3 个电子：$\left(2,1,0,+\frac{1}{2}\right)$，$\left(2,1,+1,+\frac{1}{2}\right)$，$\left(2,1,-1,+\frac{1}{2}\right)$；

或$\left(2,1,0,-\frac{1}{2}\right)$，$\left(2,1,+1,-\frac{1}{2}\right)$，$\left(2,1,-1,-\frac{1}{2}\right)$。

1-5　解　4；16；32。

1-6　解　(1)正确；(2)错误；(3)正确；(4)错误；(5)错误；(6)正确；(7)正确；(8)正确；(9)错误。

1-7　解　16；3；18。

1-8　解　$[Ar]3d^74s^2$，四；Ⅷ；d；27。

1-9　解　$[Ar]3d^{10}4s^24p^3$，33，+5。

1-10　解　$[Ar]3d^{10}4s^24p^6$。

1-11　解　(1) 2，24 与 29；(2) Cr，$[Ar]3d^54s^1$，$3d^54s^1$，d 区，ⅥB；Cu，$[Ar]3d^{10}4s^1$，$3d^{10}4s^1$，ds 区，ⅠB。

1-12　解　He^+：$E(3s)=E(3p)=E(3d)<E(4s)$；K：$E(3s)<E(3p)<E(4s)<E(3d)$；
Mn：$E(3s)<E(3p)<E(3d)<E(4s)$。

1-13　解　Mn：$[Ar]3d^54s^2$，第四周期，ⅦB；Fe：$[Ar]3d^64s^2$，第四周期，Ⅷ；
Cu：$[Ar]3d^{10}4s^1$，第四周期，ⅠB；Zn：$[Ar]3d^{10}4s^2$，第四周期，ⅡB；
Hg：$[Xe]5d^{10}6s^2$，第六周期，ⅡB；As：$[Ar]3d^{10}4s^24p^3$，第四周期，ⅤA；

Cd：[Kr]$4d^{10}5s^2$，第五周期，ⅡB；Cr：[Ar]$3d^5 4s^1$，第四周期，ⅥB。

1-14 解 47与21。

1-15 解 (1)Ca；(2)He；(3)Al。

1-16 解 s区和f区；镧系之后的第三过渡系列。

1-17 解 (3)，(2)。

1-18 解 (1)A：${}_{19}K$，B：${}_{20}Ca$，C：${}_{30}Zn$，D：${}_{35}Br$；(2)A、B、C为金属，D为非金属；(3)K^+、Br^-；(4)$CaBr_2$。

1-19 解 A. Na：$1s^2 2s^2 2p^6 3s^1$；B. Mg：$1s^2 2s^2 2p^6 3s^2$；

C. Al：$1s^2 2s^2 2p^6 3s^2 3p^1$；D. Br：[Ar]$3d^{10} 4s^2 4p^5$；

E. I：[Kr]$4d^{10} 5s^2 5p^5$；G. F：$1s^2 2s^2 2p^5$；

L. He：$1s^2$；M. Mn：[Ar]$3d^5 4s^2$。

1-20 解 (1)50；(2)121；(3)$7s^2 7p^4$。

第 2 章　化学键和分子结构

本章提要

本章是在原子结构理论的基础上，阐述分子的形成过程以及分子结构和物质性质之间的关系。讨论各种类型的化学键，着重介绍共价键理论（价键理论、杂化轨道理论）和价层电子对互斥理论，并对分子间力和氢键对物质性质的影响进行分析，为了解化合物的性质与其结构的关系提供基础理论知识。

教学大纲基本要求

（1）了解离子键理论的要点和离子晶体晶格能的概念，理解同类型离子晶体中离子半径、离子电荷对晶体能及离子晶体重要物理性质的影响。

（2）了解共价键理论和轨道杂化理论要点，了解杂化轨道与分子空间构型的关系，能正确判断简单分子的空间构型。

（3）了解价层电子对互斥理论的基本要点，并能用该理论正确判断分子的几何构型。

（4）了解分子间力、氢键及其对物质重要性质的影响。

重点难点

（1）掌握离子结构特征的变化规律，理解其对离子晶体的晶体能及物质熔点等重要性质的影响。

（2）了解价键理论要点，了解 σ 键和 π 键的形成条件和不同特点。

（3）了解杂化轨道理论要点。判断主族元素原子形成的简单分子中轨道杂化情况和分子空间构型、分子的极性。

（4）用价层电子对互斥理论正确判断分子的几何构型。

（5）了解分子间力、氢键及其对物质熔点、沸点、溶解性的影响。

检测题

1. 下列分子的偶极矩为零的是（　　）。

A. BCl_3　　B. SO_2　　C. OF_2　　D. ICl_3

2. 下列分子中，中心原子在成键时以 sp^3 不等性杂化的是（　　）。

A. $BeCl_2$　　B. PH_3　　C. PCl_5　　D. $SiCl_4$

3. 下列物质的分子间只存在色散力的是（　　）。

A. CO_2　　B. NH_3　　C. H_2S　　D. SiO_2

4. 下列化合物分子间氢键最强的是（　　）。

A. HNO_3　　B. HF　　C. H_2O　　D. NH_3

5. 半径比规则(　　)。

A. 只适用于分子晶体　　B. 只适用于金属晶体

C. 只适用于离子晶体　　D. 适用于所有晶体

6. 下列分子的杂化轨道中,p 成分占 2/3 的是(　　)。

A. NH_3　　B. $HgCl_2$　　C. H_2S　　D. BF_3

7. 下列分子中键角最大的是(　　)。

A. H_2S　　B. H_2O　　C. NH_3　　D. CCl_4

8. 在相同的压力下,下列物质中沸点最高的是(　　)。

A. C_2H_5F　　B. C_2H_5Cl　　C. C_2H_5Br　　D. C_2H_5I

9. CO_2 与 SO_2 分子之间存在的作用力是(　　)。

A. 色散力　　B. 色散力＋诱导力

C. 色散力＋诱导力＋取向力　　D. 色散力＋取向力

10. 下列物质的熔点由高到低的顺序为(　　)。

A. $CuCl_2>SiO_2>NH_3>PH_3$　　B. $SiO_2>CuCl_2>NH_3>PH_3$

C. $SiO_2>CuCl_2>PH_3>NH_3$　　D. $CuCl_2>SiO_2>PH_3>NH_3$

11. 凡是中心原子采用 sp^3d^2 杂化轨道成键的分子,其空间构型可能是(　　)。

A. 八面体　　B. 平面正方形

C. 四方锥　　D. 以上三种均有可能

12. ClF_3 分子的空间构型是(　　)。

A. 平面三角形　　B. 三角锥　　C. 三角双锥　　D. T 形

13. 下列分子中,其空间构型不是 V 形的是(　　)。

A. NO_2　　B. O_3　　C. SO_2　　D. $BeCl_2$

14. 下列晶体熔化时只需克服色散力的是(　　)。

A. K　　B. H_2O　　C. SiC　　D. SiF_4

15. 下列物质:(1)$SiCl_4$(2)$SiBr_4$(3)KCl(4)KBr,熔点由高到低的顺序为(　　)。

A. (1)、(2)、(3)、(4)　　B. (3)、(4)、(2)、(1)

C. (4)、(3)、(2)、(1)　　D. (2)、(1)、(4)、(3)

16. 乙烯分子中,碳原子之间的化学键为(　　)。

A. 1 条 p-p σ 键,1 条 p-p π 键

B. 2 条 sp-sp σ 键

C. 1 条 sp^2-sp^2 σ 键,1 条 p-p π 键

D. 1 条 sp^2-sp^2 π 键,1 条 p-p σ 键

17. 下列分子中,属于直线构型的是(　　)。

A. $PbCl_2$　　B. OF_2　　C. HCN　　D. H_2O

18. 下列分子中,属于三角形构型的是(　　)。

A. NH_3　　B. BF_3　　C. CO_2　　D. SF_2

19. 下列分子中,属于四面体构型的是(　　)。

A. CH_2Cl_2　　B. NH_3　　C. AsH_3　　D. H_2O

20. 下列分子中,属于三角双锥构型的是(　　)。

A. PCl_5　　B. SF_6　　C. PH_3　　D. PF_6^-

21. 下列分子中，属于八面体构型的是(　　)。

A. NH_4^+　　B. SF_6　　C. PCl_5　　D. C_2H_4

22. 下列分子中，属于三角锥构型的是(　　)。

A. CH_4　　B. $PbCl_4$　　C. $SnCl_4$　　D. H_3O^+

23. 下列分子中，偶极矩等于零的是(　　)。

A. NF_3　　B. HCN　　C. $SnCl_2$　　D. PCl_5

24. 下列单原子离子的重要特征中，与离子键强度无关的因素是(　　)。

A. 离子电荷　　B. 离子半径

C. 离子的电子构型　　D. 离子的配位数

25. 填空：

物　质	$HgCl_2$	H_2S	$COCl_2$	SeF_6	NH_3
中心原子轨道杂化类型					
分子空间构型					
分子极性					
分子间作用力					

26. K^+、Ca^{2+}、Sc^{3+}、Ti^{3+}、Ti^{4+}几种离子，半径递减的顺序为________________。

27. ClO_4^-、ClO_3^-、ClO^-碱性依次递增的顺序为________________。

28. 高溴酸($HBrO_4$)和高碘酸(HIO_4)，酸性较强的是________，磷酸(H_3PO_4)和砷酸($HAsO_4$)，酸性较强的是________。

29. 碱土金属碳酸盐的热稳定性依次递增的顺序为________________。

30. CdS 和 MnS 在水中溶解度较小的是________________________，主要原因是____。

31. 汽油的主要成分之一是辛烷(C_8H_{18})，它的结构是对称的，它是________(极性或非极性)分子，汽油和水不互溶的原因是________________。

32. MgO 的硬度比 LiF 的________，因为________________；NH_3 的沸点比 PH_3 的________，因为________________；$FeCl_3$ 的熔点比 $FeCl_2$ 的________，因为________________；HgS 的颜色比 ZnS 的________，因为________________；AgF 的溶解度比 AgCl 的________，因为________________。

33. HF、HCl、HBr、HI 四种卤化氢，分子极性依次递增的顺序为________________；分子间取向力依次递增的顺序为________________；色散力依次递增的顺序为________________；沸点依次递增的顺序为________________；酸性依次递增的顺序为________________。

检测题参考答案

1. A　2. B　3. A　4. B　5. C　6. D　7. D　8. D　9. B

10. B　11. D　12. D　13. D　14. D　15. B　16. C　17. C　18. B

19. A　20. A　21. B　22. D　23. D　24. D

25.

物　质	$HgCl_2$	H_2S	$COCl_2$	SeF_6	NH_3
中心原子轨道杂化类型	sp	不等性 sp^3	sp^2	sp^3d^2	不等性 sp^3
分子空间构型	直线形	V 形	等腰三角形	正八面体	三角锥
分子极性	非极性	极性	极性	非极性	极性
分子间作用力	色散力	色散力、诱导力、取向力	色散力、诱导力、取向力	色散力	色散力、诱导力、取向力和氢键

26. K^+、Ca^{2+}、Sc^{3+}、Ti^{3+}、Ti^{4+}。
27. ClO_4^-、ClO_3^-、ClO^-。
28. $HBrO_4$，H_3PO_4。
29. $BeCO_3$、$MgCO_3$、$CaCO_3$、$SrCO_3$、$BaCO_3$。
30. CdS，Cd^{2+} 为 18 电子构型，极化力强且变形性大。
31. 非极性，汽油的非极性分子与强极性的水分子间极性差异大。
32. 大，MgO 的晶格能比 LiF 大；高，NH_3 的极性比 PH_3 大，且分子间有氢键；低，Fe^{3+} 的极化力比 Fe^{2+} 大，$FeCl_3$ 有共价性；深，Hg^{2+} 与 S^{2-} 之间相互极化作用较大；大，Cl^- 变形性比 F^- 大，AgCl 有一定的共价性，AgF 为离子型化合物。
33. HI、HBr、HCl、HF；HI、HBr、HCl、HF；HF、HCl、HBr、HI；HCl、HBr、HI、HF；HF、HCl、HBr、HI。

配套教材习题解答

2-1　解　(1) 错。分子是否有极性是由化学键的极性和分子的对称性共同决定的，如 CCl_4，虽然 C—Cl键为极性键，但由于分子是对称的正四面体，4 个 C—Cl 键的偶极互相抵消，分子为非极性。

(2) 错。极性分子中可能含有非极性共价键，如 H_2O_2 为极性分子，但分子中的过氧键的 2 个氧间形成的是非极性共价键。

(3) 错。许多离子晶体中的阴离子为复杂阴离子，如 $KClO_4$，K^+ 与 ClO_4^- 以离子键结合，阴离子中 Cl—O 以共价键结合。

(4) 错。金刚石和石英是典型的原子晶体。在金刚石中，C 采取 sp^3 杂化，每个 C 原子都和相邻的 4 个 C 原子形成 σ 单键。金刚石晶体中不存在"分子"的概念，整个晶体为一个巨型分子，金刚石不是分子晶体。

(5) 错。色散力是瞬间偶极之间的相互作用力。色散力存在于一切分子之间，不只存在于非极性分子之间。对于大多数分子而言，分子间作用力以色散力为主。

(6) 错。氢键的形成需要满足两个条件：①分子中必须有一个电负性大的原子与氢原子形成强极性键；②必须有另一个电负性大、原子半径小、带有孤对电子并带有较多负电荷的原子(如 F、O、N 等)，以便与带有较多正电荷的氢原子形成氢键。例如，在 HBr、HI、H_2S、PH_3、CH_4、BH_3 等共价氢化物中均没有氢键存在。

2-2　解　(1) 错。sp^2 杂化轨道是由某个原子的 ns 轨道和 2 个 np 轨道混合形成的。

(2) 正确。

(3) 错。sp^3 杂化是由某个原子的 1 个 ns 轨道和 3 个 np 轨道混合形成的。

(4) 错。原子在基态时的成对电子，受激发后有可能拆开参与形成共价键。

2-3 解 根据已知数据，设计玻恩-哈伯循环：

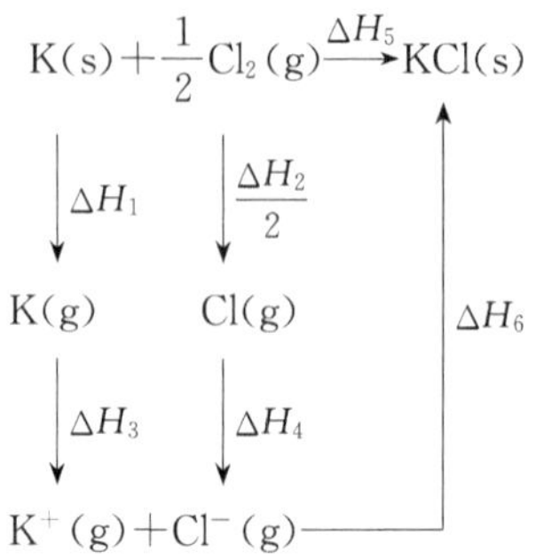

$\Delta H_5 = \Delta H_1 + \Delta H_2/2 + \Delta H_3 + \Delta H_4 + \Delta H_6$

$\Delta H_6 = -90.0 - 241.8/2 - 419 - (-348.6) - 435.8 = -717.1(\text{kJ} \cdot \text{mol}^{-1})$

晶格能 $U = 717.1\ \text{kJ} \cdot \text{mol}^{-1}$

2-4 解 Cl^-：$1s^2 2s^2 2p^6 3s^2 3p^6$，8 电子构型；

Al^{3+}：$1s^2 2s^2 2p^6$，8 电子构型；Fe^{2+}：$[Ar]3d^6$，9～17 电子构型；

Bi^{3+}：$[Xe]4f^{14}5d^{10}6s^2$，18+2 电子构型；Cd^{2+}：$[Kr]4d^{10}$，18 电子构型；

Sn^{2+}：$[Kr]4d^{10}5s^2$，18+2 电子构型；Cu^+：$[Ar]3d^{10}$，18 电子构型；

Li^+：$1s^2$，2 电子构型；S^{2-}：$1s^2 2s^2 2p^6 3s^2 3p^6$，8 电子构型；

Mn^{2+}：$[Ar]3d^5$，9～17 电子构型。

2-5 解 C_2H_6、CH_3CH_2OH 的 C 原子为 sp^3 杂化；乙烯、甲醛、光气分子的 C 原子为 sp^2 杂化；$CH_3C{\equiv}CH$分子的甲基上的 C 原子为 sp^3 杂化，其余 C 原子为 sp 杂化。

2-6 解 (1) MgO 晶格能大。U 与离子所带的电荷有关，Z 越大，U 越高。Mg^{2+} 与 O^{2-} 电荷高，晶格能大；U 与$(r_+ + r_-)$有关，$(r_+ + r_-)$越小，U 越高。$r(Mg^{2+}) < r(K^+)$，$r(O^{2-}) < r(Cl^-)$，所以 MgO 的核间距<KCl 的核间距，MgO 晶格能大。

(2) MgO 晶格能大。$r(Mg^{2+}) < r(Sr^{2+})$，$r(O^{2-}) < r(S^{2-})$，所以 MgO 的核间距<SrS 的核间距，MgO 晶格能大。

(3) NaF、NaCl 与 NaBr 阳离子相同，负电荷相同，主要比较半径大小，半径越小，则晶格能越高。$r(F^-) < r(Cl^-) < r(Br^-)$，因而 $U_{NaF} > U_{NaCl} > U_{NaBr}$。

2-7 解 (1) 熔点：$MgCl_2 > SnCl_4$。

Sn^{4+} 极化能力比 Mg^{2+} 强得多。$SnCl_4$ 为共价化合物，$MgCl_2$ 为离子化合物。

(2) 熔点：$ZnCl_2 < CaCl_2$。

Zn 与 Ca 为同一周期元素，离子半径 $Zn^{2+} < Ca^{2+}$，且 Zn^{2+} 为 18 电子构型，Ca^{2+} 为 8 电子构型，因而 Zn^{2+} 极化能力比 Ca^{2+} 强。$ZnCl_2$ 的共价成分比 $CaCl_2$ 多，使得 $ZnCl_2$ 的熔点低于 $CaCl_2$。

(3) 熔点：$FeCl_3 < FeCl_2$。

Fe^{3+} 比 Fe^{2+} 电荷高，半径小，因此 Fe^{3+} 的极化能力比 Fe^{2+} 强，$FeCl_3$ 比 $FeCl_2$ 共价成分多，$FeCl_3$ 熔点比 $FeCl_2$ 低。

(4) 熔点：$MnCl_2 > TiCl_4$。

Ti^{4+} 比 Mn^{2+} 电荷高，半径小，因此 Ti^{4+} 极化能力比 Mn^{2+} 强，$TiCl_4$ 比 $MnCl_2$ 共价成分多，$TiCl_4$ 熔点比 $MnCl_2$ 低。

2-8 解

物 质	杂化类型	分子形状	极 性
PH_3	不等性 sp^3 杂化	三角锥形	有
CH_4	等性 sp^3 杂化	正四面体	无
NF_3	不等性 sp^3 杂化	三角锥形	有
BBr_3	等性 sp^2 杂化	平面三角形	无
SiH_4	等性 sp^3 杂化	正四面体	无

2-9 解

离 子	价层电子对数	成键电子对数	孤电子对数	几何构型
ClO^-	4	1	3	直线形
ClO_2^-	4	2	2	V形
ClO_3^-	4	3	1	三角锥形
ClO_4^-	4	4	0	正四面体

2-10 解

分子或离子	价层电子对数	成键电子对数	孤电子对数	几何构型
$PbCl_2$	3	2	1	V形
NF_3	4	3	1	三角锥形
PH_4^+	4	4	0	正四面体
SO_4^{2-}	4	4	0	正四面体
NO_3^-	3	3	0	平面正三角形
$CHCl_3$	4	4	0	四面体

2-11 解 非极性分子：Ne、Br_2、CS_2（极性键，直线形分子）、CCl_4（极性键，正四面体形分子）、BF_3（极性键，平面三角形分子）。

极性分子：HF、NO、H_2S（极性键，角形分子）、$CHCl_3$（极性键，四面体形分子）、NF_3（极性键，三角锥形分子）。

2-12 解 (1)色散力；(2)色散力、诱导力；(3)色散力、诱导力、取向力；(4)取向力、诱导力、色散力、氢键。

2-13 解 $C_2H_5OC_2H_5$、HBr、H_2S 不能形成氢键；HF、H_2O、CH_3OH 可分别形成分子间氢键；邻硝基苯酚可形成分子内氢键。

2-14 解 (1) NaCl、Au、CO_2、HCl 分别为离子晶体、金属晶体、分子晶体、分子晶体（氢键），故熔点高低顺序为Au>CsCl>HCl>CO_2。

(2) $MgCl_2$、SiC、HF、W 分别为离子晶体、原子晶体、分子晶体、金属晶体，故熔点高低顺序为W>SiC>$MgCl_2$>HF。

(3) NaCl、N_2、NH_3、Si 分别为离子晶体、分子晶体（非极性）、分子晶体（极性）、原子晶体，故熔点高低顺序为 Si>NaCl>NH_3>N_2。

2-15 解 NaF 属离子晶体，熔融时需克服静电引力。

F_2 属双原子分子晶体，熔融时需克服分子间的色散力。

Na 属金属晶体，熔融时需克服金属键力。

Si 属原子晶体，熔融时需克服非极性共价键力。

2-16 解 (1)因为水是极性分子，当水由气态转化为液态时，水分子间产生较强的分子间作用力以及分子间氢键，即使在较高温度下，这些力仍然可以克服水分子动能的影响，牢牢抓住水分子，使其为液态。而 N_2 或 H_2 为非极性分子，只有当 N_2 或 H_2 分子间的色散力能克服它们动能影响时才可以液化。而色散力非常弱，只有在非常低的温度下才能使 N_2 或 H_2 液化。

(2)CF_4、CCl_4、CBr_4 和 CI_4 均为非极性分子，且为化学性质相似的同系物，在非极性分子之间只存在色散力，摩尔质量越大的分子，色散力越大，熔点越高，因此这四种化合物的熔点依次升高，又因为分子间色散力很弱，所以决定了它们的熔点都不会很高。

2-17 解 稀有气体为非极性分子，与水分子以色散力和诱导力作用。色散力、诱导力均与分子变形有关。随稀有气体摩尔质量递增，分子变形性增大，与水分子间的色散力、诱导力增大，溶解度增大。

2-18 解 根据理想气体状态方程 $pV=nRT$，得 $pV=\frac{m}{M}RT$，故

$$M=\frac{\rho RT}{p}=\frac{3.22\times 8.314\times 300}{101.3}=79.3(\mathrm{g\cdot mol^{-1}})$$

此计算值与理论值不符，这是因为在 300 K 时，HF 分子由于氢键作用缔合为$(HF)_4$。

2-19 解 Na^+ 及 Cu^+ 在各自分子中的极化力和被极化程度不同，导致化学键中离子键和共价键的成分发生差异。分子中阳离子的极化力主要与阳离子的电荷数、离子半径及离子层结构有关。阳离子电荷数越高，极化力越强；阳离子电荷数相同时，离子半径越小，则离子极化能力越强。阳离子电荷数相等、离子半径又十分接近时，其极化力取决于离子的电子层结构。其结构若属于 18 电子或 18+2 电子的，则离子极化力强；若属于 9～17 电子的，则离子极化力较强；若属于 8 电子的，则离子极化力最弱。Na^+ 与 Cu^+ 的电荷数均为 +1，离子半径又十分接近；但 Na^+ 为 8 电子结构，Cu^+ 为 18 电子结构。因此，Na^+ 极化力弱，而 Cu^+ 极化力强。此外，Na^+ 中无 d 电子，而 Cu^+ 中有 10 个 3d 电子，一般认为 d 轨道易变形，所以 Cu^+ 比 Na^+ 易变形。NaCl 分子本身离子极化作用极弱，而在 CuCl 分子中不但存在强的离子极化作用，而且还存在附加极化作用——阳离子对阴离子极化，阴离子对阳离子极化。所以，NaCl 是典型的离子型化合物，而 CuCl 分子化学键中含有较多的共价成分。因此，NaCl 与 CuCl 在性质上也有较大差异，如 NaCl 水溶性极好，而 CuCl 却是难溶物质。

第 3 章　化学热力学基础

本章提要

本章主要介绍热力学基本概念，热力学第一定律及其应用，赫斯定律以及用标准摩尔生成焓计算反应焓变的方法；介绍热力学第二定律和熵、吉布斯自由能等热力学状态函数的基本概念，说明如何运用吉布斯自由能变判断化学反应进行的方向。

教学大纲基本要求

（1）掌握理想气体状态方程及其应用，掌握理想气体分压定律及其应用。

（2）了解系统、环境、状态函数及其特征、功、热、过程、途径、标准状态等基本概念，理解热力学第一定律和热力学能概念，掌握定压热与焓变、定容热与热力学能变的关系。

（3）掌握化学反应定容热、定压热概念及其与反应的摩尔热力学能变、摩尔焓变的关系，理解并熟练应用热化学定律，掌握化学反应热的基本计算方法。

（4）理解自发过程的两个趋势，粗知熵与混乱度概念。能用物质的 $S_m^\ominus$、$\Delta_f G_m^\ominus(T)$ 计算化学反应的 $\Delta_r S_m^\ominus(T)$ 和 $\Delta_r G_m^\ominus(T)$ 以及用吉布斯自由能判据判断化学反应的自发方向。

（5）掌握吉布斯自由能的有关计算，熟练运用吉布斯-亥姆霍兹公式进行有关计算。

重点难点

（1）利用热化学定律计算化学反应热的方法，利用物质的标准摩尔生成焓计算反应的标准摩尔焓变的方法。

（2）根据化学反应的吉布斯自由能判据判断反应的自发方向，利用物质的 $\Delta_f G_m^\ominus(T)$ 计算反应的 $\Delta_r G_m^\ominus(T)$ 的方法。

（3）利用吉布斯-亥姆霍兹公式分析温度对化学反应自发性的影响，并进行有关计算。

检测题

1. 下列热力学函数中，函数值为零的是（　　）。

   A. $\Delta_f H_m^\ominus(O_3, g, 298.15\ K)$　　B. $\Delta_f G_m^\ominus(I_2, g, 298.15\ K)$

   C. $\Delta_f H_m^\ominus(Br_2, s, 298.15\ K)$　　D. $S^\ominus(H_2, g, 298.15\ K)$

   E. $\Delta_f G_m^\ominus(N_2, g, 298.15\ K)$

2. 以下说法中正确的是（　　）。

   A. 放热反应均是自发反应

   B. ΔS 为负值的反应均不能自发进行

   C. 冰在室温下自动融化成水，是熵增起了主要作用

   D. $\Delta_r G_m^\ominus < 0$ 的反应一定能自发进行

3. 反应 $N_2(g)+3H_2(g)$══$2NH_3(g)$，298.15 K 时，$\Delta_r U_m=-87.2\ kJ\cdot mol^{-1}$，则该反应的 $\Delta_r H_m$ 值为(　　)。

A. $-87.2\ kJ\cdot mol^{-1}$　　B. $-92.2\ kJ\cdot mol^{-1}$

C. $-82.2\ kJ\cdot mol^{-1}$　　D. $-4.9\ kJ\cdot mol^{-1}$

4. 已知下列反应：

(1) $H_2(g)+Br_2(l)$══$2HBr(g)$　　$\Delta_r H_m^\ominus=-72.6\ kJ\cdot mol^{-1}$

(2) $N_2(g)+3H_2(g)$══$2NH_3(g)$　　$\Delta_r H_m^\ominus=-91.8\ kJ\cdot mol^{-1}$

(3) $NH_3(g)+HBr(g)$══$NH_4Br(s)$　　$\Delta_r H_m^\ominus=-188.32\ kJ\cdot mol^{-1}$

则 NH_4Br 的标准摩尔生成焓 $\Delta_f H_m^\ominus$ 为(　　)$kJ\cdot mol^{-1}$。

A. -270.52　　B. 270.52　　C. -176.20　　D. 176.20

5. 下列反应中表示 $\Delta_r H_m^\ominus=\Delta_f H_m^\ominus(AgBr,s,T\ K)$ 的反应是(　　)。

A. $Ag^+(aq)+Br^-(aq)$══$AgBr(s)$

B. $2Ag(s)+Br_2(g)$══$2AgBr(s)$

C. $Ag(s)+\frac{1}{2}Br_2(l)$══$AgBr(s)$

D. $Ag(s)+\frac{1}{2}Br_2(g)$══$AgBr(s)$

6. 下列物质的标准摩尔熵 $S_m^\ominus$ 的大小顺序是(　　)。

A. $Cl_2O(g)<Br_2(g)<Cl_2(g)<F_2(g)<H_2(g)$

B. $Br_2(g)>Cl_2O(g)>Cl_2(g)>F_2(g)>H_2(g)$

C. $H_2(g)<F_2(g)<Cl_2(g)<Br_2(g)<Cl_2O(g)$

D. $Br_2(g)<Cl_2O(g)<Cl_2(g)<F_2(g)<H_2(g)$

7. 冰的熔化热为 $6.0\ kJ\cdot mol^{-1}$，1 mol $H_2O(l)$ 在 273 K 时转变为冰的熵变近似为(　　)$J\cdot K^{-1}\cdot mol^{-1}$。

A. 0　　B. 6000　　C. -6.0　　D. -22

8. 用 $\Delta_r G_m$ 判断反应进行的方向和限度的条件是(　　)。

A. 定压　　B. 等温定压

C. 等温定压不做非体积功　　D. 等温定压不做体积功

9. 在 298.15 K 和标准状态下，下列反应均为非自发反应，其中在高温时仍为非自发反应的是(　　)。

A. $Ag_2O(s)$══$2Ag(s)+\frac{1}{2}O_2(g)$

B. $N_2O_4(g)$══$2NO_2(g)$

C. $Fe_2O_3(s)+\frac{3}{2}C(s)$══$2Fe(s)+\frac{3}{2}CO_2(g)$

D. $6C(s)+6H_2O(g)$══$C_6H_{12}O_6(s)$

10. 反应 $PCl_3(g)+Cl_2(g)$══$PCl_5(g)$，$\Delta_r H_m^\ominus<0$，该反应(　　)。

A. 任何温度下均自发　　B. 任何温度下均不自发

C. 高温自发　　D. 低温自发

11. 在 298.15 K 及标准状态下反应能自发进行，高温时其逆反应为自发，这表明该反应(　　)。

A. $\Delta_r H_m^\ominus < 0, \Delta_r S_m^\ominus < 0$　　B. $\Delta_r H_m^\ominus < 0, \Delta_r S_m^\ominus > 0$

C. $\Delta_r H_m^\ominus > 0, \Delta_r S_m^\ominus > 0$　　D. $\Delta_r H_m^\ominus > 0, \Delta_r S_m^\ominus < 0$

12. 已知反应 $(NH_4)_2Cr_2O_7(s) = Cr_2O_3(s) + N_2(g) + 4H_2O(g)$，$\Delta_r H_m^\ominus = -315\ kJ \cdot mol^{-1}$，在 298.15 K 及标准状态下，此反应(　　)。

A. 正向自发　　B. 逆向自发　　C. 反应速率慢　　D. 反应速率快

13. 下列反应中，放出热量最大的是(　　)。

A. $CH_4(l) + 2O_2(g) = CO_2(g) + 2H_2O(g)$

B. $CH_4(g) + 2O_2(g) = CO_2(g) + 2H_2O(g)$

C. $CH_4(g) + 2O_2(g) = CO_2(g) + 2H_2O(l)$

D. $CH_4(g) + \frac{3}{2}O_2(g) = CO(g) + 2H_2O(l)$

14. 通常反应热效应精确的实验数据是通过测定反应或过程的(　　)而得的。

A. ΔH　　B. $p\Delta V$　　C. Q_p　　D. Q_V

15. 已知 Hg(l) 的 $\Delta_f H_m^\ominus = 0\ kJ \cdot mol^{-1}$，$S_m^\ominus = 75.9\ J \cdot K^{-1} \cdot mol^{-1}$，Hg(g) 的 $\Delta_f H_m^\ominus = 61.4\ kJ \cdot mol^{-1}$，$S_m^\ominus = 175.0\ J \cdot K^{-1} \cdot mol^{-1}$，则 100 kPa 时液态汞的沸点为(　　)。

A. 298 K　　B. 351 K　　C. 273 K　　D. 620 K

16. 在等温、定压条件下，某反应的 $\Delta_r G_m^\ominus(T) = 10\ kJ \cdot mol^{-1}$，这表明该反应(　　)。

A. 一定可能自发进行

B. 一定不可能自发进行

C. 是否可能进行，还需进行具体分析

17. 298.15 K、标准状态下，1 mol 石墨和 1 mol 金刚石在氧气中完全燃烧，分别放热 393.7 kJ 和 395.6 kJ，则金刚石的 $\Delta_f H_m^\ominus(298.15K)/(kJ \cdot mol^{-1})$ 为(　　)。

A. −789.3　　B. 789.3　　C. −1.9　　D. 1.9

18. 下列物理量中，属于状态函数的是(　　)。

A. H　　B. Q_p　　C. ΔU　　D. Q_V

19. 如果系统经过一系列变化，最后又变到起始状态，则下列关系均能成立的是(　　)。

A. $Q=0, W=0, \Delta U=0, \Delta H=0$

B. $Q \neq 0, W \neq 0, \Delta U=0, \Delta H=Q$

C. $Q=-W, \Delta U=Q+W, \Delta H=0$

D. $Q=W, \Delta U=Q+W, \Delta H=0$

20. 标准状态下进行的气相反应是指(　　)。

A. 各反应物和各生成物的浓度均为 $1\ mol \cdot L^{-1}$

B. 各反应物和各生成物的分压均为 100 kPa

C. 反应物和生成物的总浓度为 $1\ mol \cdot L^{-1}$

D. 反应物和生成物的总压力为 100 kPa

21. 下列说法错误的是(　　)。

A. 热力学上能自发进行的反应一定能实现

B. 热力学上能自发进行的反应不一定能实现

C. 等温、定压条件下反应是否自发的判据是 $\Delta_r G_m(T)<0$

D. $\Delta_r G_m^{\ominus}(T)$只能判断标准状态下反应是否自发进行

22. 如果 X 是原子，X_2 是实际存在的分子，反应 $X_2(g) \longrightarrow 2X(g)$ 的 $\Delta_r S_m^{\ominus}$ 应该是(　　)。

A. 负值　　B. 正值　　C. 零　　D. 不能确定

23. H_2 和 O_2 在绝热的密闭钢筒中反应，下列各项中数值为零的是(　　)。

A. Q　　B. ΔS　　C. ΔG　　D. Δp

24. 反应 $2CuCl_2(s) \longrightarrow 2CuCl(s)+Cl_2(g)$ 在 298.15 K、101.3 kPa 下不能自发反应，但高温时自发进行，则此反应在 298.15 K 时(　　)。

A. $\Delta_r H_m^{\ominus}<0$　　B. $\Delta_r H_m^{\ominus}>0$　　C. $\Delta_r S_m^{\ominus}<0$　　D. $\Delta_r G_m^{\ominus}<0$

25. 下列说法中正确的是(　　)。

A. 系统的焓变等于等压热

B. 稳定态单质的焓值等于零

C. $\Delta_r S_m^{\ominus}>0$ 的反应都能自发进行

D. 若生成物分子数比反应物分子数多，则 $\Delta_r S_m^{\ominus}>0$

26. 如果某反应的 $\Delta_r S_m^{\ominus}<0$，$\Delta_r H_m^{\ominus}<0$，则在下列情况下此反应能正向自发进行的是(　　)。

A. $|\Delta_r H_m^{\ominus}|>|T\Delta_r S_m^{\ominus}|$　　B. $|\Delta_r H_m^{\ominus}|<|T\Delta_r S_m^{\ominus}|$

C. $|\Delta_r H_m^{\ominus}|=|T\Delta_r S_m^{\ominus}|$

27. 在 373 K 和 101.3 kPa 时，水的气化热为 40.69 kJ・mol^{-1}，则 1 mol 水气化时 $Q_p=$ ________ kJ・mol^{-1}，$\Delta_r H_m=$ ________ kJ・mol^{-1}，$\Delta_r U_m=$ ________ kJ・mol^{-1}，$\Delta_r S_m=$ ________ J・K^{-1}・mol^{-1}，$\Delta_r G_m=$ ________ kJ・mol^{-1}。

28. 浓硫酸溶于水时，反应为________热，其过程 ΔH ________ 0，ΔS ________ 0，ΔG ________ 0。

29. 已知 298.15 K 时，$\frac{1}{2}N_2(g)+\frac{3}{2}H_2(g) \longrightarrow NH_3(g)$，$\Delta_r H_m^{\ominus}=-46.2$ kJ・mol^{-1}，$\Delta_r S_m^{\ominus}=-99.2$ J・K^{-1}・mol^{-1}，则 $\Delta_r G_m^{\ominus}(298.15\ K)=$ ________ kJ・mol^{-1}；当 $T>$ ________ K 时，该反应在标准状态下自发地向逆反应方向进行。

30. 在一定温度下，$Ag_2O(s)$和 $AgNO_3(s)$受热均分解。已知：

	$2AgNO_3(s)$	$Ag_2O(s)$	$2NO_2(g)$	$\frac{1}{2}O_2(g)$
$\Delta_f H_m^{\ominus}/(kJ \cdot mol^{-1})$	-124.4	-31.1	33.2	0
$S_m^{\ominus}/(J \cdot K^{-1} \cdot mol^{-1})$	140.9	121.3	240.1	205.2

（反应：$2AgNO_3(s) = Ag_2O(s)+2NO_2(g)+\frac{1}{2}O_2(g)$）

又知 $Ag_2O(s) = 2Ag(s)+\frac{1}{2}O_2(g)$ 分解反应的最低温度为 467.8 K，试确定 $AgNO_3(s)$分解的最终产物。

检测题参考答案

1. E　2. C　3. B　4. A　5. C　6. C　7. D　8. C　9. D　10. D

11. A　12. A　13. C　14. D　15. D　16. C　17. D　18. A　19. C　20. B

21. A　22. B　23. A　24. B　25. B　26. A

27. 40.69,40.69,37.59,109.09,0。

28. 放,<,>,<。

29. −16.64,465.7。

30. 解　$2AgNO_3(s) = Ag_2O(s) + 2NO_2(g) + \frac{1}{2}O_2(g)$

$\Delta_r H_m^\ominus = 284.1\ kJ \cdot mol^{-1}$，$\Delta_r S_m^\ominus = 422.3\ J \cdot K^{-1} \cdot mol^{-1}$，$T_{转} = 672.74\ K > 467.8\ K$，可确定 $AgNO_3(s)$分解的最终产物是 Ag。

配套教材习题答案

3-1　解　因为$\frac{p_1}{p_2} = \frac{V_2}{V_1}$，$\frac{10^6}{5\times10^5} = \frac{V_2}{2} = 2(m^3)$，解得 $V_2 = 4(m^3)$。

所以

$$W = -p\Delta V = -5\times10^5\times(4-2) = -10^6(J)$$

3-2　解　(1) $W_1 = -p\Delta V = -100\times(0.040-0.015) = -2.5(kJ)$

(2) 因为 $W_2 = W_2' + W_2''$，到达中间平衡状态时有 $p_{中}V_{中} = nRT$，代入数据得 $V_{中} = 0.025\ m^3$，所以

$$W_2' = -p_2'\Delta V' = -200\times(0.025-0.015) = -2.0(kJ)$$

$$W_2'' = -p_2''\Delta V'' = -100\times(0.040-0.025) = -1.5(kJ)$$

$$W_2 = W_2' + W_2'' = -2.0 + (-1.5) = -3.5(kJ)$$

3-3　解　$\Delta U = Q + W = Q - p\Delta V = 25 - 101.3\times(160-80)\times10^{-3} = 25 - 8.104 = 17(kJ)$

3-4　解　(1) $\Delta U = Q + W = 100 - 540 = -440(J)$

(2) $\Delta U = Q + W = -100 + 635 = 535(J)$

3-5　解　因为反应需消耗热量 165 kJ，所以 $Q = 165$ kJ。又 $W = -p\Delta V$，而 $\Delta V = V(CO_2)$，$V(CO_2) = nRT/p$，代入数据可得 $W = -9.6$ kJ。

根据 $\Delta U = Q + W$，得 $\Delta U = 165 - 9.6 = 155.4(kJ)$。因为系统是等压的，所以 $\Delta H = \Delta U + p\Delta V = 155.4 + 9.6 = 165(kJ)$。

3-6　解　(1) $4NH_3(g) + 5O_2(g) = 4NO(g) + 6H_2O(l)$　$\Delta_r H_m^\ominus(1) = -1168.8\ kJ \cdot mol^{-1}$

(2) $4NH_3(g) + 3O_2(g) = 2N_2(g) + 6H_2O(l)$　$\Delta_r H_m^\ominus(2) = -1530.4\ kJ \cdot mol^{-1}$

(3) $\frac{1}{2}O_2(g) + \frac{1}{2}N_2(g) = NO(g)$

由[(1)−(2)]÷ 4=(3)，得

$$\Delta_f H_m^\ominus(NO) = \frac{1}{4}\times(-1168.8 + 1530.4) = 90.4(kJ \cdot mol^{-1})$$

3-7　解　$Mg(s) + O_2(g) = MgO(s)$

$$\Delta_r H_m^\ominus = \frac{\Delta H}{\Delta\xi} = \frac{\Delta H}{\frac{\Delta n(Mg)}{\nu(Mg)}} = \frac{-24.7}{\frac{-1.00}{-1\times24.3}} = -600(kJ \cdot mol^{-1})$$

故 $\Delta_f H_m^\ominus(MgO, 298\ K) = -600\ kJ \cdot mol^{-1}$。

3-8　解　反应 2×(2)−(1)−2.5×(3)为

$$2C(s) + H_2(g) \longrightarrow C_2H_2(g)$$

$$\Delta_f H_m^\ominus(C_2H_2, g) = \Delta_r H_m^\ominus = 2\times\Delta_r H_m^\ominus(2) - \Delta_r H_m^\ominus(1) - 2.5\times\Delta_r H_m^\ominus(3)$$

$$= 2\times90.9 - (-1246.2) - 2.5\times483.6 = 219.0(kJ \cdot mol^{-1})$$

3-9 解 根据标准摩尔生成吉布斯自由能的定义，由[(1)×4+(2)]÷3 可得

$$3Fe(s)+2O_2(g)\!=\!=\!=Fe_3O_4(s)$$

所以

$$\Delta_f G_m^{\ominus}(298.15\ K)=\frac{1}{3}\times[4\times(-742.2)+(-77.7)]=1015.5(kJ\cdot mol^{-1})$$

3-10 解 查附录Ⅲ，根据 $\Delta_r H_m^{\ominus}=\sum_B \nu_B \Delta_f H_m^{\ominus}$，$\Delta_r S_m^{\ominus}=\sum_B \nu_B S_m^{\ominus}$，$\Delta_r G_m^{\ominus}=\Delta_r H_m^{\ominus}-T\Delta_r S_m^{\ominus}$ 计算。

(1) $\Delta_r H_m^{\ominus}(298.15K)=179.2\ kJ\cdot mol^{-1}$

$\Delta_r S_m^{\ominus}(298.15\ K)=160.2\ J\cdot K^{-1}\cdot mol^{-1}$

$\Delta_r G_m^{\ominus}(298.15\ K)=179.2-298.15\times160.2\times10^{-3}=131.4(kJ\cdot mol^{-1})$

$\Delta_r G_m^{\ominus}(500\ K)\approx179.2-500\times160.2\times10^{-3}=99.1(kJ\cdot mol^{-1})$

(2) $\Delta_r H_m^{\ominus}(298.15\ K)=-205.9\ kJ\cdot mol^{-1}$

$\Delta_r S_m^{\ominus}(298.15\ K)=-214.7\ J\cdot K^{-1}\cdot mol^{-1}$

$\Delta_r G_m^{\ominus}(298.15\ K)=-205.9+298.15\times214.7\times10^{-3}=-141.9(kJ\cdot mol^{-1})$

$\Delta_r G_m^{\ominus}(500\ K)\approx-205.9+500\times214.7\times10^{-3}=-98.55(kJ\cdot mol^{-1})$

3-11 解 已知水的气化热为 $\Delta_{vap}H_m=2.26\ kJ\cdot g^{-1}$，则

$$\Delta S=n\frac{M\Delta_{vap}H_m}{T}=1\times\frac{18\times2.26\times10^3}{373.15}=109(J\cdot K^{-1})$$

$$\Delta H=nM\Delta_{vap}H_m=1\times18\times2.26=40.7(kJ)$$

因为

$$\Delta G=\Delta H-T\Delta S=40.7\times10^3-373.15\times109=0(J)$$

又反应在等压下进行，所以 $\Delta H=Q=40.7$ kJ。又 $W=-p\Delta V$，且 $pV=nRT$，所以

$$W=-nRT=-1\times8.314\times373.15=-3.102(kJ)$$

根据 $\Delta U=Q+W$，得

$$\Delta U=40.7-3.1=37.6(kJ)$$

3-12 解 $C_{12}H_{22}O_{11}(s)+12O_2(g)\!=\!=\!=12CO_2(g)+11H_2O(l)$

$$\Delta_r H_m^{\ominus}=\sum_B \nu_B\Delta_f H_m^{\ominus}=12\times(-393.5)+11\times(-285.8)+2222$$
$$=-5644(kJ\cdot mol^{-1})$$

因为反应在等压下进行，所以 $Q=\Delta_r H_m^{\ominus}$。

设体重为 65 kg 的人登上 3000 m 的高山需消耗 m g 蔗糖，则 m g 蔗糖所产生的有用功为

$$\frac{m}{M}|\Delta_r H_m^{\ominus}|\times25\%=\frac{m}{342}\times5644\times25\%$$

而体重为 65 kg 的人登上 3000 m 的高山所做的功为

$$W=mgh=65\times9.8\times3000=191.1(kJ)$$

代入上述方程，解得 $m=464$ g。

3-13 解 状态变化与途径无关，不管是按Ⅰ途径还是按Ⅱ途径，状态函数 $\Delta_r U_m^{\ominus}$、$\Delta_r H_m^{\ominus}$、$\Delta_r S_m^{\ominus}$、$\Delta_r G_m^{\ominus}$ 的值都是相同的。反应在标准状态下进行，故为等压反应热。

根据Ⅰ，有 $Q_p=\Delta_r H_m^{\ominus}=-41.8\ kJ\cdot mol^{-1}$，又因为

$$\Delta_r H_m^{\ominus}=\Delta_r U_m^{\ominus}+p\Delta V=\Delta_r U_m^{\ominus}+(\Delta n)RT=\Delta_r U_m^{\ominus}=-41.8(kJ\cdot mol^{-1})$$

根据Ⅱ，$\Delta_r U_m^{\ominus}=Q_p+W=-1.64+W$，就有 $W=-40.16(kJ\cdot mol^{-1})$，因为 $p\Delta V=(\Delta n)RT=0$，故最大功为非体积功，所以 $\Delta_r G_m^{\ominus}=W_{max}=-40.16(kJ\cdot mol^{-1})$。

又根据 $\Delta_r G_m^{\ominus}=\Delta_r H_m^{\ominus}-T\Delta_r S_m^{\ominus}=-41.8-298\times\Delta_r S_m^{\ominus}$，求出 $\Delta_r S_m^{\ominus}=-5.5\ J\cdot K^{-1}\cdot mol^{-1}$。

3-14 解 $\Delta_r U_m=-20.9/(0.5\div78)=-3260.4(kJ)$

$$C_6H_6(l)+\frac{15}{2}O_2 \xlongequal{} 6CO_2(g)+3H_2O(l)$$

$$\Delta_r H_m = \Delta_r U_m + \Delta(pV) = \Delta_r U_m + \Delta nRT$$

$$= -3260.4 + (-1.5)\times 8.314\times 298\times 10^{-3} = -3264.1(\text{kJ})$$

3-15 解 $2N_2H_4(l)+N_2O_4(g) \xlongequal{} 3N_2(g)+4H_2O(l)$

查附录Ⅲ得 $\Delta_f H_m^\ominus(N_2H_4, l)=50.6\ \text{kJ}\cdot\text{mol}^{-1}$，$\Delta_f H_m^\ominus(N_2O_4, g)=11.1\ \text{kJ}\cdot\text{mol}^{-1}$，$\Delta_f H_m^\ominus(H_2O, l)=-285.8\ \text{kJ}\cdot\text{mol}^{-1}$。

$$\Delta_r H_m^\ominus(298.15\ \text{K}) = \sum_B \nu_B \Delta_f H_m^\ominus(298.15\ \text{K})$$

$$= -2\times 50.6 - 11.1 + 3\times 0 + 4\times(-285.8) = -1255.5(\text{kJ}\cdot\text{mol}^{-1})$$

又因为 $N_2O_4(g)$、$N_2(g)$ 和 $H_2O(l)$ 的燃烧焓均为 0，根据 $\Delta_r H_m^\ominus = -\sum_B \nu_B \Delta_c H_m^\ominus(298.15\ \text{K})$，得

$$-[(-2)\times \Delta_c H_m^\ominus(N_2H_4, l)+0] = -1255.5$$

$$\Delta_c H_m^\ominus(N_2H_4, l) = -627.75(\text{kJ}\cdot\text{mol}^{-1})$$

3-16 解 (1) $\Delta_r H_m^\ominus = 2\times(-393.5)-2\times(-110.5) = -565.0(\text{kJ}\cdot\text{mol}^{-1})$

$\Delta_r S_m^\ominus = 2\times 213.8 - 2\times 197.7 - 205.2 = -173.0(\text{J}\cdot\text{K}^{-1}\cdot\text{mol}^{-1})$

$\Delta_r G_m^\ominus = 2\times(-394.4)-2\times(-137.2) = -514.4(\text{kJ}\cdot\text{mol}^{-1})$

(2) $\Delta_r H_m^\ominus = 4\times 90.4 + 6\times(-241.8) - 4\times(-45.9) = -905.6(\text{kJ}\cdot\text{mol}^{-1})$

$\Delta_r S_m^\ominus = 4\times 210.8 + 6\times 188.8 - 4\times 192.8 - 5\times 205.2 = 178.8(\text{J}\cdot\text{K}^{-1}\cdot\text{mol}^{-1})$

$\Delta_r G_m^\ominus = 4\times 87.6 + 6\times(-228.6) - 4\times(-16.4) = -955.6(\text{kJ}\cdot\text{mol}^{-1})$

(3) $\Delta_r H_m^\ominus = 3\times(-393.5) - 3\times(-110.5) - (-824.2) = -24.8(\text{kJ}\cdot\text{mol}^{-1})$

$\Delta_r S_m^\ominus = 2\times 27.3 + 3\times 213.8 - 3\times 197.7 - 87.4 = 15.5(\text{J}\cdot\text{K}^{-1}\cdot\text{mol}^{-1})$

$\Delta_r G_m^\ominus = 3\times(-394.4) - 3\times(-137.2) - (-742.2) = -29.4(\text{kJ}\cdot\text{mol}^{-1})$

(4) $\Delta_r H_m^\ominus = 2\times(-395.7) - 2\times(-296.8) = -197.8(\text{kJ}\cdot\text{mol}^{-1})$

$\Delta_r S_m^\ominus = 2\times 256.8 - 2\times 248.2 - 205.2 = -188.0(\text{J}\cdot\text{K}^{-1}\cdot\text{mol}^{-1})$

$\Delta_r G_m^\ominus = 2\times(-371.1) - 2\times(-300.1) = -142.0(\text{kJ}\cdot\text{mol}^{-1})$

以上 $\Delta_r G_m^\ominus$ 均小于零，反应均为自发反应。

3-17 解 $\Delta_r H_m^\ominus = -\Delta_f H_m^\ominus(Ag_2O) = 31.1\ \text{kJ}\cdot\text{mol}^{-1}$

$\Delta_r S_m^\ominus = 2\times 42.6 + 205.2/2 - 121.3 = 66.5(\text{J}\cdot\text{K}^{-1}\cdot\text{mol}^{-1})$

$T = \Delta_r H_m^\ominus / \Delta_r S_m^\ominus = 31.1/(66.5\times 10^{-3}) = 467.7(\text{K})$

3-18 解 (1) 根据 $\Delta_r G_m^\ominus(T) = \Delta_r H_m^\ominus(T) - T\Delta_r S_m^\ominus(T)$，且 $\Delta_r H_m^\ominus(T)$ 和 $\Delta_r S_m^\ominus(T)$ 随温度变化不大，将数据代入上式可得

$$112.7\times 10^3 = \Delta_r H_m^\ominus(T) - 300\Delta_r S_m^\ominus(T)$$

$$102.6\times 10^3 = \Delta_r H_m^\ominus(T) - 400\Delta_r S_m^\ominus(T)$$

解得 $\Delta_r H_m^\ominus(T) = 143.0(\text{kJ}\cdot\text{mol}^{-1})$，$\Delta_r S_m^\ominus(T) = 101.0(\text{J}\cdot\text{K}^{-1}\cdot\text{mol}^{-1})$。

(2) $T = \Delta_r H_m^\ominus / \Delta_r S_m^\ominus = 143.0\times 10^3/101.0 = 1416(\text{K})$

3-19 解 根据 $\Delta_r H_m^\ominus = \sum_B \nu_B \Delta_f H_m^\ominus$，$\Delta_r S_m^\ominus = \sum_B \nu_B S_m^\ominus$，有

$$\Delta_r H_m^\ominus = -1434.5 - (-634.9) - (-395.7) = -403.9(\text{kJ}\cdot\text{mol}^{-1})$$

$$\Delta_r S_m^\ominus = 106.5 - 256.8 - 38.1 = -188.4(\text{J}\cdot\text{K}^{-1}\cdot\text{mol}^{-1})$$

所以，转变温度

$$T=\Delta_r H_m^\ominus/\Delta_r S_m^\ominus=-403.9\times10^3/-188.4=2144(\mathrm{K})$$

因为 $\Delta_r H_m^\ominus<0$,$\Delta_r S_m^\ominus<0$,所以该反应是低温自发的,即在 2144 K 以下,该反应是自发的。

3-20 解 (1) C(石墨)⟶C(金刚石)

$$\Delta_{trs} H_m^\ominus=\Delta_c H_m^\ominus(\text{石墨})-\Delta_c H_m^\ominus(\text{金刚石})=-393.51-(-395.4)=1.89(\mathrm{kJ\cdot mol^{-1}})$$

$$\Delta_{trs} S_m^\ominus=S_m^\ominus(\text{金刚石})-S_m^\ominus(\text{石墨})=2.38-5.74=-3.36(\mathrm{J\cdot K^{-1}\cdot mol^{-1}})$$

$$\Delta_{trs} G_m^\ominus=\Delta_{trs} H_m^\ominus-T\Delta_{trs} S_m^\ominus=1.89-300\times(-3.36)\times10^{-3}=2.89(\mathrm{kJ\cdot mol^{-1}})$$

(2) 因为 $\Delta_{trs} G_m^\ominus>0$,所以石墨较稳定。

3-21 解 $Na_2O(s)+I_2(g)=\!=\!=2NaI(g)+\frac{1}{2}O_2(g)$

$$\Delta_r H_m^\ominus=2\times(-287.78)+0-(-414.22)-62.44=-223.78(\mathrm{kJ\cdot mol^{-1}})$$

$$\Delta_r S_m^\ominus=2\times98.53+\frac{1}{2}\times205.03-75.06-260.58=-36.07(\mathrm{J\cdot K^{-1}\cdot mol^{-1}})$$

$$\Delta_r G_m^\ominus=-223.78-623\times(-36.07)\times10^{-3}=-201.31(\mathrm{kJ\cdot mol^{-1}})$$

因为 $\Delta_r G_m^\ominus(623\ \mathrm{K})<0$,说明 $Na_2O(s)$ 与 $I_2(g)$ 能发生反应,所以用玻璃取代石英是不行的。

第4章　化学平衡

本章提要

本章主要介绍标准平衡常数的意义，由化学反应等温方程式和平衡常数对反应系统的平衡作出判断以及浓度、压力、温度对平衡移动的影响。

教学大纲基本要求

(1) 理解标准平衡常数 $K^{\ominus}(T)$ 的意义，掌握 $K^{\ominus}(T)$ 与 $\Delta_r G_m^{\ominus}(T)$ 的关系及多重平衡反应 $K^{\ominus}(T)$ 的计算方法。

(2) 初步掌握化学平衡有关计算，理解化学平衡移动原理。

重点难点

(1) 掌握标准平衡常数的重要意义和有关化学平衡的计算。

(2) 根据化学平衡移动原理判断化学平衡移动的方向。

检测题

1. 384 K 时反应 $2NO_2(g) = N_2O_4(g)$ 的 $K^{\ominus}=3.9\times10^{-2}$，此温度下反应 $NO_2(g) = \frac{1}{2}N_2O_4(g)$ 的 $K^{\ominus}$ 应为(　　)。

A. 1/390　　B. 1.95×10^{-2}　　C. 3.9×10^{-2}　　D. $(3.9\times10^{-2})^{1/2}$

2. 800 ℃ 时，$CaO(s) + CO_2(g) = CaCO_3(s)$，$K^{\ominus} = 277p^{\ominus}$，此时 CO_2 的分压 $p(CO_2)$ 为(　　)。

A. 277　　B. $(277)^{1/2}$　　C. 1/277　　D. 277^2

3. $N_2(g)+O_2(g) = 2NO(g)$，$\Delta_r H_m^{\ominus}>0$，则 $K^{\ominus}$ 与温度的关系是(　　)。

A. T 升高 $K^{\ominus}$ 增大　　B. T 升高 $K^{\ominus}$ 减小

C. $K^{\ominus}$ 与 T 无关　　D. 无法判断

4. 已知反应 $NO(g) + CO(g) = \frac{1}{2}N_2(g) + CO_2(g)$ 的 $\Delta_r H_m^{\ominus}(298.15\ K) = -373.2\ kJ\cdot mol^{-1}$，要有利于取得有毒气体 NO 和 CO 的最大转化率，可采取的措施是(　　)。

A. 低温低压　　B. 高温高压　　C. 低温高压　　D. 高温低压

5. 在放热反应中，温度升高 10 ℃，反应将会(　　)。

A. 不改变反应速率　　B. 使平衡常数增加1倍

C. 降低平衡常数　　D. 使平衡常数减半

6. 已知 300 K 和 100 kPa 时，$1\ mol\cdot L^{-1}$ $N_2O_4(g)$ 按反应 $N_2O_4(g) = 2NO_2(g)$ 进行。

达平衡时，有 20% N_2O_4 分解为 NO_2，则此反应的 $K^\ominus$ 值为(　　)。

A. 0.27　　B. 0.05　　C. 0.20　　D. 0.17

7. 温度一定时，增加气体平衡系统中的总压力，测得 $Q=K^\ominus$，这表明 $\sum\nu_B(g)$(　　)。

A. 等于 0　　B. 大于 0　　C. 小于 0　　D. 无法判断

8. 某可逆反应在一定条件下达到平衡，反应物 A 的转化率为 35 %，当有催化剂存在，且其他条件不变时，则此反应物 A 的转化率应为(　　)。

A. 大于 35 %　　B. 等于 35 %　　C. 小于 35 %　　D. 无法判断

9. 欲使某气相反应正向进行，下列说法中正确的是(　　)。

A. $K^\ominus > 10^5$(298.15 K)　　B. $\Delta_r G_m < 0$

C. $\Delta_r G_m^\ominus < 0$　　D. $Q > K^\ominus$

10. 已知反应 $C(s)+CO_2(g)═══2CO(g)$ 的 $K^\ominus$ 在 767 ℃时为 4.6，在 667 ℃时为 0.50，则此时反应的热效应为(　　)。

A. 吸热　　B. 放热　　C. $\Delta_r H_m^\ominus = 0$　　D. 无法判断

11. 下列叙述正确的是(　　)。

A. 反应物的转化率不随起始浓度而变化

B. 一种反应物的转化率随另一种反应物的起始浓度而变化

C. 平衡常数不随温度变化

D. 平衡常数随起始浓度不同而变化。

12. 化合物 A 有三种水合物，它们的脱水反应的 $K^\ominus$ 分别为

(1) $A \cdot 3H_2O(s)═══A \cdot 2H_2O(s)+H_2O(g)$　　$K_1^\ominus$

(2) $A \cdot 2H_2O(s)═══A \cdot H_2O(s)+H_2O(g)$　　$K_2^\ominus$

(3) $A \cdot H_2O(s)═══A(s)+H_2O(g)$　　$K_3^\ominus$

为使 $A \cdot 2H_2O$ 晶体保持稳定(不风化，也不潮解)，容器中水蒸气相对压力 $p(H_2O)/p^\ominus$ 应为(　　)。

A. $p(H_2O)/p^\ominus > K_3^\ominus$　　B. $p(H_2O)/p^\ominus$ 必须恰好等于 $K_1^\ominus$

C. $p(H_2O)/p^\ominus$ 必须恰好等于 $K_2^\ominus$　　D. $K_1^\ominus > p(H_2O)/p^\ominus > K_2^\ominus$

13. 反应 $4NH_3(g)+5O_2(g)═══4NO(g)+6H_2O(g)$，在此平衡体系中加入惰性气体以增加体系的压力，这时(　　)。

A. NO 平衡浓度增加　　B. NO 平衡浓度减少

C. 加快正向反应速率　　D. 平衡时，NH_3 和 NO 的量并没有变化

14. 下列叙述正确的是(　　)。

A. 对于 $\Delta_r H_m^\ominus > 0$ 的反应，升高温度，$K^\ominus$ 增大

B. 对于 $\Delta_r H_m^\ominus > 0$ 的反应，升高温度，$K^\ominus$ 减小

C. 对于 $\Delta_r S_m^\ominus > 0$ 的反应，升高温度，$K^\ominus$ 增大

D. 对于 $\Delta_r S_m^\ominus < 0$ 的反应，升高温度，$K^\ominus$ 减小

15. 对于某一自发反应的 $\Delta_r S_m^\ominus < 0$，其标准平衡常数 $K^\ominus$ 随温度升高将(　　)。

A. 增大　　B. 减小　　C. 不变　　D. 无法判断

16. 密闭容器中，A、B、C 三种气体建立了化学平衡：$A+B═══C$，若温度不变，将系统体积缩小一半，则平衡常数 $K^\ominus$ 为原来的(　　)。

A. 1/2倍　　B. 2倍　　C. 1/4倍　　D. 1倍

17. 反应 $N_2(g)+3H_2(g)$ ══ $2NH_3(g)$，$K^\ominus=0.63$，达平衡时若通入一定量的 $N_2(g)$，则 $K^\ominus$ 与 Q 的关系及 $\Delta_r G_m$ 的值为（　　）。

A. $Q>K^\ominus$，$\Delta_r G_m>0$　　B. $Q<K^\ominus$，$\Delta_r G_m<0$

C. $Q=K^\ominus$，$\Delta_r G_m=0$　　D. $Q<K^\ominus$，$\Delta_r G_m>0$

18. 已知下列反应在指定温度的 $\Delta_r G_m^\ominus$ 和 $K^\ominus$：

(1) $N_2(g)+\frac{1}{2}O_2(g)$ ══ $N_2O(g)$　　$\Delta_r G_m^\ominus(1)$，$K_1^\ominus$

(2) $N_2O_4(g)$ ══ $2NO_2(g)$　　$\Delta_r G_m^\ominus(2)$，$K_2^\ominus$

(3) $\frac{1}{2}N_2(g)+O_2(g)$ ══ $NO_2(g)$　　$\Delta_r G_m^\ominus(3)$，$K_3^\ominus$

则反应 $2N_2O(g)+3O_2(g)$ ══ $2N_2O_4(g)$ 的 $\Delta_r G_m^\ominus=$_______，$K^\ominus=$_______。

19. 在 400 K、抽空容器中，反应 $NH_4Cl(s)$ ══ $NH_3(g)+HCl(g)$ 达到平衡时，总压 $p=101.3$ kPa，其 $K^\ominus=$________。

20. 一定温度下，可逆反应达到平衡时 $\Delta_r G_m=$________，$\Delta_r G_m^\ominus=$________。浓度对化学平衡的影响是改变________，温度对化学平衡的影响是改变________。

21. 已知 292 K 时，空气中 $p(O_2)$ 为 20.2 kPa，O_2 在水中溶解度为 $2.3\times10^{-4}\,mol\cdot L^{-1}$，则反应 $O_2(g)$ ══ $O_2(aq)$ 的 $K^\ominus=$________。

22. $2Cl_2(g)+2H_2O(g)$ ══ $4HCl(g)+O_2(g)$，$\Delta_r H>0$，此平衡体系中加入 O_2，则 HCl 的物质的量________；若在容器体积不变时加入 N_2，HCl 的物质的量________；减小容器体积，Cl_2 的分压________，$K^\ominus$________；升高温度，HCl 的分压________，$K^\ominus$________；加催化剂，HCl 的物质的量________，Cl_2 的转化率________。

23. 已知反应 C(石墨)$+CO_2(g)$ ══ $2CO(g)$。

(1)计算反应的 $\Delta_r H_m^\ominus(298.15\text{ K})$ 和 $\Delta_r S_m^\ominus(298.15\text{ K})$，判断 298.15 K 时反应方向，并求 $K^\ominus(298.15\text{ K})$。

(2) 判断 900 ℃时反应方向，并求 $K^\ominus(1173\text{ K})$。

(3) 在 900 ℃时，若 $p(CO)=100$ kPa、$p(CO_2)=200$ kPa，判断反应方向。

检测题参考答案

1. D　2. C　3. A　4. C　5. C　6. C　7. A　8. B　9. B　10. A

11. B　12. D　13. D　14. A　15. B　16. D　17. B

18. $4\Delta_r G_m^\ominus(3)-2\Delta_r G_m^\ominus(2)-2\Delta_r G_m^\ominus(1)$，$(K_3^\ominus)^4/(K_1^\ominus K_2^\ominus)^2$。

19. 0.257。

20. 0，$-RT\ln K^\ominus$，反应商 Q 值，反应的 $K^\ominus$ 值。

21. 1.1×10^{-3}。

22. 减小，不变，增大，不变，变大，变大，不变，不变。

23. 解

	C(石墨)	+	$CO_2(g)$	══	2CO(g)
$\Delta_f H_m^\ominus/(kJ\cdot mol^{-1})$	0		−393.5		−110.5
$S_m^\ominus/(J\cdot K^{-1}\cdot mol^{-1})$	5.7		213.8		197.7

(1) $\Delta_r H_m^\ominus=2\times(-110.5)-(-393.5)=172.5(kJ\cdot mol^{-1})$

$\Delta_r S_m^{\ominus}=2\times197.7-5.7-213.8=175.9(J\cdot K^{-1}\cdot mol^{-1})$

$\Delta_r G_m^{\ominus}=172.5-298.15\times175.9\times10^{-3}=120.0(kJ\cdot mol^{-1})>0$

298.15 K 时,反应正向不自发。

$$\ln K^{\ominus}(298.15\ K)=-120.0/(0.00831\times298.15)$$

$$K^{\ominus}(298.15\ K)=9.5\times10^{-22}$$

(2) $\Delta_r G_m^{\ominus}(1173\ K)=172.5-1173\times175.9\times10^{-3}=-33.83(kJ\cdot mol^{-1})<0$

反应正向自发。

$$\ln K^{\ominus}(1173\ K)=33.67/(0.00831\times1173) \qquad K^{\ominus}(1173\ K)=32.1$$

(3) $Q=(100/100)^2/(200/100)=0.5<K^{\ominus}(1173\ K)$

反应正向自发。

配套教材习题解答

4-1 解 (1) $K^{\ominus}=\dfrac{[p(H_2)/p^{\ominus}]^2}{[p(H_2S)/p^{\ominus}]^2}$

(2) $K^{\ominus}=\dfrac{[c([Ag(NH_3)_2]^+)/c^{\ominus}][c(Cl^-)/c^{\ominus}]}{[c(NH_3)/c^{\ominus}]^2}$

(3) $K^{\ominus}=p(H_2O)/p^{\ominus}$

(4) $K^{\ominus}=\dfrac{[p(HCl)/p^{\ominus}]^4}{[p(H_2O)/p^{\ominus}]^2}$

(5) $K^{\ominus}=\dfrac{[p(H_2S)/p^{\ominus}][c(Zn^{2+})/c^{\ominus}]}{[c(H^+)/c^{\ominus}]^2}$

4-2 解 $COCl_2(g) \rightleftharpoons CO(g) + Cl_2(g)$

平衡时 n/mol $\quad 0.025\times(1-0.16) \quad 0.025\times0.16 \quad 0.025\times0.16$

$$K^{\ominus}=\frac{([n(CO)RT/V]/p^{\ominus})([n(Cl_2)RT/V]/p^{\ominus})}{[n(COCl_2)RT/V]/p^{\ominus}}$$

代入数据得

$$K^{\ominus}=0.043$$

4-3 解 设达到平衡时 I_2 反应掉 x mol,则

$$H_2(g) + I_2(g) \rightleftharpoons 2HI(g)$$

平衡时 n/mol $\quad 0.200-x \quad 0.200-x \quad 2x$

$$K^{\ominus}=\frac{[p(HI)/p^{\ominus}]^2}{[p(H_2)/p^{\ominus}][p(I_2)/p^{\ominus}]}=\frac{p^2(HI)}{p(H_2)p(I_2)}=\frac{\left(\dfrac{2xRT}{V}\right)^2}{\dfrac{(0.200-x)RT}{V}\dfrac{(0.200-x)RT}{V}}=54.4$$

解得

$$x=0.157(mol)$$

所以 I_2 的转化率为$\dfrac{0.157}{0.200}\times100\%=78.7\%$。

4-4 解 因为反应式=-(1)-2×(2),所以

$$K^{\ominus}=\frac{1}{K_1^{\ominus}(K_2^{\ominus})^2}=\frac{1}{1.3\times10^{14}\times(6.0\times10^{-3})^2}=2.14\times10^{10}$$

4-5 解 未反应时,PCl_5 的物质的量为

$$n(PCl_5)=\frac{2.659}{208.2}=0.01277(\text{mol})$$

反应达到平衡时，气体总的物质的量为

$$n=\frac{pV}{RT}=\frac{101.3\times1.00}{8.314\times523}=0.0233(\text{mol})$$

设反应达到平衡时反应了 x mol PCl_5，根据反应式

	PCl_5	$\rightleftharpoons$	PCl_3	+	Cl_2
n_0/mol	0.012 77		0		0
n/mol	0.012 77$-x$		x		x

则

$$0.01277-x+x+x=0.0233$$

解得

$$x=0.0105(\text{mol})$$

所以达到平衡时，$n(PCl_5)=0.0023$ mol，$n(PCl_3)=n(Cl_2)=0.0105$ mol。

$$\eta_{分解率}=\frac{0.0105}{0.01277}\times100\%=82.2\%$$

根据理想气体分压定律，有

$$p(PCl_5)=px(PCl_5)=101.3\times\frac{0.0023}{0.0233}=10.0(\text{kPa})$$

$$p(PCl_3)=p(Cl_2)=px(PCl_3)=101.3\times\frac{0.0105}{0.0233}=45.7(\text{kPa})$$

$$K^\ominus=\frac{[p(PCl_3)/p^\ominus][p(Cl_2)/p^\ominus]}{p(PCl_5)/p^\ominus}=\frac{(45.7/100)\times(45.7/100)}{10.0/100}=2.09$$

4-6 解

$$\Delta_rG_m^\ominus=51.30-86.57-163.18=-198.45(\text{kJ}\cdot\text{mol}^{-1})$$

$$\Delta_rG_m^\ominus=-RT\ln K^\ominus$$

$$-198.45=-8.314\times10^{-3}\times298.15\times\ln K^\ominus$$

$$K^\ominus=5.9\times10^{34}$$

4-7 解 (1) $K^\ominus=[p(NH_3)/p^\ominus]\cdot[p(H_2S)/p^\ominus]=(33.38/100)^2=0.1114$

(2) 根据理想气体状态方程 $pV=nRT$，求出分解产生的 NH_3 气体的物质的量为 0.040 41 mol，则 NH_4HS 固体分解了 0.040 41 mol，总的 NH_4HS 固体有 5.2589/51=0.1031(mol)，分解百分数为

$$\alpha=\frac{0.04041}{0.1031}\times100\%=39.19\%$$

4-8 解 4×(3)−2×(1)−2×(2)得所求反应式，故

$$\Delta_rG_m^\ominus=4\Delta_rG_m^\ominus(3)-2\Delta_rG_m^\ominus(1)-2\Delta_rG_m^\ominus(2)$$

$$K^\ominus=\frac{[K^\ominus(3)]^4}{[K^\ominus(1)]^2[K^\ominus(2)]^2}$$

4-9 解

$$K^\ominus=\frac{c(O_2)/c^\ominus}{p(O_2)/p^\ominus}$$

$$K^\ominus(293.15\text{ K})=\frac{1.38\times10^{-3}}{101/100}=1.37\times10^{-3}$$

(1) $$O_2(g)\rightleftharpoons O_2(aq)$$ ①

当 $p(O_2)=21.0$ kPa 时

$$c(O_2,aq)=2.88\times10^{-4}\ \text{mol}\cdot\text{L}^{-1}$$

(2) $$Hb(aq)+O_2(g)=\!=\!=HbO_2(aq) \qquad ②$$

由②－①得

$$Hb(aq)+O_2(aq)=\!=\!=HbO_2(aq)$$

$$K^\ominus(293.15\ K)=85.5/(1.37\times10^{-3})=6.24\times10^4$$

4-10 解 2273 K时，$Q=\dfrac{(20/100)^2}{(10/100)^2}=4$，所以逆向自发。

2000 K 时，因为放热反应，所以 $K^\ominus(2000\ K)<K^\ominus(2273\ K)=0.100$，而 $Q=\dfrac{(10/100)^2}{(10/100)\times(10/100)^2}=0.1>K^\ominus(2000\ K)$，所以逆向自发。

4-11 解 $$N_2(g)+3H_2(g)=\!=\!=2NH_3(g)$$

刚充入气体时

$$p(N_2)=p(H_2)=p(NH_3)=p=\frac{nRT}{V}=\frac{0.10\times8.314\times500}{10}=41.6(kJ)$$

$$Q=\frac{[p(NH_3)/p^\ominus]^2}{[p(N_2)/p^\ominus][p(H_2)/p^\ominus]^3}=\frac{(p^\ominus)^2}{p^2}=\left(\frac{100}{41.6}\right)^2=5.8>K^\ominus$$

所以反应向逆方向进行。

4-12 解 $$\ln K^\ominus(298.15\ K)=\frac{-\Delta_r G_m^\ominus(298.15\ K)}{RT}=\frac{113.6\times10^3}{8.314\times298.15}=45.83$$

根据

$$\ln\frac{K^\ominus(2)}{K^\ominus(1)}=\frac{\Delta_r H_m^\ominus}{R}\cdot\frac{T_2-T_1}{T_1T_2}$$

所以

$$\ln K^\ominus(800\ K)-45.83=\frac{-164.9\times10^3}{8.314}\times\frac{800-298.15}{298.15\times800}$$

解得

$$K^\ominus(800\ K)=60.28$$

4-13 解 (1) 根据

$$\ln\frac{K^\ominus(2)}{K^\ominus(1)}=\frac{\Delta_r H_m^\ominus}{R}\cdot\frac{T_2-T_1}{T_1T_2}$$

所以

$$\ln\frac{49}{54.3}=\frac{\Delta_r H_m^\ominus}{8.314}\times\frac{713-698}{713\times698}$$

解得

$$\Delta_r H_m^\ominus=-28.3(kJ\cdot mol^{-1})$$

(2) 根据

$$\ln K^\ominus(T)=\frac{-\Delta_r G_m^\ominus(T)}{RT}$$

所以

$$\ln49=\frac{-\Delta_r G_m^\ominus}{8.314\times713}$$

解得

$$\Delta_r G_m^\ominus=-23.1(kJ\cdot mol^{-1})$$

4-14 解 $$H_2O(l)=\!=\!=H_2O(g)$$

因为

$$\Delta_{vap}H_m^{\ominus}=\Delta_r H_m^{\ominus}=\sum_B \nu_B \Delta_f H_m^{\ominus}$$

所以

$$\Delta_{vap}H_m^{\ominus}=-241.8-(-285.8)=44.0(\mathrm{kJ\cdot mol^{-1}})$$

又

$$\ln\frac{p_2}{p_1}=\frac{\Delta_{vap}H_m^{\ominus}}{R}\cdot\frac{T_2-T_1}{T_1T_2}$$

已知水的正常沸点 $T_1=373.15$ K，所以

$$\ln\frac{p_2}{101.3}=\frac{44.0\times10^3}{8.314}\times\frac{383-373.15}{373.15\times383}$$

解得

$$p_2=146(\mathrm{kPa})$$

4-15 解 (1) 根据公式

$$\ln\frac{K^{\ominus}(2)}{K^{\ominus}(1)}=\ln\frac{p_2}{p_1}=\frac{\Delta_{vap}H_m^{\ominus}}{R}\cdot\frac{T_2-T_1}{T_1T_2}$$

得

$$\ln\frac{72.0}{46.5}=\frac{\Delta_{vap}H_m^{\ominus}}{8.314}\times\frac{70.0-60.0}{(60.0+273.15)\times(70.0+273.15)}$$

所以

$$\Delta_{vap}H_m^{\ominus}=41.6(\mathrm{kJ\cdot mol^{-1}})$$

将 $p_3=101$ kPa 代入公式，得

$$\ln\frac{101}{46.5}=\frac{41.6\times10^3}{8.314}\times\frac{T-333.15}{333.15T}$$

所以

$$T=351(\mathrm{K})$$

(2) 正常沸腾时，$\Delta_r G_m^{\ominus}=0$，所以

$$\Delta_{vap}S_m^{\ominus}=\Delta_{vap}H_m^{\ominus}/T_b=41.5\times10^3/352=118(\mathrm{J\cdot K^{-1}\cdot mol^{-1}})$$

第 5 章　化学反应速率

本章提要

本章主要介绍化学反应速率的表示方法，反应级数，反应机理等概念；浓度、温度和催化剂对化学反应速率的影响，以及反应速率的碰撞理论和过渡状态理论。

教学大纲基本要求

（1）了解化学反应速率的表示方法及基元反应、非基元反应等基本概念。

（2）了解浓度对反应速率的影响。理解质量作用定律、掌握速率方程及速率常数、反应级数等的物理意义。

（3）了解温度对反应速度的影响，掌握范特霍夫规则和阿伦尼乌斯公式的应用。

（4）了解催化作用原理。

（5）了解反应速率的碰撞理论要点，能用碰撞理论说明温度、浓度、催化剂对反应速率的影响。

重点难点

(1)反应速率方程的建立。

(2)应用阿伦尼乌斯方程计算不同温度下的反应速率常数。

检测题

1. 质量作用定律只适用于(　　)。

A. 可逆反应　　B. 不可逆反应　　C. 基元反应　　D. 复杂反应

2. 基元反应 $A(g)+2B(g)=\!=\!=C(g)+D(g)$，若反应进行到 A 和 B 都消耗掉一半时，反应速率是初始速率的(　　)。

A. 1/2　　B. 1/4　　C. 1/16　　D. 1/8

3. 温度一定时，有 A 和 B 两种气体反应，设 $c(A)$增加一倍，则反应速率增加了 100%；$c(B)$增加一倍，则反应速率增加了 300%，该反应速率方程为(　　)。

A. $v=kc(A)c(B)$　　B. $v=kc^2(A)c(B)$

C. $v=kc(A)c^2(B)$　　D. 以上都不是

4. 对于一个化学反应，下列哪种情况速率越大(　　)。

A. $\Delta_r H_m^\ominus$ 越负　　B. $\Delta_r G_m^\ominus$ 越负

C. $\Delta_r S_m^\ominus$ 越正　　D. 活化能 E_a 越小

5. 反应 $A_2+B_2=\!=\!=2AB$ 的速率方程为 $v=kc(A_2)c(B_2)$，此反应(　　)。

A. 肯定是基元反应

B. 一定不是基元反应

C. 无法确定是不是基元反应

D. 如果反应式改写为 $2A_2+2B_2 \xlongequal{} 4AB$,则速率方程应写为 $v=kc^2(A_2)c^2(B_2)$

6. 在 300 K 时鲜牛奶大约 4 h 变酸,但在 277 K 时的冰箱中可保持 48 h,则对于牛奶变酸的反应活化能($kJ \cdot mol^{-1}$)是(　　)。

A. −74.65　　B. 74.65　　C. 5.75　　D. −5.75

7. 改变速率常数 k 的因素是(　　)。

A. 减小生成物浓度　　B. 增加体系总压力

C. 增加反应物浓度　　D. 升温和加入催化剂

8. 对于 $\Delta_r G_m > 0$ 的反应,使用催化剂可以(　　)。

A. $v_{正}$迅速增大　　B. $v_{正}$迅速减小　　C. 无影响　　D. $v_{正}$、$v_{逆}$均增大

9. 反应 $A(g)+B(g) \longrightarrow C(g)$ 的反应速率常数 k 的单位为(　　)。

A. $L^{-1} \cdot mol \cdot s^{-1}$　　B. $L \cdot mol^{-1} \cdot s^{-1}$

C. $L^2 \cdot mol^{-2} \cdot s^{-1}$　　D. 不能确定

10. 在 503 K 时反应 $2HI(g) \xlongequal{} H_2(g)+I_2(g)$ 的活化能为 184 $kJ \cdot mol^{-1}$,当某种催化剂存在时,其活化能为 104.6 $kJ \cdot mol^{-1}$,加入催化剂后,该反应速率约增加倍数为(　　)。

A. 1.1×10^3　　B. 1.8×10^6　　C. 1.8×10^8　　D. 1.3×10^5

11. 生物化学工作者常将 37 ℃时的速率常数与 27 ℃时的速率常数之比称为 Q_{10},若某反应的 Q_{10} 为 2.5,则它的活化能($kJ \cdot mol^{-1}$)为(　　)。

A. 105　　B. 54　　C. 26　　D. 71

12. 反应 $A(g)+B(g) \xlongequal{} C(g)$ 的速率方程是 $v=kc^2(A)c(B)$,若使密闭反应容器体积增大一倍,则反应速率为原来的(　　)倍。

A. 1/6　　B. 1/8　　C. 8　　D. 1/4

13. 某一反应方程式中,若反应物的计量系数刚好是速率方程中各物质浓度的指数,则该反应(　　)。

A. 一定是基元反应　　B. 一定不是基元反应

C. 一定是复杂反应　　D. 无法确定

14. 对于反应 $2NO(g)+O_2(g) \xlongequal{} 2NO_2(g)$,下列速率常数关系正确的是(　　)。

A. $k(NO)=k(O_2)=k(NO_2)$　　B. $2k(NO)=2k(O_2)=k(NO_2)$

C. $k(O_2)=1/2k(NO)=1/2k(NO_2)$　　D. $2k(NO)=k(O_2)=2k(NO_2)$

15. 升高温度可以增加反应速率,主要原因是(　　)。

A. 增加分子总数　　B. 增加活化分子百分数

C. 降低反应活化能　　D. 使平衡向吸热方向移动

16. 对于一个给定条件下的非零级反应,随反应的进行(　　)。

A. 反应速率常数变小　　B. 反应速率常数变大

C. 正反应速率变小　　D. 逆反应速率变小

17. 对于零级反应,下列说法正确的是(　　)。

A. 反应物浓度与反应时间无关

B. 反应速率与反应物浓度成正比

C. 反应物浓度变化快慢与速率常数无关

D. 反应物浓度与时间成直线关系

18. 已知反应 $BrO_3^- + 5Br^- + 6H^+ = 3Br_2 + 3H_2O$ 对 H^+ 为二级，对 BrO_3^-、Br^- 均为一级，设此反应在 HAc 和 NaAc 的缓冲溶液中进行，则加入等体积的水后，反应速率变为原来的(　　)。

A. 1/8　　B. 1/16　　C. 1/2　　D. 1/4

19. 升高同样的温度，化学反应速率增大的倍数较多的是(　　)。

A. 吸热反应　　B. 放热反应

C. E_a 较大的反应　　D. E_a 较小的反应

20. 下列情况中，可令可逆反应达到平衡所需的时间最少的是(　　)。

A. $K^\ominus$很小　　B. $K^\ominus$很大　　C. $\Delta_r G_m$ 很小　　D. E_a 较小

21. 反应 $2PbS(s) + 3O_2(g) = 2PbO(s) + 2SO_2(g)$，$\Delta_r H_m^\ominus = -843\ kJ \cdot mol^{-1}$，此反应 $\Delta_r S_m^\ominus$ ________ 0，反应在________(高或低)温下正向自发进行；若升高温度，$k_{正}$________，$k_{逆}$________，$K^\ominus$将________(增大或减小或不变)。

22. 根据反应速率碰撞理论，反应物浓度和压力不变时，若升高温度，反应活化能________，能量因子 f ________，速率常数 k ________；若加入正催化剂，则反应活化能________，能量因子 f ________，速率常数 k ________；若反应温度不变，增大反应物浓度，则反应活化能________，能量因子 f ________，速率常数 k ________。

23. 对于基元反应 $2A + B = 3D$，如 $-dc(A)/dt = 1.0 \times 10^{-3}\ mol \cdot L^{-1} \cdot s^{-1}$，则 $dc(D)/dt =$________，反应速率为________。

24. 298 K 时，$A(g) \longrightarrow B(g)$ 为二级反应，则反应的速率方程为________，当 A 的浓度为 $0.050\ mol \cdot L^{-1}$时，反应速率为 $1.2\ mol \cdot L^{-1} \cdot s^{-1}$此温度的 k 为________，温度不变时，如使反应速率变为原来的 25 倍，A 的浓度应为________。

25. 有实验测得 $2NH_3(g) = N_2(g) + 3H_2(g)$ 反应速率与氨的浓度无关，此反应的速率方程为________。

26. 反应 A 和反应 B，在 298 K 时 B 的反应速率比 A 快；在同样浓度条件下，当温度升至 318 K 时，A 的反应速率比 B 快，则 $E_a(A)$ ________ $E_a(B)$。

27. 一个反应在相同温度下，不同起始浓度的反应速率是________，速率常数 k 是________。

28. 假定 $2NO(g) + Br_2(g) = 2NOBr(g)$ 的反应机理为

(1) $NO(g) + Br_2(g) \longrightarrow NOBr_2(g)$　　(慢)

(2) $NOBr_2(g) + NO(g) \longrightarrow 2NOBr(g)$　　(快)

则此反应的速率方程为________。

29. 在酸性溶液中，反应 $ClO_3^- + 9I^- + 6H^+ = 3I_3^- + Cl^- + 3H_2O$ 的速率方程为 $v = kc(ClO_3^-)c(I^-)c^2(H^+)$，在下列条件下：(1)在反应中加入水；(2)在反应溶液中加入氨；(3)反应溶液从 20 ℃加热到 35 ℃；能影响反应速率的为________，影响速率常数的为________。

检测题参考答案

1. C　2. D　3. C　4. D　5. C　6. B　7. D　8. D　9. D

10. C　11. D　12. B　13. D　14. C　15. B　16. C　17. D　18. D
19. C　20. D
21. <,低,增大,增大,减小。
22. 不变,增大,增大;减小,增大,增大;不变,不变,不变。
23. 1.5×10^{-3} mol·L^{-1}·s^{-1},5.0×10^{-4} mol·L^{-1}·s^{-1}。
24. $v=kc^2(\text{A})$,480 L·mol^{-1}·s^{-1},0.250 mol·L^{-1}。
25. $v=k$。
26. >。
27. 不同的,相同的。
28. $v=kc(\text{NO})c(\text{Br}_2)$。
29. (1)(2)(3),(3)。

配套教材习题答案

5-1 解　对于反应

$$-\nu_A A-\nu_B B-\cdots=\cdots+\nu_Y Y+\nu_Z Z$$

反应速率为

$$v=\frac{dc(\text{A})}{\nu_A dt}=\frac{dc(\text{B})}{\nu_B dt}=\frac{dc(\text{Y})}{\nu_Y dt}=\frac{dc(\text{Z})}{\nu_Z dt}$$

速率方程中的速率指的是瞬时速率。

5-2 解　不能,对于绝大多数的化学反应方程式来说,除非特别指明是基元反应,一般都为复杂反应。

5-3 解

$$4\text{HBr(g)}+\text{O}_2\text{(g)}=\!=\!=2\text{H}_2\text{O(g)}+2\text{Br}_2\text{(g)}$$

因为

$$v=-\frac{1}{4}\frac{dc(\text{HBr})}{dt}=-\frac{dc(\text{O}_2)}{dt}=\frac{1}{2}\frac{dc(\text{H}_2\text{O})}{dt}=\frac{1}{2}\frac{dc(\text{Br}_2)}{dt}$$

所以

$$\frac{dc(\text{O}_2)}{dt}=-\frac{1}{2}\frac{dc(\text{Br}_2)}{dt}=-2.0\times10^{-5}(\text{mol}\cdot\text{L}^{-1}\cdot\text{s}^{-1})$$

$$\frac{dc(\text{HBr})}{dt}=-2\frac{dc(\text{Br}_2)}{dt}=-8.0\times10^{-5}(\text{mol}\cdot\text{L}^{-1}\cdot\text{s}^{-1})$$

$$v=\frac{1}{2}\frac{dc(\text{Br}_2)}{dt}=2.0\times10^{-5}(\text{mol}\cdot\text{L}^{-1}\cdot\text{s}^{-1})$$

5-4 解　因为反应是二级反应,且对 A 是一级反应,对 B 也是一级反应,所以反应的速率方程为 $v=kc(\text{A})c(\text{B})$。

根据已知条件 $c(\text{A})=4.0/1.20$,$c(\text{B})=3.0/1.20$,$v=0.0042$ mol·L^{-1}·s^{-1},代入速率方程可得 $k=5.04\times10^{-4}$(L·mol^{-1}·s^{-1})。

5-5 (1) 设反应的速率方程为 $v=kc^m(\text{A})c^n(\text{B})$。将上述三组数据代入速率方程可得

$$1.2\times10^{-2}=k\times(1.0)^m\times(1.0)^n \quad ①$$

$$4.8\times10^{-2}=k\times(1.0)^m\times(2.0)^n \quad ②$$

$$9.6\times10^{-2}=k\times(8.0)^m\times(1.0)^n \quad ③$$

由①/③得 $m=1$,由①/②得 $n=2$。所以反应的速率方程为

$$v=kc(\text{A})c^2(\text{B})$$

反应的级数为

$$m+n=3$$

(2) 将 m 和 n 值代入任一方程可得 $k=1.2\times10^{-2}(\mathrm{L^2\cdot mol^{-2}\cdot s^{-1}})$。

5-6 解 (1) 设反应的速率方程为 $v=kc^m(S_2O_8^{2-})c^n(I^-)$。把三组数据代入,得

$$0.65\times10^{-6}=k\times(1.0\times10^{-4})^m\times(1.0\times10^{-2})^n \quad ①$$

$$1.30\times10^{-6}=k\times(2.0\times10^{-4})^m\times(1.0\times10^{-2})^n \quad ②$$

$$0.65\times10^{-6}=k\times(2.0\times10^{-4})^m\times(0.5\times10^{-2})^n \quad ③$$

解得 $m=1,n=1$。所以该反应的速率方程为

$$v=kc(S_2O_8^{2-})c(I^-)$$

(2) 将表中任一级数据代入速率方程,可求得 k 值。现取第一组数据:

$$k=\frac{0.65\times10^{-6}}{1.0\times10^{-4}\times1.0\times10^{-2}}=0.65(\mathrm{L\cdot mol^{-1}\cdot min^{-1}})$$

(3) $v=0.65\times5.0\times10^{-4}\times5.0\times10^{-2}=1.6\times10^{-5}(\mathrm{mol\cdot L^{-1}\cdot min^{-1}})$

5-7 解 (1) 因为 $\ln\frac{k_2}{k_1}=\frac{-E_a}{R}\left(\frac{1}{T_2}-\frac{1}{T_1}\right)$,代入任意两组数据可得

$$\ln\frac{77.6\times10^{-3}}{6.17\times10^{-3}}=\frac{-E_a}{8.314}\times\left(\frac{1}{714}-\frac{1}{645}\right)$$

解得

$$E_a=140.5(\mathrm{kJ\cdot mol^{-1}})$$

(2) $\ln\frac{k}{6.17\times10^{-3}}=\frac{-140.5\times10^3}{8.314}\times\left(\frac{1}{700}-\frac{1}{645}\right)$

解得

$$k=4.83\times10^{-2}(\mathrm{L\cdot mol^{-1}\cdot min^{-1}})$$

5-8 解 体积缩小为1/2,浓度增大2倍,则

$$v_2=k[2c(H_2)]\cdot[2c(NO)]^2=8v_1$$

5-9 解 $v(NO_2)=k(NO_2)c(O_3)c(NO)$,$k(NO_2)=k$,故

$$v(NO_2)=1.2\times10^7\times(5\times10^{-8})^2=3.0\times10^{-8}(\mathrm{mol\cdot L^{-1}\cdot s^{-1}})$$

5-10 解 因为

$$\ln\frac{k_2}{k_1}=\frac{-E_a}{R}\left(\frac{1}{T_2}-\frac{1}{T_1}\right)$$

且反应速率与变酸时间成反比,所以

$$\ln\frac{\frac{1}{4.0}}{\frac{1}{48}}=\frac{-E_a}{8.314}\times\left(\frac{1}{301}-\frac{1}{278}\right)$$

解得

$$E_a=75.2(\mathrm{kJ\cdot mol^{-1}})$$

5-11 解 根据公式 $k=Ae^{-\frac{E_a}{RT}}$,代入数据可得 $k=2.2\times10^{-2}(\mathrm{h^{-1}})$。

5-12 解 根据公式

$$\ln\frac{k_2}{k_1}=\frac{-E_a}{R}\left(\frac{1}{T_2}-\frac{1}{T_1}\right)$$

代入相关数据可得

$$\frac{k_2}{k_1}=1.17$$

因为酶催化反应为零级反应，反应速率只与速率常数 k 有关，所以酶催化反应速率增加的百分数为 117%－100%＝17%。

5-13 解 (1) 对 A 反应：

$$\ln\frac{k_2}{k_1}=-\frac{103.3}{8.314\times10^{-3}}\times\left(\frac{1}{310}-\frac{1}{300}\right)$$

解得 $\frac{k_2}{k_1}=3.8$。

对 B 反应：

$$\ln\frac{k_2}{k_1}=-\frac{246.9}{8.314\times10^{-3}}\times\left(\frac{1}{310}-\frac{1}{300}\right)$$

解得 $\frac{k_2}{k_1}=24.4$。

说明同样的温度变化，对活化能大的反应的速率影响大。

(2) $\ln\frac{k_2}{k_1}=-\frac{246.9}{8.314\times10^{-3}}\times\left(\frac{1}{710}-\frac{1}{700}\right)$

解得 $\frac{k_2}{k_1}=1.8$。

说明对确定的化学反应，相同的温度变化在低温时对反应速率影响较大。

5-14 解 (1) 在等压条件下 $\Delta H=E_{正}-E_{逆}$，则逆反应的活化能

$$E_{逆}=E_{正}-\Delta H=90-67=23(\text{kJ}\cdot\text{mol}^{-1})$$

(2)
$$\ln\frac{k_2}{k_1}=-\frac{E_a}{R}\left(\frac{1}{T_2}-\frac{1}{T_1}\right)$$

$$\ln\frac{k_2}{1.1\times10^{-5}}=-\frac{90}{8.314\times10^{-3}}\times\left(\frac{1}{318.15}-\frac{1}{273.15}\right)$$

解得 $k_2=3.0\times10^{-3}(\text{min}^{-1})$。

第 6 章　溶液和胶体

本章提要

本章主要介绍分散系和溶液的概念，各种溶液组成标度的表示法及相互关系，稀溶液的通性及计算和应用，胶体溶液的一般特性。重点介绍稀溶液的通性、溶胶的胶团结构及其稳定性，并在此基础上简单说明表面活性剂和乳浊液的基本性质。

教学大纲基本要求

(1) 了解均相分散系、多相分散系的概念。

(2) 熟练掌握各种溶液组成标度的表示法及有关计算。

(3) 掌握稀溶液的依数性及其重要应用，能熟练进行有关计算。

(4) 了解胶体溶液基本性质，胶团组成、结构，胶体的稳定性及胶体的保护和破坏。

(5) 了解表面活性物质和乳浊液的基本性质。

重点难点

(1) 溶液浓度的表示法，各种浓度之间的相互换算。

(2) 稀溶液的蒸气压下降、沸点升高、凝固点下降及渗透压等计算公式的适用条件及依数性与溶液浓度之间的定量关系。

(3) 胶团结构以及胶体有相对稳定性的原因。

检测题

1. 下列水溶液在相同的温度下蒸气压最大的是(　　)。

A. 0.1 mol・L^{-1} KCl　　B. 0.1mol・L^{-1} $C_{12}H_{22}O_{11}$

C. 1 mol・L^{-1} H_2SO_4　　D. 1 mol・L^{-1} $C_{12}H_{22}O_{11}$

2. 等压下加热，下列溶液最先沸腾的是(　　)。

A. 5% $C_6H_{12}O_6$ 溶液　　B. 5% $C_{12}H_{22}O_{11}$溶液

C. 5%$(NH_4)_2CO_3$ 溶液　　D. 5% $C_3H_8O_3$ 溶液

3. 相同的温度下，下列水溶液的物质的量浓度相等，则渗透压最小的是(　　)。

A. $C_6H_{12}O_6$　　B. $BaCl_2$　　C. HAc　　D. NaCl

4. 在相同温度下，含 30 g $CO(NH_2)_2$ 的 0.5 L 溶液渗透压为 Π_1，含 0.5 mol $C_6H_{12}O_6$ 的 1 L 溶液的渗透压为 Π_2，则(　　)。

A. $\Pi_1<\Pi_2$　　B. $\Pi_1=\Pi_2$　　C. $\Pi_1>\Pi_2$　　D. 无法比较

5. 0.01 mol・kg^{-1} $C_6H_{12}O_6$ 水溶液和 0.01 mol・L^{-1} NaCl 水溶液的下列关系正确的是(　　)。

A. 蒸气压相等　　B. 葡萄糖溶液凝固点较高

C. NaCl 溶液凝固点较高　　D. 无法比较

6. 将一块冰放在 0 ℃的食盐水中，则(　　)。

A. 冰的质量增加　　B. 冰逐渐融化

C. 溶液温度升高　　D. 无变化

7. 浓度均为 0.1%的葡萄糖溶液和白蛋白溶液的凝固点分别为 $T_f(1)$和 $T_f(2)$，则(　　)。

A. $T_f(1)>T_f(2)$　　B. $T_f(1)=T_f(2)$

C. $T_f(1)<T_f(2)$　　D. 无法比较

8. 测定非电解质摩尔质量的较好方法是(　　)。

A. 蒸气压下降法　　B. 沸点升高法

C. 凝固点下降法　　D. 渗透压法

9. 用半透膜隔开两种不同浓度的蔗糖溶液，为了保持渗透平衡，必须在浓蔗糖溶液面上施加一定压力，这个压力就是(　　)。

A. 浓蔗糖溶液的渗透压　　B. 稀蔗糖溶液的渗透压

C. 两种溶液渗透压之和　　D. 两种溶液渗透压之差

10. 浓度均为 $0.01\ mol \cdot L^{-1}$的下列四种水溶液凝固点高低顺序正确的是(　　)。

A. $HAc>NaCl>C_6H_{12}O_6>CaCl_2$　　B. $C_6H_{12}O_6>HAc>NaCl>CaCl_2$

C. $CaCl_2>NaCl>HAc>C_6H_{12}O_6$　　D. $CaCl_2>HAc>C_6H_{12}O_6>NaCl$

11. 难挥发非电解质稀溶液在不断沸腾时，其沸点(　　)。

A. 恒定不变　　B. 不断升高　　C. 不断降低　　D. 无规律变化

12. 在下列混合物中，可以制成温度最低的制冷剂系统的是(　　)。

A. 水+甘油　　B. 水+食盐　　C. 水+冰　　D. 冰+氯化钙

13. 为防止水在仪器中结冰，可以加入甘油以降低凝固点，如需冰点降至 271 K，则在 100 g 水中应加甘油($M=92\ g \cdot mol^{-1}$)(　　)。

A. 10 g　　B. 120 g　　C. 2.0 g　　D. 10.6 g

14. 用 40 mL $0.01\ mol \cdot L^{-1}$ KI 溶液与等体积 $0.05\ mol \cdot L^{-1}$ $AgNO_3$ 混合制备溶胶，下列电解质中对此溶胶有较大聚沉能力的是(　　)。

A. $AlCl_3$　　B. $MgSO_4$　　C. Na_3PO_4　　D. $K_4[Fe(CN)_6]$

15. 对 $Fe(OH)_3$ 正溶胶和 As_2S_3 负溶胶的聚沉能力最大的是(　　)。

A. Na_3PO_4 和 $CaCl_2$　　B. NaCl 和 $CaCl_2$

C. NaCl 和 Na_2SO_4　　D. Na_3PO_4 和 Na_2SO_4

16. 欲制备 AgI 正溶胶，溶液中 $AgNO_3$ 和 KI 浓度的关系为(　　)。

A. $c(AgNO_3)>c(KI)$　　B. $c(AgNO_3)<c(KI)$

C. $c(AgNO_3)=c(KI)$

17. 溶质 B 的质量摩尔浓度的 SI 单位为(　　)。

A. $mol \cdot L^{-1}$　　B. 1　　C. $mol \cdot kg^{-1}$　　D. $K \cdot kg \cdot mol$

18. 在 $c(1/5\ KMnO_4)=0.10\ mol \cdot L^{-1}$ 的 1 L 高锰酸钾溶液中含有高锰酸钾($M=158\ g \cdot mol^{-1}$)的质量是(　　)。

A. 15.8 g　　B. 3.16 g　　C. 6.32 g　　D. 79 g

19. 盐碱地的农作物长势不良，甚至枯萎；施了高浓度肥料的植物也会被“烧死”，能用来说明部分原因的是(　　)。

A. 渗透压　　B. 蒸气压　　C. 沸点　　D. 凝固点

20. 下列有关稀溶液的沸点的叙述正确的是(　　)。

A. 稀溶液的沸点一定比纯溶剂高

B. 稀溶液的沸点一定比纯溶剂低

C. 对于溶质不挥发或溶质的挥发性比纯溶剂低的稀溶液，其沸点一定比纯溶剂高

D. 对于溶质的挥发性比纯溶剂高的稀溶液，其沸点一定比纯溶剂高

21. 由一定量的 $BaCl_2$ 和 Na_2SO_4 溶液制备的溶胶做电泳实验，其电泳方向为正极，则该胶团扩散层的离子一定是(　　)。

A. Na^+　　B. SO_4^{2-}　　C. Cl^-　　D. Ba^{2+}

22. 等质量的下列物质作阻冻剂，阻冻效果最好的是(　　)。

A. 乙二醇($C_2H_6O_2$)　　B. 乙醇(C_2H_5OH)

C. 丙二醇($C_3H_8O_2$)　　D. 丙三醇($C_3H_8O_3$)

23. 拉乌尔定律公式适用于________。K_b 和 K_f 是与________有关的常数。

24. 质量分数相同的蔗糖和葡萄糖稀溶液，较易沸腾的是______，较易结冰的是______。

25. 等体积混合 0.008 $g\cdot mol^{-1}$ $AgNO_3$ 溶液和 0.005 $g\cdot mol^{-1}$ K_2CrO_4 溶液制得 Ag_2CrO_4 溶胶，该溶胶的稳定剂是____________，胶团结构式为__________；下列两种电解质 $K_3[Fe(CN)_6]$和$[Co(NH_3)_6]Cl_3$ 中，对此溶胶具有较小凝结值的是______；若往此溶胶中加入足量的蛋白质溶液，会对溶胶起______作用。

26. 所谓稀溶液，是指__________的溶液，是一种理想溶液模型。稀溶液的依数性是指稀溶液的一类性质，这类性质与________有关，而与______无关。

27. 胶体分散系是由粒子直径为______的分散质形成的分散系。胶体分散系是______、______、______的不稳定系统。

28. 胶体有相对的稳定性，主要原因有①______；②______；③______。

29. 胶团由胶粒和______组成，胶粒由______和______组成，在______中有电位离子和反离子。

30. 临床用的葡萄糖注射液和生理盐水是人体血液的等渗液，测得葡萄糖注射液的凝固点为 272.607 K，求葡萄糖注射液和生理盐水的质量分数，并求 37 ℃ 时人体血液的渗透压。

31. 将 1.00 g HAc 分别溶于 100 g 水和苯中，测得它们的凝固点分别为 −0.314 ℃ 和 4.972 ℃，已知纯水和纯苯的凝固点分别为 0.000 ℃ 和 5.400 ℃，它们的凝固点下降常数 K_f 分别为 1.86 $K\cdot kg\cdot mol^{-1}$ 和 5.12 $K\cdot kg\cdot mol^{-1}$。计算两溶液的质量摩尔浓度，并解释它们之间的差别。

32. 现需 2.2 L 2.0 $g\cdot mol^{-1}$的盐酸：

(1) 应取多少毫升 $w=20\%$、密度 $\rho=1.10\ g\cdot mL^{-1}$的浓盐酸来配制？

(2) 现有 550 mL 1.0 $mol \cdot L^{-1}$的稀盐酸，应加入多少毫升 $w=20\%$、密度$\rho=1.10\ g \cdot mL^{-1}$的浓盐酸后再稀释？

检测题参考答案

1. B　2. B　3. A　4. C　5. B　6. B　7. C　8. C　9. D
10. B　11. B　12. D　13. D　14. D　15. A　16. A　17. C　18. B
19. A　20. C　21. A　22. B

23. 难挥发、非电解质的稀溶液，溶剂的性质。

24. 蔗糖溶液，蔗糖溶液。

25. K_2CrO_4，$[(Ag_2CrO_4)_m \cdot nCrO_4^{2-} \cdot 2(n-x)K^+]^{2x-} \cdot 2xK^+$，$[Co(NH_3)_6]Cl_3$，保护。

26. 溶液中溶质与溶剂之间没有相互作用力，溶质的粒子数目，溶质本性。

27. 1～100 nm，多相，高分散度，具有很大表面能。

28. 布朗运动，胶粒带电，溶剂化作用。

29. 扩散层，胶核，吸附层，吸附层。

30. 解　$\Delta T_f=K_f b$

$b=(273.15-272.607)/1.86=0.292(mol \cdot kg^{-1})$

$w_{葡}=0.292\times180/(0.292\times180+1000)=5\%$

$w_{NaCl}=0.5\times0.292\times58.5/(5\times0.292\times58.5+1000)=0.9\%$

$\Pi=cRT\approx bRT=0.292\times8.314\times310.15=753(kPa)$

31. 解　在水溶液中，$b=0.169\ mol \cdot kg^{-1}$；在苯溶液中，$b=0.0836\ mol \cdot kg^{-1}$。
两者的差异：HAc 在水溶液中是单体，离解度小，在苯溶液中以二聚体存在。

32. 解　(1) $2.0\times2.2\times36.5=1.10\times20\%\times V$
解得 $V=730(mL)$。
(2) $2.2\times2.0-0.550\times2.0=1.10\times20\%\times V$
解得 $V=638.75(mL)$。

配套教材习题答案

6-1　解　(1) 冰冻的路面上撒盐，冰表面形成盐溶液，凝固点降低，冰较易融化。

(2) 海水的盐浓度比河水高，凝固点比河水低，因此海水比河水难结冰。

(3) 海水的盐浓度比淡水高，其渗透压也比淡水高，海水中生活的鱼类体内的渗透压与海水的渗透压一致。当海水中的鱼类移居淡水时，所处环境的渗透压改变，有可能导致海水中的鱼类体内细胞吸水膨胀破裂而死亡。

(4) 江河水中常带有黏土、泥沙等胶状物，在江河入海口处受到海水中电解质的作用发生聚沉，日积月累，在入海口处形成三角洲。

6-2　解　(1)

$$c(HNO_3)=\frac{w(HNO_3)\rho}{M(HNO_3)}=\frac{1.42\times10^3\times70\%}{63.0}=15.8(mol \cdot L^{-1})$$

$$b(HNO_3)=\frac{n(HNO_3)}{m(HNO_3)}=\frac{70/63.0}{(100-70)\times10^{-3}}=37.0(mol \cdot kg^{-1})$$

$$x(HNO_3)=\frac{n(HNO_3)}{n(H_2O)+n(HNO_3)}=\frac{70/63.0}{(70/63.0)+(30/18.0)}=0.40$$

(2)

$$c(NH_3)=\frac{w(NH_3)\rho}{M(NH_3)}=\frac{0.90\times10^3\times28\%}{17.0}=14.8(mol \cdot L^{-1})$$

$$b(NH_3)=\frac{n(NH_3)}{m(NH_3)}=\frac{28/17.0}{(100-28)\times 10^{-3}}=22.9(mol\cdot kg^{-1})$$

$$x(NH_3)=\frac{n(NH_3)}{n(H_2O)+n(NH_3)}=\frac{28/17.0}{(72/18.0)+(28/17.0)}=0.24$$

6-3 解 $T_b(C_6H_{12}O_6)>T_b(CH_3COOH)>T_b(NaCl)>T_b(K_2SO_4)$

$T_f(C_6H_{12}O_6)>T_f(CH_3COOH)>T_f(NaCl)>T_f(K_2SO_4)$

$\Pi(K_2SO_4)>\Pi(NaCl)>\Pi(CH_3COOH)>\Pi(C_6H_{12}O_6)$

6-4 解 设溶剂的质量为 1000 g,依题意得

$$\Delta T_f=K_f b_B=K_f\frac{m_B}{M_B m_A}=1.86\times\frac{m_B}{180\times 1}=0.543$$

解得 $m_B=52.6(g)$。

$$w_B=\frac{m_B}{m}\times 100\%=\frac{52.6}{1000+52.6}\times 100\%=4.99\%$$

$$\Delta T_b=K_b b_B=K_b\frac{K_f}{\Delta T_f}=0.52\times\frac{0.543}{1.86}=0.15(K)$$

即葡萄糖溶液的沸点为 373.15+0.15=373.30(K)。

由于葡萄糖溶液浓度较稀,故可近似认为 $c\approx b$,因而根据公式 $\Pi=c_B RT$,得

$$\Pi=c_B RT=(0.543/1.86)\times 8.314\times(273.15+37)=753(kPa)$$

6-5 解 根据公式 $\Pi=c_B RT$,得

$$M=\frac{m_B RT}{\Pi V}=\frac{0.40\times 8.314\times 10^3\times 300}{0.499\times 10^3\times 100\times 10^{-3}}=2.00\times 10^5(g\cdot mol^{-1})$$

6-6 解 $\Delta T_f=K_f b=K_f\dfrac{m_B}{M_B m_A}=1.86\times\dfrac{m_B}{92.03\times 1.000}=20.0$

解得 $m_B=990(g)$。

6-7 解 设孕甾酮的化学式为 $C_xH_yO_z$,则

$x:y:z=(80.3\%/12.0107):(9.5\%/1.008):(10.2\%/15.9994)=21:30:2$

ΔT_f(孕甾酮)$=K_f b$(孕甾酮)$=K_f m$(孕甾酮)$/[M$(孕甾酮)m(苯)$]$

M(孕甾酮)$=K_f m$(孕甾酮)$/[\Delta T_f$(孕甾酮)m(苯)$]$

$=5.12\times 1.50/[(278.66-3.08-273.15)\times 10.0]$

$=316(g\cdot mol^{-1})$

故该化合物的分子式为 $C_{21}H_{30}O_2$。

6-8 解 (1) $[(AgCl)_m\cdot nAg^+\cdot(n-x)NO_3^-]^{x+}\cdot xNO_3^-$

(2) 因为 $AgNO_3$ 溶液过量,AgCl 溶胶吸附 Ag^+ 带正电,负电荷起聚沉作用,所以三种电解质聚沉能力从大到小的顺序为 $K_3[Fe(CN)_6]>MgSO_4>AlCl_3$,聚沉值大小顺序则为 $AlCl_3>MgSO_4>K_3[Fe(CN)_6]$。

6-9 解 依题意可知 ΔT_f(尿素)$=\Delta T_f$(未知物),则

ΔT_f(尿素)$=K_f b$(尿素)$=1.86\times 1.50/(60\times 0.200)$

ΔT_f(未知物)$=K_f b$(未知物)$=1.86\times 42.8/(M\times 1.000)$

解得 M(未知物)$=342(g\cdot mol^{-1})$。

6-10 解 (1) 根据题意,设苯和甲苯的质量都为 m,有

$$x(C_6H_6)=\frac{m(C_6H_6)/M(C_6H_6)}{m(C_6H_6)/M(C_6H_6)+m(C_6H_5CH_3)/M(C_6H_5CH_3)}=0.54$$

$x(C_6H_5CH_3)=1-x(C_6H_6)=0.46$

所以

$$
\begin{aligned}
p &= p(C_6H_5CH_3) + p(C_6H_6) \\
&= p^*(C_6H_5CH_3)x(C_6H_5CH_3) + p^*(C_6H_6)x(C_6H_6) \\
&= 2.973 \times 0.46 + 9.958 \times 0.54 = 6.656(\text{kPa})
\end{aligned}
$$

(2) 根据拉乌尔定律，气相中甲苯的分压为

$$p(C_6H_5CH_3) = p^*(C_6H_5CH_3)x(C_6H_5CH_3) = 2.973 \times 0.46 = 1.368(\text{kPa})$$

(3) 由道尔顿分压定律可知，气相中甲苯的摩尔分数为

$$x(C_6H_5CH_3) = \frac{p(C_6H_5CH_3)}{p} = \frac{1.368}{6.656} = 0.20$$

6-11　解　右室的渗透压 $\Pi_{右} = cRT = 0.1 \times 8.314 \times 298 = 247.8(\text{kPa})$

左室的渗透压 $\Pi_{左} = cRT = 0.2 \times 8.314 \times 298 = 495.5(\text{kPa})$

$$\Delta\Pi = 495.5 - 247.8 = 247.7(\text{kPa})$$

由于渗透现象是从低渗往高渗渗透，因此需在左室加压 247.7 kPa 方能使两室液面达到平衡。

6-12　解　根据凝固点降低公式 $\Delta T_f = K_f b_B$，则溶剂环己烷的凝固点降低常数为

$$K_f = \frac{\Delta T_f}{b_B} = \frac{10.1}{15.6/(78 \times 0.400)} = 20.2(\text{K} \cdot \text{kg} \cdot \text{mol}^{-1})$$

6-13　解　如果 HA 没有解离，其质量摩尔浓度为

$$b(\text{HA}) = \frac{n(\text{HA})}{m(H_2O)} = \frac{3.00/120}{0.100} = 0.250(\text{mol} \cdot \text{kg}^{-1})$$

假定弱酸 HA 解离后，此弱酸溶液遵守稀溶液的有关定律，则根据溶液的沸点升高数据，可算得溶液的质量摩尔浓度

$$b' = \Delta T_b / K_b = 0.180/0.520 = 0.346(\text{mol} \cdot \text{kg}^{-1})$$

$b' \neq b(\text{HA})$，说明 HA 按下式部分解离：

$$\text{HA} \rightleftharpoons H^+ + A^-$$

故

$$\alpha = \frac{b' - b(\text{HA})}{b(\text{HA})} = 38.4\%$$

6-14　解　胶体稳定的主要原因是具有动力学稳定性和聚结稳定性。使胶体聚沉的主要措施有：溶胶本身浓度过高，长时间加热溶胶，加入强电解质，加入少量高分子化合物，电性相反溶胶的相互混合。举例(略)。

6-15　解　苯和水混合后加入钾肥皂，得到油/水型的乳浊液。若加入镁肥皂，又能得到水/油型的乳浊液。

第7章　酸碱反应

本章提要

本章从酸碱溶液的质子理论出发，讨论水溶液中弱酸、弱碱的解离平衡规律和缓冲溶液作用原理及其pH的计算。

教学大纲基本要求

（1）掌握质子酸、碱、共轭酸碱对等概念，以及水溶液中共轭酸碱 $K_a^\ominus$ 和 $K_b^\ominus$ 的关系。

（2）了解水溶液中的重要酸碱反应，以及酸碱反应平衡常数的意义。

（3）能利用近似式和最简式熟练计算弱酸（碱）水溶液的酸度及有关离子的平衡浓度。

（4）理解稀释作用，了解盐效应对酸碱平衡的影响；掌握同离子效应对弱酸（碱）离解平衡的影响，并能熟练地进行有关计算。

（5）能判断一定酸度条件下水溶液中弱酸（碱）的主要存在型体。

（6）了解缓冲溶液组成、性质及缓冲作用原理，掌握其配制方法。

重点难点

（1）质子酸碱概念，共轭酸碱对的概念及水溶液中共轭酸碱 $K_a^\ominus$ 和 $K_b^\ominus$ 的关系。

（2）利用近似式和最简式熟练计算弱酸（碱）水溶液的酸度及有关离子平衡浓度。

（3）同离子效应及应用。

（4）缓冲溶液组成和性质、缓冲作用原理、缓冲范围及缓冲溶液的配制方法。

检测题

1. 用酸碱质子理论比较下列物质的碱性（由强至弱）（　　）。

   A. $CN^- > CO_3^{2-} > Ac^- > NO_3^-$　　B. $CO_3^{2-} > CN^- > Ac^- > NO_3^-$

   C. $Ac^- > NO_3^- > CN^- > CO_3^{2-}$　　D. $NO_3^- > Ac^- > CO_3^{2-} > CN^-$

2. 根据酸碱质子理论，下列说法正确的是（　　）。

   A. 酸越强，则其共轭碱越弱　　B. 水中存在的最强酸是 H_3O^+

   C. H_3O^+ 的共轭碱是 OH^-　　D. H_2O 的共轭碱仍是 H_2O

3. 下列溶液中，pH最小的是（　　）。

   A. 0.1 mol·L^{-1} HAc溶液

   B. 0.01 mol·L^{-1} HAc与0.01 mol·L^{-1} HCl等体积混合

   C. 0.01 mol·L^{-1} HAc与0.01 mol·L^{-1} NaOH等体积混合

   D. 0.01 mol·L^{-1} HAc与0.01 mol·L^{-1} NaAc等体积混合

4. 在0.1 mol·L^{-1} NaF溶液中（　　）。

A. $c(H^+)\approx c(HF)$　　B. $c(HF)\approx c(OH^-)$

C. $c(H^+)\approx c(OH^-)$　　D. $c(OH^-)\approx c(F^-)$

5. 在 pH＝6.0 的土壤溶液中，下列物质浓度最大的是(　　)。(已知 H_3PO_4 的 $pK^\ominus_{a_1}=2.16$，$pK^\ominus_{a_2}=7.21$，$pK^\ominus_{a_3}=12.32$)

A. H_3PO_4　B. $H_2PO_4^-$　C. HPO_4^{2-}　D. PO_4^{3-}

6. 在 110 mL 浓度为 0.1 mol·L^{-1}的 HAc 中加入 10 mL 浓度为 0.1 mol·L^{-1}的 NaOH 溶液，则混合液的 pH 为(　　)。(已知 HAc 的 $pK^\ominus_a=4.76$)

A. 4.75　B. 3.75　C. 2.75　D. 5.75

7. 设氨水的浓度为 c，若将其稀释 1 倍，则溶液中 OH^-浓度为(　　)。

A. $\frac{1}{2}c$　B. $\frac{1}{2}(K^\ominus_a c)^{1/2}$　C. $\left(\frac{1}{2}K^\ominus_a c\right)^{1/2}$　D. $2c$

8. 下列混合溶液中，缓冲容量最大的是(　　)。

A. 0.02 mol·L^{-1} NH_3-0.18 mol·L^{-1} NH_4Cl

B. 0.17 mol·L^{-1} NH_3-0.03 mol·L^{-1} NH_4Cl

C. 0.15mol·L^{-1} NH_3-0.05 mol·L^{-1}NH_4Cl

D. 0.10 mol·L^{-1} NH_3-0.10 mol·L^{-1} NH_4Cl

9. 欲配制 pH＝7.5 的缓冲溶液，应选择的缓冲剂为(　　)。

A. HAc-Ac^-($pK^\ominus_a=4.76$)　　B. HSO_3^--SO_3^{2-}($pK^\ominus_{a_2}=7.20$)

C. HCO_3^--CO_3^{2-}($pK^\ominus_{a_2}=10.33$)　　D. HPO_4^{2-}-PO_4^{3-}($pK^\ominus_{a_3}=12.32$)

10. 配制 $SnCl_2$ 水溶液，必须先将称好的 $SnCl_2$(s)溶于适量的(　　)。

A. HCl 溶液　B. NaOH 溶液　C. HNO_3 溶液　D. KCl 溶液

11. 由总浓度一定的 $H_2PO_4^-$-HPO_4^{2-} 缓冲对组成的缓冲溶液，缓冲能力最大时的 pH 是(　　)。(已知 H_3PO_4 的 $pK^\ominus_{a_1}=2.16$，$pK^\ominus_{a_2}=7.21$，$pK^\ominus_{a_3}=12.32$)

A. 2.1　B. 7.2　C. 7.2±1　D. 12.2

12. 将 0.10 mol·L^{-1}的氨水中加入等体积的 0.10 mol·L^{-1}下列溶液后，能使混合溶液的 pH 最大的是(　　)。

A. HCl　B. H_2SO_4　C. HNO_3　D. HAc

13. 不是共轭酸碱对的一组物质是(　　)。

A. NH_3、NH_2^-　B. NaOH、Na^+　C. HS^-、S^{2-}　D. H_2O、OH^-

14. 某弱酸的解离常数 $K^\ominus_a=1.0\times10^{-4}$，它与强碱反应的 $K^\ominus$为(　　)。

A. 1.0×10^{-4}　B. 1.0×10^{-10}　C. 1.0×10^{8}　D. 1.0×10^{10}

15. 在 $c(H^+)=0.10$ mol·L^{-1}的水溶液中，$c(H_2CO_3)=0.010$ mol·L^{-1}，则$c(CO_3^{2-})$/(mol·L^{-1})约为(　　)。(已知 H_2CO_3 的 $K^\ominus_{a_1}=4.5\times10^{-7}$，$K^\ominus_{a_2}=4.7\times10^{-11}$)

A. 5.6×10^{-11}　B. 2.4×10^{-6}　C. 2.4×10^{-17}　D. 2.4×10^{-8}

16. 将 pH＝4.00 的强酸溶液与 pH＝12.00 的强碱溶液等体积混合，则混合后溶液的 pH 为(　　)。

A. 8.00　B. 9.00　C. 11.69　D. 12.00

17. 下列化合物的水溶液浓度均为 0.10 mol·L^{-1}，其中 pH 最高的是(　　)。

A. NaCl　　B. Na_2CO_3　　C. $NaHCO_3$　　D. NH_4Cl

18. 水溶液中能大量共存的一组物质是(　　)。

A. H_3PO_4、PO_4^{3-}　　B. $H_2PO_4^-$、PO_4^{3-}

C. H_3PO_4、HPO_4^{2-}　　D. HPO_4^{2-}、PO_4^{3-}

19. 将等体积、等浓度的 $K_2C_2O_4$ 与 KHC_2O_4 水溶液混合后，溶液的 pH 为(　　)。

A. $pK_{a_1}^{\ominus}(H_2C_2O_4)$　　B. $pK_{a_2}^{\ominus}(H_2C_2O_4)$

C. $\frac{1}{2}(pK_{a_1}^{\ominus}+pK_{a_2}^{\ominus})$　　D. $pK_{a_1}^{\ominus}-pK_{a_2}^{\ominus}$

20. 0.10 $mol \cdot L^{-1}$ NH_4Cl 水溶液的 pH 约为(　　)。

A. 4.15　　B. 4.63　　C. 5.12　　D. 7.0

21. 在水溶液中，下列离子碱性最弱的是(　　)。

A. ClO^-　　B. ClO_2^-　　C. ClO_3^-　　D. ClO_4^-

22. 已知相同浓度的 NaA、NaB、NaC、NaD 的水溶液 pH 依次增大，则相同浓度的下列稀酸中解离度最大的是(　　)。

A. HD　　B. HC　　C. HB　　D. HA

23. 在 0.10 $mol \cdot L^{-1}$ 的氨水中加入少量固体 NH_4Cl，则氨水的浓度________，NH_3 的解离度________，溶液的 pH ________，$K_b^{\ominus}(NH_3)$________。

24. 欲用磷酸盐配制缓冲溶液（磷酸的 $K_{a_1}^{\ominus}=6.9\times10^{-3}$，$K_{a_2}^{\ominus}=6.1\times10^{-8}$，$K_{a_3}^{\ominus}=4.8\times10^{-13}$），如选用 Na_2HPO_4 作为碱，可配制 pH 为________至________的缓冲溶液，如选用 Na_2HPO_4 作为酸，可配制 pH 为________至________的缓冲溶液。

25. 2 $mol \cdot L^{-1}$ 氨水溶液的 pH 为________；将它与 2 $mol \cdot L^{-1}$ 盐酸等体积混合后，溶液的 pH 为________；若将氨水与 4 $mol \cdot L^{-1}$ 盐酸等体积混合后，溶液的 pH 为________。

26. 在 0.10 $mol \cdot L^{-1}$ 乙酸溶液中加入少量固体 NaCl，则溶液 pH 将________，若加入少量 Na_2CO_3，则溶液 pH 将________(增大或减小)。

27. 已知 H_3PO_4 的 $pK_{a_1}^{\ominus}=2.16$、$pK_{a_2}^{\ominus}=7.21$、$pK_{a_3}^{\ominus}=12.32$，将 0.1 $mol \cdot L^{-1}$ H_3PO_4 溶液与 0.15 $mol \cdot L^{-1}$ NaOH 溶液等体积混合，此混合液的 pH 为________；若将 0.1 $mol \cdot L^{-1}$ H_3PO_4 溶液与 0.2 $mol \cdot L^{-1}$ NaOH 溶液等体积混合，此混合液的 pH 为________；若将 0.1 $mol \cdot L^{-1}$ H_3PO_4 溶液与 0.3 $mol \cdot L^{-1}$ NaOH 溶液等体积混合，此混合液的 pH 为________。

28. 在血液中，H_2CO_3-HCO_3^- 缓冲溶液的功能之一是从细胞组织中快速除去运动之后产生的乳酸(HLac)。已知 $K_a^{\ominus}(HLac)=1.8\times10^{-5}$。

(1) 写出该反应式，求平衡常数 $K^{\ominus}$。

(2) 通常血液中 $c(H_2CO_3)=1.4\times10^{-3}$ $mol \cdot L^{-1}$，$c(HCO_3^-)=2.7\times10^{-2}$ $mol \cdot L^{-1}$，计算其 pH。

(3) 若运动后产生的乳酸的浓度 $c(HLac)=5.0\times10^{-3}$ $mol \cdot L^{-1}$，pH 又为多少？

29. 欲由 $H_2C_2O_4$ 和 NaOH 两种溶液配制 pH＝4.19 的缓冲溶液，求 0.10 $mol \cdot L^{-1}$ $H_2C_2O_4$ 与 0.10 $mol \cdot L^{-1}$ NaOH 溶液的体积比。

检测题参考答案

1. B　2. A、B　3. B　4. B　5. B　6. B　7. C　8. D　9. B
10. A　11. B　12. D　13. B　14. D　15. C　16. C　17. B　18. D
19. B　20. C　21. D　22. D
23. 基本不变，减小，减小，不变。
24. 6.21，8.21，11.32，13.32。
25. 11.78，4.63，0.00。
26. 减小，增大。
27. 7.21，9.77，12.51。
28. (1) $HLac+HCO_3^- \rightleftharpoons H_2CO_3+Lac^-$，$K^\ominus=40$
(2) pH=7.64
(3) pH=6.89
29. 解　由于 $pH=pK_{a_2}^\ominus$，由 $HC_2O_4^-$-$C_2O_4^{2-}$ 缓冲对配制溶液。计算得 $c(HC_2O_4^-)=c(C_2O_4^{2-})$，则由

$$2H_2C_2O_4+3NaOH = Na_2C_2O_4+NaHC_2O_4+3H_2O$$

可得 $H_2C_2O_4$ 与 NaOH 的体积比为 2∶3。

配套教材习题答案

7-1　解　(1) 酸：H_2CO_3、H_3PO_4、$[Al(H_2O)_6]^{3+}$，共轭碱分别为 HCO_3^-、$H_2PO_4^-$、$[Al(H_2O)_5(OH)]^{2+}$。
(2) 碱：CN^-、PO_4^{3-}，其共轭酸分别为 HCN、HPO_4^{2-}。
(3) 两性物质：HCO_3^-、HPO_4^{2-}、$H_2PO_4^-$、H_2O、NH_3、$[Al(H_2O)_5(OH)]^{2+}$，其共轭碱分别为 CO_3^{2-}、PO_4^{3-}、HPO_4^{2-}、OH^-、NH_2^-、$[Al(H_2O)_4(OH)_2]^+$，其共轭酸分别为 H_2CO_3、$H_2PO_4^-$、H_3PO_4、H_3O^+、NH_4^+、$[Al(H_2O)_6]^{3+}$。

7-2　$H^++OH^- = H_2O$，$(K_w^\ominus)^{-1}=10^{14}$；
$H_3O^++B^- = HB+H_2O$，$(K_{HB}^\ominus)^{-1}$；
$HA+OH^- = A^-+H_2O$，$K_a^\ominus/K_w^\ominus$；
$HA+B^- = A^-+HB$，$K_{HA}^\ominus/K_{HB}^\ominus$。

7-3　解　由 $\alpha(HAc)=\dfrac{c(H^+)}{c(HAc)}$，得

$$c(H^+)=c(HAc)\alpha(HAc)=0.01\times0.042=4.2\times10^{-4}(mol\cdot L^{-1})$$

$$pH=3.38$$

$$K_a^\ominus(HAc)=\frac{[c(H^+)/c^\ominus][c(Ac^-)/c^\ominus]}{c(HAc)/c^\ominus}=\frac{(4.2\times10^{-4})^2}{0.01}=1.7\times10^{-5}$$

7-4　略

7-5　(1) 12.00　(2) 3.04　(3) 11.11　(4) 4.76　(5) 3.67　(6) 9.98

7-6　解　一元弱酸 HB 水溶液的解离平衡式为

$$HB \rightleftharpoons H^++B^-$$

其标准解离平衡常数的表达式为

$$K_a^\ominus(HB)=\frac{c(B^-)/c^\ominus}{c(HB)/c^\ominus}=\frac{c(H^+)^2}{c_0(HB)-c(H^+)}$$

pH=4.0，则 $c(H^+)=1.0\times10^{-4}\ mol\cdot L^{-1}$，代入上式得

$$K_a^\ominus(HB)=\frac{(1.0\times10^{-4})^2}{0.010-1.0\times10^{-4}}=1.0\times10^{-6}$$

$$\alpha(HB)=\frac{c(H^+)}{c_0(HB)}=\frac{1.0\times10^{-4}}{0.010}=1.0\%$$

7-7 解 (1) $c(H^+)=\frac{0.50\times300-0.50\times200}{500}=0.10(mol\cdot L^{-1})$

HCl 是强酸，故 $pH=-lg0.10=1.00$。

(2) 加入 NaOH 后

$$OH^-+NH_4^+ = NH_3+H_2O$$

$$c(NH_4^+)=\frac{0.20\times50-0.20\times50}{100}=0(mol\cdot L^{-1})$$

$$c(NH_3)=\frac{0.20\times50}{100}=0.1(mol\cdot L^{-1})$$

因为$\frac{c_0/c^\ominus}{K_b^\ominus}\geqslant10^{2.81}$，故可用最简式计算。

$$c(OH^-)/c^\ominus=\sqrt{K_b^\ominus\cdot c_0/c^\ominus}=\sqrt{1.8\times10^{-5}\times0.10}=1.34\times10^{-3}$$

$$c(OH^-)=1.34\times10^{-3}(mol\cdot L^{-1})\qquad pH=11.13$$

(3) 反应后

$$c(NH_4^+)=\frac{0.20\times50-0.20\times25}{75}=0.067(mol\cdot L^{-1})$$

$$c(NH_3)=\frac{0.20\times25}{75}=0.067(mol\cdot L^{-1})$$

得

$$pOH=pK_b^\ominus(NH_3)-\lg\frac{c(NH_3)/c^\ominus}{c(NH_4^+)/c^\ominus}=4.75-\lg\frac{0.067}{0.067}=4.75$$

$$pH=9.25$$

(4) 反应后，NH_4^+ 已经反应转变为 NH_3，则

$$c(NH_3)=\frac{0.20\times25}{75}=0.067(mol\cdot L^{-1})$$

$$c(OH^-)=\frac{0.20\times50-0.20\times25}{75}=0.067(mol\cdot L^{-1})$$

由于 NaOH 为强碱，NH_3 为弱碱，且存在同离子效应，故溶液的 pH 取决于 NaOH，$pH=12.83$。

7-8 解 $C_6H_5NH_2$ 完全转变为 $C_6H_5NH_3^+$，$c(C_6H_5NH_3^+)=0.020\ mol\cdot L^{-1}$。

$$K_a^\ominus(C_6H_5NH_3^+)=\frac{K_w^\ominus}{K_b^\ominus(C_6H_5NH_2)}=\frac{10^{-14}}{4.6\times10^{-10}}=2.17\times10^{-5}$$

因为$\frac{c_0/c^\ominus}{K_a^\ominus}=\frac{0.02}{2.17\times10^{-5}}\geqslant10^{2.81}$，故可用最简式计算。

$$c(H^+)/c^\ominus=\sqrt{K_a^\ominus\cdot c_0/c^\ominus}=\sqrt{2.17\times10^{-5}\times0.02}=6.6\times10^{-4}$$

$$c(H^+)=6.6\times10^{-4}(mol\cdot L^{-1})\qquad pH=3.18$$

7-9 解 S^{2-} 为二元离子碱。

$$K_{b_1}^\ominus=\frac{K_w^\ominus}{K_{a_2}^\ominus}=\frac{1.0\times10^{-14}}{1.3\times10^{-13}}=7.7\times10^{-2}$$

$$K_{b_2}^\ominus=\frac{K_w^\ominus}{K_{a_1}^\ominus}=\frac{1.0\times10^{-14}}{1.1\times10^{-7}}=9.1\times10^{-8}$$

因为$\frac{K_{b_1}^\ominus}{K_{b_2}^\ominus}=\frac{7.7\times10^{-2}}{9.1\times10^{-8}}>10^4$，所以可忽略第二步电离，又因为$\frac{c_0/c^\ominus}{K_{b_1}^\ominus}=\frac{0.10}{7.7\times10^{-2}}<10^{2.81}$，所以

$$c(OH^-)/c^\ominus=\frac{-K_{b_1}^\ominus+\sqrt{(K_{b_1}^\ominus)^2+4K_{b_1}^\ominus\cdot c_0(Na_2S)/c^\ominus}}{2}$$

$$=\frac{-7.7\times10^{-2}+\sqrt{(7.7\times10^{-2})^2+4\times7.7\times10^{-2}\times0.10}}{2}$$

$$=0.056$$

$$c(OH^-)=0.056(mol\cdot L^{-1})\qquad pH=12.75$$

	S^{2-}	+	H_2O	══	OH^-	+	HS^-
$c/(mol\cdot L^{-1})$	$0.10-c(OH^-)$				$c(OH^-)$		$c(OH^-)$

$$c(HS^-)=c(OH^-)=5.6\times10^{-2}(mol\cdot L^{-1})$$

$$c(S^{2-})=0.10-5.6\times10^{-2}=4.4\times10^{-2}(mol\cdot L^{-1})$$

$$c(H_2S)=K_{b_2}^\ominus=9.1\times10^{-8}(mol\cdot L^{-1})$$

7-10 解 (1) $c(H^+)=\frac{2.0\times10^{-3}\times14}{400\times10^{-3}}=0.07(mol\cdot L^{-1})$

$$pH=-\lg c(H^+)=-\lg0.07=1.15$$

(2) 要使溶液的 pH=7，需将溶液中的 H^+ 中和，加入的 KOH 的物质的量与其中 H^+ 物质的量相等，则

$$m_{KOH}=M_{KOH}\cdot n_{KOH}=56\times0.07\times400\times10^{-3}=1.568(g)$$

7-11 解 健康人体血液中

$$c_{正常}(H^+)=10^{-pH(正常)}=10^{-7.45\sim-7.35}$$

患病人体血液中

$$c_{患病}(H^+)=10^{-pH(患病)}=10^{-5.90}$$

则两者之比为

$$c(患病):c(正常)=28.2\sim35.5$$

即患病时人体血液中 $c(H^+)$为健康人的 28.2～35.5 倍。

7-12 解

	$HCOO^-$	+	HF	══	$HCOOH$	+	F^-
$c_0/(mol\cdot L^{-1})$	$\frac{10\times0.30}{30}=0.1$		$\frac{20\times0.15}{30}=0.1$				
$c/(mol\cdot L^{-1})$	$0.1-x$		$0.1-x$		x		x

(1) $K^\ominus=\frac{[c(HCOOH)/c^\ominus][c(F^-)/c^\ominus]}{[c(HCOO^-)/c^\ominus][c(HF)/c^\ominus]}=\frac{K_a^\ominus(HF)}{K_a^\ominus(HCOOH)}=\frac{6.3\times10^{-4}}{1.8\times10^{-4}}=3.5$

(2) 由 $\frac{x^2}{(0.1-x)^2}=3.5$，解得 $x=0.066(mol\cdot L^{-1})$。又由 $c(F^-)=0.066\ mol\cdot L^{-1}$，$c(HCOO^-)=0.034\ mol\cdot L^{-1}$，得

$$c(H^+)/c^\ominus=\frac{c(HF)}{c(F^-)}K_a^\ominus(HF)=\frac{0.034}{0.066}\times6.3\times10^{-4}=3.2\times10^{-4}$$

$$c(H^+)=3.2\times10^{-4}(mol\cdot L^{-1})$$

7-13 解

$$3NaOH+H_3PO_4=\!=\!=Na_3PO_4+3H_2O$$

$$NaOH+Na_2HPO_4=\!=\!=Na_3PO_4+3H_2O$$

已知 $n_{NaOH}=0.20\times2.50=0.50(mol)$，$n_{H_3PO_4}=0.20\times0.50=0.10(mol)$，$n_{Na_2HPO_4}=0.20\times2.0=0.40(mol)$，由反应方程式及各物质的初始量可得，反应达到平衡后，Na_2HPO_4 还剩 0.2 mol，生成 PO_4^{3-} 0.3 mol，所得溶液为 HPO_4^{2-}-PO_4^{3-} 缓冲液。

$$pH=pK_{a_3}^{\ominus}(H_3PO_4)+\lg\frac{c(PO_4^{3-})}{c(HPO_4^{2-})}=12.32+\lg\frac{0.3}{0.2}=12.50$$

7-14 解 四种型体的分布系数为

$$\delta(H_3Cit)=\frac{c^3(H^+)}{c^3(H^+)+K_{a_1}^{\ominus}c^2(H^+)+K_{a_1}^{\ominus}K_{a_2}^{\ominus}c(H^+)+K_{a_1}^{\ominus}K_{a_2}^{\ominus}K_{a_3}^{\ominus}}$$

$$\delta(H_2Cit^-)=\frac{K_{a_1}^{\ominus}c^2(H^+)}{c^3(H^+)+K_{a_1}^{\ominus}c^2(H^+)+K_{a_1}^{\ominus}K_{a_2}^{\ominus}c(H^+)+K_{a_1}^{\ominus}K_{a_2}^{\ominus}K_{a_3}^{\ominus}}$$

$$\delta(HCit^{2-})=\frac{K_{a_1}^{\ominus}K_{a_2}^{\ominus}c(H^+)}{c^3(H^+)+K_{a_1}^{\ominus}c^2(H^+)+K_{a_1}^{\ominus}K_{a_2}^{\ominus}c(H^+)+K_{a_1}^{\ominus}K_{a_2}^{\ominus}K_{a_3}^{\ominus}}$$

$$\delta(Cit^{3-})=\frac{K_{a_1}^{\ominus}K_{a_2}^{\ominus}K_{a_3}^{\ominus}}{c^3(H^+)+K_{a_1}^{\ominus}c^2(H^+)+K_{a_1}^{\ominus}K_{a_2}^{\ominus}c(H^+)+K_{a_1}^{\ominus}K_{a_2}^{\ominus}K_{a_3}^{\ominus}}$$

故

$$\frac{c(H_3Cit)}{c(Cit^{3-})}=\frac{c^3(H^+)}{K_{a_1}^{\ominus}K_{a_2}^{\ominus}K_{a_3}^{\ominus}}=\frac{(10^{-1.92})^3}{7.4\times10^{-4}\times1.7\times10^{-5}\times4.0\times10^{-7}}=3.5\times10^8$$

$$\frac{c(H_2Cit^-)}{c(Cit^{3-})}=\frac{K_{a_1}^{\ominus}c^2(H^+)}{K_{a_1}^{\ominus}K_{a_2}^{\ominus}K_{a_3}^{\ominus}}=\frac{(10^{-1.92})^2}{1.7\times10^{-5}\times4.0\times10^{-7}}=2.1\times10^7$$

$$\frac{c(HCit^{2-})}{c(Cit^{3-})}=\frac{K_{a_1}^{\ominus}K_{a_2}^{\ominus}c(H^+)}{K_{a_1}^{\ominus}K_{a_2}^{\ominus}K_{a_3}^{\ominus}}=\frac{10^{-1.92}}{4.0\times10^{-7}}=3.0\times10^4$$

7-15 解 设应加入 m g $(NH_4)_2SO_4$。由 pOH=14−9.20=4.80，据缓冲溶液 pH 计算公式，有

$$pOH=pK_b^{\ominus}(NH_3)-\lg\frac{c(NH_3)/c^{\ominus}}{c(NH_4^+)/c^{\ominus}}$$

$$4.80=4.74-\lg\frac{1.0}{c(NH_4^+)/c^{\ominus}}$$

$$c(NH_4^+)=1.1(mol\cdot L^{-1})$$

需 $(NH_4)_2SO_4$ 固体的质量为

$$m=1.1\times0.5\times132\div2=36.3(g)$$

需浓氨水的体积为

$$V=\frac{1.0\times500}{15}=33.3(mL)$$

7-16 解 (1) $pH\approx\frac{1}{2}(pK_{a_1}^{\ominus}+pK_{a_2}^{\ominus})=\frac{1}{2}\times(3.0+4.4)=3.7$

由于酒石酸($pK_{a_1}^{\ominus}=3.0$，$pK_{a_2}^{\ominus}=4.4$)的两级解离常数接近，故 KHA 酸式解离和碱式解离都较强烈。

$$HA^-+H_2O \rightleftharpoons H_2A+OH^- \quad ①$$

$$HA^- \rightleftharpoons A^{2-}+H^+ \quad ②$$

由式①得

$$pH=pK_{a_1}^{\ominus}-\lg\frac{c(H_2A)}{c(HA^-)}$$

$$3.7=3.0-\lg\frac{c(H_2A)}{c(HA^-)}$$

解得

$$\frac{c(H_2A)}{c(HA^-)}=0.2$$

由式②得

$$pH = pK_{a_2}^{\ominus} - \lg \frac{c(HA^-)}{c(A^{2-})}$$

$$3.7 = 4.4 - \lg \frac{c(HA^-)}{c(A^{2-})}$$

解得

$$\frac{c(A^{2-})}{c(HA^-)} = 0.2$$

由于两组共轭酸碱对浓度的比值为(10∶1)～(1∶10),故存在KHA溶液缓冲能力。

(2) 若其两级 $pK_a^{\ominus}$ 相差较大,KHA酸式解离和碱式解离都较弱,共轭酸碱对浓度的比值超出(10∶1)～(1∶10),则失去缓冲能力。

第 8 章　沉 淀 反 应

本章提要

本章应用化学平衡原理讨论沉淀-溶解平衡规律，得出溶度积规则，依据此规则可以控制离子的浓度，使沉淀生成、溶解、转化或分步沉淀。

教学大纲基本要求

（1）掌握沉淀-溶解平衡和溶度积的基本概念。

（2）弄清难溶电解质溶解度、溶度积和离子积的关系，并熟练进行有关计算。

（3）掌握沉淀生成与溶解的条件、分步沉淀与沉淀转化的原理，并进行有关计算。

（4）掌握介质酸度对沉淀-溶解平衡的影响，熟练判断常见金属氢氧化物、硫化物的沉淀条件及金属离子分离条件。

（5）理解配位反应、氧化还原反应对沉淀-溶解平衡的影响。

（6）理解同离子效应和盐效应对沉淀-溶解平衡的影响。

重点难点

（1）溶度积常数 $K_{sp}^{\ominus}$ 的表达式及其意义。

（2）沉淀生成与溶解的条件、分步沉淀与沉淀转化的原理及有关计算。

检测题

1. 25 ℃时向含有等浓度（0.1 $mol \cdot L^{-1}$）的 KCl、KI、K_2CrO_4 混合液中逐滴加入稀 $AgNO_3$ 溶液，沉淀的先后顺序是（　　）。

   A. AgI-Ag_2CrO_4-AgCl　　B. AgI-AgCl-Ag_2CrO_4

   C. Ag_2CrO_4-AgCl-AgI　　D. AgCl-AgI-Ag_2CrO_4

2. 向一含 Pb^{2+} 和 Sr^{2+} 的溶液中逐滴加入 Na_2SO_4，首先有 $SrSO_4$ 生成，由此可知（　　）。

   A. $K_{sp}^{\ominus}(PbSO_4) > K_{sp}^{\ominus}(SrSO_4)$

   B. $c(Pb^{2+}) > c(Sr^{2+})$

   C. $c(Pb^{2+})/c(Sr^{2+}) > K_{sp}^{\ominus}(PbSO_4)/K_{sp}^{\ominus}(SrSO_4)$

   D. $c(Pb^{2+})/c(Sr^{2+}) < K_{sp}^{\ominus}(PbSO_4)/K_{sp}^{\ominus}(SrSO_4)$

3. 在相同温度下，AgCl 固体在下列溶液中溶解度最大的是（　　）。

   A. 0.1 $mol \cdot L^{-1}$ HCl　　B. 0.1 $mol \cdot L^{-1}$ $AgNO_3$

   C. 1 $mol \cdot L^{-1}$ $NaNO_3$　　D. 6 $mol \cdot L^{-1}$ $NH_3 \cdot H_2O$

4. 测得某温度下难溶物 $M(OH)_2$ 饱和溶液的 pH＝10.00，则此难溶物的 $K_{sp}^{\ominus}$ 为（　　）。

   A. 5.0×10^{-13}　　B. 1.0×10^{-13}　　C. 1.0×10^{-8}　　D. 2.0×10^{-12}

5. 下列叙述正确的是(　　)。

A. 0.10 mol·L^{-1} NaCN 溶液的 pH 比同浓度的 NaF 溶液的 pH 大,这表明 CN^- 的 $K_b^\ominus$ 值比 F^- 的 $K_b^\ominus$ 值大

B. AgCl 的 $K_{sp}^\ominus=1.8\times10^{-10}$,这意味着所有含有 AgCl 的溶液中,$c(Ag^+)=c(Cl^-)$,并且 $c(Ag^+)\cdot c(Cl^-)=1.8\times10^{-10}$

C. PbI_2 和 $CaCO_3$ 的溶度积均近似为 10^{-9},则两者的饱和溶液中 $c(Pb^{2+})\approx c(Ca^{2+})$

D. $NaHSO_4$ 和 Na_2SO_4 溶液混合,可配成缓冲溶液

6. PbI_2、$CaCO_3$ 两难溶电解质的 $K_{sp}^\ominus$数值相近。在 PbI_2、$CaCO_3$ 两饱和水溶液中(　　)。

A. $c(Pb^{2+})\approx c(Ca^{2+})$　　B. $c(Pb^{2+})>c(Ca^{2+})$

C. $c(Pb^{2+})<c(Ca^{2+})$　　D. $c(I^-)<c(CO_3^{2-})$

7. 某溶液中含有 Ag^+、Pb^{2+}、Ba^{2+},浓度均为 0.10 mol·L^{-1},往溶液中滴加 K_2CrO_4 试剂,各离子开始沉淀的顺序为(　　)。[已知 $K_{sp}^\ominus(Ag_2CrO_4)=1.12\times10^{-12}$,$K_{sp}^\ominus(BaCrO_4)=1.17\times10^{-10}$,$K_{sp}^\ominus(PbCrO_4)=2.8\times10^{-13}$]

A. $PbCrO_4$、$BaCrO_4$、Ag_2CrO_4　　B. $BaCrO_4$、$PbCrO_4$、Ag_2CrO_4

C. Ag_2CrO_4、$PbCrO_4$、$BaCrO_4$　　D. $PbCrO_4$、Ag_2CrO_4、$BaCrO_4$

8. 难溶电解质 FeS、ZnS、CuS 中,有的溶于 HCl,有的不溶于 HCl,其主要原因是(　　)。

A. 摩尔质量不同　　B. 中心离子与 Cl^- 的配位能力不同

C. $K_{sp}^\ominus$不同　　D. 溶解速率不同

9. 下列有关分步沉淀的叙述正确的是(　　)。

A. 溶解度小的先沉淀出来

B. 沉淀时所需沉淀剂浓度最小的先沉淀出来

C. 溶度积小的先沉淀出来

D. 被沉淀离子浓度大的先沉淀出来

10. 下列叙述正确的是(　　)。

A. 难溶电解质离子浓度的乘积就是该物质的溶度积常数

B. $K_{sp}^\ominus$大的难溶电解质,其溶解度大

C. 对用水稀释后仍含有 AgCl(s)的溶液来说,稀释前后 AgCl 的溶解度和它的溶度积常数均不变

D. 对于大多数难溶电解质来说,利用 $K_{sp}^\ominus$计算得到的溶解度(不考虑副反应)大于实际溶解度

11. 难溶电解质 AB_2 在水中溶解,反应式为 $AB_2(s)=\!=\!=A^{2+}(aq)+2B^-(aq)$,当达到平衡时,难溶物 AB_2 的溶解度 S mol·L^{-1}与溶度积 $K_{sp}^\ominus(AB_2)$的关系是(　　)。

A. $S/c^\ominus=(2K_{sp}^\ominus)^2$　　B. $S/c^\ominus=(K_{sp}^\ominus/4)^{1/3}$

C. $S/c^\ominus=(K_{sp}^\ominus/2)^{1/2}$　　D. $S/c^\ominus=(K_{sp}^\ominus/27)^{1/4}$

12. 在 CaF_2 饱和溶液中,下列关系正确的是(　　)。

A. $2c(Ca^{2+})=c(F^-)$,$K_{sp}^\ominus(CaF_2)=[c(Ca^{2+})/c^\ominus][c(F^-)/c^\ominus]^2$

B. $2c(Ca^{2+})=c(F^-)+c(HF)$,$K_{sp}^\ominus(CaF_2)=[c(Ca^{2+})/c^\ominus][c(F^-)/c^\ominus]$

C. $2c(Ca^{2+})=c(F^-)+c(HF)$,$K_{sp}^\ominus(CaF_2)=[c(Ca^{2+})/c^\ominus][c(F^-)+c(HF)/c^\ominus]$

D. $2c(Ca^{2+})=c(F^-)+c(HF)$,$K_{sp}^\ominus(CaF_2)=[c(Ca^{2+})/c^\ominus][c(F^-)/c^\ominus]^2$

13. 在 $CaCO_3$ 和 CaC_2O_4 混合溶液中加入足量 HCl，结果是(　　)。

A. $CaCO_3$ 溶　　B. CaC_2O_4 溶　　C. 两者全溶　　D. 两者全不溶

14. 欲使 $BaSO_4$($K_{sp}^{\ominus}=1.08\times10^{-10}$)转化为 $BaCO_3$($K_{sp}^{\ominus}=2.58\times10^{-9}$)，介质溶液必须满足的条件是(　　)。

A. $c(CO_3^{2-})>24c(SO_4^{2-})$　　B. $c(CO_3^{2-})>0.04c(SO_4^{2-})$

C. $c(CO_3^{2-})<24c(SO_4^{2-})$　　D. $c(CO_3^{2-})<0.04c(SO_4^{2-})$

15. 向 0.01 mol·L^{-1} Cl^-、0.1 mol·L^{-1} I^- 的溶液中加入足量 $AgNO_3$，使 AgCl、AgI 均有沉淀生成，此时溶液中离子浓度之比 $c(Cl^-)/c(I^-)$ 为(　　)。[$K_{sp}^{\ominus}$(AgCl)≈1.0×10^{-10}，$K_{sp}^{\ominus}$(AgI)≈1.0×10^{-16}]

A. 0.1　　B. 10^{-6}

C. 10^6　　D. 与所加的 $AgNO_3$ 量有关

16. 将 MnS 溶解在 HAc 溶液中，系统的 pH 将(　　)。

A. 不变　　B. 变大　　C. 变小　　D. 无法判断

17. 已知 $K_{sp}^{\ominus}(Ag_2SO_4)=1.2\times10^{-5}$，$K_{sp}^{\ominus}$(AgCl)≈$1.77\times10^{-10}$，$K_{sp}^{\ominus}(BaSO_4)=1.08\times10^{-10}$，将等体积的 0.0020 mol·$L^{-1}$ Ag_2SO_4 与 2.0×10^{-6} mol·L^{-1} $BaCl_2$ 溶液混合，则生成物为(　　)。

A. $BaSO_4$ 沉淀　　B. AgCl 沉淀

C. $BaSO_4$ 和 AgCl 沉淀　　D. Ag_2SO_4 沉淀

18. 某难溶电解质 A_2B_3 在水中的溶解度 $S(A_2B_3)=1.0\times10^{-6}$ mol·L^{-1}，则在其饱和溶液中，$c(A^{2+})=$________，$c(B^{3-})=$________，$K_{sp}^{\ominus}(A_2B_3)=$________。(设 A_2B_3 溶解后完全解离，且无副反应发生)

19. 在(1)$CaCO_3$($K_{sp}^{\ominus}=3.36\times10^{-9}$)，(2)$CaF_2$($K_{sp}^{\ominus}=1.46\times10^{-10}$)，(3)$Ca_3(PO_4)_2$($K_{sp}^{\ominus}=2.1\times10^{-33}$)的饱和溶液中，$Ca^{2+}$ 浓度由大到小的顺序是____________。

20. 已知 $K_{sp}^{\ominus}(PbI_2)=9.8\times10^{-9}$，$K_{sp}^{\ominus}(PbCrO_4)=2.8\times10^{-13}$，若将 $PbCrO_4$ 沉淀转化为 PbI_2 沉淀，转化反应的离子方程式为____________，其标准平衡常数 $K^{\ominus}=$__________。

21. 已知 $K_{sp}^{\ominus}(CaF_2)=1.5\times10^{-10}$，$K_{sp}^{\ominus}(CaCO_3)=3.36\times10^{-9}$，在含有 CaF_2 和 $CaCO_3$ 沉淀的溶液中，$c(F^-)=2.0\times10^{-4}$ mol·L^{-1}，则 $c(CO_3^{2-})=$____________ mol·L^{-1}。

22. 在 100 mL 0.2 mol·L^{-1} $MnCl_2$ 溶液中，加入 100 mL 含有 NH_4Cl 的 0.01 mol·L^{-1} 氨溶液，则在此氨溶液中需含多少克 NH_4Cl 才不致生成 $Mn(OH)_2$ 沉淀？[忽略体积变化，$Mn(OH)_2$ 的 $K_{sp}^{\ominus}=2.0\times10^{-13}$]

23. 已知 $\Delta_f G_m^{\ominus}(Ag^+,aq)=77.12$ kJ·mol^{-1}，$\Delta_f G_m^{\ominus}(Br^-,aq)=-104.0$ kJ·mol^{-1}，$\Delta_f G_m^{\ominus}(AgBr,s)=-96.9$ kJ·mol^{-1}，计算 298.15 K 时 AgBr 的 $K_{sp}^{\ominus}$。

检测题参考答案

1. B　2. D　3. D　4. A　5. A　6. B　7. D　8. C　9. B

10. C　11. B　12. D　13. C　14. A　15. C　16. B　17. C

18. 2.0×10^{-6} mol·L^{-1}，3.0×10^{-6} mol·L^{-1}，1.1×10^{-28}。

19. (2)>(1)>(3)。

20. $PbCrO_4+2I^-$ ══ $PbI_2+CrO_4^{2-}$，2.86×10^{-5}。

21. 8.96×10^{-7}。

22. 解　$K_{sp}^{\ominus}=[c(Mn^{2+})/c^{\ominus}][c(OH^-)/c^{\ominus}]^2$

$c(OH^-)/c^{\ominus}=(K_{sp}^{\ominus}/[c(Mn^{2+})/c^{\ominus}])^{1/2}=(2.0\times10^{-13}/0.1)^{1/2}=1.4\times10^{-6}(mol\cdot L^{-1})$

	$NH_3\cdot H_2O$	══	NH_4^+	+	OH^-
$c/(mol\cdot L^{-1})$	$0.005-1.4\times10^{-6}$		$m/53.5\times0.2$		1.4×10^{-6}

$$K_b^{\ominus}=[c(NH_4^+)/c^{\ominus}][c(OH^-)/c^{\ominus}]/[c(NH_3)/c^{\ominus}]$$

解得 $m=0.69(g)$。

23. 解

	$AgBr(s)$	══	Ag^+	+	Br^-
$\Delta_f G_m^{\ominus}/(kJ\cdot mol^{-1})$	-96.9		77.12		-104.0

$$\Delta_r G_m^{\ominus}=-104.0+77.12-(-96.9)=70.02(kJ\cdot mol^{-1})$$

$$\ln K_{sp}^{\ominus}=-70.02/(0.00831\times298.15)=-28.26$$

解得 $K_{sp}^{\ominus}(AgBr)=5.3\times10^{-13}$。

配套教材习题答案

8-1　解　(1) 不完全正确。对于同类型的难溶电解质，当被沉淀离子浓度相同或相近时，沉淀物溶度积小的先沉淀，溶度积大的则后沉淀。若生成难溶电解质的类型不同，或者被沉淀离子的初始浓度不同，则不能简单地通过比较溶度积的大小判断沉淀出现的先后顺序。

(2) 不正确。加入过量沉淀剂会因盐效应及可能发生的副反应，如酸效应、配位效应等，使沉淀溶解度反而增大。因此沉淀剂的量一般以过量20%～50%为宜。

(3) 不正确。难溶电解质在水溶液中的沉淀-溶解平衡始终存在，任何一种离子都不可能被100%沉淀析出。一般认为，当溶液中残留离子浓度低于 $10^{-5}\ mol\cdot L^{-1}$ 时，认为该离子已被定性沉淀完全；当溶液中残留离子浓度低于 $10^{-6}\ mol\cdot L^{-1}$ 时，认为该离子已被定量沉淀完全。

8-2　解　平衡时

	$Fe(OH)_3(s)$ ══	$Fe^{3+}(aq)$	$+3OH^-(aq)$
$c/(mol\cdot L^{-1})$		S	$3S$

因为

$$K_{sp}^{\ominus}[Fe(OH)_3]=[c(Fe^{3+})/c^{\ominus}]\cdot[c(OH^-)/c^{\ominus}]^3=(S/c^{\ominus})\cdot(3S/c^{\ominus})^3=27(S/c^{\ominus})^4$$

所以

$$S/c^{\ominus}=\sqrt[4]{\frac{K_{sp}^{\ominus}}{27}}=\sqrt[4]{\frac{2.79\times10^{-39}}{27}}=1.01\times10^{-10}$$

即 $S=1.01\times10^{-10}(mol\cdot L^{-1})$。

由以上计算结果可计算出 $c(OH^-)$ 约为 $3\times10^{-10}\ mol\cdot L^{-1}$，溶液显酸性，显然不合理。在计算溶度积极小的难溶氢氧化物溶解度时，不能忽略水的离解，因为溶液中的 OH^- 主要来自水的解离。正确合理的近似计算方法如下：

因为氢氧化铁在水中溶解度极小，溶液pH约为7.0，即 $c(OH^-)=1.0\times10^{-7}\ mol\cdot L^{-1}$。

$$S=c(Fe^{3+})=c^{\ominus}\frac{K_{sp}^{\ominus}}{[c(OH^-)/c^{\ominus}]^3}=\frac{2.79\times10^{-39}}{(1.0\times10^{-7})^3}=2.79\times10^{-18}(mol\cdot L^{-1})$$

8-3　解　由于同离子效应，AgCl在 $0.01\ mol\cdot L^{-1}$ NaCl、$0.01\ mol\cdot L^{-1}$ $CaCl_2$ 溶液中的溶解度小于纯水，而 $0.01\ mol\cdot L^{-1}$ $CaCl_2$ 中 $c(Cl^-)$ 大于 $0.01\ mol\cdot L^{-1}$ NaCl，故AgCl溶解度大小为 $0.01\ mol\cdot L^{-1}$ $CaCl_2$ < $0.01\ mol\cdot L^{-1}$ NaCl < 纯水。离子强度 $0.01\ mol\cdot L^{-1}$ $Mg(NO_3)_2$ > $0.01\ mol\cdot L^{-1}$ $NaNO_3$，所以溶液中离子活度 $0.01\ mol\cdot L^{-1}$ $Mg(NO_3)_2$ < $0.01\ mol\cdot L^{-1}$

$NaNO_3$，故 AgCl 在其中的溶解度大小为 0.01 mol·L^{-1} $Mg(NO_3)_2$＞0.01 mol·L^{-1} $NaNO_3$＞纯水。

总之，AgCl 溶解度大小为 0.01 mol·L^{-1} $CaCl_2$＜0.01 mol·L^{-1} NaCl＜纯水＜0.01 mol·L^{-1} $NaNO_3$＜0.01 mol·L^{-1} $Mg(NO_3)_2$。

8-4 解 (1)

$$\begin{array}{lcc} & Mg(OH)_2(s) \rightleftharpoons Mg^{2+}(aq) + 2OH^-(aq) \\ c/(\text{mol}\cdot\text{L}^{-1}) & \quad S \qquad\qquad 2S \end{array}$$

因为

$$K_{sp}^{\ominus}[Mg(OH)_2] = [c(Mg^{2+})/c^{\ominus}]\cdot[c(OH^-)/c^{\ominus}]^2 = (S/c^{\ominus})\cdot(2S/c^{\ominus})^2 = 4(S/c^{\ominus})^3$$

所以

$$S/c^{\ominus} = \sqrt[3]{\frac{K_{sp}^{\ominus}}{4}} = \sqrt[3]{\frac{5.61\times10^{-12}}{4}} = 1.1\times10^{-4}$$

即 $S=1.1\times10^{-4}$(mol·L^{-1})。

(2)

$$\begin{array}{lccc} & Mg(OH)_2(s) \rightleftharpoons & Mg^{2+}(aq) & + \; 2OH^-(aq) \\ c/(\text{mol}\cdot\text{L}^{-1}) & & S & 0.01+2S\approx0.01 \end{array}$$

因为

$$K_{sp}^{\ominus}[Mg(OH)_2] = [c(Mg^{2+})/c^{\ominus}]\cdot[c(OH^-)/c^{\ominus}]^2 = (S/c^{\ominus})\cdot(0.01/c^{\ominus})^2 = (S/c^{\ominus})\times10^{-4}$$

所以

$$S/c^{\ominus} = K_{sp}^{\ominus}/10^{-4} = 5.61\times10^{-12}/10^{-4} = 5.61\times10^{-8}$$

即 $S=5.61\times10^{-8}$(mol·L^{-1})。

(3)

$$\begin{array}{lccc} & Mg(OH)_2(s) \rightleftharpoons & Mg^{2+}(aq) & + \; 2OH^-(aq) \\ c/(\text{mol}\cdot\text{L}^{-1}) & & 0.01+S\approx0.01 & 2S \end{array}$$

因为

$$\begin{aligned} K_{sp}^{\ominus}[Mg(OH)_2] &= [c(Mg^{2+})/c^{\ominus}]\cdot[c(OH^-)/c^{\ominus}]^2 = (0.01/c^{\ominus})\cdot(2S/c^{\ominus})^2 \\ &= 4(S/c^{\ominus})^2\times10^{-2} \end{aligned}$$

所以

$$S/c^{\ominus} = \sqrt{\frac{K_{sp}^{\ominus}}{4\times10^{-2}}} = \sqrt{\frac{5.61\times10^{-12}}{4\times10^{-2}}} = 1.2\times10^{-5}$$

即 $S=1.2\times10^{-5}$(mol·L^{-1})。

8-5 解

$$CaF_2 \rightleftharpoons Ca^{2+} + 2F^-$$

由

$$F^- + H^+ \rightleftharpoons HF$$

得

$$pH = pK_a^{\ominus}(HF) - \lg\frac{c(HF)}{c(F^-)} \qquad \frac{c(HF)}{c(F^-)} = 0.016$$

根据 $2c(Ca^{2+}) = c(HF) + c(F^-) = 2S$，得 $c(F^-) = 2S/1.016$。

$$K_{sp}^{\ominus}(CaF_2) = (S/c^{\ominus})(2S/1.016c^{\ominus})^2$$

所以 $S=3.35\times10^{-4}$(mol·L^{-1})。

8-6 解

$$H_2S(aq) \rightleftharpoons 2H^+(aq) + S^{2-}(aq)$$

因为

$$K_{a_1}^{\ominus}\cdot K_{a_2}^{\ominus} = \frac{[c(H^+)/c^{\ominus}]^2\cdot[c(S^{2-})/c^{\ominus}]}{[c(H_2S)/c^{\ominus}]} = 1.1\times10^{-7}\times1.3\times10^{-13} = 1.43\times10^{-20}$$

可得

$$\frac{(0.3)^2\times c(S^{2-})/c^\ominus}{0.10}=1.43\times10^{-20}$$

所以 $c(S^{2-})=1.59\times10^{-20}(mol\cdot L^{-1})$。

又因为

$$Q=[c(Cd^{2+})/c^\ominus]\cdot[c(S^{2-})/c^\ominus]=0.1\times1.59\times10^{-20}=1.59\times10^{-21}$$

而 $K_{sp}^\ominus(CdS)=8.0\times10^{-27}$，即 $Q>K_{sp}^\ominus$，所以有 CdS 沉淀生成。

8-7 解 (1) 混合后，$c(Mg^{2+})=0.25\ mol\cdot L^{-1}$，$c(NH_3)=0.05\ mol\cdot L^{-1}$。

因为 $\frac{c_0/c^\ominus}{K_b^\ominus}=\frac{0.05}{1.77\times10^{-5}}>10^{2.81}$，所以

$$c(OH^-)/c^\ominus=\sqrt{K_b^\ominus\cdot c_0/c^\ominus}=\sqrt{1.77\times10^{-5}\times0.05}=9.41\times10^{-4}$$

又因为

$$\begin{aligned}Q&=[c(Mg^{2+})/c^\ominus]\cdot[c(OH^-)/c^\ominus]^2=0.25\times(9.41\times10^{-4})^2\\&=2.21\times10^{-7}>K_{sp}^\ominus[Mg(OH)_2]\end{aligned}$$

所以有 $Mg(OH)_2$ 沉淀生成。

(2) 设应加入 x g $NH_4Cl(s)$，若要防止 $Mg(OH)_2$ 沉淀生成，则

$$c(OH^-)/c^\ominus<\sqrt{\frac{K_{sp}^\ominus[Mg(OH)_2]}{c(Mg^{2+})/c^\ominus}}=\sqrt{\frac{5.60\times10^{-12}}{0.25}}=4.74\times10^{-6}$$

由

$$c(OH^-)/c^\ominus=\frac{K_b^\ominus\cdot c(NH_3)/c^\ominus}{c(NH_4^+)/c^\ominus}=\frac{1.77\times10^{-5}\times0.05}{x\div53.5\div0.04}=4.74\times10^{-6}$$

得

$$x=4.74\times10^{-6}\times53.5\times0.04\div(1.77\times10^{-5}\times0.05)=0.399(g)$$

8-8 解 (1) $n(NaOH)=75\times10^{-3}\times0.20=0.015(mol)$

$n(H_2C_2O_4)=25\times10^{-3}\times0.40=0.010(mol)$

$$H_2C_2O_4+NaOH=\!=\!=NaHC_2O_4+H_2O$$

$$NaHC_2O_4+NaOH=\!=\!=Na_2C_2O_4+H_2O$$

故反应完成后，该溶液中有 0.005 mol $NaHC_2O_4$ 和 0.005 mol $Na_2C_2O_4$。

$$pH=pK_{a_2}^\ominus(H_2C_2O_4)+\lg\frac{c(Na_2C_2O_4)/c^\ominus}{c(NaHC_2O_4)/c^\ominus}=4.27$$

(2) $c(Mg^{2+})/c^\ominus=\frac{0.001\times2.0}{0.101}$ $\qquad c(C_2O_4^{2-})/c^\ominus=\frac{0.005}{0.101}$

$c(OH^-)/c^\ominus=10^{-(14-4.27)}=1.86\times10^{-10}$

$Q(MgC_2O_4)=[c(Mg^{2+})/c^\ominus]\cdot[c(C_2O_4^{2-})/c^\ominus]$

$$=\frac{0.001\times2.0}{0.101}\times\frac{0.005}{0.101}=9.8\times10^{-4}>K_{sp}^\ominus(MgC_2O_4)=8.6\times10^{-5}$$

故有 MgC_2O_4 沉淀生成。

$$\begin{aligned}Q[Mg(OH)_2]&=[c(Mg^{2+})/c^\ominus]\cdot[c(OH^-)/c^\ominus]^2\\&=\frac{0.001\times2.0}{0.101}\times(1.86\times10^{-10})^2\\&=6.85\times10^{-22}<K_{sp}^\ominus[Mg(OH)_2]=5.61\times10^{-12}\end{aligned}$$

故没有 $Mg(OH)_2$ 沉淀生成。

8-9 解 设所需 HCl 浓度为 c mol·L^{-1}。

$$ZnS(s) + 2H^+(aq) \rightleftharpoons Zn^{2+}(aq) + H_2S(aq)$$

$$c/(mol \cdot L^{-1}) \qquad c-0.1\times 2 \qquad 0.1 \qquad 0.1$$

$$K^{\ominus}=\frac{K_{sp}^{\ominus}(ZnS)}{K_{a_1}^{\ominus}\cdot K_{a_2}^{\ominus}}=\frac{1.6\times 10^{-24}}{1.43\times 10^{-20}}=1.12\times 10^{-4}$$

$$=\frac{[c(Zn^{2+})/c^{\ominus}]\cdot[c(H_2S)/c^{\ominus}]}{[c(H^+)/c^{\ominus}]^2}=\frac{(0.1)^2}{(c-0.2)^2}$$

计算可得

$$c(H^+)/c^{\ominus}=9.45$$

$$c(HCl)=c(H^+)+0.1\times 2=9.65(mol\cdot L^{-1})$$

8-10 解 开始出现沉淀时的 pH 分别为

$$Mn(OH)_2(s) \rightleftharpoons Mn^{2+}(aq)+2OH^-(aq)$$

$$c(OH^-)/c^{\ominus}=\sqrt{\frac{K_{sp}^{\ominus}[Mn(OH)_2]}{c(Mn^{2+})/c^{\ominus}}}=\sqrt{\frac{1.9\times 10^{-13}}{0.10}}=1.38\times 10^{-6}$$

$$pH=8.14$$

$$Fe(OH)_3(s) \rightleftharpoons Fe^{3+}(aq)+3OH^-(aq)$$

$$c(OH^-)/c^{\ominus}=\sqrt[3]{\frac{K_{sp}^{\ominus}[Fe(OH)_3]}{c(Fe^{3+})/c^{\ominus}}}=\sqrt[3]{\frac{2.79\times 10^{-39}}{0.10}}=3.03\times 10^{-13}$$

$$pH=1.52$$

所以，Fe^{3+} 将先沉淀。

当 Fe^{3+} 完全沉淀时，$c(Fe^{3+})/c^{\ominus}\leqslant 10^{-5}$ mol·L^{-1}，此时溶液的最低 pH 为

$$c(OH^-)/c^{\ominus}=\sqrt[3]{\frac{K_{sp}^{\ominus}[Fe(OH)_3]}{c(Fe^{3+})/c^{\ominus}}}=\sqrt[3]{\frac{2.79\times 10^{-39}}{10^{-5}}}=6.53\times 10^{-12}$$

$$pH=2.82$$

因此，使 Fe^{3+} 和 Mn^{2+} 完全分离的溶液 pH 为 2.82～8.14。

8-11 解 假设 1 L 溶液中能溶解 $CaCO_3$ x mol，反应方程式如下：

$$CaCO_3(s)+2HAc \rightleftharpoons Ca^{2+}+H_2CO_3+2Ac^-$$

$$c/(mol\cdot L^{-1}) \qquad 1.0 \qquad x \qquad 0.04 \qquad 2x$$

$$K^{\ominus}=\frac{c(Ca^{2+})c(H_2CO_3)[c(Ac^-)]^2}{[c(HAc)]^2}=\frac{K_{sp}^{\ominus}(CaCO_3)\cdot[K_a^{\ominus}(HAc)]^2}{K_{a_1}^{\ominus}(H_2CO_3)\cdot K_{a_2}^{\ominus}(H_2CO_3)}$$

$$=\frac{3.36\times 10^{-9}\times(1.7\times 10^{-5})^2}{4.5\times 10^{-7}\times 4.7\times 10^{-11}}$$

$$=4.59\times 10^{-2}$$

$$\frac{x\cdot 0.04\cdot(2x)^2}{1.0^2}=4.59\times 10^{-2}$$

解得 $x=0.66$(mol)。所以，HAc 的最初浓度为

$$c_0(HAc)=1.0+2\times 0.66=2.32(mol\cdot L^{-1})$$

8-12 解 沉淀-溶解平衡如下：

$$Ag^+ \quad + \quad Ac^- \rightleftharpoons AgAc\downarrow$$

$$c_0/(mol\cdot L^{-1}) \qquad \frac{0.2\times 0.03}{0.03+0.05}=0.075 \qquad \frac{0.2\times 0.05}{0.03+0.05}=0.125$$

$$c/(mol\cdot L^{-1}) \qquad 0.05 \qquad 0.125-0.075+0.05$$

$$K_{sp}^{\ominus}(AgAc)=[c(Ag^{+})/c^{\ominus}]\cdot[c(Ac^{-})/c^{\ominus}]=0.05\times0.10=5.0\times10^{-3}$$

8-13 解 (1) 总溶解反应式为

$$Fe(OH)_3(s)+3HAc(l) \xlongequal{} Fe^{3+}(aq)+3Ac^{-}(aq)+3H_2O(l)$$

$$K^{\ominus}=K_{sp}^{\ominus}[Fe(OH)_3]\cdot\left[\frac{K_a^{\ominus}(HAc)}{K_w^{\ominus}}\right]^3=2.79\times10^{-39}\times\left(\frac{1.7\times10^{-5}}{1.0\times10^{-14}}\right)^3=1.37\times10^{-65}$$

因为标准平衡常数很小，说明无法溶解。

(2) 各分步反应式为

$$MnS(s) \xlongequal{} Mn^{2+}(aq)+S^{2-}(aq)$$

$$H_2S(aq) \xlongequal{} H^{+}(aq)+HS^{-}(aq)$$

$$HS^{-}(aq) \xlongequal{} H^{+}(aq)+S^{2-}(aq)$$

总溶解反应式为

$$MnS(s)+2H^{+}(aq) \xlongequal{} Mn^{2+}(aq)+2H_2S(l)$$

$$K^{\ominus}=\frac{K_{sp}^{\ominus}(MnS)}{K_{a_1}^{\ominus}(H_2S)\cdot K_{a_2}^{\ominus}(H_2S)}=\frac{2.5\times10^{-13}}{1.43\times10^{-20}}=1.75\times10^{7}$$

因为标准平衡常数很大，说明可以溶解。

8-14 解 (1) AgI 用 Na_2CO_3 处理的总反应式为

$$2AgI(s)+CO_3^{2-}(aq) \xlongequal{} Ag_2CO_3(s)+2I^{-}(aq)$$

标准平衡常数为

$$K^{\ominus}=\frac{[K_{sp}^{\ominus}(AgI)]^2}{K_{sp}^{\ominus}(Ag_2CO_3)}=\frac{(8.52\times10^{-17})^2}{8.46\times10^{-12}}=8.58\times10^{-22}$$

因为标准平衡常数很小，说明无法转化。

(2) AgI 用$(NH_4)_2S$处理的总反应式为

$$2AgI(s)+S^{2-}(aq) \xlongequal{} Ag_2S(s)+2I^{-}(aq)$$

标准平衡常数为

$$K^{\ominus}=\frac{[K_{sp}^{\ominus}(AgI)]^2}{K_{sp}^{\ominus}(Ag_2S)}=\frac{(8.52\times10^{-17})^2}{6.3\times10^{-50}}=1.2\times10^{17}$$

因为标准平衡常数很大，说明可以转化。

第9章 配位化合物

本章提要

本章主要介绍配位化合物的基本概念(配合物的组成、命名、分类)、微观结构所涉及的基础理论及配位化学的发展与应用。

教学大纲基本要求

(1) 了解配合物内界、外界、中心原(离)子、配体、配位原子及螯合物等基本概念。

(2) 能根据化学式命名配合物。

(3) 了解配合物结构的价键理论要点。

(4) 理解配合物稳定常数概念,能进行有关近似计算。

(5) 理解配体酸效应、沉淀反应、氧化还原反应等影响配位平衡移动的因素,并能进行有关简单的近似计算。

重点难点

(1) 关于配合物的基本概念、配合物的命名。

(2) 配合物结构的价键理论要点。

(3) 配位平衡的近似处理。

(4) 配体酸效应对配位反应的影响,沉淀反应、氧化还原反应与配位反应的相互影响。

检测题

1. 下列物质在同浓度 $Na_2S_2O_3$ 溶液中溶解度($mol \cdot L^{-1}$)最大的是(　　)。

   A. Ag_2S　　B. AgBr　　C. AgCl　　D. AgI

2. 关于外轨型配合物与内轨型配合物的区别,下列说法不正确的是(　　)。

   A. 外轨型配合物中配位原子的电负性比内轨型配合物中配位原子的电负性大

   B. 外轨型配合物中心离子轨道杂化方式是 ns、np、nd 轨道杂化,而内轨型配合物中心离子轨道杂化方式是$(n-1)$d、ns、np 轨道杂化

   C. 一般外轨型配合物比内轨型配合物键能小

   D. 通常外轨型配合物比内轨型配合物磁矩小

3. 当下列配离子浓度及配体浓度均相等时,体系中 Zn^{2+} 浓度最小的是(　　)。

   A. $[Zn(NH_3)_4]^{2+}$　　B. $[Zn(en)_2]^{2+}$

   C. $[Zn(CN)_4]^{2-}$　　D. $[Zn(OH)_4]^{2-}$

4. Fe^{3+} 与 NO_2^- 形成配位数为 6 的配离子时,中心离子接受孤对电子的空轨道是(　　)。

   A. sp^3d^2　　B. dsp^3d　　C. d^2sp^3　　D. sp^5

5. 下列配离子能在强酸性介质中稳定存在的是(　　)。

A. $[Ag(S_2O_3)_2]^{3-}$　　B. $[Ni(NH_3)_4]^{2+}$

C. $[Fe(C_2O_4)_3]^{3-}$　　D. $[HgCl_4]^{2-}$

6. 测得$[Co(NH_3)_6]^{3+}$的磁矩 $\mu=0.0$ B. M.,可知 Co^{3+} 采取的杂化类型是(　　)。

A. d^2sp^3　　B. sp^3d^2　　C. sp^3　　D. dsp^3

7. 下列物质能作为螯合剂的是(　　)。

A. HO—OH　　B. H_2N—NH_2

C. $(CH_3)_2N$—NH_2　　D. H_2N—CH_2—CH_2—NH_2

8. $[Cu(en)_2]^{2+}$的稳定性比$[Cu(NH_3)_4]^{2+}$大得多,主要原因是(　　)。

A. 配体比后者大　　B. 具有螯合效应

C. 配位数比后者小　　D. en 的相对分子质量比 NH_3 大

9. 下列物质中,难溶于 $Na_2S_2O_3$ 溶液而易溶于 KCN 溶液的是(　　)。

A. AgCl　　B. AgI　　C. AgBr　　D. Ag_2S

10. 在$[Cr(CN)_6]^{3-}$中,未成对的电子数是(　　)。

A. 1　　B. 3　　C. 6　　D. 4

11. 向含有$[Ag(NH_3)_2]^+$的溶液中分别加入下列物质时,平衡不向$[Ag(NH_3)_2]^+$解离方向移动的是(　　)。

A. 稀硝酸　　B. 氨水　　C. Na_2S　　D. KI

12. 下列各组盐溶液中,加入浓氨水产生沉淀不溶解的是(　　)。

A. $ZnCl_2$ 和 AgCl　　B. $CaSO_4$ 和 $CoSO_4$

C. $Mg(NO_3)_2$ 和 $FeCl_3$　　D. $Ni(NO_3)_2$ 和 AgCl

13. 易于形成配离子的金属元素位于周期表中的(　　)。

A. p 区　　B. d 区和 ds 区　　C. s 区和 p 区　　D. s 区

14. 配合物$[Fe(en)_3]Cl_3$ 中,中心原子的氧化数和配位数分别为(　　)。

A. +2、6　　B. +3、6　　C. +2、3　　D. +3、3

15. 下列物质不能作为配体的是(　　)。

A. C_3H_8　　B. CO　　C. NO_3^-　　D. CH_3COO^-

16. Ni(Ⅱ)形成的八面体配合物(　　)。

A. 只可能是内轨型　　B. 只可能是外轨型

C. 可能是外轨型,也可能是内轨型　　D. 是抗磁性物质

17. 形成配合物时,磁矩只可能为 0 或 4.90 B. M. 的中心原子为(　　)。

A. Fe(Ⅱ)　　B. Fe(Ⅲ)　　C. Mn(Ⅱ)　　D. Mn(Ⅲ)

18. 配合物的价键理论可解释和预测(　　)。

A. 配合物的空间构型　　B. 配位键的键能

C. 配合物的颜色　　D. 配合物的热力学性质

19. 加入氨水即可分离的一组离子为(　　)。

A. Al^{3+} 和 Zn^{2+}　　B. Cu^{2+} 和 Ag^+

C. Cd^{2+} 和 Ni^{2+}　　D. Fe^{3+} 和 Al^{3+}

20. 配合物 $K_4[Fe(CN)_6]$的名称为________,中心原子的氧化数和配位数分别为

________和________；中心原子成键杂化轨道为________，配离子空间构型为________，属于________轨型配合物。

21. 向$[Zn(OH)_4]^{2-}$溶液中加入NH_4Cl，将有________生成，这是由于发生了________效应的结果，有关反应式为________________。

22. 利用 KSCN 检验Fe^{3+}时，反应应在________性介质中进行，目的是________________。

23. 向$Hg(NO_3)_2$水溶液中逐滴加入 KI 溶液，开始有________色________沉淀生成，进而生成________，有关反应式为________________。

24. AgCl、AgBr、AgI 三种沉淀，可溶于氨水的是________，可溶于饱和碳酸铵水溶液的是________。

25. 已知化合物$CrCl_3 \cdot 4NH_3$与 NaCl 的摩尔电导率相近，化合物$PtCl_2 \cdot 2NH_3$与CH_3OH的摩尔电导率相近，则这两种化合物的配位化学式分别为________和________。

26. 下列过渡金属离子Ag^+、Mn^{2+}、Zn^{2+}、Cr^{3+}、Fe^{3+}中，既能形成高自旋态配合物、又能形成低自旋态配合物的有________________。

27. 下列配离子$[PtCl_4]^{2-}$（低自旋态）、$[CoF_6]^{3-}$（高自旋态），它们的中心离子杂化轨道类型分别是________、________，它们的空间构型分别是________、________。

28. 命名或写出下列配合物的化学式：

(1) 二(硫代硫酸根)合银(Ⅰ)酸钠________________；

(2) $[Pt(NH_3)_6][PtCl_4]$________________；

(3) $K[Fe(C_2O_4)enCl_2]$________________。

29. 在标准状态下，判断下列反应的自发方向：

(1) $[Cu(CN)_2]^- + 2NH_3 = [Cu(NH_3)_2]^+ + 2CN^-$________________；

(2) $AgI + 2CN^- = [Ag(CN)_2]^- + I^-$________________。

30. 在$CoCl_3 \cdot 4H_2O$溶液中加入足量的$AgNO_3$溶液，经测定只有 1/3 的氯被沉淀出来，写出此钴化合物的化学式________________，按系统命名法可命名为________________；若此化合物的磁矩为 4.9 B. M.，则Co^{3+}采取________杂化形式成键，它属于________轨型配合物，配离子的空间构型为________。

31. 欲使 0.01 mol HgS 溶于 1 L KCN 溶液中，KCN 溶液的最低浓度应为多少？计算结果说明 HgS 能否溶于 KCN 溶液？

32. 向$CuSO_4$溶液中先加入适量的氨水生成$Cu(OH)_2$沉淀，再加入过量的氨水，此过程发生下列反应：

(1) $Cu^{2+} + 2NH_3 + 2H_2O = Cu(OH)_2 + 2NH_4^+$

(2) $Cu(OH)_2 + 4NH_3 = [Cu(NH_3)_4]^{2+} + 2OH^-$

(3) $2OH^- + 2NH_4^+ = 2NH_3 + 2H_2O$

总反应式为

$$Cu(OH)_2 + 2NH_3 + 2NH_4^+ = [Cu(NH_3)_4]^{2+} + 2H_2O$$

计算此反应的$K^\ominus$，判断如此得到的$Cu(OH)_2$是否易溶于氨水，试解释之。

检测题参考答案

1. C　2. D　3. B　4. C　5. D　6. A　7. D　8. B　9. B
10. B　11. B　12. C　13. B　14. B　15. A　16. B　17. A　18. A
19. A
20. 六氰合铁(Ⅱ)酸钾，+2，6，d^2sp^3，八面体，内。
21. $Zn(OH)_2$ 白色沉淀，配体酸，$[Zn(OH)_4]^{2-}+2NH_4^+ \!=\!=\!= Zn(OH)_2+2NH_3+2H_2O$。
22. 强酸，防止发生中心离子水解效应生成 $Fe(OH)_3$。
23. 红，HgI_2，$[HgI_4]^{2-}$ 无色溶液，$Hg^{2+}+2I^- \!=\!=\!= HgI_2$，$HgI_2+2I^- \!=\!=\!= [HgI_4]^{2-}$。
24. AgCl 和 AgBr，AgCl。
25. $[Cr(NH_3)_4Cl_2]Cl$，$[Pt(NH_3)_2Cl_2]$。
26. Mn^{2+}、Fe^{3+}。
27. dsp^2，sp^3d^2，平面正方形，正八面体。
28. (1) $Na_3[Ag(S_2O_3)_2]$；(2) 四氯合铂(Ⅱ)酸六氨合铂(Ⅱ)；(3) 二氯·一草酸·一(乙二胺)合铁(Ⅲ)酸钾。
29. (1)逆向自发；(2)正向自发。
30. $[Co(H_2O)_4Cl_2]Cl$，氯化二氯·四水合钴(Ⅲ)，sp^3d^2，外，八面体。
31. 解　$HgS + 4CN^- \!=\!=\!= [Hg(CN)_4]^{2-} + S^{2-}$

$c/(mol\cdot L^{-1})$　0.01−0.01　$c-0.04$　0.01　0.01

$$K^\ominus = K_{sp}^\ominus K_f^\ominus = \frac{0.01\times 0.01}{(c-0.04)^4}$$

解得 $c=39.8(mol\cdot L^{-1})$，所以不能溶解。

32. 解　由(2) $Cu(OH)_2+4NH_3 \!=\!=\!= [Cu(NH_3)_4]^{2+}+2OH^-$，可得

$$K_2^\ominus = K_{sp}^\ominus K_f^\ominus = 2.2\times10^{-20}\times2.1\times10^{13}=4.6\times10^{-7}$$

(3) $2OH^-+2NH_4^+ \!=\!=\!= 2NH_3+2H_2O$　　$K_3^\ominus=(K_b^\ominus)^{-2}$

由(2)+(3)得总反应式

$$Cu(OH)_2(s)+2NH_3+2NH_4^+ \!=\!=\!= [Cu(NH_3)_4]^{2+}+2H_2O$$

所以

$$K^\ominus = K_2^\ominus/(K_b^\ominus)^2=(4.6\times10^{-7})\div(1.8\times10^{-5})^2=1.4\times10^3$$

说明用此法制取的 $Cu(OH)_2(s)$ 易溶于氨水。

配套教材习题答案

9-1　略

9-2　解　(1) 不正确。有些化合物不存在外界，如$[PtCl_2(NH_3)_2]$、$[CoCl_3(NH_3)_3]$等。

(2) 不正确。少数高氧化数的非金属元素离子也可作为形成体，如$[BF_4]^-$、$[SiF_6]^{2-}$中的 B^{3+}、Si^{4+}等；另外，有些中性原子也可作形成体，如$[Ni(CO)_4]$中的 Ni 原子。

(3) 不正确。在多齿配体的螯合物中，配位体数目就不等于配位数，如$[Cu(en)_2]^{2+}$。

(4) 不正确。配离子电荷应是形成体和配位体电荷的代数和，如$[Fe(CN)_6]^{3-}$。

(5) 正确。

9-3 解

配合物	命 名	中心原子	配 体	配位数
$[Ni(NH_3)_4]Cl_2$	(二)氯化四氨合镍(Ⅱ)	Ni(Ⅱ)	NH_3	4
$H_2[PtCl_6]$	六氯合铂(Ⅲ)酸	Pt(Ⅳ)	Cl^-	6
$Na_2[SiF_6]$	六氟合硅(Ⅲ)酸钠	Si(Ⅳ)	F^-	6
$[PtCl_4(NH_3)_2]$	四氯・二氨合铂(Ⅳ)	Pt(Ⅳ)	Cl^-、NH_3	6
$[PtCl(NH_3)_5]Cl_3$	(三)氯化一氯・五氨合铂(Ⅳ)	Pt(Ⅳ)	Cl^-、NH_3	6
$[Co(en)_3]Cl_3$	(三)氯化三乙二胺合钴(Ⅲ)	Co(Ⅲ)	en	6
$[CoCl(NO_2)(NH_3)_4]Cl$	(一)氯化一氯・一硝基・四氨合钴(Ⅲ)	Co(Ⅲ)	Cl^-、NO_2、NH_3	6
$K_2[HgI_4]$	四碘合汞(Ⅱ)酸钾	Hg(Ⅱ)	I^-	4
$Na_3[Co(ONO)_6]$	六亚硝酸根合钴(Ⅲ)酸钠	Co(Ⅲ)	ONO^-	6
$[Co(NH_3)_3(H_2O)_3]SO_4$	硫酸三氨・三水合钴(Ⅱ)	Co(Ⅱ)	NH_3、H_2O	6

9-4 解

配合物	化学式	配合物	化学式
二苯合铬	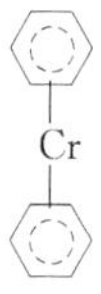 $[Cr(C_6H_6)_2]$	四羟基・二氨合铬(Ⅲ)酸铵	$NH_4[Cr(OH)_4(NH_3)_2]$
四羰基合镍(0)	$[Ni(CO)_4]$	氯铂酸钾	$K_2[PtCl_6]$

9-5 解 (5)$H_2N—CH_2—CH_2—CH_2—NH_2$ 能作为螯合剂。

9-6 解

配离子	外层电子结构	空间构型	配离子	外层电子结构	空间构型
$[Ni(CN)_4]^{2-}$	$3d^8 4s^0 4p^0$	正方形	$[MnF_6]^{4-}$	$3d^5 4s^0 4p^0$	正八面体
$[HgI_4]^{2-}$	$5d^{10} 6s^0 6p^0$	正四面体	$[Co(NH_3)_6]^{3+}$	$3d^6 4s^0 4p^0$	正八面体

9-7 解 (2)、(3)中的 CO_3^{2-} 是螯合剂。

9-8 解 (1) 混合后尚未反应前,有

$$c(Ag^+)=\frac{40\times0.10}{100}=0.04(mol\cdot L^{-1}) \qquad c(NH_3)=\frac{20\times6.0}{100}=1.2(mol\cdot L^{-1})$$

又因$[Ag(NH_3)_2]^+$的 $K_f^\ominus$ 较大,可以认为 Ag^+ 基本转化为$[Ag(NH_3)_2]^+$,达平衡时溶液中 Ag^+、$[Ag(NH_3)_2]^+$和 NH_3 的浓度由下列平衡计算。设平衡时$[Ag(NH_3)_2]^+$解离产生的 Ag^+ 的浓度为 x mol・L^{-1}。

	Ag^+ +	$2NH_3$ ══	$[Ag(NH_3)_2]^+$
$c_0/(mol\cdot L^{-1})$		$1.2-2\times0.04$	0.04
$c/(mol\cdot L^{-1})$	x	$1.12+2x$	$0.04-x$

$$K_f^\ominus=\frac{c([Ag(NH_3)_2]^+)/c^\ominus}{[c(Ag^+)/c^\ominus]\cdot[c(NH_3)/c^\ominus]^2}=\frac{0.04-x}{x(1.12+2x)^2}=1.1\times10^7$$

因 $K_f^\ominus$ 较大，说明配离子稳定，解离得到的 Ag^+ 的浓度相对较小；又因过量配体抑制了配离子的解离，故可近似处理，即平衡时 $c(NH_3) \approx 1.12\ mol \cdot L^{-1}$，$c([Ag(NH_3)_2]^+) \approx 0.04\ mol \cdot L^{-1}$，则

$$\frac{0.04}{x \cdot 1.12^2} = 1.1 \times 10^7$$

解得

$$c(Ag^+) = x = 2.90 \times 10^{-9} (mol \cdot L^{-1})$$

$$c(NH_3) \approx 1.12\ mol \cdot L^{-1}$$

$$c([Ag(NH_3)_2]^+) \approx 0.04\ mol \cdot L^{-1}$$

(2) 在混合稀释后的溶液中加入 0.010 mol KCl 固体，即

$$c(Cl^-) = \frac{0.010 \times 1000}{100} = 0.100 (mol \cdot L^{-1})$$

$$Q = c(Ag^+)c(Cl^-) = 2.90 \times 10^{-9} \times 0.10 = 2.90 \times 10^{-10}$$

查附录Ⅴ可知 $K_{sp}^\ominus(AgCl) = 1.77 \times 10^{-10}$，即 $Q > K_{sp}^\ominus(AgCl)$，所以能产生 AgCl 沉淀。

(3) 据题意，若不产生 AgCl 沉淀，则须 $Q < K_{sp}^\ominus(AgCl)$，即 $c(Ag^+) < 1.77 \times 10^{-9}\ mol \cdot L^{-1}$。设此时 $c(NH_3)$ 浓度为 $y\ mol \cdot L^{-1}$，则有

$$y \geqslant \sqrt{\frac{0.04}{1.77 \times 10^{-9} \times 1.1 \times 10^7}} = 1.43 (mol \cdot L^{-1})$$

$$c(NH_3) = 1.43 + 2 \times 0.04 = 1.51 (mol \cdot L^{-1})$$

设应加入 $12.0\ mol \cdot L^{-1}$ 氨水 z mL，则有

$$12.0z = 1.51 \times 100$$

$$z = 12.6 (mL)$$

所以若要阻止 AgCl 沉淀生成，则应改取 $12.0\ mol \cdot L^{-1}$ 氨水 12.6 mL。

9-9 解

	Ag^+	$+$	$2NH_3$	$\rightleftharpoons$	$[Ag(NH_3)_2]^+$
$c/(mol \cdot L^{-1})$	$0.1 \times 1\% = 0.001$		x		$0.1 \times 99\% = 0.099$

$$K_f^\ominus = \frac{c([Ag(NH_3)_2]^+)/c^\ominus}{[c(NH_3)/c^\ominus]^2 \cdot [c(Ag^+)/c^\ominus]} = \frac{0.099}{0.001x^2} = 1.1 \times 10^7 \qquad x = 3 \times 10^{-3} (mol \cdot L^{-1})$$

$$NH_3 + H^+ \rightleftharpoons NH_4^+$$

$$pH = pK_a^\ominus(NH_4^+) - \lg\frac{c(NH_4^+)}{c(NH_3)} = 14 - 4.75 - \lg\frac{0.1 - 3 \times 10^{-3}}{3 \times 10^{-3}} = 7.74$$

9-10 解

	Ag^+	$+$	$2NH_3$	$\rightleftharpoons$	$[Ag(NH_3)_2]^+$
$c_0/(mol \cdot L^{-1})$	$\frac{0.1 \times 50}{100} = 0.05$		$\frac{1000 \times 0.932 \times 18.24\% \times 30}{17 \times 100} = 3.0$		
$c/(mol \cdot L^{-1})$	x		$3.0 - 0.05 \times 2 = 2.9$		$0.05 - x \approx 0.05$

$$K_f^\ominus = \frac{c([Ag(NH_3)_2]^+)/c^\ominus}{[c(Ag^+)/c^\ominus] \cdot [c(NH_3)/c^\ominus]^2} = \frac{0.05}{x(2.9)^2} = 1.1 \times 10^7$$

解得

$$x = c(Ag^+) = 5.4 \times 10^{-10} (mol \cdot L^{-1})$$

即

$$c([Ag(NH_3)_2]^+) = 0.05 (mol \cdot L^{-1}) \qquad c(NH_3) = 2.9 (mol \cdot L^{-1})$$

9-11 解　若生成 $[Zn(NH_3)_4]^{2+}$，反应式为

$$Zn(OH)_2 + 4NH_3 \rightleftharpoons [Zn(NH_3)_4]^{2+} + 2OH^-$$

$$K_1^{\ominus}=\frac{c([Zn(NH_3)_4]^{2+})/c^{\ominus}\cdot[c(OH)/c^{\ominus}]^2}{[c(NH_3)/c^{\ominus}]^4}$$

$$=K_{sp}^{\ominus}[Zn(OH)_2]\cdot K_f^{\ominus}([Zn(NH_3)_4]^{2+})$$

$$=8.7\times10^{-8}$$

若生成 $Zn[(OH)_4]^{2-}$，反应式为

$$Zn(OH)_2+2NH_3\cdot H_2O = [Zn(OH)_4]^{2-}+2NH_4^+$$

$$K_2^{\ominus}=\frac{c([Zn(OH)_4]^{2-})/c^{\ominus}\cdot[c(NH_4^+)/c^{\ominus}]^2}{c(NH_3\cdot H_2O)/c^{\ominus}}$$

$$=K_{sp}^{\ominus}[Zn(OH)_2]\cdot K_f^{\ominus}([Zn(OH)_4]^{2-})\cdot[K_b^{\ominus}(NH_3\cdot H_2O)]^2$$

$$=4.47\times10^{-9}$$

$$pOH=pK_b^{\ominus}(NH_3\cdot H_2O)+\lg\frac{c(NH_4^+)}{c(NH_3\cdot H_2O)}=4.75$$

$$c(OH^-)=1.8\times10^{-5}(mol\cdot L^{-1})$$

生成 $c([Zn(NH_3)_4]^{2+})=K_1^{\ominus}\cdot[c(NH_3)]^4/[c(OH^-)]^2$

$$=8.7\times10^{-8}\times(0.1)^4/(1.8\times10^{-5})^2=0.027(mol\cdot L^{-1})$$

生成 $c([Zn(OH)_4]^{2-})=K_2^{\ominus}=4.47\times10^{-9}(mol\cdot L^{-1})$

9-12 解　假设平衡时 $c(Cu^{2+})=x\ mol\cdot L^{-1}$。

$$Cu^{2+}+4NH_3 = [Cu(NH_3)_4]^{2+}$$

$$c/(mol\cdot L^{-1})\quad x\quad x+0.2\quad 0.02-x$$

$$K_f^{\ominus}([Cu(NH_3)_4]^{2+})=\frac{0.02-x}{x(x+0.2)^4}=2.1\times10^{13}$$

因为 x 很小，进行近似计算，求得 $x=6.0\times10^{-13}(mol\cdot L^{-1})$。

$$c(OH^-)/c^{\ominus}=K_b^{\ominus}(NH_3)\frac{c(NH_3)}{c(NH_4^+)}=1.8\times10^{-5}\times\frac{0.2}{1.0}=3.6\times10^{-6}$$

$$Q[Cu(OH)_2]=[c(Cu^{2+})/c^{\ominus}]\cdot[c(OH^-)/c^{\ominus}]^2$$

$$=6.0\times10^{-13}\times(3.6\times10^{-6})^2=7.8\times10^{-24}$$

因为 $Q[Cu(OH)_2]=7.8\times10^{-24}<K_{sp}^{\ominus}[Cu(OH)_2]=2.2\times10^{-20}$，所以无 $Cu(OH)_2$ 沉淀生成。

9-13 解　设欲使 0.10 mol AgCl(s)完全溶解，至少需要 1.0 L 浓度为 $x\ mol\cdot L^{-1}$ 的氨水，并设达沉淀-溶解平衡时 $c[Ag(NH_3)_2^+]=c(Cl^-)=0.1\ mol\cdot L^{-1}$，则

$$AgCl\ +\ 2NH_3\ =\ [Ag(NH_3)_2]^+\ +\ Cl^-$$

$$c/(mol\cdot L^{-1})\qquad x-2\times0.1\qquad 0.1\qquad 0.1$$

$$K^{\ominus}=\frac{c([Ag(NH_3)_2]^+)/c^{\ominus}\cdot[c(Cl^-)/c^{\ominus}]}{[c(NH_3)/c^{\ominus}]^2}=K_{sp}^{\ominus}\cdot K_f^{\ominus}$$

$$=1.77\times10^{-10}\times1.1\times10^7=1.95\times10^{-3}$$

$$=\frac{0.1^2}{(x-2\times0.1)^2}$$

解得 $x=2.47(mol\cdot L^{-1})$。

9-14 解

$$AgCl+2NH_3 = [Ag(NH_3)_2]^++Cl^-$$

$$K^{\ominus}=\frac{c([Ag(NH_3)_2]^+)/c^{\ominus}\cdot[c(Cl^-)/c^{\ominus}]}{[c(NH_3)/c^{\ominus}]^2}=K_{sp}^{\ominus}\cdot K_f^{\ominus}$$

$$=1.77\times10^{-10}\times1.1\times10^7=1.95\times10^{-3}$$

$$\frac{0.06\times0.01}{[c(NH_3)/c^{\ominus}]^2}=1.95\times10^{-3}$$

所以，平衡时 $c(NH_3)=0.55\ mol\cdot L^{-1}$，则所需 NH_3 的最低浓度为 $0.55+0.06\times 2=0.67(mol\cdot L^{-1})$。

9-15 解

$$\begin{array}{lccc} & Ag^+ & + \quad 2CN^- & = \quad [Ag(CN)_2]^- \\ c_0/(mol\cdot L^{-1}) & 0.1 & 0.5 & 0 \\ c/(mol\cdot L^{-1}) & x & 0.5-0.2+2x\approx 0.3 & 0.1-x\approx 0.1 \end{array}$$

$$K_f^\ominus=\frac{c([Ag(CN)_2]^-)/c^\ominus}{[c(CN^-)/c^\ominus]^2\cdot[c(Ag^+)/c^\ominus]}=\frac{0.1}{0.3^2\cdot x}=1.3\times 10^{21}$$

解得 $x=8.55\times 10^{-22}(mol\cdot L^{-1})$。又因为

$$Q=[c(Ag^+)/c^\ominus]\cdot[c(I^-)/c^\ominus]=8.55\times 10^{-22}\times 0.1=8.55\times 10^{-23}<K_{sp}^\ominus(AgI)=8.52\times 10^{-17}$$

所以，无 AgI 沉淀生成。

9-16 解 设可溶解 x mol AgX。

$$\begin{array}{lcccc} & AgX + 2NH_3 & = & [Ag(NH_3)_2]^+ & + \quad X^- \\ c_0/(mol\cdot L^{-1}) & 1.0 & & 0 & 0 \\ c/(mol\cdot L^{-1}) & 1.0-2x & & x & x \end{array}$$

$$K^\ominus=K_{sp}^\ominus(AgX)\cdot K_f^\ominus([Ag(NH_3)_2]^+)=\frac{x^2}{(1.0-2x)^2}$$

对于 AgCl：$K^\ominus=1.77\times 10^{-10}\times 1.1\times 10^7=1.9\times 10^{-3}$，$x=4.0\times 10^{-2}(mol)$。

对于 AgBr：$K^\ominus=5.35\times 10^{-13}\times 1.1\times 10^7=5.9\times 10^{-6}$，$x=2.4\times 10^{-3}(mol)$。

对于 AgI：$K^\ominus=8.52\times 10^{-17}\times 1.1\times 10^7=9.4\times 10^{-10}$，$x=3.1\times 10^{-5}(mol)$。

即 1.0 L 1.0 $mol\cdot L^{-1}$的氨水中最多可溶解 4.0×10^{-2} mol AgCl、2.4×10^{-3} mol AgBr、3.1×10^{-5} mol AgI，即 AgCl 易溶于氨水，AgBr 于氨水中也可溶解，AgI 难溶于氨水。

第 10 章　氧化还原反应

本章提要

本章主要介绍氧化还原反应的基本概念、氧化还原反应方程式的配平、原电池、电极电势、电动势与吉布斯自由能变的关系，影响电极电势的因素及其有关计算、电极电势的应用等。

教学大纲基本要求

（1）了解电极电势概念，掌握用电极电势判断水溶液中物质的氧化还原能力及氧化还原反应方向的方法。

（2）了解原电池电动势与反应 $\Delta_r G_m(T)$的关系。

（3）能用能斯特方程式计算，并掌握浓度、酸度、沉淀反应、配位反应对电极电势、氧化还原反应方向的影响。

（4）掌握标准电极电势与 $K^\ominus$的关系和标准电势图及其简单应用。

重点难点

（1）氧化还原反应、原电池及电极电势的概念，配平氧化还原反应方程式。

（2）运用标准电极电势判断氧化剂、还原剂的相对强弱及标准态下氧化还原反应自发进行的方向、反应的完成程度。

（3）能斯特方程的简单应用，判断非标准状态下氧化还原反应的自发方向。

（4）酸度、沉淀反应、配位反应等对氧化还原反应的影响。

（5）利用元素标准电极电势图判断元素不同氧化态的稳定性和计算未知电对的标准电极电势。

检测题

1. 下列化合物中，碳元素的氧化数为−2 的是（　　）。

   A. $CHCl_3$　　B. C_2H_2　　C. C_2H_4　　D. C_2H_6

2. 根据 $\varphi^\ominus$值判断，下列各组物质能共存的是（　　）。

   A. Fe^{3+}与 Cu　　B. Fe^{3+}与 Fe

   C. $Cr_2O_7^{2-}$（酸介质）与 Fe^{3+}　　D. $Cr_2O_7^{2-}$（酸介质）与 Fe^{2+}

3. 下列叙述正确的是（　　）。

   A. 在氧化还原反应中，若两个电对的 $\varphi^\ominus$值相差越大，则反应进行得越快

   B. 某物质的电极电势代数值越小，说明它的还原性越强

   C. 原电池电动势与电池反应的书写无关，而标准平衡常数却随反应式的书写而变

   D. 以 $Cu^{2+}(1\ mol\cdot L^{-1})+Cd \xlongequal{} Cu+Cd^{2+}(1\ mol\cdot L^{-1})$反应组成原电池，若往

$CdSO_4$ 溶液中加入少量 Na_2S 溶液或往 $CuSO_4$ 溶液中加入少量 $CuSO_4 \cdot 5H_2O$ 晶体,都会使原电池的电动势变小

4. 在半电池 $Cu \mid Cu^{2+}$ 溶液中,加入氨水后,$\varphi_{Cu^{2+}/Cu}$ 值(   )。
   A. 增大　　　　　B. 减小　　　　　C. 不变　　　　　D. 等于零

5. 已知 $\varphi^{\ominus}_{Mn^{2+}/Mn} = -1.185\ V$,$\varphi^{\ominus}_{Cu^{2+}/Cu} = 0.342\ V$,$\varphi^{\ominus}_{Ag^+/Ag} = +0.799\ V$,判断氧化剂强弱顺序为(   )。
   A. $Ag^+ > Mn^{2+} > Cu^{2+}$
   B. $Mn^{2+} > Cu^{2+} > Ag^+$
   C. $Ag^+ > Cu^{2+} > Mn^{2+}$
   D. $Cu^{2+} > Mn^{2+} > Ag^+$

6. 某电池反应 $A + B^{2+} = A^{2+} + B$ 的平衡常数为 10^4,则该电池在 298 K 时的标准电动势为(   )。
   A. $+0.118\ V$　　B. $-0.24\ V$　　C. $+0.108\ V$　　D. $+0.24\ V$

7. 已知 $Fe^{3+} + e^- = Fe^{2+}$,$\varphi^{\ominus} = 0.77\ V$,今测得 $\varphi^{\ominus}_{Fe^{3+}/Fe^{2+}} = 0.73\ V$,则说明电极溶液中必定是(   )。
   A. $c(Fe^{3+}) < 1\ mol \cdot L^{-1}$
   B. $c(Fe^{2+}) < 1\ mol \cdot L^{-1}$
   C. $c(Fe^{3+}) > c(Fe^{2+})$
   D. $c(Fe^{3+}) < c(Fe^{2+})$

8. 根据 $\varphi^{\ominus}$ 值判断下列哪一种物质作氧化剂时,能使 Fe^{2+} 氧化为 Fe^{3+} 而不能使 Cl^- 氧化为 Cl_2(标准状况下)(   )。
   A. Ag^+
   B. MnO_4^-
   C. Cu^{2+}
   D. $[Ag(NH_3)_2]^+$

9. 根据 $\varphi^{\ominus}$ 值判断,下列反应在标准状态时自发进行程度最大的是(298.15 K)(   )。
   A. $2Fe^{3+} + Cu = 2Fe^{2+} + Cu^{2+}$
   B. $Cu^{2+} + Fe = Fe^{2+} + Cu$
   C. $Fe^{2+} + Zn = Fe + Zn^{2+}$
   D. $2Fe^{3+} + Fe = 3Fe^{2+}$

10. 已知 $Ag^+ + e^- = Ag$,$\varphi^{\ominus} = 0.799\ V$,$K^{\ominus}_{sp}(AgBr) = 5.35 \times 10^{-13}$,则电对 $AgBr/Ag$ 的 $\varphi^{\ominus}$ 值为(   )。
    A. $0.799\ V$　　B. $0.221\ V$　　C. $0.073\ V$　　D. $-0.152\ V$

11. 反应 $3A^{2+} + 2B = 3A + 2B^{3+}$ 在标准状态时电池电动势为 1.8 V;在某浓度时电池电动势为 1.6 V,则此反应的 $\lg K^{\ominus}$ 值为(   )。
    A. $3 \times 1.8/0.0592$
    B. $6 \times 1.8/0.0592$
    C. $6 \times 1.6/0.0592$
    D. $3 \times 1.6/0.0592$

12. 有一原电池由两个氢电极组成,其中一个是标准氢电极,为了得到最大的电动势,另一个电极浸入的酸性溶液应为(   )。[设 $p(H_2) = 100\ kPa$]
    A. $0.1\ mol \cdot L^{-1}\ HCl$
    B. $0.1\ mol \cdot L^{-1}\ HAc + 0.1\ mol \cdot L^{-1}\ NaAc$
    C. $0.1\ mol \cdot L^{-1}\ HAc$
    D. $0.1\ mol \cdot L^{-1}\ H_3PO_4$

13. 在一自发进行的电极反应式中,若各物质所得(失)电子数同时增大几倍时,则此电极反应的 $\Delta_r G^{\ominus}_m$ 和 $\varphi^{\ominus}$ 各为(   )。
    A. 变小和不变
    B. 变小和变大
    C. 变大和不变
    D. 变大变小

14. 在标准状态下,下列反应均向正方向进行:

$Cr_2O_7^{2-}+6Fe^{2+}+14H^+ = 2Cr^{3+}+6Fe^{3+}+7H_2O$

$2Fe^{3+}+Sn^{2+} = 2Fe^{2+}+Sn^{4+}$

它们中间最强的氧化剂和最强的还原剂是(　　)。

A. Sn^{2+} 和 Fe^{3+}　　B. $Cr_2O_7^{2-}$ 和 Sn^{2+}

C. Cr^{3+} 和 Sn^{4+}　　D. $Cr_2O_7^{2-}$ 和 Fe^{3+}

15. 对于由下列反应:$Zn+2Ag^+ = Zn^{2+}+2Ag$ 构成的原电池来说,欲使其电动势增加,可采取的措施有(　　)。

A. 降低 Zn^{2+} 的浓度　　B. 增加 Ag^+ 的浓度

C. 加大锌电极　　D. 降低 Ag^+ 的浓度

16. 根据公式 $\lg K^\ominus = n\varepsilon^\ominus/0.0592$ 判断,溶液中氧化还原反应的平衡常数 $K^\ominus$(　　)。

A. 与浓度无关　　B. 与浓度有关

C. 与温度无关　　D. 与反应式书写有关

17. 根据下列电势图:$Au^{3+}\xrightarrow{1.41\ V}Au^{+}\xrightarrow{1.68\ V}Au$ 判断,能自发进行的反应是(　　)。

A. $Au+Au^+ \longrightarrow 2Au^{3+}$　　B. $Au^{3+}+2Au \longrightarrow 3Au^+$

C. $2Au \longrightarrow Au^+ + Au^{3+}$　　D. $3Au^+ \longrightarrow Au^{3+}+2Au$

18. 由 17 题能自发进行的反应构成的原电池,其标准电动势为(　　)。

A. 1.50 V　　B. 3.09 V　　C. 0.27 V　　D. 0.38 V

19. 由 17 题电势图求算 Au^{3+}/Au 的 $\varphi^\ominus$ 为(　　)。

A. 3.09 V　　B. 1.03 V　　C. 1.50 V　　D. 2.25 V

20. 水溶液中不能大量共存的一组物质为(　　)。

A. Mn^{2+}、Fe^{3+}　　B. CrO_4^{2-}、Cl^-

C. MnO_4^-、MnO_2　　D. Sn^{2+}、Fe^{3+}

21. 298.15 K、$p(O_2)=100$ kPa 条件下,$O_2+4H^++4e^- = 2H_2O$ 的电极电势为(　　)。

A. $\varphi=\varphi^\ominus+0.0592\ pH$　　B. $\varphi=\varphi^\ominus-0.0592\ pH$

C. $\varphi=\varphi^\ominus+0.0148\ pH$　　D. $\varphi=\varphi^\ominus-0.0148\ pH$

22. 原电池 $2Fe^{2+}+Cl_2 = 2Fe^{3+}+2Cl^-$ 的 $\varepsilon=0.60$ V,已知 $\varphi^\ominus_{Cl_2/Cl^-}=1.36$ V,$\varphi^\ominus_{Fe^{3+}/Fe^{2+}}=0.77$ V,Cl_2、Cl^- 处于标准状态,则此原电池中,$c(Fe^{3+})/c(Fe^{2+})$ 为(　　)。

A. 0.68　　B. 0.98　　C. 0.52　　D. 1.53

23. 原电池 $Zn+2Ag^+ = Zn^{2+}+2Ag$ 在标准状态下的电动势为(　　)。

A. $\varepsilon=2\varphi^\ominus_{Ag^+/Ag}-\varphi^\ominus_{Zn^{2+}/Zn}$　　B. $\varepsilon=(\varphi^\ominus_{Ag^+/Ag})^2-\varphi^\ominus_{Zn^{2+}/Zn}$

C. $\varepsilon=\varphi^\ominus_{Ag^+/Ag}-\varphi^\ominus_{Zn^{2+}/Zn}$　　D. $\varepsilon=\varphi^\ominus_{Zn^{2+}/Zn}-\varphi^\ominus_{Ag^+/Ag}$

24. 原电池 $Pt|Fe^{2+}(1\ mol\cdot L^{-1}),Fe^{3+}(1\ mol\cdot L^{-1})\|Ce^{4+}(1\ mol\cdot L^{-1}),Ce^{3+}(1\ mol\cdot L^{-1})|Pt$ 的电池反应为(　　)。

A. $Ce^{3+}+Fe^{2+} = Ce^{4+}+Fe^{3+}$

B. $Ce^{3+}+Fe^{3+} = Ce^{4+}+Fe^{2+}$

C. $Ce^{4+}+Fe^{3+} = Ce^{3+}+Fe^{2+}$

D. $Ce^{4+}+Fe^{2+} = Ce^{3+}+Fe^{3+}$

25. 配制 $FeSO_4$ 溶液时，一般加入少量金属铁，其原因与下列反应无关的是(　　)。

A. $O_2+4H^++4e^-=2H_2O$

B. $Fe^{3+}+e^-=Fe^{2+}$

C. $Fe+2Fe^{3+}=3Fe^{2+}$

D. $Fe^{3+}+3e^-=Fe$

26. 溶液中 $c(H^+)$增加时，电极电势不发生变化的是(　　)。

A. $H_3AsO_4/HAsO_2$　　B. O_2/H_2O_2

C. H_2O_2/H_2O　　D. $S_2O_8^{2-}/SO_4^{2-}$

27. 已知 $K_{sp}^{\ominus}(CuI)<K_{sp}^{\ominus}(CuBr)<K_{sp}^{\ominus}(CuCl)$，则 $\varphi_{Cu^{2+}/CuI}^{\ominus}$、$\varphi_{Cu^{2+}/CuBr}^{\ominus}$、$\varphi_{Cu^{2+}/CuCl}^{\ominus}$ 由低到高的顺序为(　　)。

A. $\varphi_{Cu^{2+}/CuI}^{\ominus}<\varphi_{Cu^{2+}/CuBr}^{\ominus}<\varphi_{Cu^{2+}/CuCl}^{\ominus}$　　B. $\varphi_{Cu^{2+}/CuBr}^{\ominus}<\varphi_{Cu^{2+}/CuI}^{\ominus}<\varphi_{Cu^{2+}/CuCl}^{\ominus}$

C. $\varphi_{Cu^{2+}/CuCl}^{\ominus}<\varphi_{Cu^{2+}/CuI}^{\ominus}<\varphi_{Cu^{2+}/CuBr}^{\ominus}$　　D. $\varphi_{Cu^{2+}/CuCl}^{\ominus}<\varphi_{Cu^{2+}/CuBr}^{\ominus}<\varphi_{Cu^{2+}/CuI}^{\ominus}$

28. 铜元素的标准电势图为 $Cu^{2+}\xrightarrow{0.16\ V}Cu^+\xrightarrow{0.52\ V}Cu$，则 Cu^{2+} 与 Cu^+ 在水溶液中的稳定性大小为(　　)。

A. Cu^{2+} 大，Cu^+ 小　　B. Cu^{2+} 小，Cu^+ 大

C. 二者稳定性相同　　D. 无法比较

29. 为了提高 $FeCl_3$ 的氧化能力，可采取的措施为(　　)。

A. 增加 Fe^{3+} 的浓度　　B. 增加 Fe^{2+} 的浓度

C. 增加溶液的 pH　　D. 降低溶液的浓度

30. 标准 Cu-Zn 原电池的 $\varepsilon^{\ominus}=1.10$ V，如在铜半电池中加入少量 Na_2S 固体，此原电池的电动势(　　)。

A. 大于 1.10 V　B. 小于 1.10 V　C. 等于零　D. 不变

31. 已知在(−)Zn(s)| $Zn^{2+}(c_1)$ ‖ $Cu^{2+}(c_2)$| Cu(s)(+)原电池中，$\varphi_{Cu^{2+}/Cu}^{\ominus}=0.34$ V，则在(−)Cu(s)| $Cu^{2+}(c_1)$ ‖ $Fe^{3+}(c_2)$，$Fe^{2+}(c_3)$| Pt(+)原电池中，$\varphi_{Cu^{2+}/Cu}^{\ominus}$为(　　)。

A. 0.34 V　B. −0.34 V　C. >0.34 V　D. <0.34 V

32. 已知两电池反应：(1)$A+B^{2+}=A^{2+}+B$；(2)$B+C^{2+}=B^{2+}+C$ 的标准电动势 $\varepsilon^{\ominus}$ 均大于零，其中 A、B、C 均为单质，则反应 $C^{2+}+A=C+A^{2+}$ 在标准状态下(　　)。

A. 能正向自发进行　　B. 能逆向自发进行

C. 反应一定处于平衡状态　　D. 无法判断反应的自发性

33. 某氧化还原反应的 $\varepsilon^{\ominus}$ 是正值，这表明下列哪种情况？(　　)

A. $K^{\ominus}>1,\Delta_rG_m^{\ominus}>0$　　B. $K^{\ominus}<1,\Delta_rG_m^{\ominus}>0$

C. $K^{\ominus}>1,\Delta_rG_m^{\ominus}<0$　　D. $K^{\ominus}<1,\Delta_rG_m^{\ominus}<0$

34. 原电池(−)Pt，Hg · Hg_2Cl_2(s)|KCl(饱和溶液) ‖ $Ag^+(1\ mol\cdot L^{-1})$|Ag(+)，正极反应式为________________，负极反应式为________________。

35. 将化学反应 $H_2(g,p^{\ominus})+2AgCl(s)=2Ag(s)+2Cl^-(aq)+2H^+(aq)$ 设计成原电池，写出电池符号________________。

36. 已知 $\varphi_{Ag^+/Ag}^{\ominus}=0.799$ V，$\varphi_{Cu^{2+}/Cu}^{\ominus}=0.342$ V。同一反应有两种表达式：

(1)$2Ag^++Cu=Cu^{2+}+2Ag$　　(2)$Ag^++\frac{1}{2}Cu=\frac{1}{2}Cu^{2+}+Ag$

则这两式所代表的原电池的标准电动势 $\varepsilon^\ominus$ 为________V，两反应的平衡常数 $K^\ominus$ 分别为________和________。

37. 已知 $\varphi^\ominus_{Co^{3+}/Co^{2+}}=1.80\ V$，$\varphi^\ominus_{O_2/H_2O}=1.23\ V$。$Co^{3+}$ 在水溶液中能否稳定存在？____________。定性分析中常用来测定 K^+ 的试剂 $Na_3[Co(ONO)_6]$ 中，中心离子为____________，氧化数为________。该试剂是由 $Co(NO_3)_2$ 和 $NaNO_2$ 在水溶液中被空气氧化反应得到，据此可知 $\varphi^\ominus_{[Co(ONO)_6]^{3-}/[Co(ONO)_6]^{4-}}$ ____________ $\varphi^\ominus_{Co^{3+}/Co^{2+}}$，$K_f^\ominus([Co(ONO)_6]^{3-})$________$K_f^\ominus([Co(ONO)_6]^{4-})$。

38. 根据 $O_2+4H^++4e^-=\!=\!=2H_2O$，$\varphi^\ominus=1.229\ V$，计算电极 $O_2+2H_2O+4e^-=\!=\!=4OH^-$ 的标准电极电势 $\varphi^\ominus$。

39. 298 K 时，用 MnO_2 和盐酸反应制取 Cl_2 反应式如下：

$$MnO_2(s)+4H^++2Cl^-=\!=\!=Mn^{2+}+Cl_2\uparrow+2H_2O$$

(1) 在标准状态下能否制取 Cl_2？

(2) 计算说明，当 Mn^{2+} 浓度为 $1mol\cdot L^{-1}$、Cl_2 的分压为 100 kPa 时，HCl 至少达到多大浓度时，方可制取 Cl_2。

(3) 按上述反应组成原电池，写出原电池符号。

40. Cu 电极插入 $1\ mol\cdot L^{-1}\ NH_3$ 和 $1\ mol\cdot L^{-1}[Cu(NH_3)_4]^{2+}$ 的混合液中，它和标准氢电极(作正极)组成原电池，测得其电动势 $\varepsilon=0.030\ V$。(已知 $\varphi^\ominus_{Cu^{2+}/Cu}=0.342\ V$)

(1) 写出电池反应和原电池符号。

(2) 计算 $[Cu(NH_3)_4]^{2+}$ 的稳定常数。

41. 已知原电池 $(-)Ag(s)\mid AgCl(s)\mid Cl^-(0.01\ mol\cdot L^{-1})\parallel Ag^+(0.010\ mol\cdot L^{-1})\mid Ag(+)$ 的电池电动势 $\varepsilon=0.34\ V$，$\varphi^\ominus_{Ag^+/Ag}=0.799\ V$，求 $K^\ominus_{sp}(AgCl)$。

检测题参考答案

1. C	2. C	3. C	4. B	5. C	6. A	7. D	8. A	9. D
10. C	11. B	12. B	13. A	14. B	15. A、B	16. A、D	17. D	18. C
19. C	20. D	21. B	22. A	23. C	24. D	25. D	26. D	27. D
28. A	29. A	30. B	31. A	32. A	33. C			

34. $Ag^++e^-=\!=\!=Ag$，$2Hg+2Cl^-=\!=\!=Hg_2Cl_2(s)+2e^-$。

35. $(-)Pt,H_2(p^\ominus)\mid H^+(c_1)\parallel Cl^-(c_2)\mid AgCl(s),Ag(+)$。

36. 0.457，3.1×10^{15}，5.6×10^{7}。

37. 不能，Co^{3+}，+3，<，>。

38. 解 $O_2+4H^++4e^-=\!=\!=2H_2O \quad \varphi^\ominus=1.229\ V$

在标准状态下，电极 $O_2+2H_2O+4e^-=\!=\!=4OH^-$ 的 $p(O_2)=100\ kPa$，$c(OH^-)=1\ mol\cdot L^{-1}$，则

$$c(H^+)=K_w^\ominus/c(OH^-)=10^{-14}(mol\cdot L^{-1})$$

所以

$$\varphi^\ominus_{O_2/OH^-}=\varphi_{O_2/H_2O}=\varphi^\ominus_{O_2/H_2O}+\frac{0.0592}{4}\lg\{[p(O_2)/100]\times(10^{-14})^4\}$$

$$=1.229+0.0592\times(-14)=0.403(V)$$

39. 解 $MnO_2(s)+4H^++2Cl^-=\!=\!=Mn^{2+}+Cl_2+2H_2O$

(1) 标准状态下 $\varphi^\ominus_{MnO_2/Mn^{2+}}=1.23\ V<\varphi^\ominus_{Cl_2/Cl^-}=1.36\ V$，所以不能制取 Cl_2。

(2) 制取 Cl_2 所需盐酸的最低浓度应是 $\varphi_{MnO_2/Mn^{2+}}=\varphi_{Cl_2/Cl^-}$ 时盐酸的浓度，则

$$\varphi^{\ominus}_{MnO_2/Mn^{2+}}+\frac{0.0592}{2}\lg\frac{[c(H^+)/c^{\ominus}]^4}{c(Mn^{2+})/c^{\ominus}}=\varphi^{\ominus}_{Cl_2/Cl^-}+\frac{0.0592}{2}\lg\frac{p(Cl_2)/p^{\ominus}}{[c(Cl^-)/c^{\ominus}]^2}$$

即

$$1.23+\frac{0.0592}{2}\lg[c(H^+)/c^{\ominus}]^4=1.36-0.0592\lg[c(Cl^-)/c^{\ominus}]$$

$$\lg(c/c^{\ominus})=(1.36-1.23)/(3\times 0.0592)=0.732$$

解得 $c(HCl)=5.39(mol\cdot L^{-1})$。

(3) (−)(Pt)Cl_2(100 kPa)| Cl^-(>5.39 mol·L^{-1}) ‖ Mn^{2+}(1 mol·L^{-1})，H^+(>5.39 mol·L^{-1})| MnO_2(Pt)(+)

40. 解 (1) $2H^++Cu+4NH_3 = [Cu(NH_3)_4]^{2+}+H_2$

(−)Cu(s)| NH_3(1 mol·L^{-1})，$[Cu(NH_3)_4]^{2+}$(1 mol·L^{-1}) ‖ H^+(1 mol·L^{-1})| H_2(100 kPa)|Pt(+)

(2) $\varepsilon^{\ominus}=\varphi^{\ominus}_{H^+/H_2}-\varphi^{\ominus}_{[Cu(NH_3)_4]^{2+}/Cu}=0.030\ V$

$$\varphi^{\ominus}_{[Cu(NH_3)_4]^{2+}/Cu}=-0.030=\varphi_{Cu^{2+}/Cu}=\varphi^{\ominus}_{Cu^{2+}/Cu}+\frac{0.0592}{2}\lg[c(Cu^{2+})/c^{\ominus}]$$

$$=0.342+\frac{0.0592}{2}\lg(1/K^{\ominus}_f)$$

所以

$$K^{\ominus}_f([Cu(NH_3)_4]^{2+})=3.3\times 10^{12}$$

41. 解 (−)Ag(s)| AgCl(s)| Cl^-(0.01 mol·L^{-1}) ‖ Ag^+(0.010 mol·L^{-1})| Ag(+)

$$\varphi_{Ag^+/Ag}=\varphi^{\ominus}_{Ag^+/Ag}+0.0592\lg[c(Ag^+)/c^{\ominus}]=0.799+0.0592\lg 0.010=0.681(V)$$

$$\varepsilon=\varphi_{Ag^+/Ag}-\varphi_{AgCl/Ag}=0.681-\varphi_{AgCl/Ag}=0.34(V)$$

$$\varphi_{AgCl/Ag}=0.681-0.34=0.341(V)$$

$$\varphi_{AgCl/Ag}=\varphi^{\ominus}_{Ag^+/Ag}+0.0592\lg\frac{K^{\ominus}_{sp}}{c(Cl^-)/c^{\ominus}}$$

$$=0.799+0.0592\times 2+0.0592\lg K^{\ominus}_{sp}$$

$$\lg K^{\ominus}_{sp}=(0.341-0.917)/0.0592=-9.746$$

$$K^{\ominus}_{sp}(AgCl)=1.8\times 10^{-10}$$

配套教材习题答案

10-1 解 $H\overset{*}{Cl}O_4$ 中 Cl 为 +7，$Na_2\overset{*}{S}_4O_6$ 中 S 为 +2.5，$\overset{*}{Pb}_3O_4$ 中 Pb 为 $+\frac{8}{3}$，$Ca\overset{*}{H}_2$ 中 H 为 −1，$K\overset{*}{O}_3$ 中 O 为 $+\frac{1}{3}$，$\overset{*}{N}H_4^+$ 中 N 为 −3，$\overset{*}{Cr}O_4^{2-}$ 中 Cr 为 +6。

10-2 解 (1) $As_2O_3+NO_3^- \longrightarrow H_3AsO_4+NO$(酸性介质)

$As_2O_3+5H_2O \longrightarrow 2H_3AsO_4+4H^++4e^-$

$NO_3^-+4H^++4e^- \longrightarrow NO+2H_2O$

$As_2O_3+NO_3^-+3H_2O = 2H_3AsO_4+NO$

(2) $Cr_2O_7^{2-}+H_2S \longrightarrow Cr^{3+}+S$

$Cr_2O_7^{2-}+14H^++6e^- \longrightarrow 2Cr^{3+}+7H_2O$

$H_2S \longrightarrow S+2H^++2e^-$

$Cr_2O_7^{2-}+3H_2S+8H^+ = 2Cr^{3+}+2S+7H_2O$

(3) $MnO_4^- + H_2C_2O_4 \longrightarrow Mn^{2+} + CO_2$

$MnO_4^- + 8H^+ + 5e^- \longrightarrow Mn^{2+} + 4H_2O$

$H_2C_2O_4 \longrightarrow 2CO_2 + 2H^+ + 2e^-$

$2MnO_4^- + 5H_2C_2O_4 + 6H^+ = 2Mn^{2+} + 10CO_2 + 8H_2O$

(4) $Cr^{3+} + S_2O_8^{2-} \longrightarrow Cr_2O_7^{2-} + SO_4^{2-}$

$2Cr^{3+} + 7H_2O \longrightarrow Cr_2O_7^{2-} + 14H^+ + 6e^-$

$S_2O_8^{2-} + 2e^- \longrightarrow 2SO_4^{2-}$

$2Cr^{3+} + 3S_2O_8^{2-} + 7H_2O = Cr_2O_7^{2-} + 6SO_4^{2-} + 14H^+$

(5) $Mn^{2+} + BiO_3^- \longrightarrow MnO_4^- + Bi^{3+}$

$Mn^{2+} + 4H_2O \longrightarrow MnO_4^- + 8H^+ + 5e^-$

$BiO_3^- + 6H^+ + 2e^- \longrightarrow Bi^{3+} + 3H_2O$

$2Mn^{2+} + 5BiO_3^- + 14H^+ = 2MnO_4^- + 5Bi^{3+} + 7H_2O$

(6) $[Co(NH_3)_6]^{2+} + O_2 \longrightarrow [Co(NH_3)_6]^{3+} + OH^-$

$[Co(NH_3)_6]^{2+} \longrightarrow [Co(NH_3)_6]^{3+} + e^-$

$O_2 + 2H_2O + 4e^- \longrightarrow 4OH^-$

$4[Co(NH_3)_6]^{2+} + O_2 + 2H_2O = 4[Co(NH_3)_6]^{3+} + 4OH^-$

(7) $[Cr(OH)_4]^- + HO_2^- \longrightarrow CrO_4^{2-} + OH^-$

$[Cr(OH)_4]^- + 4OH^- \longrightarrow CrO_4^{2-} + 4H_2O + 3e^-$

$HO_2^- + H_2O + 2e^- \longrightarrow 3OH^-$

$2[Cr(OH)_4]^- + 3HO_2^- = 2CrO_4^{2-} + OH^- + 5H_2O$

(8) $H_3AsO_4 + I^- \longrightarrow HAsO_2 + I_2$

$H_3AsO_4 + 2H^+ + 2e^- \longrightarrow HAsO_2 + 2H_2O$

$2I^- \longrightarrow I_2 + 2e^-$

$H_3AsO_4 + 2I^- + 2H^+ = HAsO_2 + I_2 + 2H_2O$

(9) $Cu^{2+} + I^- \longrightarrow CuI + I_2$

$Cu^{2+} + I^- + e^- \longrightarrow CuI$

$2I^- \longrightarrow I_2 + 2e^-$

$2Cu^{2+} + 4I^- = 2CuI + I_2$

(10) $Hg_2Cl_2 + NH_3 \longrightarrow HgNH_2Cl + Hg$

$Hg_2Cl_2 + NH_3 + OH^- \longrightarrow 2HgNH_2Cl + H_2O + e^-$

$Hg_2Cl_2 + 2e^- \longrightarrow 2Hg + 2Cl^-$

$3Hg_2Cl_2 + 2NH_3 + 2OH^- = 4HgNH_2Cl + 2Hg + 2H_2O + 2Cl^-$

10-3 解 (1) $MnO_2 + 2H_2O + 2e^- = Mn(OH)_2 + 2OH^-$

(2) $O_2 + 4H^+ + 4e^- = 2H_2O$

(3) $Fe(OH)_3 + e^- = Fe(OH)_2 + OH^-$

(4) $2IO_3^- + 12H^+ + 10e^- = I_2 + 6H_2O$

(5) $Cr_2O_7^{2-} + 14H^+ + 6e^- = 2Cr^{3+} + 7H_2O$

10-4 不变，不变，改变。

10-5 (1)

10-6 (2)

10-7 Co^{2+}，小

10-8 解 (i)

(1) 原电池符号(－)Sn|Sn^{2+}(0.050 mol·L^{-1}) ‖ Pb^{2+}(0.50 mol·L^{-1})|Pb(＋)

(2) $\varepsilon^{\ominus}=\varphi^{\ominus}_{Sn^{2+}/Sn}-\varphi^{\ominus}_{Pb^{2+}/Pb}=-0.136-(-0.126)=-0.010(V)$

$\Delta_r G_m^{\ominus}=-nF\varepsilon^{\ominus}=-2\times 96\ 500\times(-0.010)=1930(J\cdot mol^{-1})$

$$\lg K^{\ominus}=\frac{n\varepsilon^{\ominus}}{0.0592}=\frac{2\times(-0.010)}{0.0592}=-0.338$$

$$K^{\ominus}=0.459$$

$$\varphi_{Sn^{2+}/Sn}=\varphi^{\ominus}_{Sn^{2+}/Sn}+\frac{0.0592}{2}\lg[c(Sn^{2+})/c^{\ominus}]=-0.136+\frac{0.0592}{2}\lg 0.050=-0.175(V)$$

$$\varphi_{Pb^{2+}/Pb}=\varphi^{\ominus}_{Pb^{2+}/Pb}+\frac{0.0592}{2}\lg[c(Pb^{2+})/c^{\ominus}]=-0.126+\frac{0.0592}{2}\lg 0.50=-0.135(V)$$

$$\varepsilon=\varphi_{Sn^{2+}/Sn}-\varphi_{Pb^{2+}/Pb}=-0.175+0.135=-0.040(V)$$

$$\Delta_r G_m=-nF\varepsilon=-2\times 96\ 500\times(-0.040)=7720(J\cdot mol^{-1})$$

(3) $\varepsilon=-0.040\ V<0$,所以正反应不自发,逆反应自发。

$\Delta_r G_m=7720(J\cdot mol^{-1})>0$,所以正反应非自发,逆反应自发。

$Q=\dfrac{c(Pb^{2+})/c^{\ominus}}{c(Sn^{2+})/c^{\ominus}}=\dfrac{0.50}{0.050}=10>K^{\ominus}$,所以正反应非自发,逆反应自发。

(ii)

(1) 原电池符号为

(－)|Fe^{3+}(1.0 mol·L^{-1}),Fe^{2+}(1.0 mol·L^{-1}) ‖ HNO_2(1.0 mol·L^{-1}),H^+(1.0×10^{-2} mol·L^{-1})|NO(100 kPa)|Pt(＋)

(2) 正极反应 $HNO_2+H^++e^-=\!=\!=NO+H_2O$

负极反应 $Fe^{3+}+e^-=\!=\!=Fe^{2+}$

$$\varepsilon^{\ominus}=\varphi^{\ominus}_{HNO_2/NO}-\varphi^{\ominus}_{Fe^{3+}/Fe^{2+}}=0.983-0.771=0.212(V)$$

$$\Delta_r G_m^{\ominus}=-nF\varepsilon^{\ominus}=-1\times 96\ 500\times 0.212=-20\ 458(J\cdot mol^{-1})$$

$$\lg K^{\ominus}=\frac{n\varepsilon^{\ominus}}{0.0592}=\frac{1\times 0.212}{0.0592}=3.58$$

$$K^{\ominus}=3.80\times10^{3}$$

$$\varphi_{HNO_2/NO}=\varphi^{\ominus}_{HNO_2/NO}+\frac{0.0592}{1}\lg\frac{[c(HNO_2)/c^{\ominus}][c(H^+)/c^{\ominus}]}{p(NO)/p^{\ominus}}$$

$$=0.983+0.0592\lg\frac{1\times1.0\times10^{-2}}{1}=0.865(V)$$

$$\varphi_{Fe^{3+}/Fe^{2+}}=\varphi^{\ominus}_{Fe^{3+}/Fe^{2+}}+\frac{0.0592}{1}\lg\frac{c(Fe^{3+})/c^{\ominus}}{c(Fe^{2+})/c^{\ominus}}=0.771+0.0592\lg\frac{1}{1}=0.771(V)$$

$$\varepsilon=\varphi_{HNO_2/NO}-\varphi_{Fe^{3+}/Fe^{2+}}=0.865-0.771=0.094(V)$$

$$\Delta_r G_m=-nF\varepsilon=-1\times 96\ 500\times 0.094=-9071(J\cdot mol^{-1})$$

(3) $\varepsilon=0.094\ V>0$,正反应自发。

$\Delta_r G_m=-9071\ J\cdot mol^{-1}<0$,所以正反应自发。

$$Q=\frac{1\times1}{1\times1\times1.0\times10^{-2}}=100<K^{\ominus}\text{,所以正反应自发。}$$

10-9 解 电极反应式:

$$IO_3^-+4H^++4e^-=\!=\!=IO^-+2H_2O$$

$$IO^-+2H^++e^-=\!=\!=\frac{1}{2}I_2+H_2O$$

$$IO_3^- + 6H^+ + 5e^- = \frac{1}{2}I_2 + 3H_2O$$

所以

$$\varphi^\ominus_{IO_3^-/I_2} = \frac{4\varphi^\ominus_{IO_3^-/IO^-} + \varphi^\ominus_{IO^-/I_2}}{5}$$

$$\varphi^\ominus_{IO^-/I_2} = 5\varphi^\ominus_{IO_3^-/I_2} - 4\varphi^\ominus_{IO_3^-/IO^-} = 5\times0.20 - 4\times0.14 = 0.44(V)$$

10-10 解 (1) 电极反应式：

$$Fe(OH)_3 + e^- = Fe(OH)_2 + OH^-$$

在标准状态下 $c(OH^-)=1.0\ mol\cdot L^{-1}$，则电极中

$$c(Fe^{3+})/c^\ominus = \frac{K^\ominus_{sp}[Fe(OH)_3]}{[c(OH^-)/c^\ominus]^3} = K^\ominus_{sp}[Fe(OH)_3]$$

$$c(Fe^{2+})/c^\ominus = \frac{K^\ominus_{sp}[Fe(OH)_2]}{[c(OH^-)/c^\ominus]^2} = K^\ominus_{sp}[Fe(OH)_2]$$

故

$$\begin{aligned}\varphi^\ominus_{Fe(OH)_3/Fe(OH)_2} = \varphi_{Fe^{3+}/Fe^{2+}} = \varphi^\ominus_{Fe^{3+}/Fe^{2+}} + \frac{0.0592}{1}\lg\frac{c(Fe^{3+})/c^\ominus}{c(Fe^{2+})/c^\ominus}\\ = 0.771 + 0.0592\lg\frac{K^\ominus_{sp}[Fe(OH)_3]}{K^\ominus_{sp}[Fe(OH)_2]}\\ = 0.771 + 0.0592\lg\frac{2.79\times10^{-39}}{4.87\times10^{-17}}\\ = -0.261(V)\end{aligned}$$

(2) 电极反应式：

$$[Fe(CN)_6]^{3-} + e^- = [Fe(CN)_6]^{4-}$$

$$\begin{aligned}c(Fe^{3+})/c^\ominus &= \frac{c([Fe(CN)_6]^{3-})/c^\ominus}{K^\ominus_f([Fe(CN)_6]^{3-})\cdot[c(CN^-)/c^\ominus]^6}\\ &= \frac{1}{K^\ominus_f([Fe(CN)_6]^{3-})\cdot[c(CN^-)/c^\ominus]^6}\end{aligned}$$

$$\begin{aligned}c(Fe^{2+})/c^\ominus &= \frac{c([Fe(CN)_6]^{4-})/c^\ominus}{K^\ominus_f([Fe(CN)_6]^{4-})\cdot[c(CN^-)/c^\ominus]^6}\\ &= \frac{1}{K^\ominus_f([Fe(CN)_6]^{4-})\cdot[c(CN^-)/c^\ominus]^6}\end{aligned}$$

$$\begin{aligned}\varphi^\ominus_{[Fe(CN)_6]^{3-}/[Fe(CN)_6]^{4-}} = \varphi_{Fe^{3+}/Fe^{2+}} = \varphi^\ominus_{Fe^{3+}/Fe^{2+}} + \frac{0.0592}{1}\lg\frac{c(Fe^{3+})/c^\ominus}{c(Fe^{2+})/c^\ominus}\\ = 0.771 + 0.0592\lg\frac{K^\ominus_f([Fe(CN)_6]^{4-})\cdot[c(CN^-)/c^\ominus]^6}{K^\ominus_f([Fe(CN)_6]^{3-})\cdot[c(CN^-)/c^\ominus]^6}\\ = 0.771 + 0.0592\lg\frac{10^{35}}{10^{42}}\\ = 0.357(V)\end{aligned}$$

10-11 解 反应 $Hg_2Cl_2(s) = Hg_2^{2+}(aq) + 2Cl^-(aq)$ 的平衡常数为 $K^\ominus_{sp}(Hg_2Cl_2)$，在反应式两侧各加 2 个 Hg 得

$$Hg_2Cl_2 + 2Hg = Hg_2^{2+} + 2Cl^- + 2Hg$$

把该反应式设计成原电池，则

正极反应 $Hg_2Cl_2 + 2e^- = 2Hg + 2Cl^-$

负极反应 $2Hg - 2e^- = Hg_2^{2+}$

所以

$$\varepsilon^{\ominus}=\varphi^{\ominus}_{Hg_2Cl_2/Hg}-\varphi^{\ominus}_{Hg_2^{2+}/Hg}=0.28-0.80=-0.52(V)$$

$$\lg K^{\ominus}=\lg K^{\ominus}_{sp}(Hg_2Cl_2)=\frac{n\varepsilon^{\ominus}}{0.0592}=\frac{-2\times0.52}{0.0592}=-17.6$$

$$K^{\ominus}_{sp}(Hg_2Cl_2)=2.7\times10^{-18}$$

10-12 解 $\varphi^{\ominus}_{Cu^{2+}/CuCl}=\varphi^{\ominus}_{Cu^{2+}/Cu^{+}}+\frac{0.0592}{1}\lg\frac{1}{K^{\ominus}_{sp}(CuCl)}=0.153+0.0592\lg\frac{1}{2\times10^{-6}}$

$$=0.490(V)<\varphi^{\ominus}_{Cl_2/Cl^-}=1.358\ V$$

故反应 $2Cu^{2+}+4Cl^-=\!=\!=2CuCl+Cl_2$ 不能发生。

$$\varphi^{\ominus}_{Cu^{2+}/CuBr}=\varphi^{\ominus}_{Cu^{2+}/Cu^{+}}+\frac{0.0592}{1}\lg\frac{1}{K^{\ominus}_{sp}(CuBr)}=0.153+0.0592\lg\frac{1}{2\times10^{-9}}$$

$$=0.668(V)<\varphi^{\ominus}_{Br_2/Br^-}=1.066\ V$$

故反应 $2Cu^{2+}+4Br^-=\!=\!=2CuBr+Br_2$ 也不能发生。

$$\varphi^{\ominus}_{CuCl/Cu}=\varphi^{\ominus}_{Cu^{+}/Cu}+\frac{0.0592}{1}\lg K^{\ominus}_{sp}(CuCl)=0.522+0.0592\lg(2.0\times10^{-6})$$

$$=0.185(V)<\varphi^{\ominus}_{Cu^{2+}/CuCl}=0.490\ V$$

故反应 $CuCl_2+Cu=\!=\!=2CuCl$ 可以发生。

10-13 解 根据能斯特方程，电极(1)的电极电势为

$$\varphi_{H^+/H_2}(1)=\frac{0.0592}{2}\lg\frac{[c(H^+)/c^{\ominus}]^2}{p(H_2)/p^{\ominus}}=0.0592\lg0.10=-0.0592(V)$$

若电极(1)为正极，则根据题意得电极(2)的电极电势为

$$\varphi_{H^+/H_2}(2)=\varphi_{H^+/H_2}(1)-\varepsilon=-0.0592-0.016=-0.0752(V)=0.0592\lg x$$

解得 $x=0.054(mol\cdot L^{-1})$。

若电极(2)为正极，则根据题意得电极(2)的电极电势为

$$\varphi_{H^+/H_2}(2)=\varepsilon-\varphi_{H^+/H_2}(1)=0.016+0.0592=0.0752(V)=0.0592\lg x$$

解得 $x=18.6(mol\cdot L^{-1})$。

10-14 解 因为

$$[Al(OH)_4]^-=\!=\!=Al^{3+}+4OH^-$$

$$K^{\ominus}=\frac{[c(Al^{3+})/c^{\ominus}]\cdot[c(OH^-)/c^{\ominus}]^4}{c([Al(OH)_4]^-)/c^{\ominus}}=\frac{1}{K^{\ominus}_f([Al(OH)_4]^-)}$$

$$c(Al^{3+})=\frac{1}{K^{\ominus}_f([Al(OH)_4]^-)}$$

根据能斯特公式，有

$$\varphi^{\ominus}_{[Al(OH)_4]^-/Al}=\varphi_{Al^{3+}/Al}=\varphi^{\ominus}_{Al^{3+}/Al}+\frac{0.0592}{3}\lg[c(Al^{3+})/c^{\ominus}]$$

$$=-1.42+\frac{0.0592}{3}\lg\frac{1}{K^{\ominus}_f}=-2.330(V)$$

解得 $K^{\ominus}_f=1.87\times10^{46}$。

10-15 解 (1) $0.1\ mol\cdot L^{-1}$ HAc 溶液中

$$c(H^+)=\sqrt{1.7\times10^{-5}\times0.1}=1.3\times10^{-3}(mol\cdot L^{-1})$$

$$2H^++2e^-=\!=\!=H_2$$

$$\varphi_{H^+/H_2}=\varphi^{\ominus}_{H^+/H_2}+\frac{0.0592}{2}\lg\frac{[c(H^+)/c^{\ominus}]^2}{p(H_2)/p^{\ominus}}=0.0592\lg(1.3\times10^{-3})=-0.17(V)$$

(2) $0.1\ mol\cdot L^{-1}$ NaOH 溶液中，$c(OH^-)=0.1\ mol\cdot L^{-1}$。

$$2H_2O+2e^- \longrightarrow H_2+2OH^-$$

$$\varphi_{H_2O/H_2}=\varphi^{\ominus}_{H_2O/H_2}+\frac{0.0592}{2}\lg\frac{1}{[c(OH^-)/c^{\ominus}]^2\cdot[p(H_2)/p^{\ominus}]}$$

$$=-0.8277+0.0592\lg 10=-0.77(V)$$

10-16 解 (1) $\lg K^{\ominus}=2\times(1.224-1.358)/0.0592=-4.53$

$$K^{\ominus}=2.9\times10^{-5}$$

(2) $Q=1\times1/(10^2\times10^4)=1.0\times10^{-6}<K^{\ominus}$

在此条件下反应正向自发进行。

10-17 解 $\varphi_+=\varphi_{[Ag(NH_3)_2]^+/Ag}=\varphi^{\ominus}_{Ag^+/Ag}+0.0592\lg\dfrac{c([Ag(NH_3)_2]^+)/c^{\ominus}}{K_f^{\ominus}([Ag(NH_3)_2]^+)\cdot[c(NH_3)/c^{\ominus}]^2}$

$$=0.7996+0.0592\lg\frac{0.1}{1.1\times10^7\times(0.1)^2}=0.4432(V)$$

$$\varphi_-=\varphi_{[Cu(NH_3)_4]^{2+}/Cu}=\varphi^{\ominus}_{Cu^{2+}/Cu}+\frac{0.0592}{2}\lg\frac{c([Cu(NH_3)_4]^{2+})/c^{\ominus}}{K_f^{\ominus}([Cu(NH_3)_4]^{2+})\cdot[c(NH_3)/c^{\ominus}]^4}$$

$$=0.3419+\frac{0.0592}{2}\lg\frac{0.1}{2.1\times10^{13}\times(0.1)^4}=0.0374(V)$$

所以

$$\varepsilon=\varphi_+-\varphi_-=0.4432-0.0374=0.4058(V)$$

10-18 解 $[Cu(NH_3)_4]^{2+}+2e^- \longrightarrow Cu^{2+}+4NH_3$

$$\varphi^{\ominus}_{[Cu(NH_3)_4]^{2+}/Cu}=\varphi_{Cu^{2+}/Cu}=\varphi^{\ominus}_{Cu^{2+}/Cu}+\frac{0.0592}{2}\lg\frac{1}{K_f^{\ominus}([Cu(NH_3)_4]^{2+})}$$

$$=0.340+\frac{0.0592}{2}\lg\frac{1}{2.1\times10^{13}}=-0.052(V)$$

查附录V可知 $\varphi^{\ominus}_{O_2/H_2O}=0.815\ V(pH=7)$，$\varphi^{\ominus}_{O_2/OH^-}=0.401\ V(pH=14)$，均大于 $\varphi^{\ominus}_{[Cu(NH_3)_4]^{2+}/Cu}$，说明铜在氨水中有一定的还原能力，容易被空气中的氧所氧化，生成 $[Cu(NH_3)_4]^{2+}$，即不能用铜器储存氨水。

10-19 解 由于 $\varphi^{\ominus}_{NO_3^-/NO}=0.96\ V<\varphi^{\ominus}_{S/HgS}=1.04\ V$，因此反应

$$NO_3^-+HgS+4H^+ \longrightarrow NO+S+Hg^{2+}+2H_2O$$

不能正向自发，即 HgS 不能被硝酸氧化为 S。

由于王水中含有高浓度的 Cl^-，可与 Hg^{2+} 生成稳定的配合物 $[HgCl_4]^{2-}$，溶液中 Hg^{2+} 浓度大大降低，使得 $\varphi_{S/HgS}$ 减小；同时，游离出的 S^{2-} 易被高浓度硝酸(约为 3.75 mol·L^{-1})氧化生成 S。因此通过配位和氧化二者综合作用使 HgS 溶解。

模拟试卷

模拟试卷(一)

一、单项选择题

1. $Mg(OH)_2$ 和 $MnCO_3$ 的 $K_{sp}^{\ominus}$ 数值相近。在 $Mg(OH)_2$、$MnCO_3$ 两份饱和溶液中(　　)。(不考虑副反应的影响)

   A. $c(Mg^{2+})>c(Mn^{2+})$　　B. $c(Mg^{2+})=c(Mn^{2+})$

   C. $c(Mg^{2+})<c(Mn^{2+})$　　D. $c(OH^-)<c(CO_3^{2-})$

2. 由总浓度一定的 $NH_3 \cdot H_2O(K_b^{\ominus}=1.8\times10^{-5})$ 与 NH_4Cl 组成的缓冲液,缓冲能力最大时的 pH 是(　　)。

   A. 4.75　　B. 4.75±1　　C. 9.25　　D. 9.25±1

3. 下列物质(1)CaO、(2)MgO、(3)NH_3、(4)PH_3 熔点由高到低的顺序为(　　)。

   A. (1)>(2)>(3)>(4)　　B. (2)>(1)>(3)>(4)

   C. (2)>(1)>(4)>(3)　　D. (1)>(2)>(4)>(3)

4. 下列物质能在强酸性介质中稳定存在的是(　　)。

   A. $[HgI_4]^{2-}$　　B. $[Zn(NH_3)_4]^{2+}$

   C. $[Fe(C_2O_4)_3]^{3-}$　　D. $[Ag(S_2O_3)_2]^{3-}$

5. 向含有 Pb^{2+}[浓度为 $c(Pb^{2+})$] 和 Sr^{2+}[浓度为 $c(Sr^{2+})$]的溶液中滴加 K_2SO_4 溶液,首先生成 $SrSO_4$ 沉淀,此现象说明(　　)。

   A. $K_{sp}^{\ominus}(SrSO_4)<K_{sp}^{\ominus}(PbSO_4)$　　B. $c(Pb^{2+})>c(Sr^{2+})$

   C. $\dfrac{c(pb^{2+})}{c(Sr^{2+})}>\dfrac{K_{sp}^{\ominus}(PbSO_4)}{K_{sp}^{\ominus}(SrSO_4)}$　　D. $\dfrac{c(pb^{2+})}{c(Sr^{2+})}<\dfrac{K_{sp}^{\ominus}(PbSO_4)}{K_{sp}^{\ominus}(SrSO_4)}$

6. 配制 KCN 水溶液时,应将其溶于(　　)。

   A. 盐酸溶液　　B. HCN 溶液

   C. KOH 水溶液　　D. 水

7. 已知 $K_{sp}^{\ominus}(ZnS)=1.6\times10^{-24}$,$K_{sp}^{\ominus}(MnS)=2.5\times10^{-13}$,则(　　)。

   A. $\varphi^{\ominus}_{S/MnS}>\varphi^{\ominus}_{S/ZnS}>\varphi^{\ominus}_{S/S^{2-}}$　　B. $\varphi^{\ominus}_{S/S^{2-}}>\varphi^{\ominus}_{S/MnS}>\varphi^{\ominus}_{S/ZnS}$

   C. $\varphi^{\ominus}_{S/ZnS}>\varphi^{\ominus}_{S/MnS}>\varphi^{\ominus}_{S/S^{2-}}$　　D. $\varphi^{\ominus}_{S/S^{2-}}>\varphi^{\ominus}_{S/ZnS}>\varphi^{\ominus}_{S/MnS}$

8. 相同温度下,与溶剂相比,溶液的蒸气压(　　)。

   A. 较低　　B. 与纯溶剂蒸气压相等

   C. 较高　　D. 需要根据实际情况判断

9. 根据 $\varphi^{\ominus}_{Cu^{2+}/Cu}=0.34$ V,$\varphi^{\ominus}_{Zn^{2+}/Zn}=-0.76$ V,可知反应 $Cu+Zn^{2+}(1\times10^{-5}\ mol\cdot L^{-1})$ $=\!=\!=$ $Cu^{2+}(0.1\ mol\cdot L^{-1})+Zn$ 在 298.15 K 时的平衡常数 $K^{\ominus}$ 约为(　　)。

   A. 10^{37}　　B. 10^{-37}　　C. 10^{42}　　D. 10^{-42}

10. 已知 H_3PO_4 的 $K_{a_1}^{\ominus}=6.9\times10^{-3}$,$K_{a_2}^{\ominus}=6.1\times10^{-8}$,$K_{a_3}^{\ominus}=4.8\times10^{-13}$,$NH_3 \cdot H_2O$ 的

$K_b^\ominus=1.8\times10^{-5}$。欲配制 pH=7.0 的缓冲液,应选用的缓冲对是(　　)。

A. NH_3-NH_4Cl　　B. H_3PO_4-NaH_2PO_4

C. NaH_2PO_4-Na_2HPO_4　　D. $Na_2HPO_4^-$-Na_3PO_4

11. 下列溶液 pH 由高到低的顺序为(　　)。[$pK_a^\ominus(HAc)=4.74$,$pK_b^\ominus(NH_3)=4.74$]

(1) 0.05 mol·L^{-1} NH_4Cl 和 0.05 mol·L^{-1} $NH_3\cdot H_2O$ 混合液

(2) 0.05 mol·L^{-1} HAc 和 0.05 mol·L^{-1} NaAc 混合液

(3) 0.05 mol·L^{-1} HAc 溶液

(4) 0.05 mol·L^{-1} NaAc 溶液

A. (1)>(2)>(3)>(4)　　B. (4)>(3)>(2)>(1)

C. (3)>(2)>(1)>(4)　　D. (1)>(4)>(2)>(3)

12. 一个反应在相同的起始浓度、不同的温度下进行时(设机理相同),下列说法正确的是(　　)。

A. 速率相同

B. 速率常数 k 相同

C. 活化能相同

D. 由于条件不同,上述三种说法都不正确

13. 某人将萘溶于苯中,利用凝固点下降法测定萘的摩尔质量,测定结果有了较大误差。下列原因与误差的产生无关的是(　　)。

A. 萘不是难挥发溶质

B. 实验中所用温度计未经校准

C. 溶液浓度过大

D. 结果按下式计算:$M(C_{10}H_8)=K_f\dfrac{m(C_{10}H_8)}{\Delta T_f V(C_6H_6)}$

14. 向 0.30 mol·L^{-1} HCl 水溶液中通入 $H_2S(g)$ 达饱和,溶液中各物种浓度的计算式正确的是(　　)。

A. $c(S^{2-})/c^\ominus\approx K_{a_2}^\ominus$

B. $c(H^+)/c^\ominus\approx(c/c^\ominus\cdot K_{a_1}^\ominus)^{1/2}$

C. $c(H^+)/c^\ominus\approx 2c(S^{2-})/c^\ominus$

D. $c(S^{2-})/c^\ominus=K_{a_1}^\ominus K_{a_2}^\ominus[c(H_2S)/c^\ominus]/[c(H^+)/c^\ominus]^2$

15. 在水溶液中,下列离子碱性最弱的是(　　)。

A. ClO_4^-　　B. ClO_3^-　　C. ClO_2^-　　D. ClO^-

16. 298.15 K,下列反应的 $\Delta_r G_m^\ominus$ 等于 AgBr(s)的 $\Delta_f G_m^\ominus$ 的是(　　)。

A. $Ag^+(aq)+Br^-(aq)$═══$AgBr(s)$

B. $2Ag(s)+Br_2(g)$═══$2AgBr(s)$

C. $Ag(s)+\frac{1}{2}Br_2(g)$═══$AgBr(s)$

D. $Ag(s)+\frac{1}{2}Br_2(l)$═══$AgBr(s)$

17. 反应 $C(s)+O_2(g)\longrightarrow CO_2(g)$ 的 $\Delta_r H_m^\ominus<0$。欲增加正反应速率,下列措施肯定无用

的是（　　）。

A. 增加氧气的分压　　B. 升温

C. 使用催化剂　　D. 减小 CO_2 的分压

18. 下列分子中，属于非极性分子的是（　　）。

A. SO_2　　B. $HgCl_2$　　C. Cl_2O　　D. NO_2

19. 通常情况下，下列离子可能生成内轨型配合物的是（　　）

A. Pb^{2+}　　B. Mn^{2+}　　C. Au^{+}　　D. Hg^{2+}

20. 下列各组量子数合理的是（　　）。

A. (3,2,2,+1)　　B. $\left(3,2,-2,+\frac{1}{2}\right)$

C. $\left(3,3,2,-\frac{1}{2}\right)$　　D. $\left(3,-2,2,+\frac{1}{2}\right)$

21. 在 298.15 K 及标准状态下反应能自发进行，高温时其逆反应为自发，这表明该反应（　　）。

A. $\Delta_r H_m^\ominus<0,\Delta_r S_m^\ominus<0$　　B. $\Delta_r H_m^\ominus<0,\Delta_r S_m^\ominus>0$

C. $\Delta_r H_m^\ominus>0,\Delta_r S_m^\ominus>0$　　D. $\Delta_r H_m^\ominus>0,\Delta_r S_m^\ominus<0$

22. 下列水溶液在相同的温度下蒸气压最大的是（　　）。

A. 0.1 mol · L^{-1} KCl　　B. 0.1 mol · L^{-1} $C_{12}H_{22}O_{11}$

C. 0.1 mol · L^{-1} H_2SO_4　　D. 0.1 mol · L^{-1} Na_3PO_4

23. 溴的水溶液和丙酮水溶液按下式发生反应：

$$CH_3COCH_3(aq)+Br_2(aq)\longrightarrow CH_3COCH_2Br(aq)+HBr(aq)$$

此反应对溴来说是零级反应，下列推断正确的是（　　）。

A. 反应速率是恒定的　　B. 最慢的反应步骤包括溴

C. 溴起催化剂作用　　D. 速率决定步骤不包括溴

24. 在 pH=6.0 的土壤溶液中，下列物质浓度最大的是（　　）。（H_3PO_4 的 $K_{a_1}^\ominus=6.9\times10^{-3}$，$K_{a_2}^\ominus=6.1\times10^{-8}$，$K_{a_3}^\ominus=4.8\times10^{-13}$）

A. H_3PO_4　　B. $H_2PO_4^-$　　C. HPO_4^{2-}　　D. PO_4^{3-}

二、判断题

1. ψ 代表电子在核外空间的概率分布。（　　）
2. 热力学第一定律是反应方向自由能判据的理论依据。（　　）
3. 有杂化轨道参与而形成的化学键都是 σ 键。（　　）
4. 一种元素原子最多所能形成的共价单键数目等于基态的该种元素原子中所含未成对电子数。（　　）
5. PH_3 分子中，P 原子以 sp^2 杂化轨道与三个 H 原子结合成分子。（　　）
6. 复杂反应的速率主要由最慢的一步基元反应决定。（　　）
7. 在相同压力下，b=0.01 mol · kg^{-1}甘油水溶液和 b=0.01 mol · kg^{-1}甘油乙醇溶液应有相同的沸点升高值。（　　）
8. 含有极性键的分子不一定是极性分子。（　　）

9. 在溶剂中一旦加入溶质，就会使其蒸气压下降。（　）

10. 实验测得 $CO+NO_2 \longrightarrow CO_2+NO$ 是二级反应，由此可知，该反应是基元反应。（　）

11. 温度对反应 $C(s)+O_2(g)=\!=\!=CO_2(g)$ 的 $\Delta_r G_m$ 几乎无影响。（　）

12. Ca^{2+} 与 Pb^{2+} 电荷相同，它们的离子半径分别为 0.1 nm 和 0.078 nm，差别不大，所以 $CaCrO_4$ 和 $PbCrO_4$ 在水中的溶解度也差别不大。（　）

三、填空题

1. 绝对零度时任何纯净物的完美晶体的标准摩尔熵值为________；处于标准状态下的纯气体压力等于________ kPa。

2. 根据 Br 元素在碱性溶液中的标准电极电势图，则 $\varphi^{\ominus}_{BrO_3^-/BrO^-}$ =________ V，$\varphi^{\ominus}_{BrO^-/Br^-}$ = ________ V，可发生歧化的物质为________。

$$BrO_3^- \text{——} BrO^- \xrightarrow{0.45\ V} Br_2 \xrightarrow{1.07\ V} Br^-$$
$$(BrO_3^- \to Br^-:\ 0.61\ V)$$

3. 一定温度范围内，反应 $2P(s)+3Cl_2(g)=\!=\!=2PCl_3(g)$ 正向自发。此反应的 $\Delta_r S_m$ ________ 0，$\Delta_r H_m$ ________ 0；升温后，$\Delta_r G_m$ ________，K ________。（增大、减小或不变）

4. $AgNO_3$ 与过量 KBr 溶液作用制得 AgBr 溶胶，其胶团结构式为________________。

5. 两种溶液，一种为 7.5 g 尿素溶于 200 g 水中，另一种为 11.3 g 某未知物溶于 50 g 水中，二者的沸点相同，则此未知物的摩尔质量为________。（尿素的摩尔质量为 60.0 g · mol^{-1}）

6. $COCl_2$ 分子构型为________，中心原子 C 采取________杂化轨道成键，分子间存在的作用力为________________。

7. 某元素最高正价为+6 价，其最外层电子数为 1，且原子半径为同族元素中最小，该元素基态原子电子排布式为________________，它位于周期表中第________周期________族。

8. 比较下列物质的性质，并简述理由。

（1）熔点：$FeCl_3$ 比 $FeCl_2$ ________，因为________________；

（2）溶解度：AgCl 比 AgI ________，因为________________；

（3）沸点：甲醚比乙醇________，因为________________；

（4）酸性：$HClO_4$ 比 HClO ________，因为________________。

9. 配合物 $NH_4[Cr(SCN)_4(NH_3)_2]$ 可命名为________，其中心离子的配位数为________。

10. H_2O、H_2S、H_2Se 三种物质，分子的极性按________________顺序递减，色散力按________________顺序递减，沸点按________________顺序递减。

11. 已知 H_3PO_4 的 $pK^{\ominus}_{a_1}=2.16$，$pK^{\ominus}_{a_2}=7.21$，$pK^{\ominus}_{a_3}=12.32$，将 0.1 mol · L^{-1} H_3PO_4 溶液与 0.15 mol · L^{-1}NaOH 溶液等体积混合，此混合液的 pH 为________；将 0.1 mol · L^{-1} H_3PO_4 溶液与 0.2 mol · L^{-1}NaOH 溶液等体积混合，此混合液的 pH 为________；将

0.1 mol·L^{-1} H_3PO_4 溶液与 0.3mol·L^{-1} NaOH 溶液等体积混合，此混合液的 pH 为________。

12. 已知 AgCl、AgI、$Mg(OH)_2$ 的 $K_{sp}^{\ominus}$ 分别为 1.7×10^{-10}、8.5×10^{-17}、5.6×10^{-12}，则三者溶解度由大到小的顺序为________>________>________。（不考虑水解等副反应）

四、简答题

1. 已知 $K_f^{\ominus}([Ni(NH_3)_4]^{2+})=9.1\times10^7$，$K_f^{\ominus}([Ni(CN)_4]^{2-})=2.0\times10^{31}$，试据理推断这两个配合物中中心离子成键时轨道的杂化类型及配离子的空间构型。
2. 已知酸性介质中 $\varphi^{\ominus}_{PbO_2/Pb^{2+}}=1.46$ V，$\varphi^{\ominus}_{O_2/H_2O_2}=0.695$ V，$\varphi^{\ominus}_{H_2O_2/H_2O}=1.78$ V，PbO_2 可催化 H_2O_2 的分解。试写出 PbO_2 的催化作用原理（有关反应式）。
3. (1) 完成并配平反应式：$MnO_4^- + SO_3^{2-} + H^+ \longrightarrow$
(2) 按此反应式组成原电池，写出电池符号。

五、计算题

1. 根据下列物质的热力学数据：

物　质	Ba^{2+}(aq)	CO_3^{2-}(aq)	$BaCO_3$(s)
$\Delta_f H_m^{\ominus}/(kJ\cdot mol^{-1})$	−573.6	−677.1	−1213.0
$S_m^{\ominus}/(J\cdot K^{-1}\cdot mol^{-1})$	9.6	−56.9	112.1

(1) 求 298 K 时 $BaCO_3$ 的 $K_{sp}^{\ominus}$。
(2) 若 $\varphi^{\ominus}_{Ba^{2+}/Ba}=-2.91$ V，求 $BaCO_3+2e^- \Longrightarrow Ba+CO_3^{2-}$ 的标准电极电势。

2. 化学热力学中，规定在任意温度下，水溶液中 H^+ 的标准摩尔生成吉布斯自由能 $\Delta_f G_m^{\ominus}(H^+,aq)=0$。根据此规定，即可测定出其他离子在水溶液中的标准摩尔生成吉布斯自由能 $\Delta_f G_m^{\ominus}$。已知 298.15 K，$\varphi^{\ominus}_{Cl_2/Cl^-}=1.36$ V，试计算 298 K 时下列反应的 $\Delta_r G_m^{\ominus}$ 及 $\Delta_f G_m^{\ominus}(Cl^-,aq)$。

$$2H^+(aq)+2Cl^-(aq) \Longrightarrow H_2(g)+Cl_2(g)$$

3. 已知 AgBr 的 $K_{sp}^{\ominus}=5.35\times10^{-13}$，$[Ag(S_2O_3)_2]^{3-}$ 的 $K_f^{\ominus}=2.9\times10^{13}$，求 1 L 1.0 mol·$L^{-1}$ $Na_2S_2O_3$ 溶液溶解多少克 AgBr？（AgBr 的摩尔质量为 188 g·mol^{-1}）
4. 反应 $2NO_2(g) \Longrightarrow N_2O_4(g)$ 在 300 K 时 $K^{\ominus}=6.06$。已知此反应 $\Delta_r H_m^{\ominus}=-57.5$ kJ·mol^{-1}，试求此反应在 310 K 时的 $K^{\ominus}$ 及 $\Delta_r G_m^{\ominus}$。

参考答案

一、单项选择题

1. A　2. C　3. B　4. A　5. D　6. C　7. C　8. D　9. B
10. C　11. D　12. C　13. A　14. D　15. A　16. D　17. D　18. B
19. B　20. B　21. A　22. B　23. D　24. B

二、判断题

1. ×　2. ×　3. √　4. ×　5. ×　6. √　7. ×　8. √　9. ×　10. ×　11. ×　12. ×

三、填空题

1. $0\ J \cdot K^{-1} \cdot mol^{-1}$，100。

2. 0.54，0.75，Br_2、BrO^-。

3. <，<，增大，减小。

4. $[(AgBr)_m \cdot nI^- \cdot (n-x)K^+]^{x-} \cdot xK^+$。

5. $361.6\ g \cdot mol^{-1}$。

6. 等腰三角形，sp^2，色散力、取向力、诱导力。

7. $[Ar]3d^5 4s^1$，四，ⅥB。

8. (1) 低，Fe^{3+} 电荷大、半径小、极化力强；

   (2) 大，I^- 半径大、变形性大；

   (3) 低，乙醇分子间有氢键；

   (4) 强，$HClO_4$ 分子中非羟基氧数目多。

9. 二硫氰酸根·二氨合铬(Ⅲ)酸铵，6。

10. H_2O、H_2S、H_2Se，H_2Se、H_2S、H_2O，H_2O、H_2Se、H_2S。

11. 7.21，9.94，12.68。

12. $Mg(OH)_2$，AgCl，AgI。

四、简答题

1. $[Ni(NH_3)_4]^{2+}$：sp^3 杂化，正四面体，外轨型配离子；

   $[Ni(CN)_4]^{2-}$：dsp^2 杂化，平面正方形，内轨型配离子。

2. (1) $PbO_2 + 2H^+ + H_2O_2 = Pb^{2+} + O_2 + 2H_2O$

   (2) $H_2O_2 + Pb^{2+} = PbO_2 + 2H^+$

   (3) $2H_2O_2 = 2H_2O + O_2$

3. (1) $2MnO_4^- + 5SO_3^{2-} + 16H^+ = 2Mn^{2+} + 5SO_4^{2-} + 8H_2O$

   (2) $(-)Pt \mid H^+(c_1), SO_3^{2-}(c_2), SO_4^{2-}(c_3) \parallel MnO_4^-(c_4), Mn^{2+}(c_5), H^+(c_6) \mid Pt(+)$

五、计算题

1. 解 (1) $BaCO_3(s) = Ba^{2+} + CO_3^{2-}$

   $\Delta_r H_m^\ominus = -37.7\ kJ \cdot mol^{-1}$，$\Delta_r S_m^\ominus = -159.4\ J \cdot K^{-1} \cdot mol^{-1}$，$\Delta_r G_m^\ominus = 9.8\ kJ \cdot mol^{-1}$，则

   $$K_{sp}^\ominus = 1.1 \times 10^{-4}$$

   (2) $\varphi_{BaCO_3/Ba}^\ominus = -3.03\ V$

2. 解

$$\begin{array}{lccccc} & 2H^+(aq) & + \ 2Cl^-(aq) & = & H_2(g) & + \ Cl_2(g) \\ \Delta_f G_m^\ominus/(kJ \cdot mol^{-1}) & 0 & \Delta_f G_m^\ominus(Cl^-, aq) & & 0 & 0 \end{array}$$

$$\varepsilon^\ominus = \varphi_{H^+/H_2}^\ominus - \varphi_{Cl_2/Cl^-}^\ominus = 0.00 - 1.36 = -1.36(V)$$

$$\Delta_r G_m^\ominus(298.15\ K) = -nF\varepsilon^\ominus = -2 \times 9.65 \times 10^4 \times (-1.36) \times 10^{-3} = 262.5(kJ \cdot mol^{-1})$$

$$\Delta_r G_m^\ominus(298\ K) = -2\Delta_f G_m^\ominus(Cl^-, aq)$$

$$\Delta_f G_m^\ominus(Cl^-, aq) = -131.3\ kJ \cdot mol^{-1}$$

3. 解

$$AgBr(s) + 2S_2O_3^{2-} = [Ag(S_2O_3)_2]^{3-} + Br^-$$

$$K^\ominus = K_{sp}^\ominus K_f^\ominus = (m/188)^2/(1.0 - 2m/188)^2$$

   解得 $m = 83.3(g)$。

4. 解

$$\ln\frac{K_2^\ominus}{K_1^\ominus} = \frac{-57\ 500}{8.314} \times \left(\frac{310-300}{310 \times 300}\right) = -0.7437$$

$$K_2^\ominus = 2.88$$

$$\Delta_r G_m^\ominus(310\ K) = -8.314 \times 10^{-3} \times 310 \times \ln 2.88 = -2.73(kJ \cdot mol^{-1})$$

模拟试卷(二)

一、单项选择题

1. 浓度均为 0.01 mol·L^{-1}的下列四种水溶液在相同的温度下蒸气压最大的是(　　)。
   A. K_3PO_4　　B. $C_3H_8O_3$　　C. $MgSO_4$　　D. $[Co(NH_3)_6]Cl_3$
2. 温度升高而不一定增大的量是(　　)。
   A. $\Delta_r G_m^{\ominus}$　　B. 吸热反应的标准平衡常数 $K^{\ominus}$
   C. 液体的饱和蒸气压　　D. 反应的速率常数 k
3. 0.01 mol·L^{-1} $AgNO_3$ 和 0.01 mol·L^{-1} $K_2C_rO_4$ 溶液等体积混合制备 Ag_2CrO_4 溶胶,往此溶胶中加入等浓度的下列电解质溶液,对此溶胶凝结能力最强的是(　　)。
   A. $AlCl_3$　　B. $MgSO_4$　　C. Na_3PO_4　　D. $K_4[Fe(CN)_6]$
4. 反应 $MgCl_2(s) = Mg(s) + Cl_2(g)$,$\Delta_r H_m^{\ominus} > 0$,标准状态下此反应(　　)。
   A. 低温能自发　　B. 高温能自发
   C. 任何温度均能自发　　D. 任何温度均不能自发
5. 在 298.15 K 和标准状态下,下列反应均为非自发反应。其中,在高温时仍为非自发反应的是(　　)。
   A. $2AgO(s) = 2Ag(s) + O_2(g)$
   B. $N_2O_4(g) = 2NO_2(g)$
   C. $2Fe_2O_3(s) + 3C(s) = 4Fe(s) + 3CO_2(g)$
   D. $6C(s) + 6H_2O(g) = C_6H_{12}O_6(s)$
6. 下列物质能在强酸性介质中稳定存在的是(　　)。
   A. $[Fe(C_2O_4)_3]^{3-}$　　B. $[Zn(NH_3)_4]^{2+}$
   C. $[HgI_4]^{2-}$　　D. $[Ag(S_2O_3)_2]^{3-}$
7. 正常生长的植物,若其根系细胞液及土壤溶液的渗透压分别为 Π_A、Π_B,则二者的关系为(　　)。
   A. $\Pi_A < \Pi_B$　　B. $\Pi_A > \Pi_B$　　C. $\Pi_A = \Pi_B$　　D. $\Pi_A \leqslant \Pi_B$
8. 已知反应 $C(s) + CO_2(g) = 2CO(g)$ 的 $K^{\ominus}$ 在 767 ℃时为 4.6,在 667 ℃时为 0.50,则此反应的热效应($\Delta_r H_m^{\ominus}$)为(　　)。
   A. $\Delta_r H_m^{\ominus} > 0$　　B. $\Delta_r H_m^{\ominus} = 0$　　C. $\Delta_r H_m^{\ominus} < 0$　　D. 无法判断
9. 一个反应在相同的起始浓度、不同的温度下进行时(设反应机理相同),下列说法正确的是(　　)。
   A. 速率相同
   B. 速率常数 k 相同
   C. 活化能相同
   D. 由于条件不同,上述三种说法都不正确
10. 实验测得反应 $A + B = C$ 的速率方程为 $v = kC(A)C(B)$,该反应为(　　)。
    A. 基元反应　　B. 二级反应
    C. k 的单位为 $L^2 \cdot mol^{-2} \cdot s^{-1}$　　D. 双分子反应

11. 下列各组量子数合理的是(　　)。

A. $\left(3,-2,0,+\frac{1}{2}\right)$　　B. $\left(2,3,1,+\frac{1}{2}\right)$

C. $\left(3,1,1,+\frac{1}{2}\right)$　　D. $\left(2,0,1,-\frac{1}{2}\right)$

12. 某元素基态原子,在 $n=5$ 的轨道中仅有 2 个电子,则该原子 $n=4$ 的轨道中含有电子(　　)。

A. 18 个　B. 8～18 个　C. 8 个　D. 8～23 个

13. 具有下列原子外层电子构型的四种元素中,第一电离能最大的是(　　)。

A. $2s^2$　B. $2s^22p^1$　C. $2s^22p^3$　D. $2s^22p^4$

14. 下列分子的偶极矩不为零的是(　　)。

A. BCl_3　B. SO_3　C. $BeCl_2$　D. PCl_3

15. 下列各组物质中,不是共轭酸碱对的是(　　)。

A. NH_3、NH_2^-　B. $NaOH$、Na^+　C. HS^-、S^{2-}　D. H_3O^+、H_2O

16. 由总浓度一定的 HPO_4^{2-}-PO_4^{3-} 缓冲对组成的缓冲溶液,缓冲能力最大时的 pH 是(　　)。[H_3PO_4 的 $K_{a_1}^\ominus=6.9\times10^{-3}$,$K_{a_2}^\ominus=6.1\times10^{-8}$,$K_{a_3}^\ominus=4.8\times10^{-13}$]

A. 2.1　B. 7.2　C. 7.2±1　D. 12.2

17. 向 pH=2 的缓冲溶液中通入 $H_2S(g)$ 达饱和时(H_2S 的浓度约为 0.1 mol·L^{-1}),溶液中的 $c(S^{2-})/(mol\cdot L^{-1})$(　　)。[已知 $K_{a_1}^\ominus(H_2S)=1.1\times10^{-7}$,$K_{a_2}^\ominus(H_2S)=1.3\times10^{-13}$]

A. $<K_{a_2}^\ominus$　B. $\approx K_{a_2}^\ominus$　C. $>K_{a_2}^\ominus$　D. $\approx K_{a_1}^\ominus$

18. PbI_2、$CaCO_3$ 两种难溶电解质的 $K_{sp}^\ominus$ 数值相近。在 PbI_2、$CaCO_3$ 饱和水溶液中(　　)。

A. $c(Pb^{2+})\approx c(Ca^{2+})$　　B. $c(Pb^{2+})>c(Ca^{2+})$

C. $c(Pb^{2+})<c(Ca^{2+})$　　D. $c(I^-)<c(CO_3^{2-})$

19. 某溶液中含有 Ag^+、Pb^{2+}、Ba^{2+},浓度均为 0.10 mol·L^{-1},往溶液中滴加 K_2CrO_4 试剂,各离子开始沉淀的顺序为(　　)。[已知 $K_{sp}^\ominus(Ag_2CrO_4)=1.12\times10^{-12}$,$K_{sp}^\ominus(BaCrO_4)=1.17\times10^{-10}$,$K_{sp}^\ominus(PbCrO_4)=2.8\times10^{-13}$]

A. $PbCrO_4$、$BaCrO_4$、Ag_2CrO_4　　B. $BaCrO_4$、$PbCrO_4$、Ag_2CrO_4

C. Ag_2CrO_4、$PbCrO_4$、$BaCrO_4$　　D. $PbCrO_4$、Ag_2CrO_4、$BaCrO_4$

20. 已知 $K_{sp}^\ominus(AgI)<K_{sp}^\ominus(AgCl)$,则(　　)。

A. $\varphi_{AgI/Ag}^\ominus>\varphi_{AgCl/Ag}^\ominus>\varphi_{Ag^+/Ag}^\ominus$　　B. $\varphi_{Ag^+/Ag}^\ominus>\varphi_{AgCl/Ag}^\ominus>\varphi_{AgI/Ag}^\ominus$

C. $\varphi_{Ag^+/Ag}^\ominus>\varphi_{AgI/Ag}^\ominus>\varphi_{AgCl/Ag}^\ominus$　　D. $\varphi_{AgCl/Ag}^\ominus>\varphi_{AgI/Ag}^\ominus>\varphi_{Ag^+/Ag}^\ominus$

21. 利用反应 $2Ag^++Cu=2Ag+Cu^{2+}$ 组成原电池,当向 Cu 电极中通入 $H_2S(g)$ 后,电池电动势将(　　)。

A. 升高　B. 降低　C. 不变　D. 变化难以判断

22. 通常情况下,下列离子可能生成内轨型配合物的是(　　)。

A. Cu^+　B. Fe^{2+}　C. Ag^+　D. Zn^{2+}

23. 下列物质中,只需克服色散力就能沸腾的是(　　)。

A. $H_2O(l)$　　B. $CCl_4(l)$　　C. $SiO_2(s)$　　D. $AsCl_3(l)$

24. 298.15 K，下列反应的 $\Delta_r G_m^{\ominus}$ 等于 AgCl(s)的 $\Delta_f G_m^{\ominus}$ 的是(　　)。

A. $2Ag(s)+Cl_2(g)=2AgCl(s)$

B. $Ag(g)+Cl(g)=AgCl(s)$

C. $Ag(s)+\frac{1}{2}Cl_2(g)=AgCl(s)$

D. $Ag^+(aq)+Cl^-(aq)=AgCl(s)$

二、判断题

1. 已知下列过程的热化学方程式为 $UF_6(l)=UF_6(g)$，$\Delta_r H_m^{\ominus}=30.1\ kJ\cdot mol^{-1}$，则此温度时蒸发 1 mol $UF_6(l)$会放热 30.1 kJ。(　　)
2. $K_3[Co(NO_2)_3Cl_3]$名称为三氯・三硝基合钴(Ⅲ)酸钾，其中心离子的配位数为 6。(　　)
3. 以杂化轨道参与而形成的化学键都是 σ 键。(　　)
4. 反应物的浓度越大，则反应速率常数也越大，反应速率越快。(　　)
5. IF_3 和 BF_3 化学组成相似，空间构型也相似。(　　)
6. 反应的级数取决于反应方程式中反应物的化学计量数(绝对值)。(　　)
7. 两种分子酸 HX 溶液和 HY 溶液有同样的 pH，则这两种酸的浓度($mol\cdot L^{-1}$)相同。(　　)
8. 电动势 ε(或电极电势 φ)的数值与电池反应(或半反应式)的写法无关，而平衡常数 $K^{\ominus}$ 的数值随反应式的写法(化学计量数不同)而变。(　　)
9. 功和热是系统和环境之间的两种能量传递方式，在系统内部不讨论功和热。(　　)
10. 催化剂能改变反应机理，降低反应的活化能，但不能改变反应的 $\Delta_r G_m^{\ominus}$。(　　)

三、填空题

1. 用 KI 与过量 $AgNO_3$ 溶液作用制得 AgI 溶胶，其胶团结构式为__________。
2. 溶液的凝固点下降的公式为______，它适用于__________。
3. 比较下列物质的性质，并简述理由。

(1) 熔点：CdS 比 MnS ______，因为__________；

(2) 溶解度：AgCl 比 AgI ______，因为__________；

(3) 酸性：$HClO_4$ 比 H_2SO_4 ______，因为__________；

4. 已知 H_2S 的 $K_{a_1}^{\ominus}=1.1\times10^{-7}$，$K_{a_2}^{\ominus}=1.3\times10^{-13}$，则 Na_2S 的 $K_b^{\ominus}=$______。
5. HF、HCl、HBr 三种物质，分子的极性按__________顺序递减，色散力按__________顺序递减，沸点按__________顺序递减。
6. 反应 $2H_2O(l)=2H_2(g)+O_2(g)$在 T K 的标准状态下逆向自发，此反应的 $\Delta_r S_m^{\ominus}$ ______ 0，$\Delta_r H_m^{\ominus}$ ______ 0，升温时 $\Delta_r G_m^{\ominus}$ ______，$K^{\ominus}$ ______。(增大、减小或不变)
7. 将 100 mL 0.1 $mol\cdot L^{-1}$ HCOOH($K_a^{\ominus}=1.8\times10^{-4}$)溶液与 50 mL 0.1 $mol\cdot L^{-1}$ NaOH 溶液混合，所得混合液的 pH 为______。若将此混合液再加水冲稀 5 倍后，溶液的

pH 将为________。

8. 某元素的+2 价离子的 $n=4$ 的轨道中电子数为 0，$n=3$、$l=2$ 的轨道中电子恰为半充满，该元素基态原子的核外电子排布式为________，它位于周期表中第________周期________区。

9. PCl_3 分子构型为________，P 原子以________杂化轨道成键，PCl_3 分子之间的作用力为______________。

10. 已知$[Ni(NH_3)_4]Cl_2$ 的 $K_f^\ominus=9.1\times10^7$，$[Ni(NH_3)_4]^{2+}$ 的中心离子以________杂化轨道成键，配离子空间构型为________，它属于________轨型配合物。在配合物$[Ni(NH_3)_4]Cl_2$中，Cl^- 与$[Ni(NH_3)_4]^{2+}$ 以________键相结合，Ni^{2+} 与 NH_3 以________键相结合。

11. 配合物$[Pt(en)_2(NO_2)Cl]SO_4$ 可命名为______________，中心离子配位数为________。

12. 已知 $\varphi^\ominus_{Br_2/Br^-}=1.07\ V$，$\varphi^\ominus_{Fe^{3+}/Fe^{2+}}=0.77\ V$，当 $c(Br^-)=0.1\ mol\cdot L^{-1}$，其余各物质均处于标准态时，反应 $Br_2+2Fe^{2+}═══2Fe^{3+}+2Br^-$ 在 25 ℃时的标准平衡常数$\lg K^\ominus=$________。

四、计算题

1. 根据下列物质的热力学数据(298.15 K)，求 298.15 K 时 Ag_2S 的 $K_{sp}^\ominus$。

物　质	$Ag_2S(s)$	$Ag^+(aq)$	$S^{2-}(aq)$
$\Delta_f H_m^\ominus/(kJ\cdot mol^{-1})$	−32.59	105.58	33.2
$S_m^\ominus/(J\cdot K^{-1}\cdot mol^{-1})$	144.0	72.68	−14.6

2. 使 0.1 mol AgI(s)溶于 1 L 氨水中，求所需氨水的最低浓度，计算结果说明了什么？[已知 $K_{sp}^\ominus(AgI)=8.5\times10^{-17}$，$K_f^\ominus([Ag(NH_3)_2]^+)=1.1\times10^7$，浓氨水的浓度为 15 $mol\cdot L^{-1}$]

3. 已知 $\varphi^\ominus_{MnO_4^-/Mn^{2+}}=1.49\ V$，$\varphi^\ominus_{Br_2/Br^-}=1.07\ V$，$\varphi^\ominus_{Cl_2/Cl^-}=1.36\ V$。欲使 Cl^-、Br^-混合液中 Br^-被 MnO_4^- 氧化，而 Cl^-不被氧化，溶液的 pH 应控制在什么范围？(假定其他各物质均处于标准态)

参 考 答 案

一、单项选择题

1. B　2. A　3. A　4. B　5. D　6. C　7. B　8. A　9. C
10. B　11. C　12. B　13. C　14. D　15. B　16. D　17. A　18. B
19. A　20. B　21. A　22. B　23. B　24. C

二、判断题

1. ×　2. √　3. √　4. ×　5. ×　6. ×　7. ×　8. √　9. √　10. √

三、填空题

1. $[(AgI)_m\cdot nAg^+\cdot(n-x)NO_3^-]^{x+}\cdot xNO_3^-$。
2. $\Delta T_f=K_f b_B$，非电解质稀溶液。

3. (1) 低，Cd^{2+}为18电子构型、CdS的极化作用比MnS大；

(2) 大，I^-的变形性比Cl^-大；

(3) 强，$HClO_4$分子中非羟基氧的数目比HClO多。

4. 7.7×10^{-2}。

5. HF、HCl、HBr，HBr、HCl、HF，HF、HBr、HCl。

6. >，>，减小，增大。

7. 3.75，3.75。

8. $[Ar]3d^5 4s^1$，四，d。

9. 三角锥形，不等性sp^3，色散力、取向力、诱导力。

10. sp^3，四面体，外，离子，配位。

11. 硫酸一氯·一硝基·二(乙二胺)合铂(Ⅳ)，6。

12. 10.17。

四、计算题

1. 解 $Ag_2S \rightleftharpoons 2Ag^+ + S^{2-}$

$\Delta_r H_m^\ominus = 276.95\ kJ \cdot mol^{-1}$，$\Delta_r S_m^\ominus = -13.24\ J \cdot K^{-1} \cdot mol^{-1}$，$\Delta_r G_m^\ominus(298.15\ K) = 280.9\ kJ \cdot mol^{-1}$

$$K_{sp}^\ominus = 5.46\times10^{-50}$$

2. 解

	AgI	+	$2NH_3$	$\rightleftharpoons$	$[Ag(NH_3)_2]^+$	+	I^-
$c/(mol \cdot L^{-1})$	0.1−0.1		$c-0.2$		0.1		0.1

$$K^\ominus = K_{sp}^\ominus K_f^\ominus = [0.1/(c-0.2)]^2$$

$$c(NH_3) = 3.27\times10^3\ mol \cdot L^{-1} \gg 15\ mol \cdot L^{-1}$$

说明用氨水无法将0.1 mol AgI固体溶解。

3. 解 $\varphi_{MnO_4^-/Mn^{2+}} = \varphi^\ominus_{MnO_4^-/Mn^{2+}} + \dfrac{0.0592}{5}\lg\dfrac{[c(MnO_4^-)/c^\ominus][c(H^+)/c^\ominus]^8}{c(Mn^{2+})/c^\ominus} = 1.07(V)$

$$pH = 4.45$$

$$\varphi_{MnO_4^-/Mn^{2+}} = \varphi^\ominus_{MnO_4^-/Mn^{2+}} + \frac{0.0592}{5}\lg\frac{[c(MnO_4^-)/c^\ominus][c(H^+)/c^\ominus]^8}{c(Mn^{2+})/c^\ominus} = 1.36(V)$$

$$pH = 1.38$$

即溶液pH应控制在1.38～4.45，MnO_4^-可氧化Br^-而不氧化Cl^-。

主要参考文献

大连理工大学无机化学教研室. 2006. 无机化学. 5版.北京:高等教育出版社
顾学裘. 1984. 药物制剂新剂型选编. 北京:人民卫生出版社
侯万国,孙德军,张春光. 1998. 应用胶体化学. 北京:科学出版社
呼世斌,黄蔷蕾. 2004. 无机及分析化学.2版.北京:高等教育出版社
黄春辉,李富友,黄岩谊. 2001. 光电功能超薄膜. 北京:北京大学出版社
揭念芹. 2000. 基础化学Ⅰ. 北京:科学出版社
康立娟,朴凤玉. 2005. 普通化学. 北京:高等教育出版社
刘琢. 1994. 无机化学. 西安:陕西科学技术出版社
牟文生等. 2009. 大学化学基础教程. 大连:大连理工大学出版社
南京大学《无机及分析化学》编写组. 2006. 无机及分析化学.4版.北京:高等教育出版社
宁开桂. 2001. 无机及分析化学. 北京:高等教育出版社
闰有旺. 2003. 化学学科的前沿——超分子化学. 化学教学,(11):32-33
沈家骢,孙俊奇. 2004. 超分子科学研究进展. 中国科学院院刊,19(6):420-424
宋其圣. 2009. 无机化学学习笔记. 北京:科学出版社
王德民. 2001. 发掘三次采油新理论新技术,确保大庆油田持续稳定发展. 大庆石油地质与开发,20(3):1-7
夏琳,邱桂学. 2007. 化学科学的研究新领域——超分子化学. 化学推进剂与高分子材料. 5(1):33-37
许善锦. 2003. 无机化学. 4版. 北京:人民卫生出版社
杨频,高飞. 2002. 生物无机化学原理. 北京:科学出版社
印永嘉,刘宗寅,吕志清. 1995. 21世纪的中心科学——化学. 北京:中国华侨出版社
游效曾,孟庆金,韩万书. 2000. 配位化学进展. 北京:高等教育出版社
张金桐. 2004. 普通化学. 北京:中国农业出版社
张中强,涂华民,葛旭升. 2006. 超分子化学的研究和进展. 河北师范大学学报(自然科学版),30(4):453-458
赵士铎. 2007. 普通化学. 3版. 北京:中国农业大学出版社
赵士铎. 2008. 普通化学学习指导. 北京:中国农业大学出版社
浙江大学. 2003. 无机及分析化学. 北京:高等教育出版社
浙江大学普通化学教研组. 2002. 普通化学. 5版. 北京:高等教育出版社
朱文祥,刘鲁美. 1996. 中级无机化学. 北京:北京师范大学出版社
Oxtoby D W, Gillis H P, Nachtrieb N H. 1999. Principles of Modern Chemistry. 2nd ed. Fort Worth: Saunders College Publishing
Roberts G. 1990. Langmuir-Blodgett Films. New York: Plenum Press
Shriver D F, Atkins P W, Langford C H. 1994. Inorganic Chemistry. 2nd ed. Oxford: Oxford University Press

附　　录

附录Ⅰ　SI单位制的词头

表示因数	词头名称	词头符号	表示因数	词头名称	词头符号
10^{1}	十	da(deka)	10^{-1}	分	d(deci)
10^{2}	百	h(hecto)	10^{-2}	厘	c(centi)
10^{3}	千	k(kilo)	10^{-3}	毫	m(milli)
10^{6}	兆	M(mega)	10^{-6}	微	μ(micro)
10^{9}	吉[咖]	G(giga)	10^{-9}	纳[诺]	n(nano)
10^{12}	太[拉]	T(tera)	10^{-12}	皮[可]	p(pico)
10^{15}	拍[它]	P(peta)	10^{-15}	飞[母托]	f(femto)
10^{18}	艾[可萨]	E(exa)	10^{-18}	阿[托]	a(atto)

注:[　]内的字,在不致混淆的情况下,可以省略;(　)内的字为词头的完整表示形式。

附录Ⅱ　一些非推荐单位、导出单位与SI单位的换算

物理量	换算单位
长度	1 Å$=10^{-10}$ m, 1 in$=2.54\times10^{-2}$ m
时间	1 h$=3600$ s, 1 min$=60$ s
质量	1(市)斤$=0.5$ kg, 1(市)两$=50$ g, 1b(磅)$=0.454$ kg, 1 oz(盎司)$=28.3\times10^{-3}$ kg
压力	1 atm$=760$ mmHg$=1.013\times10^{5}$ Pa, 1 mmHg$=1$ Torr$=133.3$ Pa, 1 bar$=10^{5}$ Pa
能量	1 cal$=4.184$ J, 1 C·m$^{-1}=120$ J·mol^{-1}
温度	K$=$℃$+273.15$(K—开氏度,℃—摄氏度) ℉$=\frac{9}{5}$K$-459.67=\frac{9}{5}$℃$+32$(℉—华氏度,K—开氏度,℃—摄氏度)
其他	R(摩尔气体常量)$=8.314$ J·mol^{-1}·K$^{-1}=8.314$ kPa·dm^{3}·mol^{-1}·K^{-1} $=1.987$ cal·mol^{-1}·K$^{-1}=0.082$ atm·dm^{3}·mol^{-1}·K^{-1} 1 e(电子电荷)$=1.602\ 177\ 33\times10^{-19}$ C F(法拉第常量)$=9.648\ 530\ 9\times10^{4}$ C·mol^{-1} h(普朗克常量)$=6.626\ 075\ 5\times10^{-34}$ J·s

附录Ⅲ 一些物质的 $\Delta_f H_m^\ominus$、$\Delta_f G_m^\ominus$ 和 $S_m^\ominus$(298.15 K)

物 质	$\Delta_f H_m^\ominus/(kJ \cdot mol^{-1})$	$\Delta_f G_m^\ominus/(kJ \cdot mol^{-1})$	$S_m^\ominus/(J \cdot K^{-1} \cdot mol^{-1})$
Ag(s)	0	0	42.6
Ag^+(aq)	105.6	77.1	72.7
$[Ag(NH_3)_2]^+$(aq)	−111.29	−17.24	245.2
AgCl(s)	−127.0	−109.8	96.3
AgBr(s)	−100.4	−96.9	107.1
AgI(s)	−61.8	−66.2	115.5
Ag_2CrO_4(s)	−731.7	−641.8	217.6
Ag_2S(s,辉银矿)	−32.6	−40.7	144.0
$AgNO_3$(s)	−124.4	−33.4	140.9
Ag_2O(s)	−31.1	−11.2	121.3
Al(s)	0	0	28.3
Al^{3+}(aq)	−531.0	−485.0	−321.7
$AlCl_3$(s)	−704.2	−628.8	109.3
Al_2O_3(s,刚玉)	−1675.7	−1582.3	50.9
AsH_3(g)	66.4	68.9	222.8
B(s,β-菱形)	0	0	5.9
BCl_3(g)	−403.8	−388.7	290.1
BCl_3(l)	−427.2	−387.4	206.3
B_2H_6(g)	36.4	87.6	232.1
B_2O_3(s)	−1273.5	−1194.3	54.0
Ba(s)	0	0	62.5
Ba^{2+}(aq)	−573.6	−560.8	9.6
BaO(s)	−548.0	−520.3	72.1
$Ba(OH)_2$(s)	−944.7	—	—
$BaCO_3$(s)	−1213.0	−1134.4	112.1
$BaSO_4$(s)	−1473.2	−1362.2	132.2
Br_2(g)	30.9	3.1	245.5
Br_2(l)	0	0	152.2

续表

物　质	$\Delta_f H_m^\ominus/(kJ \cdot mol^{-1})$	$\Delta_f G_m^\ominus/(kJ \cdot mol^{-1})$	$S_m^\ominus/(J \cdot K^{-1} \cdot mol^{-1})$
$Br^-(aq)$	−121.6	−104.0	82.4
HBr(g)	−36.3	−53.4	198.7
HBr(aq)	−121.6	−104.0	82.4
Ca(s)	0	0	41.6
$Ca^{2+}(aq)$	−542.8	−553.6	−53.1
$CaF_2(s)$	−1228.0	−1175.6	68.5
$CaCl_2(s)$	−795.4	−748.8	108.4
CaO(s)	−634.9	−603.3	38.1
$Ca(OH)_2(s)$	−985.2	−897.5	83.4
$CaCO_3$(s,方解石)	−1207.6	−1129.1	91.7
$CaSO_4$(s,无水石膏)	−1434.5	−1322.0	106.5
C(s,石墨)	0	0	5.7
C(s,金刚石)	1.9	2.9	2.4
$CH_4(g)$	−74.6	−50.5	186.3
$CCl_4(l)$	−128.2	—	—
$CH_2O(g)$	−108.6	−102.5	218.8
$CH_3OH(l)$	−239.2	−166.6	126.8
$CH_3OH(g)$	−201.0	−162.3	239.9
HCOOH(l)	−425.0	−361.4	129.0
$C_2H_2(g)$	227.4	209.9	200.9
$C_2H_4(g)$	52.4	68.4	219.3
$C_2H_6(g)$	−84.0	−32.0	229.2
$CH_3CHO(l)$	−192.2	−127.6	160.2
$CH_3CHO(g)$	−166.2	−133.0	263.8
$C_2H_5OH(l)$	−277.6	−174.8	160.7
$C_2H_5OH(g)$	−234.8	−167.9	281.6
$CH_3COOH(l)$	−484.3	−389.9	159.8
CH_3COOH(aq,非解离)	−486.0	−369.3	86.6
$CH_3COO^-(aq)$	−486.0	−369.3	86.6
$C_3H_6(g)$	20.0	—	—

物　质	$\Delta_f H_m^\ominus/(kJ \cdot mol^{-1})$	$\Delta_f G_m^\ominus/(kJ \cdot mol^{-1})$	$S_m^\ominus/(J \cdot K^{-1} \cdot mol^{-1})$
$C_3H_8(g)$	−103.8	−23.4	270.3
$C_6H_6(g)$	82.9	129.7	269.2
$C_6H_6(l)$	49.1	124.5	173.4
$CO(g)$	−110.5	−137.2	197.7
$CO_2(g)$	−393.5	−394.4	213.8
$CO_3^{2-}(aq)$	−677.1	−527.8	−56.9
$HCO_3^-(aq)$	−692.0	−586.8	91.2
$CO_2(aq)$	−413.26	−386.0	119.36
H_2CO_3(aq,非解离)	−699.65	−623.16	187.4
$Cl_2(g)$	0	0	223.1
$Cl^-(aq)$	−167.2	−131.2	56.5
$ClO^-(aq)$	−107.1	−36.8	42.0
$ClO_3^-(aq)$	−104.0	−8.0	162.3
$HCl(g)$	−92.3	−95.3	186.9
$Co(s)$	0	0	30.0
$Co(OH)_2(s)$	−539.7	−454.3	79.0
$Cr(s)$	0	0	23.8
$CrO_4^{2-}(aq)$	−881.2	−727.8	50.2
$Cr_2O_7^{2-}(aq)$	−1490.3	−1301.1	261.9
$Cr_2O_3(s)$	−1139.7	−1058.1	81.2
$Cu(s)$	0	0	33.2
$Cu^+(aq)$	71.7	50.0	40.6
$Cu^{2+}(aq)$	64.8	65.5	−99.6
$[Cu(NH_3)_2]^+(aq)$	−348.5	−111.3	173.6
$CuO(s)$	−157.3	−129.7	42.6
$CuS(s)$	−53.1	−53.6	66.5
$CuSO_4(s)$	−771.4	−662.2	109.2
$CuSO_4 \cdot 5H_2O(s)$	−2279.65	−1880.04	300.4
$Cu_2O(s)$	−168.6	−146.0	93.1
$Cu_2S(s)$	−79.5	−86.2	120.9

物　质	$\Delta_f H_m^\ominus/(kJ \cdot mol^{-1})$	$\Delta_f G_m^\ominus/(kJ \cdot mol^{-1})$	$S_m^\ominus/(J \cdot K^{-1} \cdot mol^{-1})$
F(g)	79.4	62.3	158.8
F_2(g)	0	0	202.8
F^-(aq)	−332.6	−278.8	−13.8
HF(g)	−273.3	−275.4	173.8
Fe(s)	0	0	27.3
Fe^{2+}(aq)	−89.1	−78.9	−137.7
Fe^{3+}(aq)	−48.5	−4.7	−315.9
$Fe(OH)_2$(s)	−574.0	−490.0	87.9
$Fe(OH)_3$(s)	−833	−705	104.6
Fe_2O_3(s,赤铁矿)	−824.2	−742.2	87.4
Fe_3O_4(s,磁铁矿)	−1118.4	−1015.4	146.4
H_2(g)	0	0	130.7
H^+(aq)	0	0	0
Hg(g)	61.4	31.8	175.0
Hg(l)	0	0	75.9
Hg^{2+}(aq)	171.1	164.4	−32.2
Hg_2^{2+}(aq)	172.4	153.5	84.5
HgO(s,红色)	−90.8	−58.5	70.3
$HgCl_2$(s)	−224.3	−178.6	146.0
HgS(s,红色)	−58.2	−50.6	82.4
Hg_2Cl_2(s)	−265.4	−210.7	191.6
I_2(s)	0	0	116.1
I_2(g)	62.4	19.3	260.7
I^-(aq)	−55.2	−51.6	111.3
HI(g)	26.5	1.7	206.6
K(s)	0	0	64.7
K^+(aq)	−252.4	−283.3	102.5
KCl(s)	−436.5	−408.5	82.6
KI(s)	−327.9	−324.9	106.3
KOH(s)	−424.6	−379.4	81.2

续表

物质	$\Delta_f H_m^\ominus/(kJ \cdot mol^{-1})$	$\Delta_f G_m^\ominus/(kJ \cdot mol^{-1})$	$S_m^\ominus/(J \cdot K^{-1} \cdot mol^{-1})$
$KClO_3(s)$	−397.7	−296.3	143.1
$KMnO_4(s)$	−837.2	−737.6	171.7
$Mg(s)$	0	0	32.7
$Mg^{2+}(aq)$	−466.9	−454.8	−138.1
$MgCl_2(s)$	−641.3	−591.8	89.6
$MgCl_2 \cdot 6H_2O(s)$	−2499.0	−2115.0	315.1
$MgO(s)$	−601.6	−569.3	27.0
$Mg(OH)_2(s)$	−924.5	−833.5	63.2
$MgCO_3(s)$	−1095.8	−1012.1	65.7
$MgSO_4(s)$	−1284.9	−1170.6	91.6
$Mn(s)$	0	0	32.0
$Mn^{2+}(aq)$	−220.8	−228.1	−73.6
$MnCl_2(s)$	−481.2	−440.5	118.2
$MnO_2(s)$	−520.0	−465.1	53.1
$MnO_4^-(aq)$	−541.4	−447.2	191.2
$N_2(g)$	0	0	191.6
$NH_3(g)$	−45.9	−16.4	192.8
$NH_3 \cdot H_2O$(aq,非解离)	−361.2	−254.0	165.5
$NH_4^+(aq)$	−132.5	−79.30	113.4
$N_2H_4(g)$	95.4	159.4	238.5
$N_2H_4(l)$	50.6	149.3	121.2
$NH_4Cl(s)$	−314.4	−202.9	94.6
$NH_4NO_3(s)$	−365.6	−183.9	151.1
$(NH_4)_2SO_4(s)$	−1180.9	−901.7	220.1
$NO(g)$	90.4	87.6	210.8
$NO_2(g)$	33.2	51.3	240.1
$N_2O(g)$	81.6	103.7	220.0
$N_2O_4(g)$	11.1	99.8	304.4
$HNO_3(l)$	−174.1	−80.7	155.6
$NO_3^-(aq)$	−207.4	−111.3	146.4

续表

物　质	$\Delta_f H_m^{\ominus}/(kJ \cdot mol^{-1})$	$\Delta_f G_m^{\ominus}/(kJ \cdot mol^{-1})$	$S_m^{\ominus}/(J \cdot K^{-1} \cdot mol^{-1})$
Na(s)	0	0	51.3
Na^+(aq)	−240.1	−261.9	59.0
NaCl(s)	−411.2	−384.1	72.1
NaI(s)	−287.8	−286.1	98.5
NaOH(s)	−425.8	−379.7	64.4
$NaNO_2$(s)	−358.7	−284.6	103.8
$NaNO_3$(s)	−467.9	−367.0	116.5
$NaHCO_3$(s)	−950.8	−851.0	101.7
Na_2CO_3(s)	−1130.7	−1044.4	135.0
Na_2O(s)	−414.2	−375.5	75.1
Na_2O_2(s)	−510.9	−447.7	95.0
O_2(g)	0	0	205.2
O_3(g)	142.7	163.2	238.9
OH^-(aq)	−230.0	−157.2	−10.8
H_2O(g)	−241.8	−228.6	188.8
H_2O(l)	−285.8	−237.1	70.0
H_2O_2(g)	−136.3	−105.6	232.7
H_2O_2(l)	−187.8	−120.4	109.6
H_2O_2(aq,非解离)	−191.17	−134.10	143.9
P(s,白)	0	0	41.1
P(s,红)	−17.6	—	22.8
PCl_3(g)	−287.0	−267.8	311.8
PCl_5(g)	−374.9	−305.0	364.6
PCl_5(s)	−443.5	—	—
Pb(s)	0	0	64.9
Pb^{2+}(aq)	−1.7	−24.4	10.5
PbO(s,黄色)	−217.3	−187.9	68.7
PbO(s,红色)	−219.0	−188.9	66.5
PbO_2(s)	−277.4	−217.3	68.6
PbS(s)	−100.4	−98.7	91.2

物　质	$\Delta_f H_m^\ominus$/(kJ·mol^{-1})	$\Delta_f G_m^\ominus$/(kJ·mol^{-1})	$S_m^\ominus$/(J·K^{-1}·mol^{-1})
Pb_3O_4(s)	−718.4	−601.2	211.3
S^{2-}(aq)	33.1	85.8	−14.6
HS^-(aq)	−17.6	12.1	62.8
H_2S(g)	−20.6	−33.64	205.8
H_2S(aq,非解离)	−38.6	−27.87	126
SO_2(g)	−296.8	−300.1	248.2
SO_3(g)	−395.7	−371.1	256.8
H_2SO_4(l)	−814.0	−690.0	156.9
SO_3^{2-}(aq)	−635.5	−486.5	−29.0
SO_4^{2-}(aq)	−909.3	−744.5	20.1
HSO_4^-(aq)	−887.9	−755.9	131.8
Si(s)	0	0	18.8
SiO_2(s,石英)	−910.7	−856.3	41.5
SiF_4(g)	−1615.0	−1572.8	282.8
$SiCl_4$(g)	−657.0	−617.0	330.7
$SiCl_4$(l)	−687.0	−619.8	239.7
Sn(s,白色)	0	0	51.2
Sn(s,灰色)	−2.1	0.1	44.1
Sn^{2+}(aq)	−8.8	−27.2	−17.0
SnO(s)	−280.7	−251.9	57.2
SnO_2(s)	−577.6	−515.8	49.0
$SnCl_2$(s)	−325.1	—	—
$SnCl_4$(l)	−511.3	−440.1	258.6
Ti(s)	0	0	30.7
TiO_2(s)	−944.0	−888.8	50.6
Zn(s)	0	0	41.6
Zn^{2+}(aq)	−153.9	−147.1	−112.1
ZnO(s)	−350.5	−320.5	43.7
ZnS(s,闪锌矿)	−206.0	−201.3	57.7
$ZnCl_2$(aq)	−488.2	−409.5	0.8

注:数据主要摘自 Lide D R. CRC Handbook of Chemistry and Physics. 87th ed. 2006～2007:5-4～42, 5-66～69。

附录Ⅳ 一些弱电解质的解离常数

物 质	解离常数	$pK^{\ominus}$	物 质	解离常数	$pK^{\ominus}$
H_3AsO_4	$K_{a_1}^{\ominus}=5.5\times10^{-3}$	2.26	H_3PO_4	$K_{a_2}^{\ominus}=6.1\times10^{-8}$	7.21
	$K_{a_2}^{\ominus}=1.7\times10^{-7}$	6.76		$K_{a_3}^{\ominus}=4.8\times10^{-13}$	12.32
	$K_{a_3}^{\ominus}=5.1\times10^{-12}$	11.29	H_2S	$K_{a_1}^{\ominus}=1.1\times10^{-7}$	6.97
H_3BO_3(20 ℃)	$K_{a}^{\ominus}=1.9\times10^{-10}$	9.27		$K_{a_2}^{\ominus}=1.3\times10^{-13}$	12.90
HBrO	$K_{a}^{\ominus}=2.0\times10^{-9}$	8.55	H_2SO_3	$K_{a_1}^{\ominus}=1.4\times10^{-2}$	1.85
H_2CO_3	$K_{a_1}^{\ominus}=4.5\times10^{-7}$	6.35		$K_{a_2}^{\ominus}=6.3\times10^{-8}$	7.20
	$K_{a_2}^{\ominus}=4.7\times10^{-11}$	10.33	H_2SO_4	$K_{a_2}^{\ominus}=1.0\times10^{-2}$	1.99
HCN	$K_{a}^{\ominus}=6.2\times10^{-10}$	9.21	HCOOH	$K_{a}^{\ominus}=1.8\times10^{-4}$	3.75
HClO	$K_{a}^{\ominus}=3.9\times10^{-8}$	7.40	CH_3COOH	$K_{a}^{\ominus}=1.7\times10^{-5}$	4.77
H_2CrO_4	$K_{a_1}^{\ominus}=1.8\times10^{-1}$	0.74	$H_2C_2O_4$	$K_{a_1}^{\ominus}=5.6\times10^{-2}$	1.25
	$K_{a_2}^{\ominus}=3.2\times10^{-7}$	6.49		$K_{a_2}^{\ominus}=5.4\times10^{-5}$	4.27
HF	$K_{a}^{\ominus}=6.3\times10^{-4}$	3.20	$CH_2ClCOOH$	$K_{a}^{\ominus}=1.3\times10^{-3}$	2.87
HIO_3	$K_{a}^{\ominus}=1.7\times10^{-1}$	0.78	$CHCl_2COOH$	$K_{a}^{\ominus}=4.5\times10^{-2}$	1.35
HIO	$K_{a}^{\ominus}=3.2\times10^{-11}$	10.5	$C_6H_8O_7$(柠檬酸)	$K_{a_1}^{\ominus}=7.4\times10^{-4}$	3.13
HNO_2	$K_{a}^{\ominus}=5.6\times10^{-4}$	3.25		$K_{a_2}^{\ominus}=1.7\times10^{-5}$	4.76
H_2O_2	$K_{a}^{\ominus}=2.4\times10^{-12}$	11.62		$K_{a_3}^{\ominus}=4.0\times10^{-7}$	6.40
	$K_{a_1}^{\ominus}=6.9\times10^{-3}$	2.16	$NH_3\cdot H_2O$	$K_{b}^{\ominus}=1.8\times10^{-5}$	4.75

注：数据主要摘自 Lide D R. CRC Handbook of Chemistry and Physics. 86th ed. 2005～2006：8-40～41，8-42～51。以上数据除注明温度外，其余均在 25 ℃测定。

附录Ⅴ 一些难溶电解质的溶度积(298.15 K)

难溶电解质	$K_{sp}^{\ominus}$	难溶电解质	$K_{sp}^{\ominus}$
AgCl	1.77×10^{-10}	$Fe(OH)_2$	4.87×10^{-17}
AgBr	5.35×10^{-13}	$Fe(OH)_3$	2.79×10^{-39}
AgI	8.52×10^{-17}	FeS	6.3×10^{-18}
Ag_2CO_3	8.46×10^{-12}	Hg_2Cl_2	1.43×10^{-18}
Ag_2CrO_4	1.12×10^{-12}	HgS(黑)	1.6×10^{-52}
Ag_2SO_4	1.20×10^{-5}	$MgCO_3$	6.82×10^{-6}
Ag_2S	6.3×10^{-50}	$Mg(OH)_2$	5.61×10^{-12}
AgSCN	1.03×10^{-12}	$MgNH_4PO_4$	2.5×10^{-13}
$Al(OH)_3$	1.3×10^{-33}	$Mn(OH)_2$	1.9×10^{-13}
$BaCO_3$	2.58×10^{-9}	MnS(晶形)	2.5×10^{-13}
$BaSO_4$	1.08×10^{-10}	$Ni(OH)_2$	5.48×10^{-16}
$BaCrO_4$	1.17×10^{-10}	NiS(α)	3.2×10^{-19}
$CaCO_3$	3.36×10^{-9}	$PbCl_2$	1.70×10^{-5}
$CaC_2O_4\cdot H_2O$	2.32×10^{-9}	$PbCO_3$	7.40×10^{-14}
CaF_2	1.46×10^{-10}	$PbCrO_4$	2.8×10^{-13}
$Ca_3(PO_4)_2$	2.07×10^{-33}	PbF_2	3.3×10^{-8}
$CaSO_4$	4.93×10^{-5}	$PbSO_4$	2.53×10^{-8}
$Cd(OH)_2$	7.2×10^{-15}	PbS	8.0×10^{-28}
CdS	8.0×10^{-27}	PbI_2	9.8×10^{-9}
$Co(OH)_2$(蓝)	5.92×10^{-15}	$Pb(OH)_2$	1.43×10^{-20}
CoS(α)	4.0×10^{-21}	$SrCO_3$	5.60×10^{-10}
CoS(β)	2.0×10^{-25}	$SrSO_4$	3.44×10^{-7}
$Cr(OH)_3$	6.3×10^{-31}	$ZnCO_3$	1.46×10^{-10}
CuI	1.27×10^{-12}	$Zn(OH)_2$	3×10^{-17}
CuS	6.3×10^{-36}	ZnS(α)	1.6×10^{-24}
$Cu(OH)_2$	2.2×10^{-20}	ZnS(β)	2.5×10^{-22}

注：数据主要摘自 Lide D R. CRC Handbook of Chemistry and Physics. 86th ed. 2005～2006：8-118～120。

附录Ⅵ 酸性溶液中的标准电极电势 $\varphi_A^\ominus$(298.15 K)

	电极反应	$\varphi^\ominus$/V
Ag	$AgBr + e^- \rightleftharpoons Ag + Br^-$	+0.071 33
	$AgCl + e^- \rightleftharpoons Ag + Cl^-$	+0.222 33
	$Ag_2CrO_4 + 2e^- \rightleftharpoons 2Ag + CrO_4^{2-}$	+0.464 7
	$Ag^+ + e^- \rightleftharpoons Ag$	+0.799 6
Al	$Al^{3+} + 3e^- \rightleftharpoons Al$	−1.662
As	$HAsO_2 + 3H^+ + 3e^- \rightleftharpoons As + 2H_2O$	+0.248
	$H_3AsO_4 + 2H^+ + 2e^- \rightleftharpoons HAsO_2 + 2H_2O$	+0.560
Bi	$BiOCl + 2H^+ + 3e^- \rightleftharpoons Bi + H_2O + Cl^-$	+0.158 3
	$BiO^+ + 2H^+ + 3e^- \rightleftharpoons Bi + H_2O$	+0.320
Br	$Br_2 + 2e^- \rightleftharpoons 2Br^-$	+1.066
	$BrO_3^- + 6H^+ + 5e^- \rightleftharpoons \frac{1}{2}Br_2 + 3H_2O$	+1.482
Ca	$Ca^{2+} + 2e^- \rightleftharpoons Ca$	−2.868
Cl	$ClO_4^- + 2H^+ + 2e^- \rightleftharpoons ClO_3^- + H_2O$	+1.189
	$Cl_2 + 2e^- \rightleftharpoons 2Cl^-$	+1.358 27
	$ClO_3^- + 6H^+ + 6e^- \rightleftharpoons Cl^- + 3H_2O$	+1.451
	$ClO_3^- + 6H^+ + 5e^- \rightleftharpoons \frac{1}{2}Cl_2 + 3H_2O$	+1.47
	$HClO + H^+ + e^- \rightleftharpoons \frac{1}{2}Cl_2 + H_2O$	+1.611
	$ClO_3^- + 3H^+ + 2e^- \rightleftharpoons HClO_2 + H_2O$	+1.214
	$ClO_2 + H^+ + e^- \rightleftharpoons HClO_2$	+1.277
	$HClO_2 + 2H^+ + 2e^- \rightleftharpoons HClO + H_2O$	+1.645
Co	$Co^{3+} + e^- \rightleftharpoons Co^{2+}$	+1.92
Cr	$Cr_2O_7^{2-} + 14H^+ + 6e^- \rightleftharpoons 2Cr^{3+} + 7H_2O$	+1.232
Cu	$Cu^{2+} + e^- \rightleftharpoons Cu^+$	+0.153
	$Cu^{2+} + 2e^- \rightleftharpoons Cu$	+0.341 9
	$Cu^+ + e^- \rightleftharpoons Cu$	+0.521
Fe	$Fe^{2+} + 2e^- \rightleftharpoons Fe$	−0.447
	$[Fe(CN)_6]^{3-} + e^- \rightleftharpoons [Fe(CN)_6]^{4-}$	+0.358
	$Fe^{3+} + e^- \rightleftharpoons Fe^{2+}$	+0.771
H	$2H^+ + e^- \rightleftharpoons H_2$	0.000 00
Hg	$Hg_2Cl_2 + 2e^- \rightleftharpoons 2Hg + 2Cl^-$	+0.268 08
	$Hg_2^{2+} + 2e^- \rightleftharpoons 2Hg$	+0.797 3

续表

	电极反应	$\varphi^{\ominus}$/V
	$Hg^{2+}+2e^{-} = Hg$	+0.851
	$2Hg^{2+}+2e^{-} = Hg_2^{2+}$	+0.920
I	$I_2+2e^{-} = 2I^{-}$	+0.535 5
	$I_3^{-}+2e^{-} = 3I^{-}$	+0.536
	$IO_3^{-}+6H^{+}+5e^{-} = \frac{1}{2}I_2+3H_2O$	+1.195
	$HIO+H^{+}+e^{-} = \frac{1}{2}I_2+H_2O$	+1.439
K	$K^{+}+e^{-} = K$	−2.931
Mg	$Mg^{2+}+2e^{-} = Mg$	−2.372
Mn	$Mn^{2+}+2e^{-} = Mn$	−1.185
	$MnO_4^{-}+e^{-} = MnO_4^{2-}$	+0.588
	$MnO_2+4H^{+}+2e^{-} = Mn^{2+}+2H_2O$	+1.224
	$MnO_4^{-}+8H^{+}+5e^{-} = Mn^{2+}+4H_2O$	+1.507
	$MnO_4^{-}+4H^{+}+3e^{-} = MnO_2+2H_2O$	+1.679
Na	$Na^{+}+e^{-} = Na$	−2.71
N	$NO_3^{-}+4H^{+}+3e^{-} = NO+2H_2O$	+0.957
	$2NO_3^{-}+4H^{+}+2e^{-} = N_2O_4+2H_2O$	+0.803
	$HNO_2+H^{+}+e^{-} = NO+H_2O$	+0.983
	$N_2O_4+4H^{+}+4e^{-} = 2NO+2H_2O$	+1.035
	$NO_3^{-}+3H^{+}+2e^{-} = HNO_2+H_2O$	+0.934
	$N_2O_4+2H^{+}+2e^{-} = 2HNO_2$	+1.065
O	$O_2+2H^{+}+2e^{-} = H_2O_2$	+0.695
	$H_2O_2+2H^{+}+2e^{-} = 2H_2O$	+1.776
	$O_2+4H^{+}+4e^{-} = 2H_2O$	+1.229
P	$H_3PO_4+2H^{+}+2e^{-} = H_3PO_3+H_2O$	−0.276
Pb	$PbI_2+2e^{-} = Pb+2I^{-}$	−0.365
	$PbSO_4+2e^{-} = Pb+SO_4^{2-}$	−0.358 8
	$PbCl_2+2e^{-} = Pb+2Cl^{-}$	−0.267 5
	$Pb^{2+}+2e^{-} = Pb$	−0.126 2
	$PbO_2+4H^{+}+2e^{-} = Pb^{2+}+2H_2O$	+1.455
	$PbO_2+SO_4^{2-}+4H^{+}+2e^{-} = PbSO_4+2H_2O$	+1.691 3
S	$H_2SO_3+4H^{+}+4e^{-} = S+3H_2O$	+0.449
	$S+2H^{+}+2e^{-} = H_2S(aq)$	+0.142
	$SO_4^{2-}+4H^{+}+2e^{-} = H_2SO_3+H_2O$	+0.172
	$S_4O_6^{2-}+2e^{-} = 2S_2O_3^{2-}$	+0.08
	$S_2O_8^{2-}+2e^{-} = 2SO_4^{2-}$	+2.010

续表

	电极反应	$\varphi^\ominus$/V
Sb	$Sb_2O_3+6H^++6e^- \longrightarrow 2Sb+3H_2O$	+0.152
	$Sb_2O_5+6H^++4e^- \longrightarrow 2SbO^++3H_2O$	+0.581
Sn	$Sn^{4+}+2e^- \longrightarrow Sn^{2+}$	+0.151
V	$[V(OH)_4]^++4H^++5e^- \longrightarrow V+4H_2O$	−0.254
	$VO^{2+}+2H^++e^- \longrightarrow V^{3+}+H_2O$	+0.337
	$[V(OH)_4]^++2H^++e^- \longrightarrow VO^{2+}+3H_2O$	+1.00
Zn	$Zn^{2+}+2e^- \longrightarrow Zn$	−0.761 8

附录Ⅶ 碱性溶液中的标准电极电势 $\varphi_B^\ominus$(298.15 K)

	电极反应	$\varphi^\ominus$/V
Ag	$Ag_2S+2e^- \longrightarrow 2Ag+S^{2-}$	−0.691
	$Ag_2O+H_2O+2e^- \longrightarrow 2Ag+2OH^-$	+0.342
Al	$H_2AlO_3^-+H_2O+3e^- \longrightarrow Al+4OH^-$	−2.33
As	$AsO_2^-+2H_2O+3e^- \longrightarrow As+4OH^-$	−0.68
	$AsO_4^{3-}+2H_2O+2e^- \longrightarrow AsO_2^-+4OH^-$	−0.71
Br	$BrO_3^-+3H_2O+6e^- \longrightarrow Br^-+6OH^-$	+0.61
	$BrO^-+H_2O+2e^- \longrightarrow Br^-+2OH^-$	+0.761
Cl	$ClO_3^-+H_2O+2e^- \longrightarrow ClO_2^-+2OH^-$	+0.33
	$ClO_4^-+H_2O+2e^- \longrightarrow ClO_3^-+2OH^-$	+0.36
	$ClO_2^-+H_2O+2e^- \longrightarrow ClO^-+2OH^-$	+0.66
	$ClO^-+H_2O+2e^- \longrightarrow Cl^-+2OH^-$	+0.81
Co	$Co(OH)_2+2e^- \longrightarrow Co+2OH^-$	−0.73
	$[Co(NH_3)_6]^{3+}+e^- \longrightarrow [Co(NH_3)_6]^{2+}$	+0.108
	$Co(OH)_3+e^- \longrightarrow Co(OH)_2+OH^-$	+0.17
Cr	$Cr(OH)_3+3e^- \longrightarrow Cr+3OH^-$	−1.48
	$CrO_2^-+2H_2O+3e^- \longrightarrow Cr+4OH^-$	−1.2
	$CrO_4^{2-}+4H_2O+3e^- \longrightarrow Cr(OH)_3+5OH^-$	−0.13
Cu	$Cu_2O+H_2O+2e^- \longrightarrow 2Cu+2OH^-$	−0.360
Fe	$Fe(OH)_3+e^- \longrightarrow Fe(OH)_2+OH^-$	−0.56
H	$2H_2O+2e^- \longrightarrow H_2+2OH^-$	−0.827 7
Hg	$HgO+H_2O+2e^- \longrightarrow Hg+2OH^-$	+0.097 7
I	$IO_3^-+3H_2O+6e^- \longrightarrow I^-+6OH^-$	+0.26
	$IO^-+H_2O+2e^- \longrightarrow I^-+2OH^-$	+0.485
Mg	$Mg(OH)_2+2e^- \longrightarrow Mg+2OH^-$	−2.690
Mn	$Mn(OH)_2+2e^- \longrightarrow Mn+2OH^-$	−1.56

	电极反应	$\varphi^\ominus$/V
	$MnO_4^- + 2H_2O + 3e^- \rightleftharpoons MnO_2 + 4OH^-$	+0.595
	$MnO_4^{2-} + 2H_2O + 2e^- \rightleftharpoons MnO_2 + 4OH^-$	+0.60
N	$NO_3^- + H_2O + 2e^- \rightleftharpoons NO_2^- + 2OH^-$	+0.01
O	$O_2 + 2H_2O + 4e^- \rightleftharpoons 4OH^-$	+0.401
S	$S + 2e^- \rightleftharpoons S^{2-}$	−0.476 27
	$SO_4^{2-} + H_2O + 2e^- \rightleftharpoons SO_3^{2-} + 2OH^-$	−0.93
	$2SO_3^{2-} + 3H_2O + 4e^- \rightleftharpoons S_2O_3^{2-} + 6OH^-$	−0.571
	$S_4O_6^{2-} + 2e^- \rightleftharpoons 2S_2O_3^{2-}$	+0.08
Sb	$SbO_2^- + 2H_2O + 3e^- \rightleftharpoons Sb + 4OH^-$	−0.66
Sn	$[Sn(OH)_6]^{2-} + 2e^- \rightleftharpoons HSnO_2^- + H_2O + 3OH^-$	−0.93
	$HSnO_2^- + H_2O + 2e^- \rightleftharpoons Sn + 3OH^-$	−0.909

注:数据主要摘自 Lide D R. CRC Handbook of Chemistry and Physics. 86th ed. 2005～2006:8-20～24。

附录Ⅷ 常见配离子的稳定常数 $K_f^\ominus$(298.15 K)

配离子	$K_f^\ominus$	配离子	$K_f^\ominus$
$[Ag(CN)_2]^-$	1.3×10^{21}	$[Fe(CN)_6]^{4-}$	1.0×10^{35}
$[Ag(NH_3)_2]^+$	1.1×10^{7}	$[Fe(CN)_6]^{3-}$	1.0×10^{42}
$[Ag(SCN)_2]^-$	3.7×10^{7}	$[Fe(C_2O_4)_3]^{3-}$	1.6×10^{20}
$[Ag(S_2O_3)_2]^{3-}$	2.9×10^{13}	$[Fe(NCS)]^{2+}$	2.2×10^{3}
$[Al(C_2O_4)_3]^{3-}$	2.0×10^{16}	$[HgCl_4]^{2-}$	1.2×10^{15}
$[AlF_6]^{3-}$	6.9×10^{19}	$[Hg(CN)_4]^{2-}$	2.5×10^{41}
$[Cd(CN)_4]^{2-}$	6.0×10^{18}	$[HgI_4]^{2-}$	6.8×10^{29}
$[CdCl_4]^{2-}$	6.3×10^{2}	$[Hg(NH_3)_4]^{2+}$	1.9×10^{19}
$[Cd(NH_3)_4]^{2+}$	1.3×10^{7}	$[Ni(CN)_4]^{2-}$	2.0×10^{31}
$[Cd(SCN)_4]^{2-}$	4.0×10^{3}	$[Ni(NH_3)_4]^{2+}$	9.1×10^{7}
$[Co(NH_3)_6]^{2+}$	1.3×10^{5}	$[Pb(CH_3COO)_4]^{2-}$	3.2×10^{8}
$[Co(NH_3)_6]^{3+}$	1.6×10^{35}	$[Pb(CN)_4]^{2-}$	1.0×10^{11}
$[Co(NCS)_4]^{2-}$	1.0×10^{3}	$[Zn(CN)_4]^{2-}$	5.0×10^{16}
$[Cu(CN)_2]^-$	1.0×10^{24}	$[Zn(C_2O_4)_2]^{2-}$	4.0×10^{7}
$[Cu(CN)_4]^{3-}$	2.0×10^{30}	$[Zn(OH)_4]^{2-}$	4.6×10^{17}
$[Cu(NH_3)_2]^+$	7.2×10^{10}	$[Zn(NH_3)_4]^{2+}$	2.9×10^{9}
$[Cu(NH_3)_4]^{2+}$	2.1×10^{13}		

注:数据主要摘自 Speight J G. Lang's Handbook of Chemistry. 16th ed. 2004:1-357～369。

附录Ⅸ　元素的原子半径(单位:pm)

ⅠA																	0
H																	He
30	ⅡA											ⅢA	ⅣA	ⅤA	ⅥA	ⅦA	—
Li	Be											B	C	N	O	F	Ne
152	111											88	77	70	66	64	—
Na	Mg											Al	Si	P	S	Cl	Ar
186	160	ⅢB	ⅣB	ⅤB	ⅥB	ⅦB	Ⅷ			ⅠB	ⅡB	143	117	110	104	99	—
K	Ca	Sc	Ti	V	Cr	Mn	Fe	Co	Ni	Cu	Zn	Ga	Ge	As	Se	Br	Kr
232	197	162	147	134	128	127	126	125	124	128	134	126	122	121	117	114	—
Rb	Sr	Y	Zr	Nb	Mo	Tc	Ru	Rh	Pd	Ag	Cd	In	Sn	Sb	Te	I	Xe
248	215	180	160	146	139	136	134	134	137	144	149	167	140	141	137	133	—
Cs	Ba	La	Hf	Ta	W	Re	Os	Ir	Pt	Au	Hg	Tl	Pb	Bi	Po	At	Rn
265	217	183	159	146	139	137	135	136	139	144	151	170	175	155	164	—	
Fr	Ra	Ac															
270	220	188															

镧	La	Ce	Pr	Nd	Pm	Sm	Eu	Gd	Tb	Dy	Ho	Er	Tm	Yb	Lu
系	183	182	182	181	183	180	208	180	177	178	176	176	176	193	174

注:数据主要摘自 Speight J G. Lang's Handbook of Chemistry. 16th ed. 2004。其中金属原子半径值为金属在其晶体中的原子半径,非金属原子半径值为共价单键半径。

附录Ⅹ　元素的第一电离能 I_1(单位:kJ·mol^{-1})

ⅠA																	0
H																	He
1312	ⅡA											ⅢA	ⅣA	ⅤA	ⅥA	ⅦA	2372
Li	Be											B	C	N	O	F	Ne
520	900											801	1086	1402	1314	1681	2081
Na	Mg											Al	Si	P	S	Cl	Ar
496	738	ⅢB	ⅣB	ⅤB	ⅥB	ⅦB	Ⅷ			ⅠB	ⅡB	578	787	1012	1000	1251	1251
K	Ca	Sc	Ti	V	Cr	Mn	Fe	Co	Ni	Cu	Zn	Ga	Ge	As	Se	Br	Kr
419	590	633	659	651	653	717	762	760	737	745	906	579	762	944	941	1140	1351
Rb	Sr	Y	Zr	Nb	Mo	Tc	Ru	Rh	Pd	Ag	Cd	In	Sn	Sb	Te	I	Xe
403	549	600	640	652	684	702	710	720	805	731	868	558	709	831	869	1008	1170
Cs	Ba	La	Hf	Ta	W	Re	Os	Ir	Pt	Au	Hg	Tl	Pb	Bi	Po	At	Rn
376	503	538	659	728	759	756	814	865	864	890	1007	589	716	703	812	—	1037

注:表中数据为 Lide D R. CRC Handbook of Chemistry and Physics. 86th ed. 2005～2006:10-202～204 中的数据乘以 96.4853,将数据单位由 eV 转化为 kJ·mol^{-1}所得。

附录Ⅺ 某些元素的第一电子亲和能 E_1(单位:kJ·mol^{-1})

ⅠA																	0
H																	He
72.8	ⅡA											ⅢA	ⅣA	ⅤA	ⅥA	ⅦA	—
Li	Be											B	C	N	O	F	Ne
59.6	—											27.0	121.8	—	141	328.2	—
Na	Mg											Al	Si	P	S	Cl	Ar
52.9	—	ⅢB	ⅣB	ⅤB	ⅥB	ⅦB	Ⅷ			ⅠB	ⅡB	41.8	134.1	72.0	200.4	348.6	—
K	Ca	Sc	Ti	V	Cr	Mn	Fe	Co	Ni	Cu	Zn	Ga	Ge	As	Se	Br	Kr
48.4	2.4	18.1	7.6	50.7	64.3	—	14.6	63.9	111.5	119.3	—	41.5	118.9	78.5	195.0	324.5	—
Rb	Sr	Y	Zr	Nb	Mo	Tc	Ru	Rh	Pd	Ag	Cd	In	Sn	Sb	Te	I	Xe
46.9	4.6	29.6	41.1	86.2	72.2	53.1	101.3	109.7	54.2	125.6	—	28.9	107.3	100.9	190.2	295.2	—
Cs	Ba	La	Hf	Ta	W	Re	Os	Ir	Pt	Au	Hg	Tl	Pb	Bi	Po	At	Rn
45.5	14.0	45.3	—	31.1	78.6	14.5	106.1	150.9	205.3	222.7	—	19.3	35.1	90.9	183.3	270.2	—
Fr	Ra	Ac-Lr															
44.4	9.6	33.9-															

注:表中数据为 Lide D R. CRC Handbook of Chemistry and Physics. 86th ed. 2006～2007:10-156～157 中的数据乘以 96.4853,将数据单位由 eV 转化为 kJ·mol^{-1}所得。

附录Ⅻ 元素的电负性

ⅠA																	0
H																	He
2.20	ⅡA											ⅢA	ⅣA	ⅤA	ⅥA	ⅦA	—
Li	Be											B	C	N	O	F	Ne
0.98	1.57											2.04	2.55	3.04	3.44	3.98	—
Na	Mg											Al	Si	P	S	Cl	Ar
0.93	1.31	ⅢB	ⅣB	ⅤB	ⅥB	ⅦB	Ⅷ			ⅠB	ⅡB	1.61	1.90	2.19	2.58	3.16	—
K	Ca	Sc	Ti	V	Cr	Mn	Fe	Co	Ni	Cu	Zn	Ga	Ge	As	Se	Br	Kr
0.82	1.00	1.36	1.54	1.63	1.66	1.55	1.83	1.88	1.91	1.90	1.65	1.81	2.01	2.18	2.55	2.96	—
Rb	Sr	Y	Zr	Nb	Mo	Tc	Ru	Rh	Pd	Ag	Cd	In	Sn	Sb	Te	I	Xe
0.82	0.95	1.22	1.33	1.6	2.16	2.10	2.2	2.28	2.20	1.93	1.69	1.78	1.96	2.05	2.1	2.66	—
Cs	Ba	镧系	Hf	Ta	W	Re	Os	Ir	Pt	Au	Hg	Tl	Pb	Bi	Po	At	Rn
0.79	0.89	1.10～1.25	1.3	1.5	1.7	1.9	2.2	2.2	2.2	2.4	1.9	1.8	1.8	1.9	2.0	2.2	—
Fr	Ra	Ac															
0.7	0.9	1.1															

注:数据主要摘自 Lide D R. CRC Handbook of Chemistry and Physics. 86th ed. 2005～2006:9～77。

元素周期表

原子序数 → 19；元素符号（红色指放射性元素）→ K；元素名称（注*的是人造元素）→ 钾；稳定同位素的质量数（底线指丰度最大的同位素）→ 39、41；放射性同位素的质量数 → 40；外围电子的构型（括号指可能的构型）→ $4s^1$；相对原子质量（括号内数据为放射性元素最长寿命同位素的质量数）→ 39.0983(1)

金属　非金属　稀有气体　过渡元素

注：
1. 相对原子质量录自1999年国际相对原子质量表，以$^{12}C=12$为基准，元素的相对原子质量末位数的准确度加注在其后括弧内。
2. 商品Li的相对原了质量范围为6.939~6.996。
3. 稳定元素列有天然丰度的同位素，天然放射性元素和人造元素同位素的选列与国际相对原了质量标的有关文献一致。

周期＼族	ⅠA (s区)	ⅡA (s区)	ⅢB (d区)	ⅣB (d区)	ⅤB (d区)	ⅥB (d区)	ⅦB (d区)	Ⅷ (d区)	Ⅷ (d区)	Ⅷ (d区)	ⅠB (ds区)	ⅡB (ds区)	ⅢA (p区)	ⅣA (p区)	ⅤA (p区)	ⅥA (p区)	ⅦA (p区)	0 (p区)	电子层	0族电子数
1	1 H 氢 1 2 3 $1s^1$ 1.00794(7)																	2 He 氦 3 4 $1s^2$ 4.002602(2)	K	2
2	3 Li 锂 6 7 $2s^1$ 6.941(2)	4 Be 铍 9 $2s^2$ 9.012182(3)											5 B 硼 10 11 $2s^22p^1$ 10.811(7)	6 C 碳 12 13 14 $2s^22p^2$ 12.0107(8)	7 N 氮 14 15 $2s^22p^3$ 14.00674(7)	8 O 氧 16 17 18 $2s^22p^4$ 15.9994(3)	9 F 氟 19 $2s^22p^5$ 18.9984032(5)	10 Ne 氖 20 21 22 $2s^22p^6$ 20.1797(6)	L K	8 2
3	11 Na 钠 23 $3s^1$ 22.989709280(2)	12 Mg 镁 24 25 26 $3s^2$ 24.3050(6)											13 Al 铝 27 $3s^23p^1$ 26.981538(2)	14 Si 硅 28 29 30 $3s^23p^2$ 28.0855(3)	15 P 磷 31 $3s^23p^3$ 30.973762(2)	16 S 硫 32 33 34 36 $3s^23p^4$ 32.066(6)	17 Cl 氯 35 37 $3s^23p^5$ 35.4527	18 Ar 氩 36 38 40 $3s^23p^6$ 39.948(1)	M L K	8 8 2
4	19 K 钾 39 40 41 $4s^1$ 39.0983(1)	20 Ca 钙 40 42 43 44 46 48 $4s^2$ 40.078(4)	21 Sc 钪 45 $3d^14s^2$ 44.955912(6)	22 Ti 钛 46 47 48 49 50 $3d^24s^2$ 47.867(1)	23 V 钒 50 51 $3d^34s^2$ 50.9415(1)	24 Cr 铬 50 52 53 54 $3d^54s^1$ 51.9961(6)	25 Mn 锰 55 $3d^54s^2$ 54.938045(5)	26 Fe 铁 54 56 57 58 $3d^64s^2$ 55.845(2)	27 Co 钴 59 $3d^74s^2$ 58.933195(5)	28 Ni 镍 58 60 61 62 64 $3d^84s^2$ 58.6934(2)	29 Cu 铜 63 65 $3d^{10}4s^1$ 63.546(3)	30 Zn 锌 64 66 67 68 70 $3d^{10}4s^2$ 65.409(4)	31 Ga 镓 69 71 $4s^24p^1$ 69.723(1)	32 Ge 锗 70 72 73 74 76 $4s^24p^2$ 72.61(2)	33 As 砷 75 $4s^24p^3$ 74.92160(2)	34 Se 硒 74 76 77 78 80 82 $4s^24p^4$ 78.96(3)	35 Br 溴 79 81 $4s^24p^5$ 79.904(1)	36 Kr 氪 78 80 82 83 84 86 $4s^24p^6$ 83.798(2)	N M L K	8 18 8 2
5	37 Rb 铷 85 87 $5s^1$ 85.4678(3)	38 Sr 锶 84 86 87 88 $5s^2$ 87.62(1)	39 Y 钇 89 $4d^15s^2$ 88.90585(2)	40 Zr 锆 90 91 92 94 96 $4d^25s^2$ 91.224(2)	41 Nb 铌 93 94 $4d^45s^1$ 92.90638(2)	42 Mo 钼 92 94 95 96 97 98 100 $4d^55s^1$ 95.94(2)	43 Tc 锝 97 98 99 $4d^55s^2$ (98.9082)	44 Ru 钌 96 98 99 100 101 102 104 $4d^75s^1$ 101.07(2)	45 Rh 铑 103 $4d^85s^1$ 102.90550(2)	46 Pd 钯 102 104 105 106 108 110 $4d^{10}$ 106.42(1)	47 Ag 银 107 109 $4d^{10}5s^1$ 107.8682(2)	48 Cd 镉 106 108 110 111 112 113 114 116 $4d^{10}5s^2$ 112.411(8)	49 In 铟 113 115 $5s^25p^1$ 114.818(3)	50 Sn 锡 112 114 115 116 117 118 119 120 122 124 $5s^25p^2$ 118.710(7)	51 Sb 锑 121 123 $5s^25p^3$ 121.760(1)	52 Te 碲 120 122 123 124 125 126 128 130 $5s^25p^4$ 127.60(3)	53 I 碘 127 129 $5s^25p^5$ 126.90447(3)	54 Xe 氙 124 126 128 129 130 131 132 134 136 $5s^25p^6$ 131.29(2)	O N M L K	8 18 18 8 2
6	55 Cs 铯 133 $6s^1$ 132.9054519(2)	56 Ba 钡 130 132 134 135 136 137 138 $6s^2$ 137.327(7)	57-71 La-Lu 镧系	72 Hf 铪 174 176 177 178 179 180 $5d^26s^2$ 178.49(2)	73 Ta 钽 180 181 $5d^36s^2$ 180.94788(2)	74 W 钨 180 182 183 184 186 $5d^46s^2$ 183.84(1)	75 Re 铼 185 187 $5d^56s^2$ 186.207(1)	76 Os 锇 184 186 187 188 189 190 192 $5d^66s^2$ 190.23(3)	77 Ir 铱 191 193 $5d^76s^2$ 192.217(3)	78 Pt 铂 190 192 194 195 196 198 $5d^96s^1$ 195.084(9)	79 Au 金 197 $5d^{10}6s^1$ 196.9665569(4)	80 Hg 汞 196 198 199 200 201 202 204 $5d^{10}6s^2$ 200.59(2)	81 Tl 铊 203 205 $6s^26p^1$ 204.3833(2)	82 Pb 铅 204 206 207 208 $6s^26p^2$ 207.2(1)	83 Bi 铋 209 $6s^26p^3$ 208.98038(2)	84 Po 钋 209 210 $6s^26p^4$ (210.0)	85 At 砹 210 211 $6s^26p^5$ (210.0)	86 Rn 氡 211 220 222 $6s^26p^6$ (222.0)	P O N M L K	8 18 32 18 8 2
7	87 Fr 钫 223 $7s^1$ (223.0)	88 Ra 镭 223 224 226 228 $7s^2$ (226.0)	89-103 Ac-Lr 锕系	104 Rf 𬬻* 261 $(6d^27s^2)$ (260)	105 Db 𬭊* 262 $(6d^37s^2)$ (260)	106 Sg 𬭳* 263 $(6d^47s^2)$ (263)	107 Bh 𬭛* 264 $(6d^57s^2)$ (262)	108 Hs 𬭶* 265 $(6d^67s^2)$ (265)	109 Mt 鿏* 268 $(6d^77s^2)$ (266)	110 Uun * 269 $(6d^87s^2)$ (269)	111 Uuu * 272 $(6d^97s^2)$ (272)	112 Uub * 277 $(6d^{10}7s^2)$ (277)	……							

f区															
镧系	57 La 镧 138 139 $5d^16s^2$ 138.90547(7)	58 Ce 铈 136 138 140 142 $4f^15d^16s^2$ 140.116(1)	59 Pr 镨 141 $4f^36s^2$ 140.90765(2)	60 Nd 钕 142 143 144 145 146 148 150 $4f^46s^2$ 144.242(3)	61 Pm 钷 145 147 $4f^56s^2$ (144.9)	62 Sm 钐 144 147 148 149 150 152 154 $4f^66s^2$ 150.36(2)	63 Eu 铕 151 153 $4f^76s^2$ 151.964(1)	64 Gd 钆 152 154 155 156 157 158 160 $4f^75d^16s^2$ 157.25(3)	65 Tb 铽 159 $4f^96s^2$ 158.92535(2)	66 Dy 镝 156 158 160 161 162 163 164 $4f^{10}6s^2$ 162.500(1)	67 Ho 钬 165 $4f^{11}6s^2$ 164.93032(2)	68 Er 铒 162 164 166 167 168 170 $4f^{12}6s^2$ 167.26(3)	69 Tm 铥 169 $4f^{13}6s^2$ 168.93421(2)	70 Yb 镱 168 170 171 172 173 174 176 $4f^{14}6s^2$ 173.04(3)	71 Lu 镥 175 176 $4f^{14}5d^16s^2$ 174.967(1)
锕系	89 Ac 锕 227 $6d^17s^2$ (227.0)	90 Th 钍 230 232 $6d^27s^2$ 232.03806(2)	91 Pa 镤 231 $5f^26d^17s^2$ 231.03588(2)	92 U 铀 233 234 235 236 238 $5f^36d^17s^2$ 238.0289(1)	93 Np 镎* 237 239 $5f^46d^17s^2$ (237.0)	94 Pu 钚* 238 239 240 241 242 244 $5f^67s^2$ (239.1)	95 Am 镅* 241 243 $5f^77s^2$ (243.1)	96 Cm 锔* 243 244 245 246 247 248 $5f^76d^17s^2$ (247.1)	97 Bk 锫* 247 249 $5f^97s^2$ (247.1)	98 Cf 锎* 249 250 251 252 $5f^{10}7s^2$ (252.1)	99 Es 锿* 252 $5f^{11}7s^2$ (252.1)	100 Fm 镄* 257 $5f^{12}7s^2$ (257.1)	101 Md 钔* 256 258 $(5f^{13}7s^2)$ (256.1)	102 No 锘* 259 $(5f^{14}7s^2)$ (259.1)	103 Lr 铹* 260 $(5f^{14}6d^17s^2)$ (260.1)